MATHEMATIK 6
NEUE WEGE

Arbeitsbuch für Gymnasien

Saarland

Herausgegeben von
Henning Körner
Arno Lergenmüller
Günter Schmidt
Martin Zacharias

Schroedel
westermann

MATHEMATIK NEUE WEGE 6
ARBEITSBUCH FÜR GYMNASIEN
Saarland

Herausgegeben von:
Henning Körner, Arno Lergenmüller, Prof. Günter Schmidt, Martin Zacharias

erarbeitet von:

Armin Baeger, Lehmen
Miriam Dolić, Ingelheim
Aloisius Görg, Frechen
Prof. Dr. Johanna Heitzer, Aachen
Charlotte Jahn, Mainz
Henning Körner, Oldenburg
Arno Lergenmüller, Roxheim
Kerstin Peuser, Roetgen

Michael Rüsing, Essen
Jan Schaper, Oldenburg
Olga Scheid, Oldenburg
Prof. Günter Schmidt, Stromberg
Thomas Vogt, Hargesheim
Laura Witowski, Dörrebach
Martin Zacharias, Molfsee

Für das Saarland erarbeitet von:
Dieter Eichhorn

westermann GRUPPE

© 2016 Bildungshaus Schulbuchverlage
Westermann Schroedel Diesterweg Schöningh Winklers GmbH,
Georg-Westermann-Allee 66, 38104 Braunschweig
www.westermann.de

Druck A^4 / Jahr 2022
Alle Drucke der Serie A sind im Unterricht parallel verwendbar.

Redaktion: Björn Deling
Umschlagentwurf: Janssen Kahlert Design & Kommunikation GmbH, Hannover
Illustrationen: Mario Valentinelli, Rostock; Margit Pawle, München; Elisabeth Lottermoser, Gütersloh; Michael Wojczak, Braunschweig
Druck und Bindung: Westermann Druck GmbH,
Georg-Westermann-Allee 66, 38104 Braunschweig

ISBN 978-3-507-**88710**-7

Kapitel und Lernabschnitte

Je zwei Auftaktseiten mit Bildern und kurzen Texten informieren dich über die Inhalte jedes Kapitels.

Ein Kapitel besteht aus mehreren Lernabschnitten.

Jeder Lernabschnitt ist in drei Ebenen unterteilt:　**Grün** – Weiß – **Grün**.

Die erste grüne Ebene

„Das Ziel vor Augen"

In wenigen Sätzen, Bildern und Fragen erfährst du, worum es in diesem Lernabschnitt geht.

Einführende Aufgaben

In vertrauten Alltagsproblemen ist bereits viel Mathematik versteckt. Mit diesen Aufgaben kannst du interessante Zusammenhänge des Themas selbst entdecken und verstehen.

Das gelingt besonders gut in der Zusammenarbeit mit einem oder mehreren Partnern.

In dem vielfältigen Angebot könnt ihr nach euren Erfahrungen und Interessen auswählen.

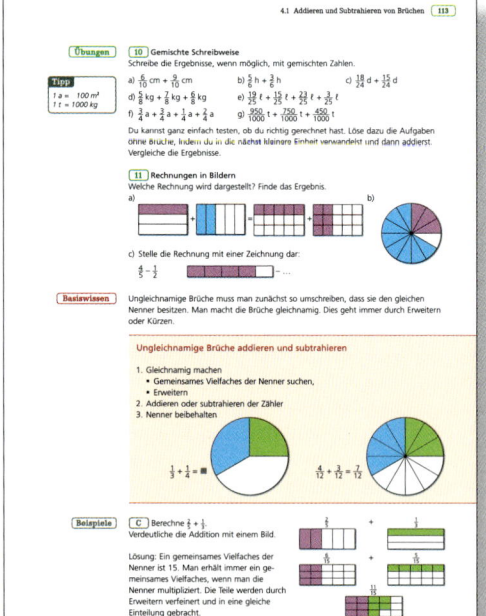

Die weiße Ebene

Basiswissen

Hier findest du das Kernwissen und die grundlegenden Strategien kurz und bündig zusammengefasst.

Beispiele

Die durchgerechneten Musteraufgaben helfen dir beim eigenständigen Lösen der Übungen.

Übungen

„Mathematik lernt man weniger durch Zuschauen als durch eigenes Tun."

Die Übungen bieten reichlich Gelegenheit zu eigenen Aktivitäten zum Verstehen und Anwenden. Zusätzliche „Trainingsangebote" führen zur Sicherheit.

Merkkarten

Wichtige Regeln werden ergänzend auf Merkkarten festgehalten.

Bei vielen Aufgaben findest du:

Tipp
Hilfreiche Tipps und Lösungshinweise

8 Lösungen:
Möglichkeiten zur Selbstkontrolle

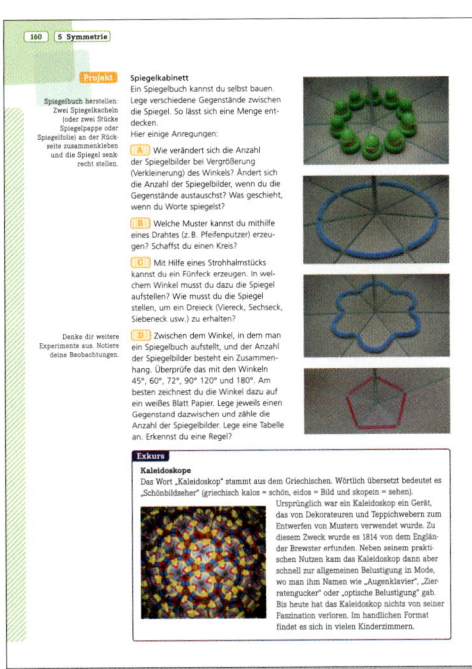

Die zweite grüne Ebene

„Mathematik ist überall."

Hier findest du Anregungen zum Entdecken überraschender Zusammenhänge der Mathematik mit vielen Bereichen deiner Lebenswelt und anderer Fächer.

Dabei ist oft Teamarbeit angesagt.

In Projekten gibt es Anregungen zu mathematischen Exkursionen. Dies führt oft zum Erstellen eigener Produkte zur Präsentation der Ergebnisse in größerem Rahmen.

Exkurse

Es gibt einiges zu erzählen über Menschen, Probleme und Anwendungen oder auch Seltsames und Lustiges.

Pflicht und Kür

Die Inhalte der zweiten grünen Ebene wie auch die Exkurse und Projekte sind eine zusätzliche „Kür" zu den Pflichtteilen.

Sichere dein Wissen und Können gegen das Vergessen

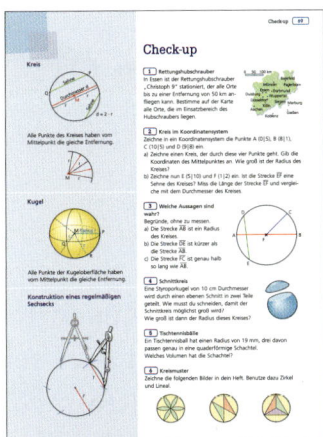

Check-up

„Alles klar?"

Nach jedem Kapitel findest du nochmal das Wichtigste übersichtlich zusammengefasst und typische Aufgaben, mit denen du dein Wissen festigen kannst. Hier kannst du dich gut auf Klassenarbeiten vorbereiten. Die Lösungen dieser Aufgaben findest du am Ende des Buches.

Sichern und Vernetzen – Vermischte Aufgaben

Hier findest du übergreifende Übungen zum Trainieren, Verstehen und Anwenden.

Die Lösungen kannst du im Internet unter *www.schroedel.de/NW-88710* einsehen.

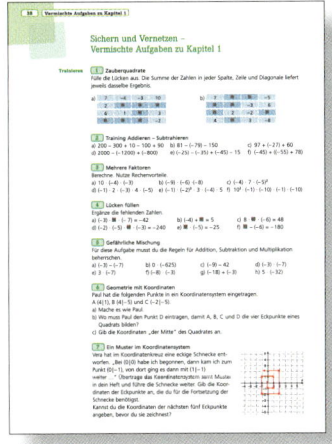

Kopfübungen

„Vergessen ist menschlich."

Deshalb kannst du in den Kopfübungen am Ende jeder weißen Ebene früher erworbene Kenntnisse wiederholen und auffrischen.

Zum Erinnern und Wiederholen

Hier wird Grundlegendes aus den vorhergehenden Bänden knapp und übersichtlich zusammengestellt.

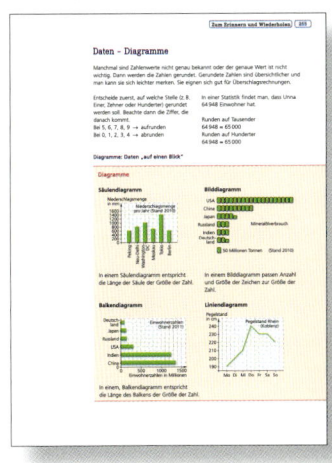

Bruchzahlen

Der Teller ist in viele kleine Stücke zerbrochen. Das Zusammenfügen der Bruchteile ist recht schwierig. Einfacher ist dies schon bei einer Torte, die in 12 gleich große Stücke zerschnitten wurde. Hier kann man die Größe eines einzelnen Stückes sogar mit einer Zahl benennen, jeder Bruchteil ist gerade $\frac{1}{12}$ der ganzen Torte, das oben abgebildete Reststück ist $\frac{8}{12}$. Solche Brüche kommen im Alltag in ganz unterschiedlichen Situationen vor. Die mathematischen Eigenschaften und Zusammenhänge dieser Zahlen ermöglichen einen vielfältigen Einsatz zum Beschreiben und Lösen von Problemen.

1.1 Brüche im Alltag

„Halbe Kraft voraus!" – Früher wurde in der Schifffahrt der Maschinentelegraf eingesetzt, um Befehle von der Kommandobrücke direkt in den Maschinenraum zu übertragen. Doch Brüche findet man nicht nur auf Skalen und Anzeigen, sondern in ganz unterschiedlichen Situationen.

Wo tauchen Brüche bei dir zuhause auf?

1.2 Brüche im Einsatz – Prozente, Maßstäbe, Verhältnisse

Bei Modelleisenbahnen ist der Maßstab HO am weitesten verbreitet. Er beträgt genau 1:87.
Abtönfarben kannst du mit weißer Farbe so mischen, bis dir der Farbton gefällt. Dafür brauchst du eine Farbskala mit den passenden Mischungsverhältnissen. Prozentangaben findest du täglich in der Zeitung oder in den Nachrichten. Aber auch auf Lebensmittelpackungen werden die Anteile der Inhaltsstoffe mit Prozentsätzen angegeben.

Ist der Akku eines Computers voll geladen, so kann man damit 6 Stunden arbeiten. Wie lange reicht eine Ladung von 75 %?

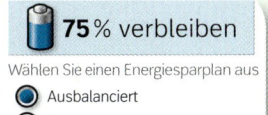

1.3 Brüche miteinander vergleichen und ordnen

Brüche sind sehr praktische Zahlen, wenn man beschreiben möchte, wie etwa eine Pizza aufgeteilt wird. Wenn du aber das größte Stück haben möchtest, solltest du auch wissen, wie man entscheiden kann, ob $\frac{1}{3}$ der Pizza oder $\frac{2}{5}$ der bessere "Deal" ist.

Weder $\frac{3}{4}$-Hosen noch $\frac{7}{8}$-Hosen bedecken das ganze Bein – aber welche ist länger?

1.1 Brüche im Alltag

In der Zeitung steht: „Fast die Hälfte aller Bürger reagierte auf den Spendenaufruf." – In der Kochanleitung für Kartoffelpüree kannst du lesen: „Geben Sie $\frac{3}{8}$ Liter kalte Milch hinzu." – Kathrin fragt: „Kannst du mich bitte um Viertel nach 6 bei Vera abholen?" Ob in den Nachrichten, bei Rezepten oder im täglichen Gespräch, häufig ist von Brüchen die Rede.

Aufgaben

1 Ein Radtour-Bericht mit Brüchen

> Seit einer $\frac{3}{4}$ Stunde warteten wir bereits auf das Startsignal. Als unsere ganze Klasse (24 Schülerinnen und Schüler, davon sind $\frac{3}{8}$ Mädchen) dann endlich losfuhr, war es schon halb neun. $\frac{1}{12}$ unserer Klasse hatte den Radhelm zu Hause vergessen und musste noch einmal zurück.
>
> Nach ungefähr $\frac{1}{3}$ der Strecke (Gesamtlänge der Tour 27 km) hatten wir dann unsere erste Reifenpanne. So ein Pech, gleich $\frac{1}{6}$ unserer Klasse war in die Glasscherben einer unachtsam weggeworfenen Getränkeflasche gefahren. ...
>
> So erreichten wir alle wohlbehalten das Ziel. Von meinen 2 Litern Früchtetee war nur noch $\frac{1}{5}$ übrig. Zwei Drittel der Schülerinnen und Schüler fanden, dass die Länge der Tour gerade richtig war. $\frac{7}{12}$ der Klasse gab an, es sei zu langsam gefahren worden.

a) Übersetze alle Angaben im Text so, dass keine Brüche mehr auftauchen.
   Beispiel: Seit einer $\frac{3}{4}$ Stunde → Seit 45 Minuten

b) Du hast gemerkt, dass der Mittelteil der Geschichte fehlt. Schreibe ihn auf und erfinde darin weitere „Bruchgeschichten".

2 Brüche sind überall

Manchmal sind Brüche auch versteckt. Zu jedem Bild gehört eine Zeile in der Tabelle. Jedoch sind die meisten Erklärungen verloren gegangen. Übertrage die Tabelle in dein Heft und fülle die Lücken.

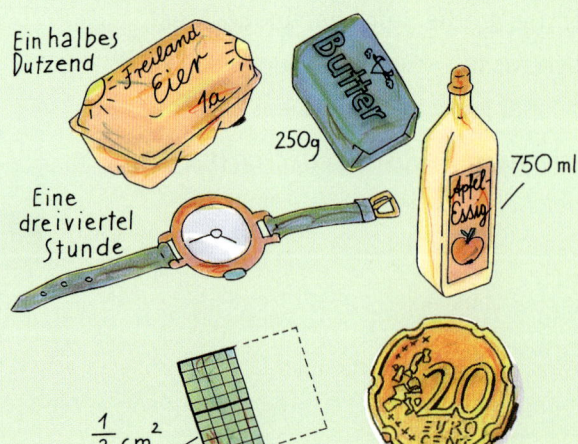

Angabe ohne Bruch	Angabe mit Bruch
6 Stück	$\frac{1}{2}$ Dutzend
50 mm²	▦
▦	$\frac{1}{5}$ €
▦	$\frac{1}{4}$ kg
▦	$\frac{3}{4}$ ℓ
▦	$\frac{3}{4}$ Stunde

Aufgaben

3 Tankuhren

Gut, wenn man seine Tankuhr richtig ablesen kann, denn ohne Benzin mit dem Auto liegenzubleiben kann sehr unangenehm und teuer werden.

„Mein Tank fasst 48 ℓ."

„Ich habe noch 15 ℓ im Tank."

„Ich tanke nur bis zur Anzeige $\frac{1}{3}$. In meinen Tank passen 42 ℓ."

a) Gib jeweils an, welcher Bruchteil des Tanks gefüllt ist. Achte immer auf die Anzahl der Teilstriche. Wie viel Liter sind das jeweils?

b) Welcher Bruchteil des Tanks ist noch gefüllt, wenn die Tankuhr zwei Striche über der Null anzeigt? Wie viele Liter Benzin sind dann jeweils noch im Tank?

4 Waffelrezept

Nicole und Marius wollen Omas Waffelrezept ausprobieren, doch das Abmessen der Zutaten ist schwierig: Die Einteilung auf dem Messbecher zeigt nur Milliliter, die Waage nur Gramm.

Waffelrezept

$\frac{1}{4}$ kg Butter
4 Eier
$\frac{1}{4}$ kg Mehl
$\frac{1}{5}$ ℓ Milch
4 Esslöffel Zucker
1 Prise Salz

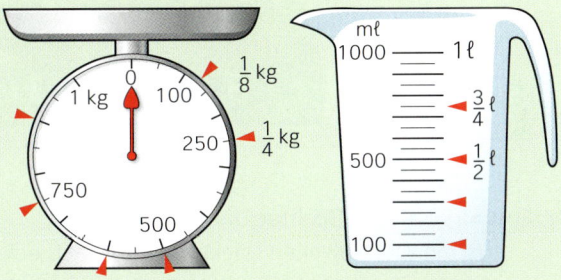

a) Schreibe die Zutaten des Rezepts in g und mℓ auf. Ist dies immer möglich?

b) Notiere die markierten Gramm- und Milliliterangaben als Bruchteile.

c) Entscheide mit der Skala des Messbechers, was mehr ist: $\frac{4}{5}$ ℓ oder $\frac{3}{4}$ ℓ.

5 Brüche über Brüche

Die Klasse 5 b der Hilbert-Schule hat gesammelt, wo Brüche in unserer Umwelt benutzt werden.

Max und Laura fallen sofort zwei Beispiele ein:

1 Zoll = 2,54 cm

„Im Baumarkt gibt es Rohre mit $\frac{3}{4}$ Zoll Durchmesser."

„Die Bushaltestelle ist ungefähr einen halben Kilometer entfernt".

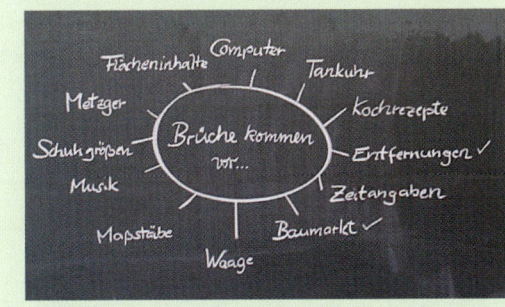

Finde auch für die anderen Situationen Beispiele und notiere sie im Heft.

Brüche treten auf ...

... als **Maßzahlen** von Größen:

$\frac{1}{2}$ cm = 5 mm

$\frac{3}{4}$ h = 45 min

$\frac{1}{4}$ kg = 250 g

$$\frac{2}{5}$$ —— Zähler / Bruchstrich / Nenner

Lies „Zwei Fünftel"

... beim **Aufteilen**:

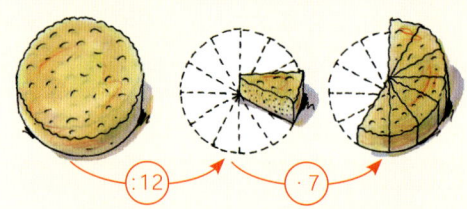

$\frac{7}{12}$ eines Kuchens:

Teile in 12 Teile und nimm 7 davon.

... auf **Skalen** und **Anzeigen** von Messgeräten:

Der Tank ist zu $\frac{3}{4}$ gefüllt.

Beispiele

A Rechteckmodell

Donauwellen backt man auf rechteckigen Backblechen.
Der Konditor hat den Kuchen in 10 gleich große Stücke vorgeschnitten. Ein Stück entspricht $\frac{1}{10}$ (einem Zehntel) Kuchen.

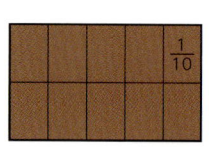

Lena kauft 7 Stücke.
Es sind noch $\frac{3}{10}$ des Kuchens übrig.

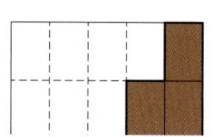

B Stabmodell

Welche Länge ist größer, $\frac{3}{4}$ dm oder $\frac{4}{5}$ dm?
Lösung:
Zeichne zwei Strecken der Länge 1 dm und unterteile die eine in 4 gleich lange Teilstrecken, die andere in 5 gleich lange Teilstrecken. Markiere anschließend die Bruchteile farbig.

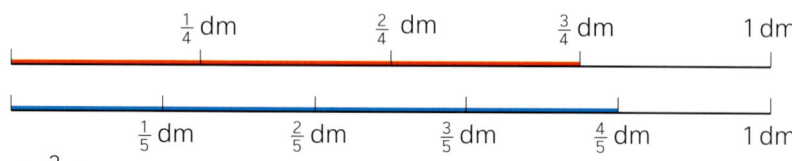

$\frac{4}{5}$ dm ist größer als $\frac{3}{4}$ dm.

Beispiele

C Kreismodell

Wie lang sind $\frac{2}{5}$ von einer Stunde?

Lösung: Wandle in eine kleinere
Einheit um: 1 h = 60 min

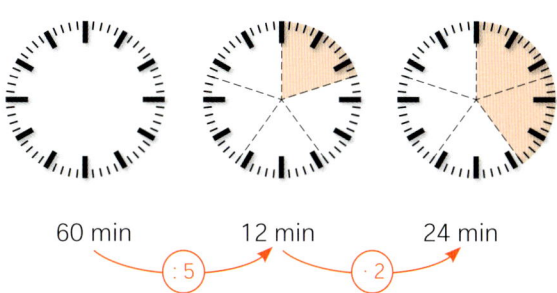

$\frac{2}{5}$ von einer Stunde:

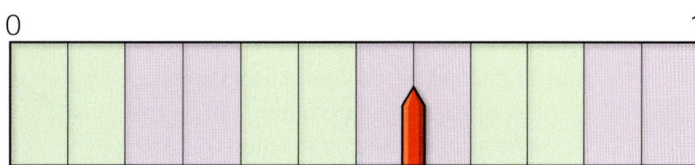

60 min   12 min   24 min

Antwort: 24 Minuten.

D Ablesen von Anzeigen

0   1

Die Skala ist in 12 Abschnitte unterteilt. Der Zeiger zeigt $\frac{7}{12}$ des Vollausschlages.
Die Skala gehört zu einem Benzintank. In den Tank passen 60 Liter Benzin.
Wie viel Benzin ist noch im Tank?

60 Liter   5 Liter   35 Liter   Es sind noch 35 ℓ im Tank.

:12   · 7

Übungen

6 Anteile im Kreis-, Rechteck- und Stabdiagramm
Welcher Anteil ist blau gefärbt?
a)

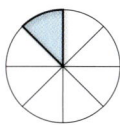 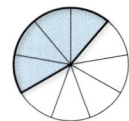 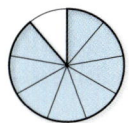 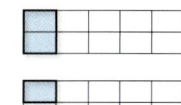 

b) Welcher Anteil wird abgeschnitten?

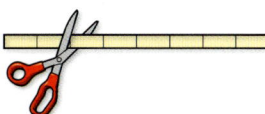 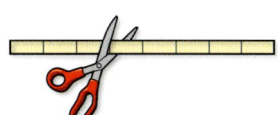 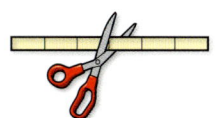

7 Diagramme zeichnen
Stelle die folgenden Anteile zeichnerisch dar.
a) Verwende ein Kreismodell für die Darstellung von $\frac{3}{8}$, $\frac{3}{4}$, $\frac{1}{2}$.

b) Verwende ein Rechteckmodell für die Darstellung von $\frac{1}{3}$, $\frac{2}{6}$, $\frac{1}{12}$.

c) Verwende ein Stabmodell für die Darstellung von $\frac{1}{10}$, $\frac{3}{10}$, $\frac{3}{5}$.

8 Brüche als Maßzahlen
Welche Maßzahlen kannst du an die markierten Stellen des 1 dm langen Stabes
schreiben?

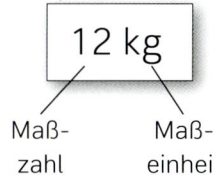

12 kg

Maß-
zahl

Maß-
einheit

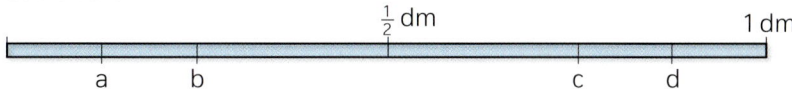

$\frac{1}{2}$ dm   1 dm

a   b   c   d

Übungen

Gleiche Brüche mit ver-
schiedenen Namen

9 Schätzen von Anteilen

Jeder Bruch passt zu einem Anteil, der blau gefärbt dargestellt ist.

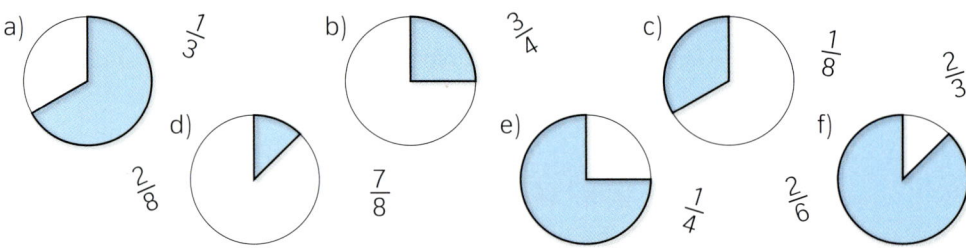

10 Pizzamathematik

Peter hat eine Pizza in Viertel geteilt.

a) Er halbiert jedes Viertel und verteilt
   die Stücke an seine Gäste.
   Wie groß ist jedes der Stücke?

b) Wie groß wären die Teilstücke, wenn
   er jedes Viertel gedrittelt hätte?

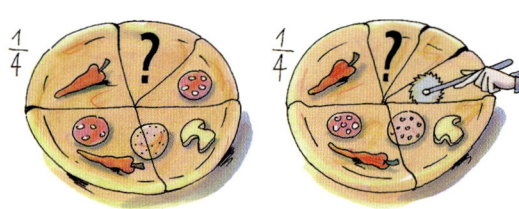

11 Kuchenmathematik

Simone soll beim Konditor vier Stück Käsekuchen holen. Sie hat in Mathematik gerade
mit Bruchrechnung angefangen. Um ihre Kenntnisse auszuprobieren, bestellt sie $\frac{4}{12}$ Käsekuchen. „Aha", meint die Verkäuferin. „Du möchtest also ein Drittel Käsekuchen."

a) Meint die Verkäuferin dasselbe? Am besten veranschaulichst du dir die Anteile mit
   einem „Kuchendiagramm". Oder vielleicht sogar mit einem richtigen Kuchen.

b) Wie hätte Simone einen halben Käsekuchen (dreiviertel Käsekuchen) auf verschiedene Arten bestellen können?

12 Namensvettern bei Brüchen

Welche Brüche sind in den Zeichnungen jeweils dargestellt?

a)    b)   c)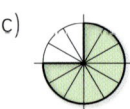

↘ **Gleiche Brüche können verschiedene Namen haben**

Für jeden Bruch gibt es viele verschiedene Namen.
Wähle eine feinere oder gröbere Aufteilung eines Diagramms, um gleiche Brüche
mit verschiedenen Namen zu erhalten.

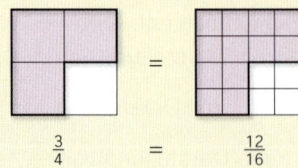

$$\frac{3}{4} = \frac{12}{16}$$

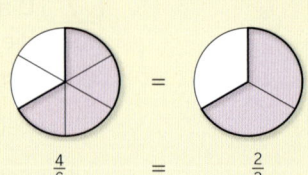

$$\frac{4}{6} = \frac{2}{3}$$

Beispiel:
$\frac{1}{2}$ < $\frac{5}{8}$

<

13 Größer, kleiner oder gleich?

Vergleiche die Brüche. Wenn du nicht sicher bist, helfen dir Diagramme. Ersetze das ■
durch >, < oder =.

a) $\frac{1}{3}$ ■ $\frac{3}{6}$ b) $\frac{2}{4}$ ■ $\frac{4}{8}$ c) $\frac{3}{4}$ ■ $\frac{7}{8}$ d) $\frac{4}{5}$ ■ $\frac{6}{10}$ e) $\frac{2}{3}$ ■ $\frac{3}{5}$

Übungen

14 Flaggen haben es in sich

a) Übertrage die Bilder der Flaggen in dein Heft. Welcher Anteil Stoff entfällt auf die einzelnen Farben? Zu welchen Ländern gehören die Flaggen?

b) Entwirf selbst eine Flagge auf kariertem Papier, bei der $\frac{1}{5}$ rot und $\frac{3}{10}$ blau ist. Der Rest soll weiß bleiben. Welcher Anteil ist weiß geblieben?

c) Suche nach weiteren Flaggen und bestimme die Farbanteile.

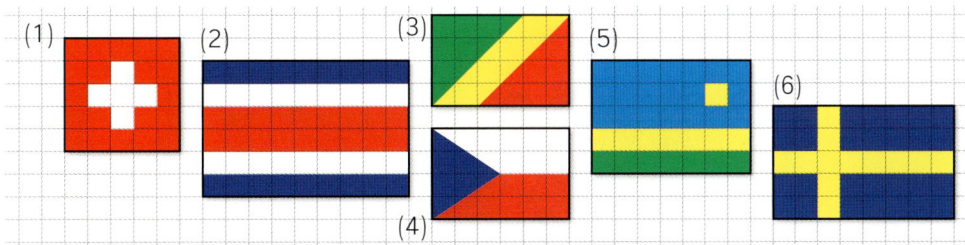

15 Achtung, Eisberge!

Eisberge sind eine Gefahr für die Schifffahrt. Dies liegt auch daran, dass der größte Teil des Eises unter Wasser liegt. Damit man sich das vorstellen kann, haben wir Eisberge mit Kästchen gezeichnet.

a) Bestimme, welcher Anteil über und welcher Anteil unter der Wasseroberfläche liegt.

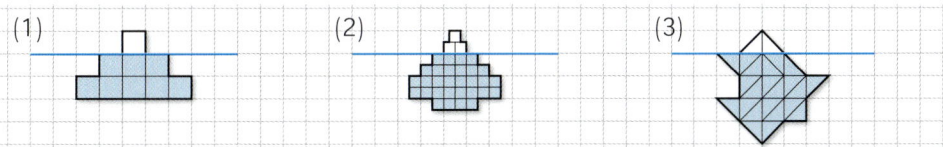

b) Zeichne den Eisberg ab und ergänze ihn so, dass $\frac{9}{10}$ unter der Wasseroberfläche sind.

Die Eintauchtiefe von Eisbergen hängt auch vom Salzgehalt des umgebenden Wassers ab. Sind es in Salzwasser etwa $\frac{1}{10}$ bis $\frac{1}{9}$ des Eisberges, die über der Wasseroberfläche liegen, so ist in Süßwasser nur etwa $\frac{1}{12}$ des Eisberges sichtbar. Nur einer der drei in 15 a) gezeichneten Eisberge schwimmt in Süßwasser.

16 Brüche in 3D

In einer Schreinerei wurden aus quaderförmigen Holzstücken bestimmte Teile herausgesägt. Welcher Anteil des Holzes wurde jeweils herausgesägt, welcher Anteil ist übrig geblieben?

17 Schafweide gesucht

Landwirt Herr Schäfer möchte dem Schaf Bella ein Viertel ($\frac{1}{4}$) der Wiese zum Weiden überlassen. Doch ihm fallen mindestens fünf Möglichkeiten ein, wie er das bewerkstelligen kann. Eine haben wir schon verraten. Zeichne die quadratische Wiese in dein Heft, am besten 8 Karos lang und 8 Karos breit, und teile $\frac{1}{4}$ ab. Finde möglichst viele verschiedene Weideflächen für das Schaf.

Übungen

18 (Bruch-)Stück für Stück

Der Legionär Gaius Faulus musste diese Woche wieder einmal zum Strafdienst auf den Exerzierplatz.

a) Übertrage den Platz in dein Heft. Welchen Anteil des Platzes hat er am Montag, welchen am Dienstag und welchen am Mittwoch gefegt?

b) Am Donnerstag fegte er $\frac{1}{10}$ des ganzen Platzes und am Freitag $\frac{1}{12}$.
   Zeichne die gefegte Fläche ein. Welchen Anteil muss er am Samstag noch kehren, wenn er sonntags frei hat?

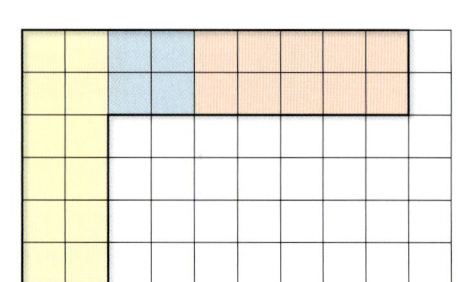

☐ Montag

☐ Dienstag

☐ Mittwoch

19 Bruchuhr

Mit zwei kreisförmigen Papierscheiben hat sich Miriam eine „Bruchuhr" gebaut. Auf eine der Papierscheiben hat sie dabei eine Unterteilung in 12 gleiche Teile gezeichnet.

a) Baue selbst eine Bruchuhr und stelle damit die folgenden Brüche dar: $\frac{1}{4}, \frac{1}{6}, \frac{5}{6}, \frac{1}{3}, \frac{3}{4}$.

b) Stelle einen Anteil ein und zeige deinem Nachbarn die Rückseite der Bruchuhr. Dieser muss nun den eingestellten Bruch erraten. Wechselt euch ab. Wer hat zuerst fünf Brüche richtig erraten?

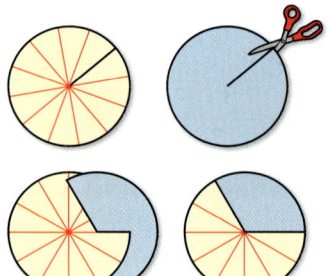

20 Brüche in der Küche

In einem Kochbuch sind die Koch- und Backzeiten für verschiedene Gerichte mit einer Kreisscheibe angegeben.

Kreisscheibe	Backzeit	Anteil der gefärbten Fläche
◔	$\frac{3}{4}$ h = 45 Minuten	$\frac{3}{4}$ „Dreiviertel"

Welche Kreisscheibe passt zu den folgenden Back- und Garzeiten?

30 min   15 min   50 min   10 min   5 min   35 min

Zeichne sie in dein Heft und bestimme den gefärbten Anteil.

21 Training mit Größen

Wandle die Größen so um, dass natürliche Maßzahlen entstehen. Benutze dazu jeweils eine kleinere Maßeinheit. Wenn du für jede Teilaufgabe nicht länger als 2 Minuten brauchst, bist du fit.

a) $\frac{1}{2}$ d $\frac{1}{3}$ h $\frac{3}{4}$ km $1\frac{1}{2}$ m $\frac{1}{4}$ h   0,5 kg $\frac{1}{100}$ m

b) $\frac{1}{8}$ t $\frac{5}{4}$ kg $\frac{1}{5}$ m   0,2 m $\frac{1}{10}$ cm $\frac{3}{2}$ kg $\frac{7}{10}$ kg

c) $\frac{1}{4}$ dm² $\frac{1}{100}$ m² $\frac{1}{5}$ min $\frac{1}{6}$ h $\frac{1}{2}$ Monat $\frac{3}{8}$ ℓ   0,2 ℓ

d) $\frac{1}{8}$ km $\frac{5}{8}$ ℓ $\frac{1}{5}$ m² $\frac{4}{3}$ h $\frac{1}{3}$ d $\frac{1}{12}$ min $\frac{3}{4}$ d

Tipp

Beispiele:
1 Tag = 24 h
$\frac{1}{2}$ *Tag = 12 h*

Übungen

22 In die andere Richtung

Wandle die Größen so um, dass die Maßzahlen zu Brüchen werden. Beschreibe, wie du vorgegangen bist.

a) 30 min	15 min	45 s	12 h	18 h	20 min
b) 5 dm	1 dm	8 dm	750 m	125 m	375 m
c) 500 mℓ	200 mℓ	625 mℓ	10 mℓ	250 mℓ	700 mℓ
d) 12 s	5 min	10 min	20 min	24 min	8 h

$$2\frac{1}{4}$$

ganzzahliger   Bruch-
Anteil   anteil

lies: „Zweieinviertel"
Bedeutung:
2 Ganze *und* $\frac{1}{4}$

23 Rund um die Uhr

Formuliere jeweils eine passende Frage und berechne.

a) Es ist 18.15 Uhr, in $1\frac{1}{2}$ Stunden kommt Fred vorbei.

b) Vor einer Dreiviertelstunde kam mein Zug an, jetzt ist es 13.07 Uhr.

c) Der Zug braucht genau $2\frac{1}{4}$ Stunden nach Essen. Wir fahren um 9.37 Uhr los.

d) Die meisten Sprechweisen im Bild sind unüblich. Was bedeuten sie?

23 Lösungen:

12.22 Uhr	40 Minuten
11.12 Uhr	11.52 Uhr
9.55 Uhr	19.45 Uhr

24 Wasserpumpe

Bei Wasserrohrbrüchen oder Überschwemmungen sind Pumpen sehr nützlich.
Eine Pumpe kann bei voller Leistung 5400 Liter Wasser in einer Stunde abpumpen.
Die Leistung der Pumpe wird an folgender Skala gezeigt:

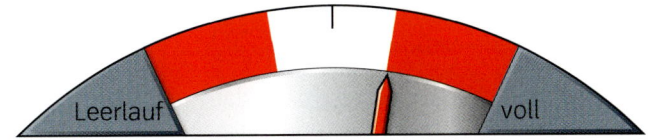

Leerlauf   voll

a) Wie viel Liter Wasser wird nach einer Stunde abgepumpt sein?

b) Die Pumpe wird nach zwei Stunden von $\frac{1}{3}$ der Höchstleistung auf volle Leistung hochgefahren. Wie viel Liter sind nach vier Stunden abgepumpt worden?

25 Teilungsproblem

Fenja, Nico, Antonia und Lars wollen sich beim Kiosk jeweils eine Lakritzschnecke kaufen. Leider gibt es nur noch drei. Eine Lakritzschnecke kostet 60 Cent.

a) Wie viel muss jedes Kind bezahlen?

b) Fenja, Nico und Antonia machen unterschiedliche Vorschläge zur Verteilung.
Erstelle eine Zeichnung zu jedem Vorschlag, eine Lakritzschnecke soll dabei durch eine 6 cm lange Strecke dargestellt werden. Schreibe die einzelnen Stücke als Bruch auf. Welchen Bruchteil einer Lakritzschnecke erhält jedes Kind?

Fenja rollt alle Lakritzschnecken ab, legt sie in eine Reihe und teilt die ganze Reihe in vier gleich große Teile.	Nico will jede Lakritzschnecke vierteln und jedem dann von jeder Lakritzschnecke ein Stück geben.	Antonia will jedem Kind eine halbe Lakritzschnecke geben und von der dritten Lakritzschnecke ein Viertel.

Übungen

26 Kuchen für alle

Die fünf fünften Klassen einer Schule machen einen gemeinsamen Schulausflug. Für das abschließende Picknick soll jede Klasse ein Blech Kuchen backen. Leider klappt das in einer Klasse nicht, so dass nur vier Bleche zur Verfügung stehen. Wie sollen diese an die Klassen verteilt werden?

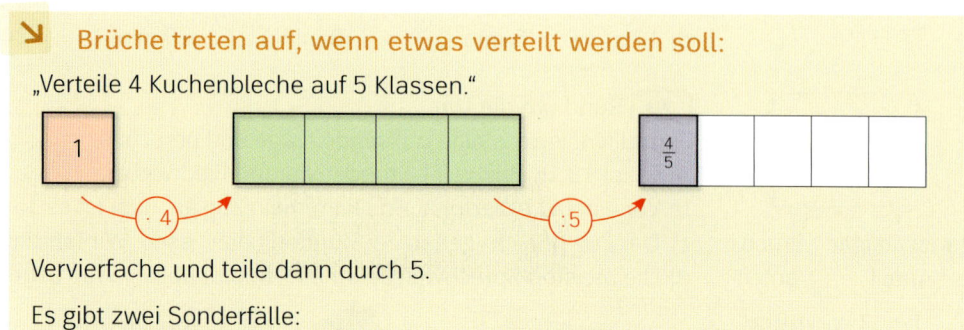

↘ Brüche treten auf, wenn etwas verteilt werden soll:

„Verteile 4 Kuchenbleche auf 5 Klassen."

Vervierfache und teile dann durch 5.

Es gibt zwei Sonderfälle:

(1) Verteile drei auf einen: $\frac{3}{1} = 3$ (2) Verteile fünf auf fünf: $\frac{5}{5} = 1$

27 Manchmal fällt Teilen schwer.

Drei Geschwister teilen stets alles gerecht untereinander auf.

a) Wie viel bekommt jeder von den 5 Pfannkuchen, die die Mutter gebacken hat?

b) Warum fällt es den Dreien schwer, die 5 Euro, die sie für das Rasenmähen bekommen haben, untereinander aufzuteilen?

28 Natürliche Zahlen und Brüche

Sonja:

> Jede natürliche Zahl ist auch ein Bruch.

Karsten:

> Verschiedene Bruchzahlen können die 1 sein.

Was meinen Sonja und Karsten?

Kopfübungen

1. Nenne die kleinste zweistellige Zahl.

2. Arne möchte eine zu g senkrechte Gerade durch D zeichnen. Wie viele Möglichkeiten hat er?
   (1) Keine   (2) Eine   (3) Zwei   (4) unendlich viele

3. Wandle 1000 kg in Gramm um.

4. Welche Aufgaben haben keine Lösung: (1) $0 \cdot 10$ (2) $0 : 10$ (3) $10 : 0$ (4) $10 \cdot 0$

5. Gibt es Rechtecke, bei denen alle vier Seiten gleich lang sind? Nenne gegebenenfalls Beispiele.

6. 1002 Personen wurden befragt, wie zufrieden sie mit ihrem Beruf sind. Ergänze die Tabelle. Welche Antwort kam am häufigsten vor?

   401 Befragte sind „sehr zufrieden"
   ▒ Befragte sind „zufrieden"
   70 Befragte sind „weniger zufrieden"
   40 Befragte sind „unzufrieden".

7. Marie will für Benzin höchstens 60 € ausgeben, ein Liter kostet 152,9 ct. Schätze: Wie viel Benzin soll sie tanken?

Aufgaben

29 Noch mehr Skalen

Die beiden Skalen gehören zu Benzintanks in Autos.

a) Welcher Anteil des Vollausschlages (Zeigerstellung auf der 1) wird jeweils angezeigt?

b) In die Tanks passen jeweils 48 Liter Benzin. Gib an, wie viele Liter Benzin jeweils noch im Tank sind. Wie viel wurde bereits verbraucht?

c) Wie viele Liter Benzin wären noch im Tank, wenn die Tanks jeweils 56 Liter Benzin fassen würden? Löse diese Aufgabe auch mit einem Überschlag. Reicht die Überschlagsrechnung für einen Autofahrer aus?

(1)

(2)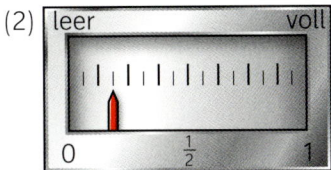

30 Sportlich, sportlich

Die Klassen 5a (27 Schüler und Schülerinnen), 5b (28 Schüler und Schülerinnen) und 5c (26 Schüler und Schülerinnen) sind für ihre Sportbegeisterung bekannt und werden für die Schülerzeitung interviewt. Nach dem Interview sind dem Redakteur die Angaben jedoch durcheinander geraten. Er erinnert sich aber noch daran, dass die Anteile aufgehen. Übertrage die Tabelle in dein Heft und fülle die Lücken:

$\frac{2}{3}$ der einen Klasse spielen Handball

$\frac{5}{13}$ der einen Klasse reiten

$\frac{1}{9}$ einer Klasse macht Freeclimbing

$\frac{4}{7}$ von einer Klasse spielen Fußball

$\frac{1}{4}$ einer Klasse spielt Basketball

$\frac{5}{13}$ einer Klasse surfen

Klasse	Sportart	Anzahl der Kinder	Anteil der Klasse
▪	Handball	▪	▪
▪	Fußball	▪	▪
⋮	⋮	⋮	⋮

31 Brüche mit dem 5 · 5-Geobrett

a) Christoph hat mit einem Haushaltsgummi $\frac{1}{8}$ der Fläche des Geobrettes umspannt. Finde noch zwei weitere Möglichkeiten, $\frac{1}{8}$ der Fläche zu umspannen.

b) Laura hat mit Haushaltsgummis weitere Figuren gespannt. Welcher Bruchteil des Geobretts ist jeweils umspannt?

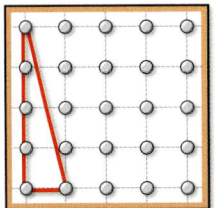

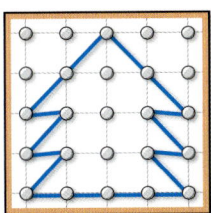
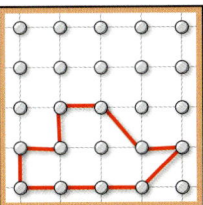
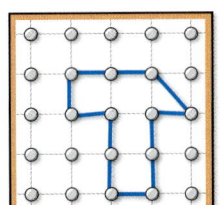
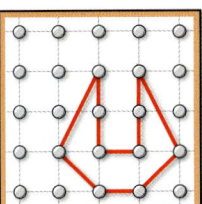

c) Spanne das Haushaltsgummi so, dass $\frac{3}{4}$ ($\frac{3}{8}$, $\frac{9}{16}$, $\frac{7}{16}$, $\frac{10}{16}$) der Fläche umspannt ist.

d) Erfinde selbst weitere Figuren und gib deren Bruchteil an der Gesamtfläche an.

1.2 Brüche im Einsatz – Prozente, Maßstäbe, Verhältnisse

Für maßstabsgetreue Modelle und Landkarten müssen alle Längenabmessungen des Originals gleichermaßen schrumpfen. Jede Längenabmessung im Modell ist ein Bruchteil der Originallänge.
Ob beim Mischen von Getränken oder von Farben, um immer wieder genau die gleiche Mischung herstellen zu können, muss man wissen, aus welchen Bestandteilen die Mischung zusammengesetzt ist und in welchem Verhältnis die Bestandteile zueinander stehen.
In Nachrichten oder auf Verpackungen treten Brüche oft in Form von Prozentangaben auf.

Aufgaben

1 Historisches Fahrzeug

Ein alter Lastwagen soll als Modellbausatz im Maßstab 1 : 32 (lies: 1 zu 32) hergestellt werden. Das bedeutet, dass alle Längenabmessungen des Modells $\frac{1}{32}$ (ein Zweiunddreißigstel) der Originalabmessungen sind. In einem Museum wurde das Originalfahrzeug vermessen. Berechne die Abmessungen des Modells anhand der Angaben in der Tabelle. Hat die Zeichnung des Lastwagens die Längenmaße des Modells?

	Gesamt-länge	Reifen-durchmesser	Achsen-abstand	Breite der Fahrertür
Original	4480 mm	704 mm	3008 mm	800 mm
Modell	■	22 mm ⟩: 32	■	■

2 Ein tolles Orange

Herr Meyer ist vom Garagentor seiner Nachbarin Frau Wiese begeistert.
Gib für die folgenden Mischungen jeweils das Mischungsverhältnis der Flüssigkeiten an.

Gelb und Rot stehen im Mischungsverhältnis 2 zu 3.

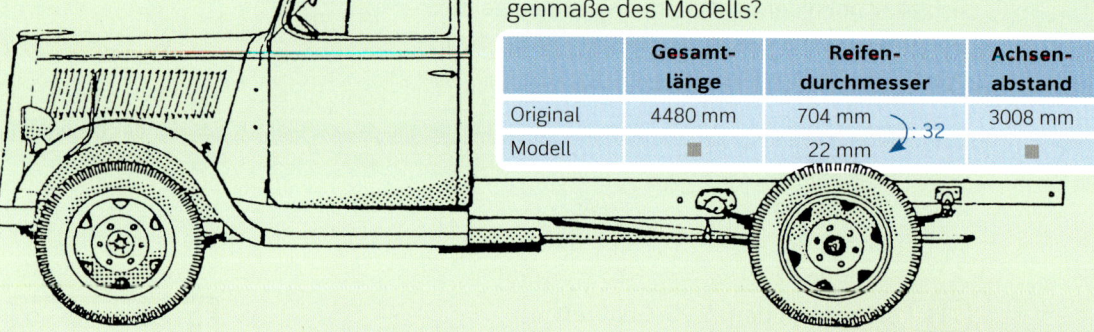

a)  1 SAFT 3 WASSER

b)  ÖL BENZIN 20 l 1 l

c) 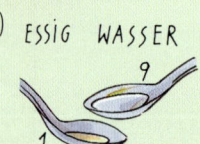 ESSIG WASSER 9 1

Welchen Bruchteil der Mischung macht jede Flüssigkeit aus?

3 Bruchteile und Prozente

Beschreibe, was die Aufschriften jeweils bedeuten.

a)  50% Wolle

b) QUARK 40% Fett i. Tr.

c)  ANZEIGER 75% der Bürger sind zufrieden

Basiswissen

Brüche kommen in vielen Sachzusammenhängen vor. Manchmal muss man allerdings genau hinschauen, um sie zu entdecken, zum Beispiel beim Maßstab, bei Prozentangaben und bei Mischungsverhältnissen.

Maßstab: Größenverhältnis zwischen Abbildung und Original

Die Längen in der Abbildung sind $\frac{1}{100}$ (ein Hundertstel) der Originallängen.

Auto 1 : 100

15 mm in der Abbildung entsprechen 100 · 15 mm = 1500 mm in Wirklichkeit. Das sind 1,50 m.

Originallänge: 3 m = 300 cm. 300 cm in Wirklichkeit entsprechen 300 cm : 100 = 3 cm in der Abbildung.

Mischungsverhältnis: Anteile im Vergleich

Marzipanrohmasse und Puderzucker stehen z. B. im Mischungsverhältnis

7 zu 3   oder   9 zu 1

Das Marzipan wird aus gemahlenen Mandeln und Zucker hergestellt.

Besonders wertvoll ist Marzipan mit einem hohen Anteil an Marzipanrohmasse, da sie Mandeln enthält.

Prozentangaben: Das Ganze wird in 100 gleichgroße Teile aufgeteilt

50 % sind die Hälfte, 1 % ist ein Hundertstel des Ganzen.
100 % machen 1 (ein) Ganzes aus.

Ein Diagramm stellt die Prozentangaben anschaulich dar.

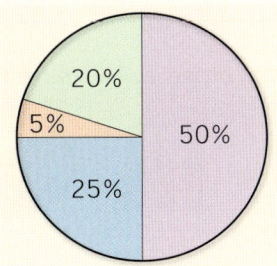

Prozentangabe	Bruchteil
1 %	$\frac{1}{100}$
5 %	$\frac{1}{20}$
10 %	$\frac{1}{10}$
20 %	$\frac{1}{5}$
25 %	$\frac{1}{4}$
50 %	$\frac{1}{2}$
100 %	1

Beispiele

A Mischungsverhältnisse

Stelle das Mischungsverhältnis 2 zu 5 im Stabmodell (der Gesamtlänge 35 mm) dar.
Lösung: Um die Strecke in diesem Verhältnis zu teilen, muss man sie in 2 + 5 = 7 gleich lange Einheiten unterteilen.
Jede Einheit ist also 35 mm : 7 = 5 mm lang.
Die Abschnitte von 2 · 5 mm = 10 mm und
5 · 5 mm = 25 mm stehen im Längenverhältnis
2 zu 5 zueinander.

$\frac{2}{7}$ $\frac{5}{7}$

10 mm   25 mm

Beispiele

B Modellbau

Ein Schiff hat eine Länge von 24 m. Im Maßstab 1 : 600 soll ein Modell des Schiffes hergestellt werden. Welche Länge wird das Modell haben?
Lösung: 24 m = 2400 cm.
$\frac{1}{600}$ von 2400 cm ist gleich 2400 cm : 600 = 4 cm.
Das Schiffsmodell wird 4 cm lang sein.

C Lohnerhöhung

Frau Brammer verdient monatlich 2500 €. In der Firma übernimmt sie eine neue Stelle und erhält 10 % mehr Lohn als zuvor. Wie groß ist die Lohnerhöhung in €?
Lösung: 10 % sind $\frac{1}{10}$ des früheren Lohns.
Die Lohnerhöhung macht monatlich 250 € aus.

: 10

2500 €　　250 €

Übungen

4 Grautöne

Aus weißer und schwarzer Farbe sollen verschiedene Grautöne gemischt werden. Für jede Farbdose steht ein Kästchen. Zeichne die „Dosen" in dein Heft und gib jeweils die Mischungsverhältnisse an.

a) 　　b) 　　c)

d) Welcher Bruchteil der Mischungen ist schwarze Farbe, welcher weiße Farbe?
　Bei welcher der drei Mischungen ist der Grauton am hellsten?

5 Orangetöne

Aus gelber und roter Farbe sollen verschiedene Orangetöne gemischt werden.

Mischung	A	B	C	D
Verhältnis Rot zu Gelb	3 zu 1	1 zu 1	4 zu 5	2 zu 5

a) Zeichne zu den Mischungsverhältnissen jeweils die benötigten Farbdosen in dein Heft. Welcher der Orangetöne wird eher rötlich, welcher eher gelblich sein?
b) Gib an, welcher Bruchteil der Mischungen gelbe Farbe und welcher rote Farbe ist.

6 Anteile in Diagrammen

Übertrage die Bilder in dein Heft und ordne jeweils der gefärbten Fläche ihren Anteil zu.

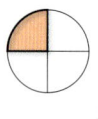  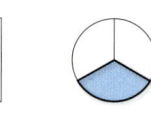 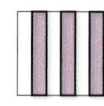 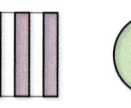 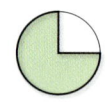 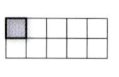

$\frac{1}{3}$　　　25 %　　　50 %　　　75 %　　　10 %　　　$\frac{4}{5}$

7 Prozentangaben im Rechteckmodell

Bei den beiden großen Rechtecken ist jeweils 25 % der Fläche farbig.

 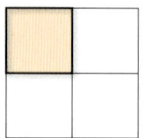

Zeichne je zwei verschiedene Rechtecke mit folgenden schraffierten Anteilen in dein Heft:
a) 75 %　　　b) 50 %　　　c) 20 %　　　d) 10 %　　　e) 80 %.

Übungen

8 Bruchteile und Prozentangaben
Übertrage die Tabelle in dein Heft und ergänze die Einträge:

Bruchteil	■	$\frac{1}{5}$	■	$\frac{1}{8}$	■	$\frac{3}{5}$	■
Prozentangabe	10 %	■	25 %	■	75 %	■	100 %

9 Anteile im Kreismodell
Stelle „nach Augenmaß" in einem Kreismodell dar:
a) $\frac{1}{3}$ b) $\frac{1}{12}$ c) $\frac{2}{3}$ d) $\frac{1}{6}$ e) $\frac{5}{6}$
Schätze die entsprechenden Prozentangaben.

10 Strecke teilen

Tipp
siehe Beispiel A

Zeichne eine Strecke von 12 cm Länge und teile sie – ähnlich wie im Beispiel A – im angegebenen Verhältnis. Überlege dir jeweils Beispiele für geeignete Mischungen.
a) 1 zu 3   b) 5 zu 1   c) 3 zu 3   d) 1 zu 11

11 Fahrradtour

Tipp
siehe Beispiel B

Clara macht mit ihren Freunden eine Radtour von 30 km Länge. Wie lang ist diese Wegstrecke auf einer Karte im Maßstab 1 : 50 000 (1 : 100 000)? Wandle die Länge zunächst in die kleinere Einheit um.

12 Vereinsbericht
Marina hat die Geschäftsleitung des VfR Bolzdorf übernommen und liest den letzten Vereinsbericht. Dabei hat sie mit vielen Prozentangaben zu tun.

1. Der Verein zählt 240 Mitglieder.
   50 % der Mitglieder sind weiblich.
   10 % sind jünger als 6 Jahre.
   25 % sind Rentner.
    5 % spielen in der C-Jugend.

2. Die Jahresbeiträge der erwachsenen Vereinsmitglieder sollen ab dem kommenden Jahr von 108 € um 25 % angehoben werden. Dafür sollen die Jahresbeiträge der Jugendlichen von 72 € um 25 % gesenkt werden.

Tipp
siehe Beispiel C

a) Gib zu den Prozentangaben im ersten Teil des Berichts die Anzahl der Personen an.
b) Wie viel müssen die Erwachsenen und die Jugendlichen ab dem kommenden Jahr jeweils bezahlen? Das Beispiel C kann helfen.

13 Training mit Größen
Berechne die angegebenen Anteile, wähle dabei die Einheiten passend.
a) 10 % einer Stunde   b) 75 % von 24 €   c) 30 % von 3 m
d) 50 % von 3,8 km²   e) 25 % von 2 Litern   f) 5 % einer Tonne

14 Apfelschorle
Carmen hat einen Krug Apfelsaftschorle (1 Liter) aus Mineralwasser und Saft im Verhältnis 2 zu 3 gemischt.
a) Welcher Bruchteil der Mischung ist Wasser, welcher ist Saft?
b) Gib die Flüssigkeitsmengen in Milliliter an.

15 Himbeersirup
Der Hersteller von Himbeersirup empfiehlt: „Geben Sie zu einem Teil Sirup fünf Teile Wasser." Es sollen 3 Liter (1,5 Liter) der Mischung hergestellt werden. Wie viel Sirup und wie viel Wasser werden benötigt?

16 Landkarte

Ein Vermessungstrupp hat folgende Strecken gemessen:

a) 800 m   b) 80 m   c) 4 km   d) 16 km   e) 36 km   f) 2,8 km.

Wie lang sind die entsprechenden Strecken auf einer Landkarte im Maßstab 1 : 80 000?

17 Bauplan

Nach einem Bauplan im Maßstab 1 : 200 soll eine Wohnanlage gebaut werden. Ermittle, wie groß die Abmessungen in Wirklichkeit sein sollen.

	Tür	Fenster	Parkplatz	Terrasse
Länge im Plan	7 mm	1 cm	1,5 dm	12,8 cm
Länge in Wirklichkeit	▪	▪	▪	▪

18 Mega-Kuchen

Die Bäckerei Helm hat für das Volksfest einen 8 m langen Kuchen gebacken. Eine Stunde nach Beginn des Festes sind bereits 20 % des Kuchens verkauft. Eine Stunde später sind 25 % des ganzen Kuchens verkauft. Noch zwei Stunden später sind 80 % des ganzen Kuchens aufgegessen. Wie lang war der Rest des Kuchens jeweils? Zeichne und rechne.

19 Kaffeesteuer

Kaffee gehört in Deutschland zu den Lieblingsgetränken. Der Staat erhebt eine Steuer auf Kaffee. Diese Steuer zahlt man, wenn man Kaffee oder kaffeehaltige Produkte, z. B. Cappuccino, kauft.

a) Ermittle aus dem Beispiel im Bild den Anteil der Kaffeesteuer (als Bruchteil und als Prozentangabe) an dem Verkaufspreis für eine Kaffeesorte.

b) Der Anteil vom Kaffee in einem Cappuccino beträgt ein Zehntel. Schätze, wie groß der Kaffeesteueranteil an dem Verkaufspreis von Cappuccino ist. Kannst du den Steueranteil auch berechnen?

Kopfübungen

1. Nenne einen gemeinsamen Teiler von 26 und 39.

2. Stimmt es, dass ein Quadrat auch ein Rechteck ist? Begründe.

3. Wandle 6 Stunden in Minuten um.

4. Berechne im Kopf: a) 11 − 2 · 3   b) (11 − 2) · 3

5. Wie viele Seiten hat ein quadratisches Rechteck?

6. An der Umfrage (siehe Diagramm) haben 2000 Erwachsene teilgenommen. Welche Deutungen sind richtig:

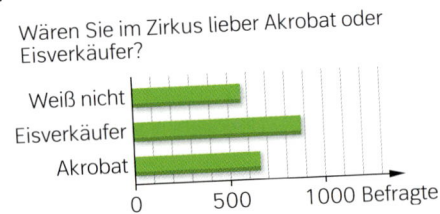

(1) Die Befragten meinen, dass es 880 Eisverkäufer im Zirkus geben sollte.

(2) 460 Befragte wissen nichts.

(3) 660 Akrobaten wären lieber Eisverkäufer.

(4) 880 Personen wären lieber Eisverkäufer als Akrobaten, wenn sie sich zwischen den beiden Berufen entscheiden müssten.

7. Eine kleine Pizza kostet 4,50 € und eine große Pizza 7,50 €. Thomas bestellt 4 kleine und 2 große Pizzen. Was zahlt er?

Exkurs

Saft oder Nektar?

Trinkst du gerne Orangensaft? Vielleicht hast du schon gesehen, dass es im Geschäft Orangensaft, Orangennektar und Orangen-Fruchtsaftgetränk gibt. Wer kennt sich da schon aus. Und was besser schmeckt, weiß man ohnehin nicht. Vom Gesetz ist jedoch vorgeschrieben, dass Fruchtsaft zu 100 % aus dem Saft der ausgepressten Frucht bestehen muss. Der Orangennektar muss mindestens zu 25 % aus Fruchtsaft und das Orangen-Fruchtsaftgetränk zumindest zu 6 % aus Fruchtsaft bestehen.

Aufgaben

20 Fruchtsaftkellerei

In einer Fruchtsaftkellerei werden aus Orangensaft (reinem Saft aus ausgepressten Orangen) verschiedene Getränke hergestellt. Dazu werden Orangensaft und Wasser gemischt.

a) Es wird ein Orangennektar hergestellt, bei dem der Anteil des Orangensaftes genau 25 % betragen soll. Gib den Anteil des Wassers in Prozent und als Bruch an.
   Zu welchen Teilen muss man Orangensaft und Wasser mischen? Eine Zeichnung kann dir helfen.

b) Für ein Fruchtsaftgetränk wird viel Wasser verwendet. Der Anteil des Orangensaftes an einem Orangen-Fruchtsaftgetränk soll genau 6 % betragen. Gib den Anteil des Wassers in Prozent und als Bruch an. Wie viel Liter Orangensaft und wie viel Liter Wasser werden für 100 Liter Fruchtsaftgetränk benötigt?

21 Schuldig oder nicht schuldig?

Oft wird ein Urteil gesprochen, bei dem nicht eindeutig der Beklagte oder der Kläger schuldig ist. Beide haben eine Teilschuld und müssen gemeinsam die Kosten des Gerichtsverfahrens tragen.

a) „Die Kosten des Verfahrens trägt zu drei Teilen der Beklagte und zu einem Teil der Kläger." Welchen Bruchteil der Gerichtskosten müssen Kläger und Beklagter in diesem Fall bezahlen?

b) In einem anderen Fall entscheidet das Gericht: „Die Kosten des Verfahrens in Höhe von 1600 Euro werden zwischen Beklagtem und Kläger im Verhältnis 3 zu 5 aufgeteilt." Wie viel müssen die beiden Streitparteien jeweils bezahlen?

22 Das Schönheitsideal

Der Maler ALBRECHT DÜRER untersuchte die Abmessungen von Menschen und fand solche Menschen besonders schön, bei denen die Länge des Oberkörpers 50 % der Körperlänge ausmachte, der Unterarm 25 % der Körperlänge und die Handlänge 10 %.

Miss deine Körperlänge genau und finde heraus: Wie lang müssten dein Oberkörper, Unterarm und Hand sein, um DÜRERS Vorstellung von Schönheit zu entsprechen?

ALBRECHT DÜRER (1471 – 1528)

1.3   Brüche miteinander vergleichen und ordnen

Wer trägt den größeren Anteil der Kosten? Wessen Trefferquote ist höher? Bei welchem Maßstab ist das Modell größer? Wer bekommt den größeren Teil des Kuchens? Bei der Beantwortung solcher Fragen hilft der Vergleich der zugehörigen Brüche. Brüche sind auch Zahlen, sie haben aber besondere Eigenschaften, die sie von natürlichen Zahlen unterscheiden.

Aufgaben

1 Wertvolle Brüche

Jannick will einige Brüche vergleichen. Bei $\frac{1}{4}$ und $\frac{3}{4}$ sieht er sofort, welcher Bruch größer ist. In schwierigeren Fällen hilft ihm eine Zeichnung.

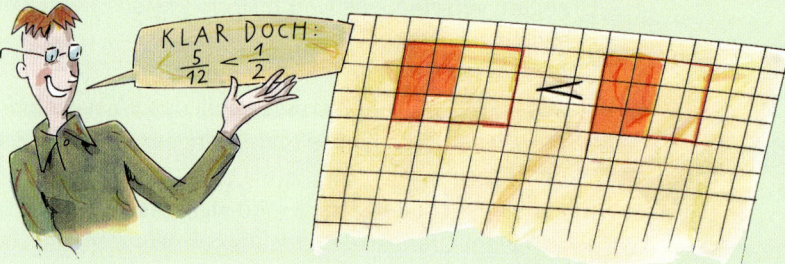

a) Vergleiche die Brüche durch Hinsehen oder durch Einteilen und Färben in einem Rechteckmodell. Setze das entsprechende Zeichen <, > oder = ein.

$\frac{1}{4} \blacksquare \frac{1}{3}$ $\frac{4}{6} \blacksquare \frac{2}{3}$ $\frac{10}{12} \blacksquare \frac{3}{4}$ $\frac{7}{12} \blacksquare \frac{1}{2}$ $\frac{1}{6} \blacksquare \frac{2}{12}$

b) Ordne alle Brüche aus der Teilaufgabe a) der Größe nach. Beschreibe, wie du vorgehst und formuliere Regeln.

2 Gleiche Brüche – verschiedene Namen

$\frac{1}{2}$ und $\frac{2}{4}$ sind verschiedene Namen für den gleichen Bruch.

$\frac{1}{2}$			$\frac{1}{2}$		
$\frac{1}{4}$		$\frac{1}{4}$	$\frac{1}{4}$		$\frac{1}{4}$
$\frac{1}{6}$	$\frac{1}{6}$	$\frac{1}{6}$	$\frac{1}{6}$	$\frac{1}{6}$	$\frac{1}{6}$

a) Finde vier weitere Namen für $\frac{1}{2}$.

b) Erkläre, wie du andere Namen für $\frac{1}{2}$ findest.

c) Julia meint: „Man könnte sagen, gleiche Brüche mit verschiedenen Namen gehören zu einer Familie. Wie groß kann diese Familie sein?"

d) Finde andere Namen für $\frac{1}{4}$ (bzw. $\frac{3}{4}$).

Aufgaben

3 **Große Torte statt vieler Worte**

Für die Geburtstagsgäste möchte Opa Beneke ausreichend Torte besorgen. Eigentlich wollte er der erste Kunde sein, aber da war jemand schneller ...

a) Von welcher Sorte ist am wenigsten übrig, von welcher am meisten?

b) Finde mehrere Namen für den übrig gebliebenen Bruchteil jeder Torte.

c) Opa Beneke möchte die Platte mit der Mandeltorte zu einer vollen Kuchenplatte ergänzen. Dabei sollen dort möglichst viele verschiedene Sorten Platz nehmen. Schreibe auf, welche Bruchteile du dann zusammenzählst. Findest du mehrere Möglichkeiten?

Beispiel:
$\frac{3}{12}$ Kuchen = $\frac{1}{4}$ Kuchen

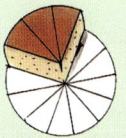 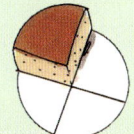

4 **Größer, kleiner oder gleich?**

Mit vielen großen und kleinen Gewichten hat Robert eine interessante Entdeckung gemacht.

Ich habe für ein $\frac{1}{4}$ kg (250 g) Gewicht fünf $\frac{1}{20}$ kg (50 g) Gewichte auf die andere Waagschale gelegt.

250 g

Svenja nimmt die kleinere Einheit und rechnet lieber nach:

$1000\,\text{g} \xrightarrow{\;:4\;} 250\,\text{g}$ $\qquad$ $1000\,\text{g} \xrightarrow{\;:20\;} 50\,\text{g} \xrightarrow{\;\cdot\,5\;} 250\,\text{g}$

a) Wie kannst du feststellen, ob $\frac{3}{4}$ kg größer, kleiner oder gleich $\frac{15}{20}$ kg ist?

b) Vergleiche die Gewichte. Mache es wie Svenja oder Robert.

$\frac{1}{2}$ kg und $\frac{2}{4}$ kg, $\qquad$ $\frac{2}{5}$ kg und $\frac{4}{10}$ kg, $\qquad$ $\frac{3}{5}$ kg und $\frac{11}{20}$ kg, $\qquad$ $\frac{5}{8}$ kg und $\frac{650}{1000}$ kg

Man kann verschiedene Namen für einen Bruch finden. Das erleichtert das Vergleichen und Ordnen von Bruchteilen und hilft beim Rechnen mit Brüchen.

Erweitern und Kürzen

Jeder Bruch hat viele verschiedene Namen

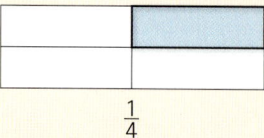
$$\frac{1}{4}$$

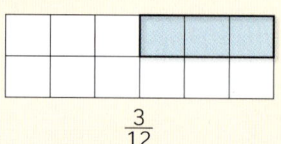
$$\frac{3}{12}$$

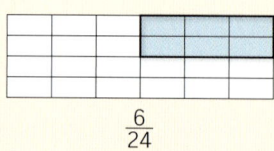
$$\frac{6}{24}$$

Das **Erweitern eines Bruchs** entspricht einer feineren Unterteilung des Ganzen.
Beispiel: Der Bruch $\frac{2}{5}$ wird mit 3 erweitert.

Der Zähler wird mit 3 multipliziert.
Es entstehen dreimal so viele Teilstücke.

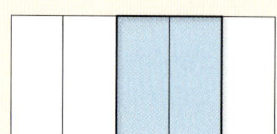

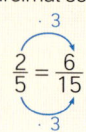
$$\cdot\,3$$
$$\frac{2}{5} = \frac{6}{15}$$
$$\cdot\,3$$

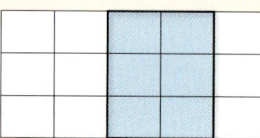

Der Nenner wird mit 3 multipliziert.
Die Teilstücke werden dreimal kleiner.

Der Bruch $\frac{2}{5}$ wird auf den Nenner 15 gebracht.

Beim Erweitern werden der Zähler und der Nenner mit der gleichen Zahl multipliziert.

Das **Kürzen eines Bruchs** entspricht einer gröberen Unterteilung.
Beispiel: Der Bruch $\frac{8}{12}$ wird mit 4 gekürzt.

Der Zähler wird durch 4 dividiert.
Die Teilstücke werden zusammengefasst.

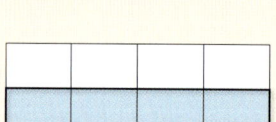

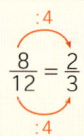
$$:\,4$$
$$\frac{8}{12} = \frac{2}{3}$$
$$:\,4$$

Der Nenner wird durch 4 dividiert.
Die Teilstücke werden viermal größer.

Der Bruch $\frac{8}{12}$ wird auf den Nenner 3 gebracht.

Beim Kürzen werden der Zähler und der Nenner durch die gleiche Zahl dividiert.

A Erweitern und Kürzen

Finde Brüche, die so groß wie $\frac{1}{2}$ sind.

Rechnerische Lösung: Der Bruch $\frac{1}{2}$ wird erweitert:

$$\frac{1}{2} = \frac{2}{4}, \quad \frac{1}{2} = \frac{3}{6}, \quad \frac{1}{2} = \frac{5}{10}$$

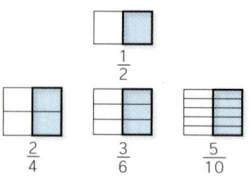

Grafische Lösung: Die Unterteilung wird auf verschiedene Weisen verfeinert.

B Erweitern und Kürzen

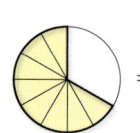

Erkläre die Darstellung im Bild.

Lösung: (1) Von links nach rechts: Unterteilung wird gröber, die Teilstücke werden viermal größer. Der Bruch $\frac{8}{12}$ wird mit 4 gekürzt. $\frac{8}{12}$ ist gleich $\frac{2}{3}$.

(2) Von rechts nach links: Unterteilung wird feiner, die Teilstücke werden kleiner. Der Bruch $\frac{2}{3}$ wird mit 4 erweitert. $\frac{2}{3}$ ist gleich $\frac{8}{12}$.

Beobachtung: *„Erweitern und Kürzen sind also zwei Seiten derselben Medaille."*

Übungen

5 Verfeinern oder Vergröbern

Erläutere die Darstellung ähnlich wie im Beispiel B. Übertrage die Bilder in dein Heft und schreibe die passenden Namen der gleichen Brüche dazu auf.

a) 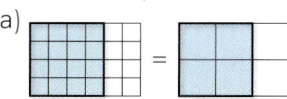   b) 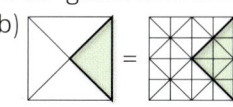   c)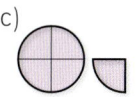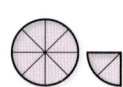

6 Immer feiner

a) Was wurde hier jeweils gemacht? Erkläre die Darstellung.

b) Begründe durch geeignete Bilder, dass die Brüche $\frac{1}{3}$, $\frac{2}{6}$, $\frac{3}{9}$ und $\frac{5}{15}$ alle den gleichen Anteil darstellen.

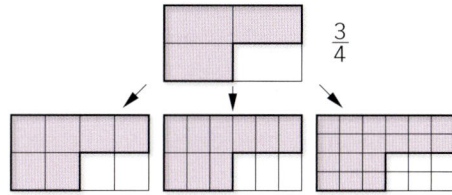

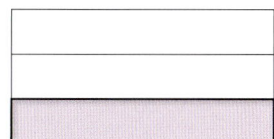

7 Etwas fehlt

Beim Erweitern und Kürzen sind ein paar Zahlen verloren gegangen. Woran erkennst du jeweils, dass die gefundene Zahl passt?

a) $\frac{3}{4} = \frac{\blacksquare}{12}$ b) $\frac{20}{25} = \frac{4}{\blacksquare}$ c) $\frac{\blacksquare}{64} = \frac{3}{8}$ d) $\frac{9}{\blacksquare} = \frac{27}{36}$

e) $\frac{\blacksquare}{100} = \frac{1}{2}$ f) $\frac{3}{4} = \frac{75}{\blacksquare}$ g) $2 = \frac{2}{1} = \frac{\blacksquare}{3}$ h) $\frac{88}{\blacksquare} = \frac{8}{3}$

Hast du in Übung 7 alles richtig gemacht, so ergibt die Summe der gesuchten Zahlen 239.

8 Etwas gehört nicht dazu

Die meisten Brüche aus der Liste sind durch Erweitern aus $\frac{2}{7}$ entstanden. Mit welcher Zahl wurde jeweils erweitert? Welche Brüche passen nicht dazu? Begründe.

$$\frac{6}{21}, \quad \frac{22}{77}, \quad \frac{14}{42}, \quad \frac{20}{70},$$
$$\frac{1}{14}, \quad \frac{30}{105}, \quad \frac{200}{700}, \quad \frac{20}{7}$$

9 Gleich und gleich gesellt sich gern

Finde zu jedem Bruch drei weitere Namen. In welchen Fällen hast du gekürzt, in welchen erweitert?

In welchen Fällen brauchtest du gar nicht rechnen?

a) $\frac{10}{50}$ b) $\frac{16}{32}$ c) $\frac{200}{300}$ d) $\frac{6}{4}$ e) $\frac{6}{11}$ f) $\frac{25}{5}$ g) $\frac{3}{1}$

10 Unmögliche Unterteilung

a) Einige der Brüche aus der Liste lassen sich auf den Nenner 100 bringen, die anderen nicht. Entscheide und begründe jeweils.

b) Versuche, die Brüche aus der Liste so zu erweitern, dass der Nenner 1 000 ist. Wo gelingt es jetzt? Finde eine Erklärung.

$$\frac{1}{2}, \quad \frac{12}{20}, \quad \frac{3}{4}, \quad \frac{7}{8},$$
$$\frac{4}{5}, \quad \frac{8}{13}, \quad \frac{9}{10}, \quad \frac{3}{40}$$

11 Auch kleine Schritte führen zum Ziel

Jonas hat in mehreren Schritten gekürzt:

$$\frac{48}{72} = \frac{12}{18} = \frac{4}{6} = \frac{2}{3}$$

Probiere seine Methode beim Kürzen folgender Brüche aus:

$$\frac{48}{100}, \quad \frac{96}{144}, \quad \frac{36}{188}, \quad \frac{50}{75}.$$

Übungen

Gemischte Zahl

ganzzahliger   Bruch-
Anteil   anteil

12 Gemischte Zahlen

Jennifer wandelt gemischte Zahlen in Brüche um.
Die Bilder helfen ihr dabei.

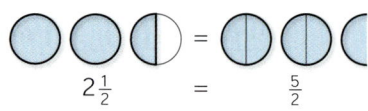

a) Übertrage die anderen Bilder ins Heft und mache es wie Jennifer.

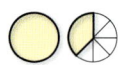   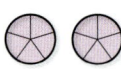

b) Vergleiche und setze >, < oder = ein: $1\frac{2}{3}$ ▣ $\frac{7}{3}$; $\frac{16}{5}$ ▣ $\frac{13}{3}$.

13 Wahl der Klassensprecherin

Für ein Klassensprecherteam müssen ein Mädchen und ein Junge gewählt werden. Bei der Wahl in der Klasse 6a bekam Liz mit 10 von 24 Stimmen die meisten Stimmen, in der 6b gewann Mieke mit 10 von 30 Stimmen. In der Klasse 6c mit 30 Schülerinnen und Schülern wurde Rebekka mit 12 Stimmen Klassensprecherin. Welche Schülerin hatte den größten Anteil an Stimmen in ihrer Klasse, welche den niedrigsten?

14 Meinungsbild

Bei der Planung des Wandertages wurden in der 6a einige Ausflugsziele genannt und heiß diskutiert. Herr Krause möchte ein Meinungsbild erstellen und notiert die Stimmenanteile an der Tafel: Drei Fünftel der Klasse wünschen sich den Besuch einer Erlebnisausstellung, zwei Drittel der Klasse würden ein Sportfest am See gut finden, und die Hälfte der Klasse möchte einen gemeinsamen Fahrradausflug mit Picknick am Flussufer erleben. Welche Entscheidung folgt aus der Abstimmung? Begründe deine Meinung.

Basiswissen

Brüche miteinander vergleichen

Einfache Fälle

Sind die Zähler gleich? $\frac{3}{4} > \frac{3}{5}$, da Viertel größer als Fünftel sind.

Sind die Nenner gleich? $\frac{2}{5} < \frac{3}{5}$, da 2 kleiner als 3 ist.

Brüche vergleichen, indem man die Brüche auf den gleichen Nenner bringt.

Vergleiche die Brüche $\frac{3}{5}$ und $\frac{2}{3}$.

Finde eine gemeinsame Verfeinerung, damit beide Anteile aus gleich großen Stücken bestehen. Das Produkt der beiden Nenner ist ein gemeinsames Vielfaches der Nenner. Man kann also die beiden Brüche durch Erweitern auf den Nenner 15 bringen.

$\frac{3}{5}$ 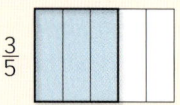 $\frac{2}{3}$

$\frac{3}{5} = \frac{3 \cdot 3}{5 \cdot 3} = \frac{9}{15}$ (erweitern mit 3) $\frac{2}{3} = \frac{2 \cdot 5}{3 \cdot 5} = \frac{10}{15}$ (erweitern mit 5)

$\frac{9}{15}$ 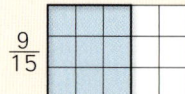 $\frac{10}{15}$

Nun sind die Nenner gleich und $\frac{9}{15} < \frac{10}{15}$, also auch $\frac{3}{5} < \frac{2}{3}$.

Beispiele

C Vergleich mit unterschiedlichen Methoden

Welcher der Brüche $\frac{5}{8}$ und $\frac{2}{3}$ ist größer? Begründe.

Lösung im Rechteckmodell:

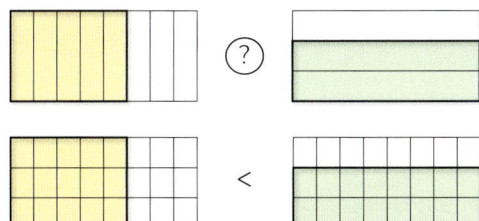

16 Teilstücke sind mehr als 15 ebenso große Teilstücke.

Rechnerische Lösung:

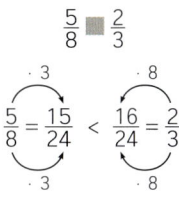

$\frac{2}{3}$ ist größer als $\frac{5}{8}$.

D Brüche der Größe nach ordnen

Ordne die Brüche $\frac{5}{12}$, $\frac{6}{15}$ und $\frac{9}{20}$ der Größe nach, beginne mit dem kleinsten.

Lösung: Hier ist es günstig, die Brüche auf einen gemeinsamen Nenner zu bringen. Ein möglicher gemeinsamer Nenner ist $12 \cdot 15 \cdot 20 = 3600$. Kleinere Nenner lassen sich häufig finden, indem man die Vielfachen der Nenner aufschreibt und dann das erste Vielfache aller Nenner auswählt:

12, 24, 36, 48, 60, 72, ...;   15, 30, 45, 60, 75, ...;   20, 40, 60, 80, ...

$\frac{5}{12} = \frac{25}{60}$ $\frac{6}{15} = \frac{24}{60}$ $\frac{9}{20} = \frac{27}{60}$.   Also folgt: $\frac{6}{15} < \frac{5}{12} < \frac{9}{20}$.

Übungen

15 Brüche im Vergleich

a) Welche Brüche sind durch die farbigen Anteile dargestellt? Erkläre, wie man die Brüche mithilfe der Kreismodelle und Rechteckmodelle vergleichen kann.

b) Notiere die Brüche in dein Heft. Vergleiche sie durch Erweitern und Kürzen.

c) v Nenne Vor- und Nachteile der Methoden in den Teilaufgaben a) und b).

①   ② 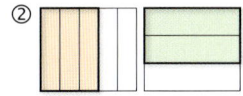   ③    ④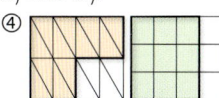

16 Kleiner, größer oder gleich?

Vergleiche die Brüche. Ersetze das ■-Zeichen durch <, > oder =. Begründe deine Entscheidungen durch geeignete Bilder.

a) $\frac{1}{4}$ ■ $\frac{1}{8}$ b) $\frac{2}{4}$ ■ $\frac{4}{8}$ c) $\frac{3}{4}$ ■ $\frac{7}{8}$ d) $\frac{3}{4}$ ■ $\frac{6}{8}$ e) $\frac{2}{4}$ ■ $\frac{5}{8}$ f) $\frac{4}{4}$ ■ $\frac{8}{8}$

17 Hier und da verfeinern

Vergleiche die Brüche. Beschreibe, wie du vorgehst. Zu welchen Fällen würdest du keine Bilder malen wollen? Begründe.

a) $\frac{3}{4}$ ■ $\frac{3}{5}$ b) $\frac{2}{5}$ ■ $\frac{3}{5}$ c) $\frac{2}{3}$ ■ $\frac{11}{15}$ d) $\frac{19}{20}$ ■ $\frac{54}{60}$ e) $\frac{5}{12}$ ■ $\frac{7}{18}$ f) $\frac{11}{18}$ ■ $\frac{55}{90}$

18 Eine Begründung

Ilka behauptet: „Wenn zwei Brüche den gleichen Zähler haben, aber unterschiedliche Nenner, weiß ich auch direkt, welcher Bruch größer ist. Im Modell sieht man das sofort." Überprüfe Ilkas Behauptung an weiteren Beispielen. Erkläre, warum sie recht hat.

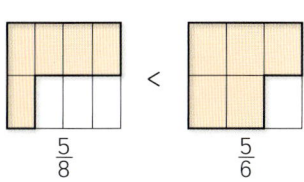

19 Ordnung schaffen

Sortiere die Brüche aus der Liste in zwei „Schubladen", die du in deinem Heft zeichnest. Kannst du an den Brüchen erkennen, ob sie größer oder kleiner als $\frac{1}{2}$ sind? Formuliere eine Regel.

| $\frac{4}{11}$ | $\frac{1}{7}$ | $\frac{10}{21}$ | $\frac{5}{2}$ | $\frac{6}{11}$ | $\frac{15}{20}$ | $\frac{1}{5}$ | $\frac{2}{9}$ | $\frac{2}{6}$ | $\frac{14}{7}$ | $\frac{18}{24}$ | $\frac{5}{6}$ |

| Brüche, die kleiner als $\frac{1}{2}$ sind: ... | Brüche, die größer als $\frac{1}{2}$ sind: ... |

20 Es war einmal ein Hosenbein …

Die Armlänge und die Beinlänge bei Kleidungsstücken werden oft durch Brüche ($\frac{1}{2}$, $\frac{3}{4}$, …) bezeichnet. Ordne die Bezeichnungen den Kleidungsstücken zu. Erkläre mithilfe von Skizzen in deinem Heft, wie solche Bezeichnungen zustande kommen.

A $\frac{1}{2}$ Arm   B $\frac{3}{4}$ Hose   C $\frac{1}{4}$ Arm   D $\frac{7}{8}$ Hose   E $\frac{3}{4}$ Arm   F $\frac{1}{1}$ Hose

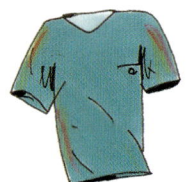

21 Größen, nichts als Größen

In jeder Zeile sollten die gleichen Maßangaben stehen.
Es haben sich aber Fehler eingeschlichen. So passt z. B. $\frac{2}{16}$ kg nicht in die erste Zeile. Hast du alle Fehler entdeckt, so ergibt sich ein Lösungswort.

$\frac{1}{4}$ kg	$\frac{25}{100}$ kg	$\frac{5}{20}$ kg	$\frac{2}{16}$ kg	250 g	$\frac{20}{80}$ kg
K	U	N	M	P	L
$\frac{3}{4}$ ℓ	$\frac{15}{20}$ ℓ	$\frac{75}{100}$ ℓ	$\frac{6}{8}$ ℓ	$\frac{9}{12}$ ℓ	$\frac{6}{12}$ ℓ
R	A	V	H	E	Ö
$\frac{3}{5}$ m	60 cm	$\frac{6}{10}$ m	$\frac{10}{15}$ m	$\frac{15}{25}$ m	$\frac{60}{100}$ m
U	D	A	W	Ü	P
$\frac{5}{6}$ min	50 s	$\frac{25}{30}$ min	$\frac{35}{36}$ min	$\frac{10}{12}$ min	$\frac{50}{60}$ min
R	T	L	E	F	S

22 Strategien zum Ordnen von Brüchen

Max, Lina, Samuel, Tobias und Anna sollen in Gruppenarbeit die Brüche der Größe nach ordnen.

$\frac{7}{9}$

$\frac{5}{6}$ $\frac{43}{54}$

$\frac{7}{10}$ $\frac{21}{42}$

$\frac{8}{5}$

$\frac{1}{100}$

Max: „Wir bringen alle Brüche auf einen gemeinsamen Nenner und vergleichen sie dann."
Lina: „6 · 9 = 54"
Samuel: „Einige Brüche lassen sich kürzen."
Tobias: „Hier gibt es Brüche, die den gleichen Zähler haben."
Anna: „Einige der Brüche sind größer als 1!"

Diskutiert die Vorschläge. Wie würdet ihr vorgehen? Ordnet die Brüche dann.

Übungen

23 Im Land der Brüche

Weit entfernt, direkt neben dem Land der Phantasie, liegt das Land der Brüche.
Wie bei uns auch, müssen dort die kleinen Brüche in die Schule gehen. Alle Brüche
zwischen 0 und 1 besuchen die 1. Klasse. Heute steht in der 2. Stunde Sport auf dem
Stundenplan. Einige Brüche sind schon in der Sporthalle und laufen wild durcheinander.
Der Sportlehrer mit Namen $35\frac{3}{4}$ ruft: „Aufstellen! Alle der Größe nach zwischen die
Fahnen mit der 0 und der 1! Und lasst Platz für die, die noch kommen!" Schnell laufen
die Brüche an ihre Plätze, aber so ganz ohne Probleme geht das heute nicht.

a) Zeichne die Aufstellung der Brüche in dein Heft, finde die richtigen Plätze.
b) Jetzt kommen weitere Brüche in die Sporthalle. $\frac{3}{10}, \frac{2}{5}, \frac{3}{8}, \frac{3}{5}$. Stelle auch sie an den
   richtigen Platz.
c) Werden $\frac{4}{5}$ und $\frac{81}{100}$ es wohl schaffen, nebeneinander zu stehen?

Basiswissen

Brüche können auf dem Zahlenstrahl eingetragen werden. Dazu muss der Bereich zwischen zwei natürlichen Zahlen in gleich große Teile zerlegt werden. Am Nenner des jeweiligen Bruches kannst du erkennen, in wie viele Teile das Intervall zerlegt werden muss.

Die Menge der **Bruchzahlen** wird mit $\mathbb{B}$ bezeichnet. Alle natürlichen Zahlen sind Bruchzahlen, denn man kann sie als Bruch mit dem Nenner 1 schreiben, z.B. $4 = \frac{4}{1}$.

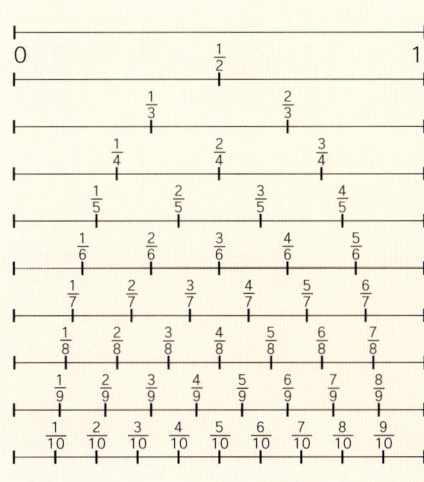

Brüche sind Zahlen

- für jeden Bruch findet man einen Platz auf dem Zahlenstrahl,
- von zwei Brüchen kann man stets feststellen, welcher der kleinere ist oder ob sie gleich sind.

$$\frac{1}{3} < \frac{1}{2}; \quad \frac{2}{6} = \frac{1}{3}$$

Beispiel

E Zahl zwischen zwei Brüchen

Finde einen Bruch, der auf dem Zahlenstrahl zwischen $\frac{3}{5}$ und $\frac{2}{3}$ liegt.

Lösung: Strategie: Gleichen Nenner erzeugen: $\frac{3}{5} = \frac{9}{15} = \frac{18}{30}$ und $\frac{2}{3} = \frac{10}{15} = \frac{20}{30}$

$\frac{19}{30}$ liegt zwischen $\frac{3}{5}$ und $\frac{2}{3}$, die Zahl liegt genau in der Mitte.

Übungen

24 Brüche auf dem Zahlenstrahl

Trage auf einem Zahlenstrahl die Brüche ein. Zeichne dazu für jeden Bruch einen Zahlenstrahl mit einer geschickten Einteilung.

a) $\frac{2}{3}$ b) $\frac{5}{9}$ c) $\frac{5}{6}$ d) $\frac{7}{12}$ e) $1\frac{3}{7}$ f) $2\frac{1}{3}$ g) $1\frac{9}{11}$ h) $1\frac{3}{5}$

Übungen

25 Zahl in der Mitte von zwei Brüchen

a) Welche Zahl liegt in der Mitte zwischen

(1) 5 und 6   (2) $\frac{1}{4}$ und $\frac{1}{3}$ (3) $\frac{1}{6}$ und $\frac{1}{5}$

(4) $\frac{1}{4}$ und $\frac{2}{3}$ (5) $\frac{99}{100}$ und 1   (6) $\frac{999\,999}{1\,000\,000}$ und 1

b) Begründe: Zwischen zwei verschiedenen Brüchen liegt stets eine weitere Zahl.

26 Nachfolger und Vorgänger von Brüchen

Begründe die folgenden Aussagen:

a) $6\frac{1}{10}$ ist nicht der Nachfolger von 6.   b) $\frac{99}{100}$ ist nicht der Vorgänger von 1.

27 Viele Zahlen zwischen zwei Brüchen

a) Gib jeweils fünf verschiedene Brüche an zwischen

(1) 6 und 7   (2) $\frac{3}{4}$ und 1   (3) $\frac{3}{5}$ und $\frac{7}{8}$

b) Begründe die folgenden Behauptungen:

(1) Zwischen zwei verschiedenen Brüchen liegen mehrere andere Brüche.

(2) Zwischen zwei verschiedenen Brüchen liegen unendlich viele weitere Brüche.

↘ **Bruchzahlen auf dem Zahlenstrahl**

Zwischen zwei Bruchzahlen liegen beliebig viele andere Buchzahlen.

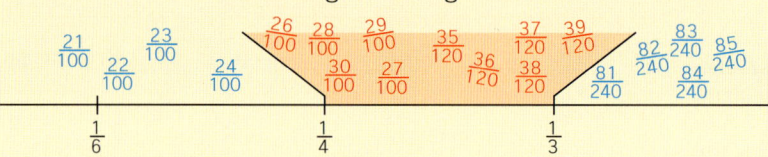

Mathematiker sagen: Bruchzahlen liegen auf dem Zahlenstrahl dicht.

Kopfübungen

1. Notiere die Zahl mit Ziffern: „3 Zehner und 2 Zehntausender"

2. Ein Rechteck hat eine Länge von 8 cm und eine Breite von 3 cm.
   Gib die Maße eines anderen Rechtecks mit dem gleichen Flächeninhalt an.

3. Der Klippspringer (eine Antilopenart) kann bei dem Hochsprung das 13-fache seiner Schulterhöhe von 60 cm erreichen. Bestimme die Sprunghöhe in Meter.

4. Erkennst du das Ergebnis auf einen Blick? Berechne:
   a) $879 + 9 - 9 + 14 - 4 + 71 - 71$ b) $190 \cdot 5 : 5$

5. Ein ebener Schnitt durch einen Quader kann ...
   (1) ein Dreieck   (2) ein Rechteck   (3) ein Kreis sein.

6. Was musst du berücksichtigen, wenn du zu der Tabelle ein Säulendiagramm zeichnen willst?

	Igel (Winter)	Igel	Löwe	Mensch	Katze
Puls	18	300	40	70	120

7. Der Besuch des Planetariums kostet 150 € pro Klasse. In der 6a sind 25 Schüler, in der 6b sind 30 Schüler. Wie viel müssen die Schüler in der 6a und in der 6b bezahlen?

Aufgaben

Tipp

Benutze für die Bruchbilder Millimeterpapier und klebe sie auf. Du hast dann eine schöne Übersicht über die „netten" Brüche.

28 Nette Brüche und Prozentsätze

Nette Brüche machen uns das Leben leicht: Sie lassen sich auf den Nenner 100 erweitern. So sind die Brüche $\frac{1}{5}$, $\frac{1}{2}$ und $\frac{7}{10}$ ganz nett, prüfe es nach.

a) Finde weitere Beispiele für nette Brüche. Welche verschiedenen Nenner findest du?

b) Übertrage die Tabelle in dein Heft und fülle die Lücken. Trage auch deine Beispiele für nette Brüche in die Tabelle ein.

c) Wenn die Tabelle fertig ist, dann vergleiche die Spalte Hundertstelbruch mit der Spalte Prozentsatz. Was fällt dir auf?

„netter" Bruch	Hundertstelbruch	Bruchbild	Prozentsatz
$\frac{1}{5}$	$\frac{20}{100}$	▪	20 %
$\frac{1}{2}$	▪	▪	▪
$\frac{7}{10}$	▪	▪	▪
$\frac{3}{4}$	▪	▪	▪
⋮	⋮	⋮	⋮

29 Einfache Brüche für komplizierte

Kannst du dir unter dem Bruch $\frac{29}{40}$ etwas vorstellen? Ricarda und Jonathan zeichnen und überlegen: $\frac{29}{40}$ kann man nicht kürzen. Aber $\frac{29}{40}$ ist ungefähr so viel wie $\frac{30}{40}$. Daher ist $\frac{29}{40}$ ungefähr so viel wie $\frac{3}{4}$. Das sieht man auch im Bild.

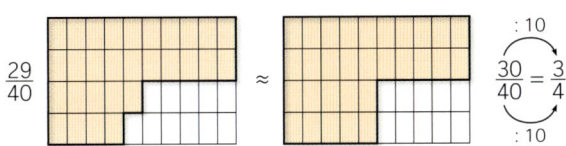

$$\frac{29}{40} \approx \qquad \frac{30}{40} = \frac{3}{4} \quad \begin{array}{c} :10 \\ :10 \end{array}$$

a) Finde auch für die folgenden komplizierten Brüche einfachere. Mache es wie Ricarda und Jonathan: Runde den Zähler oder den Nenner so, dass du kürzen kannst.

$$\frac{49}{100} \qquad \frac{50}{201} \qquad \frac{79}{240} \qquad \frac{21}{160} \qquad \frac{359}{450} \qquad \frac{99}{1000} \qquad \frac{320}{481}$$

b) Bei einer Verkehrskontrolle in Düsseldorf waren von 162 kontrollierten Fahrern 41 nicht angeschnallt. In Köln wurde zur gleichen Zeit kontrolliert:
Von 119 kontrollierten Fahrern hatten sich 18 nicht angeschnallt. Wo war der Anteil der Verkehrssünder größer?

30 Natürliche Zahlen und Bruchzahlen

Schreibe einen Bericht über die Unterschiede von natürlichen Zahlen und Brüchen. In diesem Bericht sollten Begriffe vorkommen, die du in diesem Kapitel kennen gelernt hast.

Aufgaben

31 Von periodischen Dezimalzahlen zum Bruch

Dezimalzahlen mit einer endlichen Dezimaldarstellung lassen sich einfach in einen Bruch umwandeln. Wie aber lassen sich periodische Dezimalzahlen in einen Bruch umwandeln?

Es gibt für die Umwandlung einer periodischen Dezimalzahl in einen Bruch kein einfaches Verfahren. Hier sind einige Ideen (Regeln), mit denen manche Umwandlungen dennoch gelingen.

$\frac{1}{9} = 0{,}\overline{1}$; $\frac{2}{9} = 0{,}\overline{2}$; ...

$\frac{5}{9} = 0{,}\overline{5}$

Brüche mit dem Nenner 9 führen zu Dezimalzahlen, bei denen die Periode (der Länge 1) aus dem Zähler des Bruches gebildet wird.

$\frac{1}{99} = 0{,}\overline{01}$; $\frac{2}{99} = 0{,}\overline{02}$; ...

$\frac{12}{99} = 0{,}\overline{12}$; ... $\frac{56}{99} = 0{,}\overline{56}$; ...

Brüche mit dem Nenner 99 führen zu Dezimalzahlen, bei denen die Periode (der Länge 2) aus dem Zähler des Bruches gebildet wird.

a) Jetzt kannst du schon viele periodische Dezimalzahlen in Brüche umwandeln.

$0{,}\overline{4}$; $0{,}\overline{7}$; $0{,}\overline{8}$ $0{,}\overline{05}$; $0{,}\overline{17}$; $0{,}\overline{65}$; $0{,}\overline{98}$

b) Welcher Bruch könnte der folgenden periodischen Dezimalzahl entsprechen?

$0{,}\overline{001}$ $0{,}\overline{023}$ $0{,}\overline{356}$

Vergewissere dich, indem du den jeweiligen Bruch wieder in eine Dezimalzahl verwandelst.

c) Bestimme den entsprechenden Bruch: $0{,}0\overline{3}$; $0{,}0\overline{47}$; $0{,}000\overline{7}$

d) Mit den Regeln kannst du auch die Brüche finden, die zu den periodischen Dezimalzahlen $0{,}0\overline{9}$ und $0{,}\overline{99}$ gehören. Kürze soweit wie möglich. Was sagst du zu diesem überraschenden Ergebnis? Was meinen die anderen dazu?

Tipp

$0{,}0\overline{1} = \frac{1}{10} \cdot 0{,}\overline{1}$

$= \frac{1}{10} \cdot \frac{1}{9}$

$= \frac{1}{90}$

Exkurs

Endlich und periodisch, gibt es noch mehr?

Mathematiker haben nachgewiesen, dass sich jeder Bruch entweder als abbrechende oder als periodische Dezimalzahl schreiben lässt. Dabei kann die Periode allerdings recht kompliziert sein, sie beginnt nicht immer direkt nach dem Komma (siehe Aufgabe 31) und kann auch sehr lang sein. Es gibt also keinen Bruch, der zu einer nicht abbrechenden Dezimalzahl wird, die nicht irgendwann zu einer Periode führt. Kann es dann noch andere Zahlen geben, obwohl ja zwischen zwei Brüchen und damit auch zwischen zwei Dezimalzahlen nie eine Lücke ist? So viel sei verraten, ja, es gibt solche Zahlen.

Aufgaben

32 Ein Beweisversuch

Versuche selbst zu beweisen, dass sich jeder Bruch entweder als abbrechende oder als periodische Dezimalzahl schreiben lässt. Weiter Hinweise findes du auf Seite 88. Ein möglicher Anfang ist:

Ein Bruch ist eine Divisionsaufgabe, bei der durch den Nenner dividiert wird. Bei der Division können Reste auftreten ...

Aufgaben

Einiges zum Staunen und Wundern

33 „Dicht und dichter"

Zwischen zwei Bruchzahlen gibt es auf der Zahlengeraden keine Lücken, sie liegen „dicht". Das gilt dann natürlich auch für die Dezimalzahlen.

a) Zwischen 0,5 und 0,6 liegt 0,55.

    Zwischen 0,5 und 0,55 liegt 0,525

      Zwischen 0,5 und 0,525 liegt ...

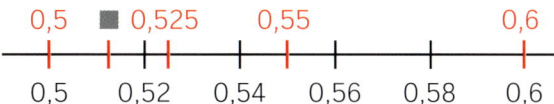

Setze die Reihe fort und beschreibe dein Vorgehen. Konstruiere auf die gleiche Weise Zahlen zwischen 0 und 0,1. Begründe damit, dass es schon bei den Dezimalzahlen mit einer endlichen Dezimaldarstellung keine Lücken auf der Zahlengeraden gibt! Wo passen da noch die periodischen Dezimalzahlen hin?

b) Clara konstruiert jeweils zwei Zahlen, deren Abstand immer kleiner wird.

Übertrage die Tabelle ins Heft und fülle sie weiter aus. Wenn die Tabelle unendlich lang wäre, welche Zahl passt am Ende nur noch zwischen die beiden Zahlen?

Gelingt dir eine ähnliche Konstruktion für $\frac{1}{9}$?

	Abstand
[0,3;0,4]	0,1
[0,33;0,34]	0,01
[0,333;0,334]	0,001
■	0,0001

34 Dicht und doch mit Löchern

Neele und Mirko bauen Zahlen:

Neele:
0,123456789101112...

Mirko:
0,010010001000010...

a) Wie lauten die nächsten Ziffern? Begründe, dass diese Zahlen keine Bruchzahlen sein können.

b) Baue selber solche Zahlen. Was glaubst du, wie viele solcher Zahlen es gibt?

Exkurs

Neue Zahlen in der Natur: Die Kreiszahl π

Wie oft passt der Durchmesser eines Kreises in den Umfang des Kreises? Der Quotient aus Länge des Umfangs und Länge des Durchmessers ist für alle Kreise gleich. Bei grober Messung liegt er etwa bei 3, bei genauerer Messung bei 3,1, bei noch genauerer Messung bei 3,14. Natürlich kann man nicht mit beliebiger Genauigkeit messen. Aber man hat ausgeklügelte Verfahren entwickelt, mit denen man das Verhältnis von Umfang zu Durchmesser immer genauer berechnen kann. Und man konnte beweisen, dass dabei eine Dezimalzahl entsteht, die theoretisch nie abbricht und auch nicht periodisch wird. Man hat dieser Zahl den Namen Pi (π) gegeben. Mathematiker aus allen Kulturkreisen beteiligten sich seit Jahrtausenden an der Suche nach einer immer genaueren Darstellung der Zahl Pi. Heute ist man durch den Einsatz von Computern bei einer Genauigkeit von mehr als zwei Milliarden Stellen hinter dem Komma angelangt und dieses Ergebnis wird in einer „Rekordjagd" noch ständig verbessert.

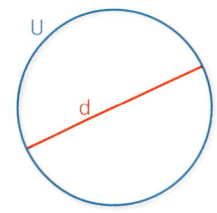

Dinosaurier – Riesen der Urzeit

Dinosaurier lebten im mittleren Zeitalter unseres Planeten Erde, dem sogenannten Mesozoikum. Es endete vor ca. 65 Millionen Jahren. Der Mensch, der etwa vor $3\frac{1}{2}$ Mio. Jahren auf die Bühne der Weltgeschichte trat, kann deshalb niemals einem lebenden Dinosaurier begegnet sein. Die wissenschaftliche Erforschung dieser faszinierenden Giganten begann bereits im 19. Jahrhundert, ist aber heute noch lange nicht abgeschlossen. Erst 1993 wurde der Argentinosaurus entdeckt. Man hat von diesem Pflanzenfresser zwar nur Rückenwirbel, Rippen, Schienbeine und wenige andere Knochen gefunden, doch lässt sich damit bereits eines sagen: Er ist der größte bisher bekannte Dinosaurier. Seine Länge betrug etwa 30 m, sein Gewicht bis zu 80 Tonnen.
Forscher suchen nun auch noch nach den übergroßen Fleischfressern, die den Argentinosaurus vielleicht einst jagten …

Projekt

Dinosaurier

In den Abbildungen unten stecken viele Informationen zu den Dinosauriern, die euch helfen, die folgenden Aufträge zu bearbeiten.

- Bestimmt die Originallänge und -höhe (oder Flügelspannweite) der Dinosaurier. Mit Kreide und Maßband könnt ihr die tatsächlichen Abmessungen auf dem Schulhof verdeutlichen.

Größen mit Maßstäben und Bruchteilen veranschaulichen.

- Ermittelt das Gesamtgewicht eurer Klasse und gebt es als Bruchteil der Dinosauriergewichte an.
- In welchem Maßstab zeigt das Bild oben den Argentinosaurus?
- Vergleicht die Höhen der abgebildeten Dinosaurier mit der eines Pferdes. Stellt die Höhen mit maßstabsgerechten Balken nebeneinander dar und gebt die Höhe des Pferdes als Bruchteil der Dinosaurierhöhen an.

Parasaurolophus 2,5 t
Maßstab 1 : 150

Quetzalcoatlus 100 kg
Maßstab 1 : 240

Brachiosaurus 30 t
Maßstab 1 : 300

Allosaurus 1 500 kg
Maßstab 1 : 130

Bei manchen Dinosauriermodellen wird ein Mensch im gleichen Maßstab mitgeliefert, um die Größenverhältnisse zu veranschaulichen.
Wie lang war der abgebildete **Stegosaurus** in Wirklichkeit, und in welchem Maßstab ist er hier abgebildet?

Forscheraufträge und Postererstellung

Sammelt weitere Abbildungen und Modelle von Dinosauriern und ermittelt die Maßstäbe.

Vergleicht die Gewichte der Dinosaurier mit denen großer Säugetiere.

Vergleicht die Spannweite des Quetzalcoatlus mit der heute lebender Vögel.

Brüche

$\dfrac{3}{4}$ — Zähler
— Bruchstrich
— Nenner

Brüche beim Aufteilen

$\dfrac{3}{4}$ eines Pfannkuchens

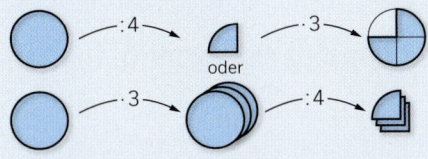

Brüche als Maßzahlen von Größen

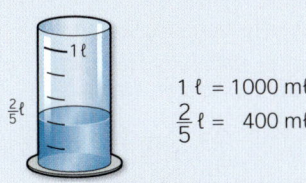

1 ℓ = 1000 mℓ
$\dfrac{2}{5}$ ℓ = 400 mℓ

Brüche auf Anzeigen und Skalen

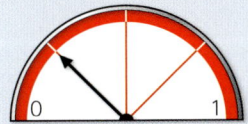

„Der Tank ist zu $\dfrac{1}{4}$ gefüllt."

Brüche und Maßstäbe

Maßstab 1 : 100

Brüche und Verhältnisse

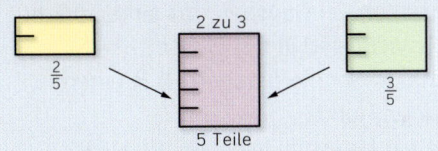

2 zu 3
$\dfrac{2}{5}$
5 Teile
$\dfrac{3}{5}$

Prozentangaben stehen für Bruchteile

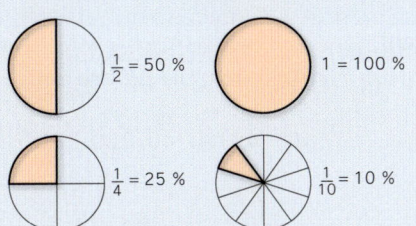

$\dfrac{1}{2}$ = 50 %

1 = 100 %

$\dfrac{1}{4}$ = 25 %

$\dfrac{1}{10}$ = 10 %

Check-up

1 Bruchteile aus Bruchbildern
Betrachte die Bruchbilder. Welche Bruchteile sind gefärbt, welche weiß?

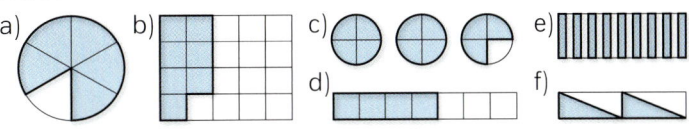

a) b) c) e)
d) f)

2 Bruchbilder aus Bruchteilen
Zeichne zu folgenden Brüchen die zugehörigen Bruchbilder:

a) Kreismodell: $\dfrac{1}{2}, \dfrac{3}{4}, \dfrac{5}{8}, 1\dfrac{1}{2}$

b) Rechteckmodell: $\dfrac{7}{8}, \dfrac{5}{12}, \dfrac{3}{16}, 1\dfrac{3}{4}$

c) Stabmodell: $\dfrac{4}{5}, \dfrac{3}{7}, \dfrac{2}{9}, \dfrac{7}{12}$

3 Größen und Bruchteile
Bestimme die Bruchteile der Größen.

$\dfrac{2}{3}$ von	30 ℓ	48 km	1 h
$\dfrac{4}{5}$ von	2 m	55 kg	120 m²
10 % von	320 m	5 h	450 kg
1 % von	160 cm	150 kg	5 cm²

4 Gleiche Brüche suchen

$\dfrac{1}{4}$ $\dfrac{1}{2}$ $\dfrac{2}{6}$ $\dfrac{2}{8}$ $\dfrac{3}{6}$ $\dfrac{5}{20}$ $\dfrac{6}{15}$ $\dfrac{3}{9}$ $\dfrac{2}{5}$

5 Brüche ordnen
Vergleiche die Brüche und ordne sie der Größe nach. Beginne mit dem kleinsten.

$\dfrac{2}{3}$ $\dfrac{3}{4}$ $\dfrac{3}{6}$ $\dfrac{7}{8}$ $\dfrac{4}{5}$ $\dfrac{1}{2}$

6 Maßstäbe
Übertrage die Tabelle in dein Heft und gib die Längen auf den Karten im entsprechenden Maßstab an.

Originallänge	1 : 200	1 : 5000	1 : 10000
100 m	■	■	■
500 m	■	■	■
1 km	■	■	■

7 Mischungen
Gib jeweils die Anteile und das Mischungsverhältnis an.

a) weiß rot   b) Sirup Wasser   c) Öl Benzin

8 Mischungsverhältnisse herstellen
Zeichne eine Strecke (9 cm lang) und stelle an ihr das Mischungsverhältnis 5 : 13 dar.

Gleiche Brüche – verschiedene Namen:

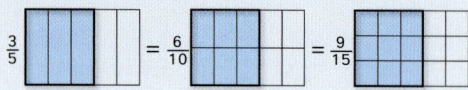

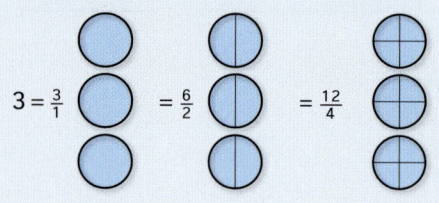

Brüche miteinander vergleichen

Strategien:
- Sind die Nenner gleich oder sind die Zähler gleich, so vergleiche direkt.
- Vergleiche die Brüche zunächst mit $\frac{1}{2}$ oder mit 1.
- Bringe die Brüche auf einen gemeinsamen Nenner und vergleiche dann.

Vergleiche $\frac{11}{20}$ und $\frac{13}{25}$:

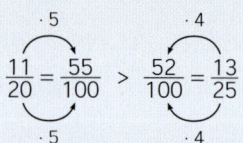

Jeder Bruch kann auf dem Zahlenstrahl eingetragen werden.

Finde die Zahl, die auf dem Zahlenstrahl in der Mitte zwischen zwei Brüchen liegt:

Zahl in der Mitte zwischen $\frac{1}{3}$ und $\frac{1}{2}$

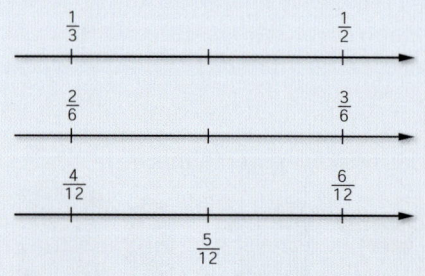

Zwischen zwei verschiedenen Brüchen gibt es unendlich viele Brüche.

Check-up

9 Kopfrechnen

Berechne im Kopf die Bruchteile folgender Größen:
a) 50 % von …
b) 25 % von …
c) 10 % von …

25 km	16 kg	2 m	30 min	500 g
3,8 t	120 cm²	75 kg	18 m²	4,4 km	1½ h

10 Prozente

Gib den Bruchteil in Prozent an:

a) $\frac{1}{5}$ b) $\frac{3}{4}$ c) $\frac{3}{10}$ d) $\frac{2}{2}$ e) $\frac{4}{5}$ f) $\frac{1}{8}$

11 Prozente als Brüche

Gib die Prozentzahlen als gekürzten Bruch an:

a) 25 %   b) 65 %   c) 8 %   d) 36 %   e) 96 %

12 Erweitern und kürzen

Erweitere oder kürze so, dass du >, < oder = setzen kannst.

a) $\frac{3}{8}$ ■ $\frac{7}{16}$ b) $\frac{9}{10}$ ■ $\frac{8}{9}$ c) $\frac{7}{3}$ ■ $\frac{69}{33}$

d) $\frac{4}{5}$ ■ $\frac{16}{20}$ e) $\frac{4}{16}$ ■ $\frac{3}{15}$ f) $4\frac{1}{5}$ ■ $4\frac{1}{3}$

13 Brüche vergleichen

Vergleiche die Brüche. Ersetze ■ durch >, < oder =.

a) $\frac{2}{3}$ ■ $\frac{2}{5}$ b) $\frac{5}{6}$ ■ $\frac{4}{6}$ c) $\frac{2}{3}$ ■ $\frac{6}{9}$ d) $\frac{4}{5}$ ■ $\frac{5}{6}$ e) $\frac{5}{8}$ ■ $\frac{3}{5}$

14 Brüche und Prozente ordnen

Sortiere der Größe nach, beginne mit der größten Zahl.

a) 50 %, $\frac{26}{50}$, $\frac{51}{100}$, 52 %   b) $\frac{99}{100}$, $\frac{995}{1000}$, 98 %, $\frac{9}{10}$, 95 %

15 Haustiere

a) Drei Viertel einer Klasse haben ein Haustier, das sind 24 Schülerinnen und Schüler. Wie viele sind in der Klasse?
b) Von den 24 Schülerinnen und Schülern haben 75 % einen Hund. Wie viele haben einen Hund?
c) Drei Schülerinnen haben ein Meerschweinchen. Wie viel Prozent von denen, die ein Tier haben, sind das?

16 Brüche am Zahlenstrahl

Trage auf einem Zahlenstrahl ($\frac{1}{10} \triangleq$ 2 Kästchen) die Brüche ein.

a) $\frac{1}{2}$ $\frac{1}{4}$ $\frac{1}{5}$ $\frac{3}{5}$ $\frac{9}{10}$ $\frac{95}{100}$ b) $\frac{79}{100}$ $\frac{3}{4}$ $\frac{81}{100}$ $\frac{8}{10}$ $\frac{21}{100}$

17 Mitte finden

Welche Zahl liegt in der Mitte zwischen a) $\frac{1}{5}$ und $\frac{1}{4}$ b) $\frac{2}{5}$ und $\frac{1}{2}$?

18 Brüche zwischen Brüchen

Gib fünf Brüche zwischen $\frac{1}{4}$ und $\frac{1}{2}$ an.

Sichern und Vernetzen – Vermischte Aufgaben zu Kapitel 1

Trainieren

1 Von Färbungen zu Brüchen
Welcher Anteil ist rot gefärbt? Kürze den Bruch, wenn möglich.

a) 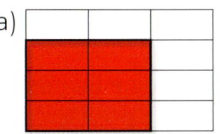 b)  c) 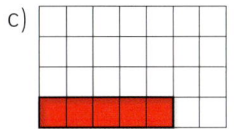 d)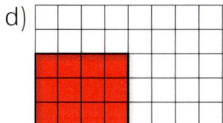

2 Bruchstücke schneiden
Welcher Anteil wird abgeschnitten?

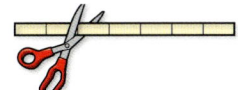  

3 Bruchteile und Prozentangaben
Übertrage die Tabelle in dein Heft und ergänze die Einträge.

Bruchteil	$\frac{1}{4}$	■	■	$\frac{3}{8}$	■	$\frac{13}{20}$	$\frac{4}{5}$	■
Prozentangabe	■	30 %	12,5 %	■	45 %	■	■	5 %

4 Anteile mit Größen
Berechne die angegebenen Anteile, wähle dabei passende Einheiten.
a) 25 % von zwei Stunden b) 40 % von 200 km c) 5 % von 2 kg
d) 10 % von zwei Tonnen e) 20 % von 3 € f) 75 % von 36 Litern

5 Passende Einteilungen
Finde zu den Brüchen die Bilder mit der passenden Einteilung. Zeichne sie.

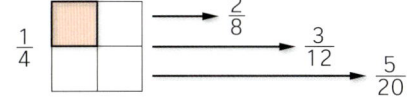

6 Kürzungen
Womit wurde jeweils gekürzt?

a) $\frac{6}{18} = \frac{1}{3}$ $\frac{24}{21} = \frac{8}{7}$ $\frac{36}{16} = \frac{9}{4}$ $\frac{9}{81} = \frac{1}{9}$ $\frac{25}{100} = \frac{1}{4}$ $\frac{12}{39} = \frac{4}{13}$ $\frac{34}{51} = \frac{2}{3}$

b) $\frac{18}{72} = \frac{1}{4}$ $\frac{3}{12} = \frac{1}{4}$ $\frac{12}{144} = \frac{1}{12}$ $\frac{19}{38} = \frac{1}{2}$ $\frac{75}{100} = \frac{3}{4}$ $\frac{375}{1000} = \frac{3}{8}$ $\frac{15}{100} = \frac{3}{20}$

7 Ordnen
Ordne die Zahlen der Größe nach, beginne mit der kleinsten.

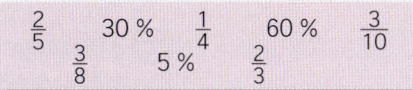

8 Brüche auf dem Zahlenstrahl
a) Welche Zahlen sind auf dem Zahlenstrahl markiert?
b) Bestimme jeweils die Mitten zwischen 0, A, B und 1.
c) Gib drei weitere Brüche zwischen den markierten Zahlen an und markiere diese.

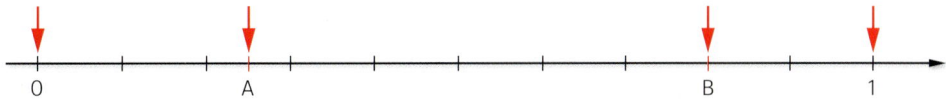

Verstehen

9 Passende Brüche

Gib jeweils passende Brüche an.

a) Vier von sieben Kindern besitzen einen Schlitten.

b) Die Farbmischung der Wandfarbe besteht aus 9 Teilen Weiß und 1 Teil Gelb.

c) 40 % der 30 Schüler der Klasse 7a kommen mit dem Bus zur Schule.

d) Sieben Pizzen werden auf neun Personen verteilt.

10 Wahr oder falsch?

Überprüfe, ob die Aussagen wahr sind, und gib eine Begründung.

a) Wenn zwei Brüche denselben Nenner haben, ist der Bruch größer, der den größeren Zähler hat.

b) Es gibt unendlich viele Namen für denselben Bruch.

c) Prozentzahlen sind gekürzte Brüche.

d) 33 % sind ein Drittel.

11 Multiple choice

a) Wenn man den Zähler und den Nenner eines Bruchs jeweils verdoppelt, wird der Bruch
① nicht verändert,
② doppelt so groß,
③ verändert?

b) Wenn ich einen Liter Apfelsaftschorle aus Apfelsaft und Wasser im Verhältnis 1:3 herstelle, enthält die Mischung
① $\frac{1}{4}$ ℓ Apfelsaft,
② $\frac{1}{3}$ ℓ Apfelsaft,
③ $\frac{2}{3}$ ℓ Apfelsaft?

c) Wenn man einen Bruch zunächst mit 6 erweitert und dann mit 3 kürzt, ist der Bruch
① halb so groß,
② doppelt so groß,
③ gleich groß?

12 Eine Schokolade

Lisa, Ilona und Niklas wollen eine Tafel „Quadrato" mit vier Stücken gerecht aufteilen und gehen dabei, wie in der Abbildung gezeigt, vor.

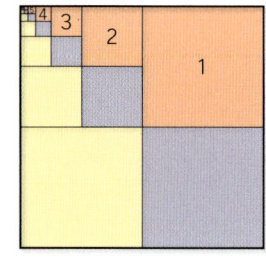

a) Beschreibe das Vorgehen. Welcher Anteil der Schokolade bleibt nach jedem Teilen noch übrig?

b) Welches Problem werden die drei haben?

c) Welchen Anteil der Schokolade hat jedes Kind nach dem 1. Teilen, nach dem 2. Teilen, nach dem 3. Teilen, ...?
Was passiert mit diesen Werten, wenn immer wieder geteilt wird?

d) Wie würdet ihr das Problem in der Praxis lösen?

13 Pizzaverteilung

24 Personen gehen Pizza essen. Es gibt aber nur 18 Pizzen einer Sorte für je 8 Euro.

a) Wie lassen sich die Pizzen gerecht verteilen?

b) Die Pizzeria bietet folgende Tischkombinationen für die 24 Personen an:
(1) Zwei 12er-Tische   (2) Vier 6er-Tische   (3) drei 8er-Tische
Wie viele Pizzen müssen jeweils an jeden Tisch gebracht werden?

14 LKW-Kontrolle

Am nächsten Tag steht in der Zeitung: 44 % Beanstandungen bei einer LKW-Kontrolle. Stimmt das?

Polizeipresse   *Polizei Karlsruhe:*

Lkw-Kontrolle auf der A5

Bei 315 kontrollierten Lkw gab es insgesamt 138 Beanstandungen.

Anwenden

15 DIN-Formate

In der Schule hast du nur mit den Flächenformaten DIN A4, DIN A5 und DIN A3 (Zeichenblock) zu tun. Der Urvater dieser Flächenformate ist das Format DIN A0. Hierbei handelt es sich um ein Rechteck mit dem Flächeninhalt von exakt 1 m².

a) Erkläre anhand des Bildes, wie die Formate DIN A1, DIN A2 usw. entstehen.

b) Übertrage die Tabelle in dein Heft und fülle die Lücken aus.

c) Wie lang und wie breit ist wohl ein Papierbogen im Format DIN A0?

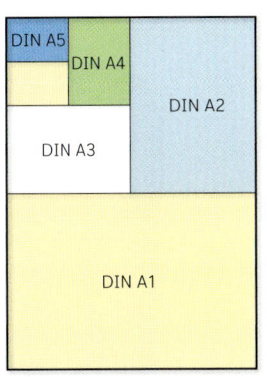

Flächenformat	Flächeninhalt in m²	Flächeninhalt in dm²	Flächeninhalt in cm²	Flächeninhalt in mm²
DIN A0	1	100	10 000	1 000 000
DIN A1	▨	▨	▨	▨
DIN A2	$\frac{1}{4}$	▨	2500	▨
DIN A3	▨	$12\frac{1}{2}$	▨	125 000
DIN A4	▨	▨	▨	▨
DIN A5	▨	▨	▨	▨

Tipp

Probiere doch einfach aus. Oder schaue dir dieses Bild an.

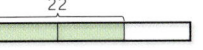

16 Haustiere, Internetanschlüsse und Fahrradfahrer

a) Zwei Drittel aller Schülerinnen und Schüler der Klasse 6a haben ein Haustier, nämlich 22. Wie viele Schülerinnen und Schüler sind in der Klasse 6a?

b) 14 Schülerinnen und Schüler der Klase 6b haben einen Internetanschluss. Das sind $\frac{7}{12}$ der Klasse. Wie groß ist die 6b?

c) 32 Lehrerinnen und Lehrer kommen mit dem Fahrrad zur Schule. Das sind 40 % der Lehrkräfte. Wie viele Lehrerinnen und Lehrer unterrichten an der Schule?

17 Tage mit Sonnenschein

Michael, Ole und Jorin waren unterschiedlich lange im Urlaub. Michael hatte an 7 von 10 Tagen Sonnenschein, Ole an 3 von 5 Tagen und Jorin konnte an 8 von 14 Tagen in der Sonne spielen. Wer hatte das beste Wetter?

18 Modelle

In einem Modell im Maßstab 1:6 sind alle Abmessungen $\frac{1}{6}$ der Originalabmessungen. In der folgenden Tabelle sind die Maßstäbe verloren gegangen. Finde die Maßstäbe der einzelnen Modelle.

Modelllänge	4 cm	3 cm	10 cm	5 cm	2 mm	12 cm	2 m	35 mm	9 cm
Originallänge	64 cm	18 cm	160 cm	160 cm	64 mm	72 cm	32 m	210 mm	288 cm

19 Eine Schiffsschraube

Eine Schiffsschraube dreht sich bei voller Motorleistung (Zeigerstellung auf voll) 900-mal in 1 Minute.

a) Wie viele Umdrehungen macht die Schiffsschraube, wenn der Hebel auf ①, ②, ③ oder ④ steht?

b) Wie viele Umdrehungen macht die Schiffsschraube dann jeweils in 1 Sekunde?

Rechnen mit Brüchen

Hättest du gedacht, dass Musiker mit Brüchen rechnen können müssen? Musiker verwenden ganze, halbe, viertel, achtel und sechzehntel usw. Noten. Und natürlich müssen sie auch mit diesen Brüchen, – Musiker nennen diese Brüche Notenwerte –, rechnen können, wenn sie die Noten für ein Musikstück in einem bestimmten Takt aufschreiben.

Auf dem Notenblatt erkennt ihr in der ersten Zeile einen $\frac{4}{4}$ Takt, in der zweiten Zeile einen $\frac{3}{4}$ Takt und der dritten Zeile einen $\frac{6}{8}$ Takt. Ihr könnt selbst überprüfen, ob die Taktstriche richtig gesetzt sind.

2.1 Addieren und Subtrahieren mit Brüchen

Manchmal ist das Addieren von Brüchen ganz einfach: Eine halbe Pizza und eine viertel Pizza ergeben zusammen drei Viertel einer Pizza. Also $\frac{1}{2} + \frac{1}{4} = \frac{3}{4}$.
Aber welche Rechenregel steckt dahinter?
Greift diese Regel auch bei $\frac{2}{3} + \frac{1}{4}$?
Und wie subtrahiert man ein Drittel von zwei Fünfteln: $\frac{2}{5} - \frac{1}{3}$?

Passen ein Glas mit $\frac{1}{4}\ell$ Sprudel und der Saft aus einer $\frac{7}{10}\ell$-Flasche in eine 1 ℓ-Flache?

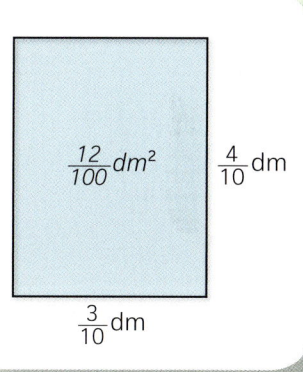

2.2 Multiplizieren mit Brüchen

Der Flächeninhalt eines Rechtecks mit der Länge 4 cm und der Breite 3 cm lässt sich leicht berechnen:
A = 4 cm · 3 cm = 12 cm².
Man kann die Länge und die Breite auch als Brüche in der Einheit dm angeben.
Dann rechnet man $A = \frac{3}{10}$ dm · $\frac{4}{10}$ dm.

Warum muss das Ergebnis dieser Multiplikation $\frac{12}{100}$ dm² sein?

2.3 Dividieren mit Brüchen

Wie oft geht 6 in 24? Eine einfache Division liefert die Antwort: 24 : 6 = 4

Wie oft geht $\frac{1}{6}$ in $\frac{2}{3}$? Das Bild liefert die Antwort.
Kann man dies berechnen?
$\frac{2}{3} : \frac{1}{6} = \blacksquare$?

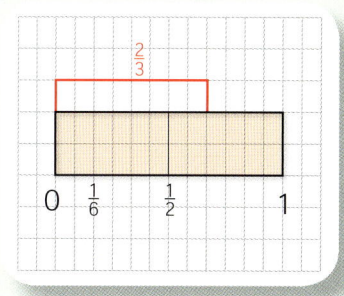

2.4 Rechenausdrücke mit Brüchen

Auch bei Rechenausdrücken mit Brüchen kann man häufig geschickt rechnen, weil die Vorfahrtsregeln und Rechengesetze, wie das Distributivgesetz, gelten.
Berechne $\frac{1}{3}$ · (300 + 30).

Vorfahrtsregeln

Rechengesetze

2.1　Addieren und Subtrahieren mit Brüchen

Brüche sind Zahlen. Also muss man mit ihnen rechnen können, z. B. addieren. Sicher wirst du wissen, was $\frac{1}{2} + \frac{1}{4}$ ist. Denke dabei an die Teile einer großen Pizza, die du gegessen hast. Schwieriger wird es schon, wenn du $\frac{1}{8} + \frac{2}{5}$ berechnen willst. Man kann dies berechnen, ohne $\frac{1}{8}$ und $\frac{2}{5}$ Pizza essen zu müssen. Wie dies geht erfährst du in diesem Kapitel.

Aufgaben

1　Fruchtmix

Moni will für ihre Geburtstagsparty Cocktails mixen.

a) Wie viel Liter Cocktail stellt sie für ihre Kinderversion her? Übertrage den Messbecher in dein Heft und zeichne ein.

b) Wie viel Flüssigkeit ergibt das Erwachsenengetränk?

c) Formuliere eine Regel, wie man Brüche addieren kann.

Rezept – Fruchtmix

Kindergetränk:

$\frac{1}{10}$ ℓ Orangensaft

$\frac{3}{10}$ ℓ Ananassaft

Erwachsenengetränk:

Füge zur Kinderversion noch

$\frac{1}{5}$ ℓ Sekt und

$\frac{1}{10}$ ℓ Pfirsichlikör hinzu.

2　Japanische Mathematik – kannst du japanisch?

Mathematik ist eine Sprache, die man überall versteht. Was meinst du, ist auf dieser Seite aus einem japanischen Mathematikbuch dargestellt?

Schreibe die Rechnung auf, die mit dem Bild in dem japanischen Mathematikbuch dargestellt ist.

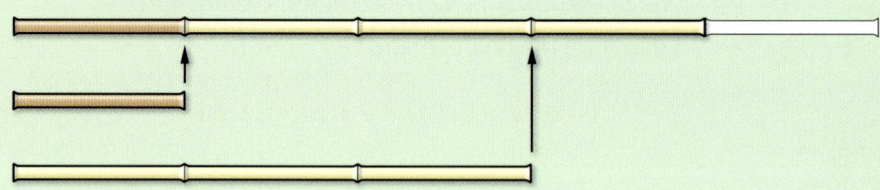

数直線を使って考えましょう。

3　Urlaubsfahrt

Lisa und Lukas haben mit ihren Eltern eine weite Reise vor. Die Eltern haben beschlossen, während der Autofahrt gelegentliche Pausen einzulegen. Für die Kinder haben sie den folgenden Plan aufgeschrieben:

Fahrt	$3\frac{1}{2}$	2	$2\frac{1}{2}$	$1\frac{1}{2}$	Stunden
Rast		$\frac{1}{2}$	$\frac{3}{4}$	$\frac{1}{2}$	Stunden

a) Wie lange wird die gesamte Fahrt zum Urlaubsort dauern?

b) Wie lange will die Familie insgesamt rasten?

Aufgaben

4 **Addieren und subtrahieren, wenn es komplizierter wird**
Finde die jeweilige Antwort. Bei welchen Aufgaben ist es schwierig, die Antwort zu finden und warum? Kannst du die Aufgabe mithilfe der Bilder lösen?
Übertrage die Bilder und Rechnungen in dein Heft und finde die Antwort.

a) $\frac{2}{7} + \frac{4}{7} = \blacksquare$

b) $\frac{1}{3} + \frac{2}{8} = \blacksquare$

c) $\frac{2}{3} - \frac{1}{4} = \blacksquare$

Schätze zunächst, welche der Antworten (1), (2), (3) oder (4) am besten zu dem jeweiligen Ergebnis passt.

(1) kleiner als $\frac{1}{4}$

(2) größer als $\frac{1}{4}$, aber kleiner als $\frac{1}{2}$

(3) größer als $\frac{3}{4}$

(4) größer als $\frac{1}{2}$, aber kleiner als $\frac{3}{4}$

Basiswissen

Brüche kann man addieren und subtrahieren. Besonders einfach geht dies, wenn sie den gleichen Nenner haben. Brüche mit gleichem Nenner nennt man gleichnamige Brüche.

Addieren und Subtrahieren gleichnamiger Brüche

Gleichnamige Brüche addieren

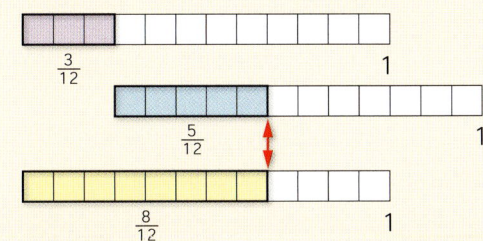

- Zähler addieren
- Nenner beibehalten

$$\frac{3}{12} + \frac{5}{12} = \frac{3+5}{12} = \frac{8}{12}$$

Gleichnamige Brüche subtrahieren

- Zähler subtrahieren
- Nenner beibehalten

$$\frac{11}{14} - \frac{4}{14} = \frac{11-4}{14} = \frac{7}{14}$$

Beispiele

A Gleichnamige Brüche
Berechne und kürze das Ergebnis, wenn möglich.

a) $\frac{3}{10} + \frac{3}{10} = \frac{6}{10} = \frac{3}{5}$

b) $\frac{5}{12} + \frac{7}{12} = \frac{12}{12} = 1$

c) $\frac{5}{9} - \frac{2}{9} = \frac{3}{9} = \frac{1}{3}$

d) $\frac{7}{30} - \frac{6}{30} = \frac{1}{30}$

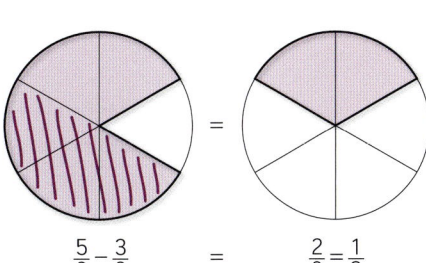

$\frac{5}{6} - \frac{3}{6}$ = $\frac{2}{6} = \frac{1}{3}$

Beispiele

B Additionsaufgabe

In der Abbildung ist stets die gleiche Additionsaufgabe in unterschiedlicher Weise dargestellt. Eine kann man leicht lösen. Welche Aufgabe passt zu welchem Modell?

① 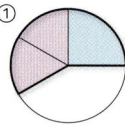 ②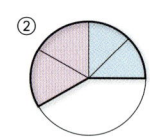

③ 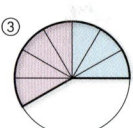 ④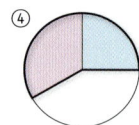

a) $\frac{1}{3} + \frac{1}{4}$ b) $\frac{2}{6} + \frac{1}{4}$

c) $\frac{2}{6} + \frac{2}{8}$ d) $\frac{4}{12} + \frac{3}{12}$

Lösung: Aufgabe a) passt zu Modell ④, b) zu ①,
c) zu ② und d) zu ③.
Die Summe ist in allen vier Aufgaben $\frac{7}{12}$.

Übungen

5 Lücken füllen

Vervollständige die Aufgaben und schreibe sie in dein Heft.

a) 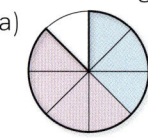 b) 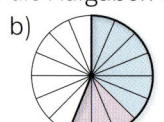 c) 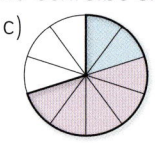 d) 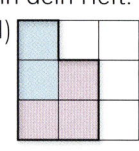 e) 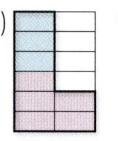 f)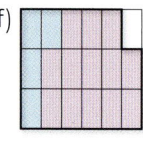

$\frac{4}{8} + \frac{3}{8} = \blacksquare$; $\frac{3}{\blacksquare} + \frac{\blacksquare}{16} = \blacksquare$; $\frac{\blacksquare}{\blacksquare} + \frac{5}{\blacksquare} = \blacksquare$; $\frac{2}{9} + \frac{\blacksquare}{\blacksquare} = \frac{\blacksquare}{9}$; $\frac{\blacksquare}{\blacksquare} + \frac{5}{\blacksquare} = \blacksquare$; $\frac{\blacksquare}{\blacksquare} + \frac{\blacksquare}{\blacksquare} = \frac{17}{\blacksquare}$

6 Brüche und Einheiten

Berechne. Kürze, wenn möglich.

Tipp

1 ha = 100 a
1 a = 100 m²
1 t = 1000 kg

a) $\frac{1}{5}$ kg $+ \frac{3}{5}$ kg   b) $\frac{3}{4}$ m $+ \frac{3}{4}$ m   c) $\frac{7}{10}$ h $+ \frac{5}{10}$ h   d) $\frac{7}{8}\ell - \frac{5}{8}\ell$

e) $\frac{7}{2}$ t $+ \frac{11}{2}$ t   f) $\frac{75}{100}$ ha $+ \frac{30}{100}$ ha   g) $\frac{55}{60}$ min $- \frac{16}{60}$ min   h) $\frac{4}{5}$ € $+ \frac{3}{5}$ €

Rechne auch ohne Brüche. Wandele dazu in die nächstkleinere Einheit um. Vergleiche die Ergebnisse.

7 Rechnen mit Bildern

Berechne. Veranschauliche die Rechnung durch ein Stab-, Kreis- oder Rechteckmodell. Jedes der Modelle soll zumindest einmal vorkommen.

a) $\frac{2}{5} + \frac{3}{5}$ b) $\frac{8}{12} - \frac{5}{12}$

c) $\frac{5}{8} - \frac{4}{8}$ d) $\frac{3}{4} - \frac{1}{4}$

e) $\frac{13}{16} - \frac{9}{16}$ f) $\frac{2}{9} + \frac{5}{9}$

g) $\frac{5}{7} - \frac{3}{7}$ h) $\frac{1}{6} + \frac{5}{6}$

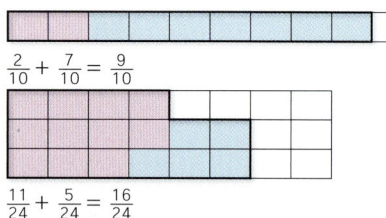

$\frac{2}{10} + \frac{7}{10} = \frac{9}{10}$

$\frac{11}{24} + \frac{5}{24} = \frac{16}{24}$

8 Herkunftsdörfer

Die Kinder der Klasse 6c kommen aus vier verschiedenen Dörfern. Aus Maxdorf kommt $\frac{1}{6}$ der Kinder der Klasse, aus Rheindorf $\frac{2}{6}$ und aus Dornheim ebenfalls $\frac{2}{6}$.

a) Welcher Anteil der Kinder kommt aus Oberaubach?

b) Wie viele Kinder kommen aus den verschiedenen Dörfern, wenn in der Klasse 30 Schüler sind?

9 „Mehr als Eins"

Stelle das Ergebnis als gemischte Zahl dar, denn „Bruch plus Bruch" kann mehr als 1 ergeben.

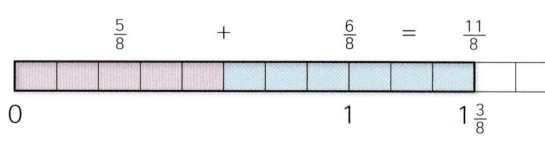

a) $\frac{3}{4} + \frac{3}{4}$ b) $\frac{8}{12} + \frac{7}{12}$ c) $\frac{3}{5} + \frac{4}{5} + \frac{2}{5}$ d) $\frac{5}{8} + \frac{7}{8}$ e) $\frac{17}{20} + \frac{13}{20}$ f) $\frac{6}{7} + \frac{5}{7} + \frac{4}{7} + \frac{3}{7}$

Übungen

10 Gemischte Schreibweise

Schreibe die Ergebnisse, wenn möglich, mit gemischten Zahlen.

a) $\frac{6}{10}\,\text{cm} + \frac{9}{10}\,\text{cm}$

b) $\frac{5}{6}\,\text{h} + \frac{3}{6}\,\text{h}$

c) $\frac{18}{24}\,\text{d} + \frac{15}{24}\,\text{d}$

d) $\frac{5}{8}\,\text{kg} + \frac{7}{8}\,\text{kg} + \frac{6}{8}\,\text{kg}$

e) $\frac{19}{25}\,\ell + \frac{15}{25}\,\ell + \frac{23}{25}\,\ell + \frac{3}{25}\,\ell$

f) $\frac{3}{4}\,\text{a} + \frac{3}{4}\,\text{a} + \frac{1}{4}\,\text{a} + \frac{2}{4}\,\text{a}$

g) $\frac{950}{1000}\,\text{t} + \frac{750}{1000}\,\text{t} + \frac{450}{1000}\,\text{t}$

Du kannst ganz einfach testen, ob du richtig gerechnet hast. Löse dazu die Aufgaben ohne Brüche, indem du in die nächst kleinere Einheit verwandelst und dann addierst. Vergleiche die Ergebnisse.

11 Rechnungen in Bildern

Welche Rechnung wird dargestellt? Finde das Ergebnis.

a)

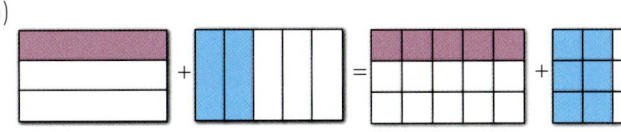

b)

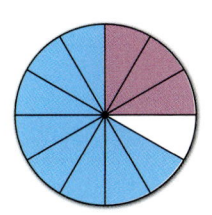

c) Stelle die Rechnung mit einer Zeichnung dar:

$\frac{4}{5} - \frac{1}{2}$

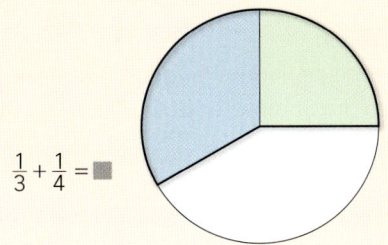 – ...

Basiswissen

Ungleichnamige Brüche muss man zunächst so umschreiben, dass sie den gleichen Nenner besitzen. Man macht die Brüche gleichnamig. Dies geht immer durch Erweitern oder Kürzen.

Ungleichnamige Brüche addieren und subtrahieren

Wie man gemeinsame Nenner findet kannst du auf Seite 31 in Beispiel D nachlesen.

1. Gleichnamig machen
   - gemeinsames Vielfaches der Nenner suchen,
   - Erweitern oder Kürzen
2. Addieren oder Subtrahieren der Zähler
3. Nenner beibehalten

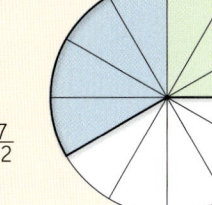

$\frac{1}{3} + \frac{1}{4} = \blacksquare$

$\frac{4}{12} + \frac{3}{12} = \frac{4+3}{12} = \frac{7}{12}$

Beispiele

C Berechne $\frac{2}{5} + \frac{1}{3}$.

Verdeutliche die Addition mit einem Bild.

Lösung: Ein gemeinsames Vielfaches der Nenner ist 15. Man erhält immer ein gemeinsames Vielfaches, wenn man die Nenner multipliziert. Die Teile werden durch Erweitern verfeinert und in eine gleiche Einteilung gebracht.

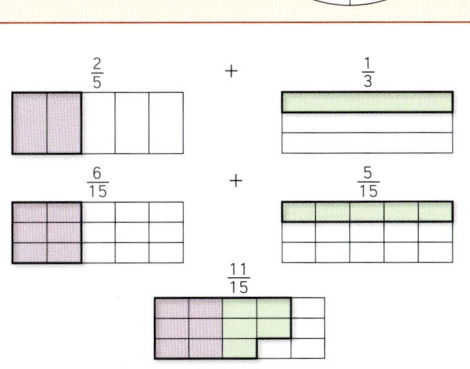

Beispiele

D Addieren und Subtrahieren von Brüchen

Berechne Summe bzw. Differenz. Ein Verfahren dazu findest du im Beispiel C und eine andere Möglichkeit auf Seite 97 in Beispiel D. In c) und d) muss man zunächst einen gemeinsamen Nenner finden.

a) $\frac{3}{7} + \frac{2}{7} = \frac{5}{7}$

b) $\frac{7}{8} - \frac{2}{8} = \frac{5}{8}$

c) $\frac{4}{9} + \frac{2}{5} = \frac{\blacksquare}{45} + \frac{\blacksquare}{45} = \frac{20}{45} + \frac{18}{45} = \frac{38}{45}$

d) $\frac{3}{5} - \frac{3}{10} = \frac{\blacksquare}{10} - \frac{\blacksquare}{10} = \frac{6}{10} - \frac{3}{10} = \frac{3}{10}$

E Bildhafte Rechnung

Welche Rechnung ist zeichnerisch dargestellt?

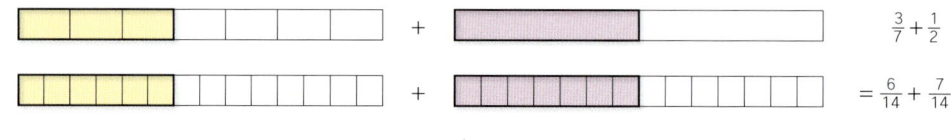

$\frac{3}{7} + \frac{1}{2}$

$= \frac{6}{14} + \frac{7}{14}$

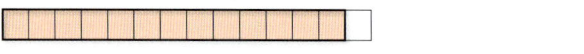

$= \frac{13}{14}$

Übungen

12 Training

Berechne, kürze das Ergebnis, falls möglich:

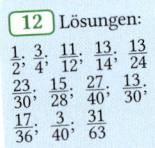
12 Lösungen:
$\frac{1}{2}$; $\frac{3}{4}$; $\frac{11}{12}$; $\frac{13}{14}$; $\frac{13}{24}$
$\frac{23}{30}$; $\frac{15}{28}$; $\frac{27}{40}$; $\frac{13}{30}$;
$\frac{17}{36}$; $\frac{3}{40}$; $\frac{31}{63}$

a) $\frac{2}{3} + \frac{1}{4}$

b) $\frac{7}{8} - \frac{1}{3}$

c) $\frac{1}{2} + \frac{3}{7}$

d) $\frac{5}{6} - \frac{2}{5}$

e) $\frac{1}{4} + \frac{2}{9}$

f) $\frac{1}{2} + \frac{1}{4}$

g) $\frac{7}{8} - \frac{4}{5}$

h) $\frac{1}{3} + \frac{1}{6}$

i) $\frac{5}{7} - \frac{2}{9}$

j) $\frac{1}{6} + \frac{3}{5}$

k) $\frac{4}{5} - \frac{1}{8}$

l) $\frac{2}{7} + \frac{1}{4}$

13 Schätzen

Schätze, welche Summen oder Differenzen größer, gleich oder kleiner $\frac{1}{2}$ ist.
Überprüfe durch eine Rechnung.

a) $\frac{1}{3} + \frac{1}{6}$

b) $\frac{2}{5} + \frac{3}{10}$

c) $\frac{15}{16} - \frac{1}{8}$

d) $\frac{3}{5} - \frac{1}{3}$

e) $\frac{1}{3} + \frac{1}{4}$

f) $\frac{5}{6} - \frac{1}{3}$

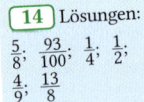
14 Lösungen:
$\frac{5}{8}$; $\frac{93}{100}$; $\frac{1}{4}$; $\frac{1}{2}$;
$\frac{4}{9}$; $\frac{13}{8}$

14 Kopfrechnen

Gemeinsamer Nenner auf einen Blick.

a) $\frac{3}{8} + \frac{1}{4}$

b) $\frac{9}{10} - \frac{2}{5}$

c) $\frac{3}{2} + \frac{1}{8}$

d) $\frac{5}{6} - \frac{7}{12}$

e) $\frac{1}{3} + \frac{1}{9}$

f) $\frac{7}{10} + \frac{23}{100}$

15 Rechnen mit Größen

Überprüfe deine Ergebnisse, indem du die Angaben in die nächstkleinere Einheit umrechnest und dann die Summe bzw. die Differenz bestimmst.

a) $\frac{3}{4}$ kg $- \frac{1}{8}$ kg

b) $\frac{2}{5}$ m $+ \frac{1}{4}$ m

c) $\frac{1}{6}$ h $+ \frac{1}{4}$ h

d) $\frac{1}{2}$ ha $- \frac{1}{4}$ ha

16 Lücken füllen

a) $\frac{3}{8} + \frac{\blacksquare}{\blacksquare} = \frac{7}{8}$

b) $\frac{1}{3} + \frac{\blacksquare}{\blacksquare} = \frac{1}{2}$

c) $\frac{9}{10} - \frac{\blacksquare}{\blacksquare} = \frac{2}{5}$

d) $\frac{\blacksquare}{\blacksquare} - \frac{1}{4} = \frac{1}{5}$

e) $\frac{\blacksquare}{\blacksquare} + \frac{1}{7} = \frac{1}{2}$

f) $\frac{5}{9} + \frac{\blacksquare}{\blacksquare} = \frac{15}{27}$

g) $\frac{7}{8} - \frac{\blacksquare}{\blacksquare} = \frac{1}{4}$

h) $\frac{\blacksquare}{\blacksquare} - \frac{2}{3} = \frac{1}{2}$

17 Achtung, Fehler

Dreimal wurden die Brüche $\frac{3}{8}$ und $\frac{2}{5}$ falsch addiert. Welche Fehler wurden gemacht? Rechne richtig.

a) $\frac{2}{5} + \frac{3}{8} = \frac{5}{13}$

b) $\frac{2}{5} + \frac{3}{8} = \frac{5}{8}$

c) $\frac{2}{5} + \frac{3}{8} = \frac{5}{40}$

Übungen **18** „Bruchprobleme"

Zu seinem Geburtstag will Peter seine Gäste mit einem „Mixgetränk" überraschen.
Peters Rezept: „Man nehme $\frac{1}{8}$ ℓ Orangensaft, dazu gebe man $\frac{1}{4}$ ℓ Ananassaft und fülle mit $\frac{7}{10}$ ℓ Mineralwasser auf. Peter will das Getränk in einer 1-ℓ-Flasche mischen.

Zahnbehandlungen kosten viel Geld. Mit einer Zusatzversicherung können die Kosten für den Patienten verringert werden. Die Zusatzversicherung bezahlt 20 % und die normale Krankenversicherung $\frac{3}{4}$ der Kosten. Welcher Anteil ist noch offen und muss vom Patienten selbst bezahlt werden?

Der uralte König Karl hat Kinder, Enkel und Urenkel. In seinem Testament sieht er vor, dass die Hälfte seines Vermögens unter seinen Kindern aufgeteilt wird, ein Viertel unter seinen Enkeln und ein Achtel unter seinen Urenkeln. Bleibt da noch etwas für seine treuen Diener übrig?

19 Lösungen finden
Wer hat richtig gerechnet?

Ina
$$\frac{7}{8} - \frac{7}{12} = \frac{84}{96} - \frac{56}{96} = \frac{28}{96}$$

Oliver
$$\frac{7}{8} - \frac{7}{12} = \frac{21}{24} - \frac{14}{24} = \frac{7}{24}$$

Robert
$$\frac{7}{8} - \frac{7}{12} = \frac{42}{48} - \frac{28}{48} = \frac{14}{48}$$

Sara
$$\frac{7}{8} - \frac{7}{12} = \frac{11}{12} - \frac{7}{12} = \frac{4}{12}$$

20 Hauptnenner finden

Der Hauptnenner ist das kleinste gemeinsame Vielfache der Nenner.

Berechne die Summe/Differenz. Bringe dazu die Brüche auf den Hauptnenner.

a) $\frac{3}{4} - \frac{1}{6}$ b) $\frac{1}{6} + \frac{3}{8}$ c) $\frac{2}{5} + \frac{3}{10}$

d) $\frac{3}{5} - \frac{1}{8}$ e) $\frac{7}{20} + \frac{3}{25}$ f) $\frac{13}{18} - \frac{5}{12}$

g) $\frac{2}{3} - \frac{2}{9}$ h) $\frac{1}{7} + \frac{1}{5}$ i) $\frac{3}{10} + \frac{1}{4}$

↘ **Hauptnenner**

Kleinster gemeinsamer Nenner

$\frac{3}{10}$ und $\frac{4}{15}$ haben viele gemeinsame Nenner. Der kleinste davon ist 30.

Der kleinste gemeinsame Nenner heißt Hauptnenner.

21 Zauberquadrate
Weißt du, was Zauberquadrate sind? In einem Zauberquadrat ist die Summe der Zahlen in den Spalten, in den Zeilen und in den Diagonalen gleich.

Benutze Hauptnenner

Sind die Quadrate Zauberquadrate?
Ergänze auch zu einem Zauberquadrat.

$\frac{3}{4}$	$\frac{1}{12}$	$\frac{1}{2}$
$\frac{1}{3}$	$\frac{5}{12}$	$\frac{7}{12}$
$\frac{1}{4}$	$\frac{3}{4}$	$\frac{1}{3}$

1	$\frac{1}{8}$	$\frac{3}{4}$
■	■	■
$\frac{1}{2}$	■	■

$\frac{4}{5}$	■	■
■	$\frac{7}{10}$	$\frac{1}{2}$
■	■	$\frac{3}{5}$

Übungen

Addition/Subtraktion gemischter Zahlen

22 Addition gemischter Zahlen
Schau dir genau an, wie Carolin gerechnet hat.

a) Erkläre mit deinen Kenntnissen vom Addieren von Brüchen, warum Carolin $2\frac{3}{4}$ als $2\frac{15}{20}$ umgeschrieben hat.

b) Erkläre, wieso $6\frac{29}{20} = 7\frac{9}{20}$ ist.

c) Berechne wie Carolin die Summe $3\frac{4}{5} + 1\frac{2}{3}$.

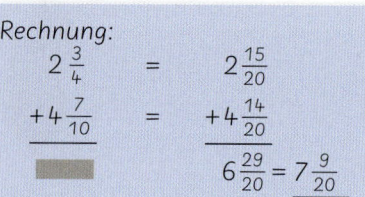

Rechnung:

$$2\frac{3}{4} \quad = \quad 2\frac{15}{20}$$
$$+4\frac{7}{10} \quad = \quad +4\frac{14}{20}$$
$$\underline{} \qquad \quad 6\frac{29}{20} = 7\frac{9}{20}$$

23 Achtung, „Subtraktion"
Beim Subtrahieren gemischter Zahlen muss man aufpassen.

a) Erkläre mit der Abbildung, warum.

b) Daniel hat nach seiner eigenen Methode gerechnet, um zwei gemischte Zahlen voneinander zu subtrahieren.
Erkläre Daniels Methode.
Berechne nach derselben Methode die folgenden Differenzen.

$$3\frac{1}{2}$$
$$-1\frac{3}{4}$$

c) $4\frac{3}{10} - 2\frac{4}{5}$　　d) $6\frac{2}{3} - 3\frac{3}{4}$

e) $4\frac{1}{6} - 1\frac{3}{8}$　　f) $2\frac{4}{9} - 1\frac{5}{10}$

$$5\frac{1}{3} = \frac{16}{3} = \frac{64}{12}$$
$$-2\frac{3}{4} = -\frac{11}{4} = -\frac{33}{12}$$
$$\underline{} \qquad\qquad \frac{31}{12} = 2\frac{7}{12}$$

Rechnen mit gemischten Zahlen – zwei Verfahren

Beispiel: Berechne $2\frac{3}{4} + 4\frac{2}{3}$.

Addiere die natürlichen Zahlen.

Addiere die Brüche.

$$2\frac{3}{4} \quad = \quad 2\frac{9}{12}$$
$$+4\frac{2}{3} \quad = \quad +4\frac{8}{12}$$
$$\qquad\qquad\qquad 6\frac{17}{12} = 7\frac{5}{12}$$

Verwandle die gemischten Zahlen zunächst in Brüche und rechne dann.

$$2\frac{3}{4} = \frac{11}{4} = \frac{33}{12}$$
$$+4\frac{2}{3} = \frac{14}{3} = +\frac{56}{12}$$
$$\qquad\qquad\qquad \frac{89}{12} = 7\frac{5}{12}$$

24 Gemischte Zahlen
Berechne.

a) $2\frac{1}{4} + 5\frac{1}{4}$　　b) $5\frac{5}{8} - 2\frac{1}{2}$　　c) $4\frac{2}{3} + 2\frac{3}{5}$　　d) $5\frac{7}{10} - 2\frac{1}{4}$

e) $3\frac{1}{6} + 2\frac{3}{4}$　　f) $12\frac{3}{5} + 8\frac{7}{8}$　　g) $7\frac{7}{10} - 6\frac{3}{5}$　　h) $9\frac{7}{9} + 6\frac{1}{2}$

25 Training mit gemischten Zahlen
Berechne. Verwende das Verfahren, das dir am günstigsten erscheint.

a) $3\frac{3}{4} + 7\frac{3}{4}$　　b) $5\frac{1}{8} - 2\frac{1}{3}$　　c) $3\frac{3}{5} + 6\frac{9}{10}$　　d) $5\frac{21}{25} + 2\frac{3}{4}$

e) $6\frac{11}{15} + 2\frac{5}{6}$　　f) $3\frac{17}{20} + 5\frac{17}{25}$　　g) $3\frac{9}{10} - 2\frac{41}{50}$　　h) $6\frac{5}{7} - \frac{7}{8}$

Übungen

26 „Mehr als zwei"

a) Schau dir an, wie Christian und Matthias die Aufgabe $\frac{1}{2} + \frac{1}{8} + \frac{1}{16}$ gelöst haben. Welches Verfahren findest du günstiger?

Matthias rechnet: $\quad \frac{1}{2} + \frac{1}{8} + \frac{1}{16} = \frac{4}{8} + \frac{1}{8} + \frac{1}{16} = \frac{5}{8} + \frac{1}{16} = \frac{10}{16} + \frac{1}{16} = \frac{11}{16}$

Christian rechnet: $\quad \frac{1}{2} + \frac{1}{8} + \frac{1}{16} = \frac{8}{16} + \frac{2}{16} + \frac{1}{16} = \frac{11}{16}$

b) Löse nach einem der Verfahren:

(1) $\frac{1}{2} + \frac{2}{9} + \frac{2}{27}$ (2) $\frac{5}{6} + \frac{7}{12} + \frac{1}{4}$ (3) $\frac{8}{5} + \frac{9}{10} + \frac{4}{9}$ (4) $\frac{3}{7} + \frac{1}{2} + \frac{5}{3}$

27 Drei Brüche – viele Ergebnisse

In allen Rechenausdrücken kommen die gleichen drei Brüche vor. Wie viele verschiedene Ergebnisse erhältst du? Berechne und vergleiche.

a) $\frac{5}{4} + \frac{2}{3} + \frac{1}{2}$ b) $\frac{5}{4} + \frac{2}{3} - \frac{1}{2}$ c) $\frac{5}{4} - \frac{2}{3} + \frac{1}{2}$

d) $\frac{5}{4} - \frac{2}{3} - \frac{1}{2}$ e) $\frac{5}{4} + \left(\frac{2}{3} - \frac{1}{2}\right)$ f) $\left(\frac{5}{4} - \frac{2}{3}\right) + \frac{1}{2}$

Bilde selbst solche Rechenausdrücke mit drei anderen Brüchen (z. B. $\frac{5}{4}$; $\frac{2}{3}$ und $\frac{1}{5}$) und stelle sie deinem Nachbarn als Aufgabe.

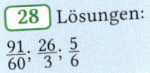
28 Lösungen:
$\frac{91}{60}$; $\frac{26}{3}$; $\frac{5}{6}$

28 Übersetzen und berechnen

Übersetze die folgenden Aufgaben in einen Rechenausdruck und bestimme das Ergebnis. Ein Rechenbaum kann nützlich sein.

a) Subtrahiere von $2\frac{3}{5}$ zunächst $\frac{1}{3}$ und dann noch $\frac{3}{4}$.

b) Addiere zur Summe der Zahlen $4\frac{1}{3}$ und $3\frac{3}{4}$ deren Differenz.

c) Subtrahiere von der Differenz der Zahlen $3\frac{1}{6}$ und $\frac{4}{7}$ die Summe der Zahlen $\frac{4}{7}$ und $1\frac{1}{3}$.

Du erinnerst dich:
Beim Erweitern werden Zähler und Nenner mit der gleichen Zahl multipliziert. Dabei ändert sich der Wert des Bruches nicht.

29 Forschungsaufgabe

Josef meint: „Wenn man zum Zähler und zum Nenner eines Bruches die gleiche Zahl addiert, erhält man einen größeren Bruch."

a) Überprüfe die Behauptung von Josef an den Brüchen $\frac{3}{8}$; $\frac{5}{6}$; $\frac{6}{5}$; $\frac{8}{3}$ und beschreibe, wie du vorgegangen bist.

b) Was meinst du zu Josefs Behauptung? Formuliere deine Vermutung und überprüfe sie an weiteren Brüchen. Kannst du sicher sein, dass deine Vermutung immer zutrifft?

Kopfübungen

1. Die Weltbevölkerungsuhr zeigte einmal: „In dieser Minute leben 7 433 000 685 Menschen auf unserem Planeten." Notiere die sinnvoll gerundete Angabe als Zahl und in Worten.

2. Der Punkt P (15 | 3) wird um zwei Kästchen (Skaleneinheiten) nach oben verschoben. Gib seine neuen Koordinaten an.

3. Was bedeutet der Vorsatz „Zenti" bei den Einheiten wie Zentimeter (cm)?

4. Berechne: a) $13 \cdot 5 + 1 \cdot 5 + 6 \cdot 5$ b) $4 \cdot 55 + 4 \cdot 5 + 4 \cdot 40$

5. Setze fort:
   a) In den USA leben ▉ so viele Menschen wie in Deutschland.
   b) In Indien leben ▉ so viele Menschen wie in den USA.

6. Beim Bäcker Alfons kosten 5 Käsebrötchen 3,00 € und beim Bäcker Bernd kosten 6 Käsebrötchen 4,00 €. Bei wem kauft man Käsebrötchen preisgünstiger?

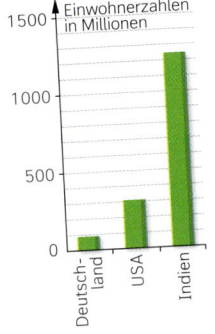
Einwohnerzahlen in Millionen

Aufgaben

30 Gemeinsame Nenner finden

$\frac{2}{9} + \frac{5}{12} = \blacksquare$

Ungleichnamige Brüche muss man zuerst auf einen gemeinsamen Nenner bringen, bevor man sie addieren kann. Georg und Marina möchten die Aufgabe lösen und haben unterschiedliche Nenner gefunden.

> Marina: „Vielfache von 9 sind: 9, 18, 27, 36, … und Vielfache von 12 sind 12, 24, 36. Aha, der kleinste gemeinsame Nenner ist 36."

> Georg: „9 · 12 = 108 Ein gemeinsamer Nenner ist 108."

a) Erläutere, wie die Kinder den Nenner gefunden haben.
b) Löse die Aufgabe jeweils mit den verschiedenen Nennern.
c) Welchen Nenner würdest du wählen? Warum?
d) Finde den Hauptnenner.

$\frac{2}{15} + \frac{1}{12}$

$\frac{7}{6} + \frac{2}{9}$

$\frac{5}{6} + \frac{1}{12}$

$\frac{1}{7} + \frac{3}{8}$

$\frac{7}{10} + \frac{2}{15}$

31 „Differenzen unter Nachbarn"

Berechne

a) $\frac{1}{2} - \frac{1}{3}$ b) $\frac{1}{3} - \frac{1}{4}$ c) $\frac{1}{4} - \frac{1}{5}$ d) $\frac{1}{5} - \frac{1}{6}$ e) $\frac{1}{6} - \frac{1}{7}$

f) Schaue dir die Ergebnisse von a), b), c), d) und e) an. Was werden vermutlich die Differenzen $\frac{1}{7} - \frac{1}{8}$, $\frac{1}{9} - \frac{1}{10}$ und $\frac{1}{99} - \frac{1}{100}$ sein?

g) Überprüfe deine Vermutungen aus der Aufgabe f) durch eine Rechnung.

32 „Differenzen unter Nachbarn – Fortsetzung"

Berechne

a) $1 - \frac{1}{2}$ b) $\frac{2}{3} - \frac{1}{2}$ c) $\frac{3}{4} - \frac{2}{3}$ d) $\frac{4}{5} - \frac{3}{4}$ e) $\frac{5}{6} - \frac{4}{5}$

f) Schaue dir die Ergebnisse der Teilaufgaben an. Was werden vermutlich die Differenzen $\frac{6}{7} - \frac{5}{6}$ und $\frac{10}{11} - \frac{9}{10}$ sein?

g) Überprüfe deine Vermutungen aus der Aufgabe f) durch eine Rechnung.

33 Faszinierende Summen

Berechne die Summen.

Tipp: Bei b) kannst du das Ergebnis von a) verwenden, bei c) das Ergebnis von b) usw.

a) $\frac{1}{2} + \frac{1}{4}$ b) $\frac{1}{2} + \frac{1}{4} + \frac{1}{8}$ c) $\frac{1}{2} + \frac{1}{4} + \frac{1}{8} + \frac{1}{16}$

d) Was wird vermutlich die Summe $\frac{1}{2} + \frac{1}{4} + \frac{1}{8} + \frac{1}{16} + \frac{1}{32}$ sein?

Was kam bei c), b) und a) heraus?
Überprüfe deine Vermutung durch eine Rechnung.

e) Schreibe weitere Summen und Ergebnisse auf.

34 Entdecker gesucht

Versuche ähnlich wie in Aufgabe 33 das Ergebnis der Summe zu entdecken.

$\frac{1}{3} + \frac{1}{9} + \frac{1}{27} + \frac{1}{81} + \frac{1}{243} + \frac{1}{729}$

2.2 Multiplizieren mit Brüchen

Unter $2 \cdot \frac{3}{8}$ kann man sich etwas vorstellen. Kauft man z. B. von 2 verschiedenen Wurstsorten je $\frac{3}{8}$ kg, dann hat man insgesamt $2 \cdot \frac{3}{8}$ kg Wurst gekauft. Rate einmal, wie viel kg dies ergibt. Schwieriger wird es schon, wenn man sich überlegt, was $\frac{2}{5} \cdot \frac{3}{4}$ bedeuten kann. Mit diesen und ähnlichen Fragen beschäftigen wir uns in diesem Kapitel und auch damit, wie man das Produkt zweier Brüche berechnet. Hast du schon eine Idee, was $\frac{2}{5} \cdot \frac{3}{4}$ ergibt? Nur Geduld, noch zwei, drei weitere Seiten in unserem Buch und du wirst überprüfen können, ob du richtig vermutet hast.

Aufgaben

1 Ein Klassenfest

Karoline bereitet mit ihrer Freundin ein Klassenfest vor. Sie müssen auch die Getränke kaufen. Karoline überlegt: „Wir sind 26 Kinder in der Klasse. Es ist Sommer. Jedes Kind wird ungefähr einen halben Liter Mineralwasser trinken. In jeder Kiste Mineralwasser sind 12 Flaschen mit $\frac{3}{4}$ ℓ.

a) Schätze, wie viele Kisten für das Fest gekauft werden müssen.

b) Berechne die Anzahl der benötigten Mineralwasserflaschen.

2 Nicht wecken

Raubtiere wie Löwen können etwas, was andere Tiere meistens nicht können, sie können richtig lange schlafen. Kein anderes Tier weckt einen Löwen absichtlich, um sich verspeisen zu lassen. Löwen verschlafen $\frac{3}{4}$ des Tages; $\frac{2}{3}$ der Zeit, in der sie wach sind, sind sie auf der Jagd oder beim Fressen. Welchen Anteil des Tages sind sie mit Beutemachen und Verzehren beschäftigt?

3 Getreideanbau

Bauer Simon baut auf $\frac{3}{4}$ seines Ackerlandes Getreide an. Auf $\frac{2}{5}$ der Anbaufläche für Getreide hat er Gerste eingesät.

a) Auf der Abbildung seht ihr das Ackerland des Bauern. Was könnte die eingefärbte Fläche darstellen?

b) Übertrage die Zeichnung in dein Heft. Achte dabei auf die Karos. Schraffiere den Anteil, den die Gerste an der „gefärbten" Fläche ausmacht.

c) Gib den Anteil an, welchen die Gerste an der gesamten Ackerfläche ausmacht.

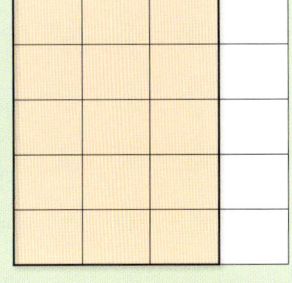

4 Das Holzbrett

Der Preis eines Holzbrettes hängt unter anderem von der Fläche des Brettes ab.

a) Berechne die Fläche des Brettes, in dem du in eine kleinere Einheit umrechnest.

b) Das Brett ist aus einem quadratischen Brett geschnitten worden. Wenn du genau hinschaust, kannst du die Fläche des Brettes auch direkt mithilfe von Brüchen ausrechnen.

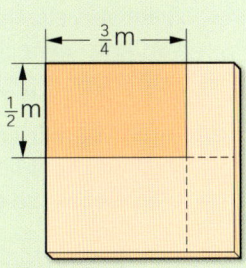

Basiswissen

Bei vielen Anwendungen muss man einen Bruch mit einer natürlichen Zahl multiplizieren. Dabei kann Mulitiplizieren Vervielfachen oder das Berechnen von Anteilen bedeuten.

Multiplizieren eines Bruches mit einer natürlichen Zahl

1. Vervielfachen

Das Dreifache von $\frac{2}{7}$

$$3 \cdot \frac{2}{7} = \frac{2}{7} + \frac{2}{7} + \frac{2}{7} = \frac{6}{7}$$

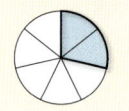 + 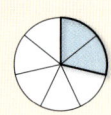 +  =

2. Berechnen von Anteilen

$\frac{2}{7}$ von 3   ist $\frac{6}{7}$ $\frac{2}{7} \cdot 3 = \frac{6}{7}$

„von" bedeutet hier „mal"

In beiden Fällen, beim Vervielfachen und beim Berechnen von Anteilen, rechnet man gleich: Zähler mal natürliche Zahl und Nenner beibehalten. Kürze nach Möglichkeit.

Beispiele

A Berechne die folgenden Produkte und kürze, wenn möglich:

a) $6 \cdot \frac{7}{100} = \frac{42}{100} = \frac{21}{50}$

b) $5 \cdot \frac{3}{20} = \frac{15}{20} = \frac{3}{4}$

c) $\frac{7}{30} \cdot 4 = \frac{28}{30} = \frac{14}{15}$

B Frau Horster hat zwei Erben zusammen 120 000 € vermacht. Einer soll laut Testament $\frac{3}{5}$ der Summe erhalten, der andere den Rest. Wie viel erhält jeder der Erben?
Lösung: Einer erhält einen Anteil von $\frac{3}{5}$, also $\frac{3}{5} \cdot 120\,000$ € $= \frac{360\,000}{5}$ € $= 72\,000$ €.
Der andere erhält den Rest, also 48 000 €.

Übungen

5 Training
Berechne die Produkte. Kürze, wenn möglich schon vor dem Multiplizieren.

a) $4 \cdot \frac{2}{9}$ b) $3 \cdot \frac{2}{11}$ c) $15 \cdot \frac{38}{100}$ d) $3 \cdot \frac{1}{8}$ e) $\frac{2}{25} \cdot 5$ f) $\frac{3}{10} \cdot 80$

g) $14 \cdot \frac{7}{10}$ h) $\frac{2}{15} \cdot 45$ i) $40 \cdot \frac{2}{30}$ j) $\frac{3}{25} \cdot 75$ k) $8 \cdot \frac{10}{96}$ l) $\frac{3}{45} \cdot 120$

6 Lücken füllen

a) $4 \cdot \frac{3}{15} = \blacksquare$ b) $3 \cdot \blacksquare = \frac{9}{10}$ c) $\blacksquare \cdot \frac{2}{11} = \frac{10}{11}$ d) $\frac{4}{5} \cdot \blacksquare = \frac{24}{5}$

e) $\frac{2}{9} \cdot \blacksquare = 2$ f) $\blacksquare \cdot 5 = 6$ g) $\blacksquare \cdot \frac{1}{20} = 3$ h) $\blacksquare \cdot 100 = 1$

↘ Vielfache und Anteile

Beim Vervielfachen und Berechnen von Anteilen rechnet man gleich:
$$4 \cdot \frac{2}{9} = \frac{2}{9} \cdot 4$$
Beim Multiplizieren eines Bruches mit einer natürlichen Zahl darf man die Reihenfolge der Faktoren vertauschen.

7 Anteile berechnen
Gib die Ergebnisse mit Brüchen an.

a) $\frac{3}{4}$ von 5 kg b) $\frac{2}{7}$ von 28 Schüler c) $\frac{3}{8}$ von 10 ℓ

d) $\frac{7}{10}$ von 2 km e) $\frac{1}{5}$ von 12 kg f) $\frac{3}{20}$ von 50

8 Vielfache und Anteile
Klaus bekommt drei $\frac{2}{7}$ - Stücke Pizza und Leni $\frac{2}{7}$ von drei Pizzen.
a) Wer bekommt mehr?
b) Formuliere eine ähnliche Aufgabe mit anderen Zahlen.

Basiswissen

Brüche kann man multiplizieren. Benötigt wird die Multiplikation von Brüchen zum Beispiel beim
- Mulliplizieren von Maßzahlen
- Berechnen von Anteilen.

Multiplizieren von Brüchen

- Berechne den Flächeninhalt: $\frac{2}{3}$ m · $\frac{3}{4}$ m
- $\frac{2}{3}$ von $\frac{5}{6}$

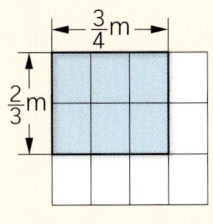

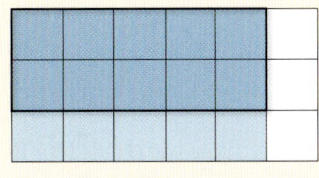

$$\frac{2}{3} \text{ m} \cdot \frac{3}{4} \text{ m} = \frac{6}{12} \text{ m}^2 = \frac{1}{2} \text{ m}^2$$

$$\frac{2}{3} \cdot \frac{5}{6} = \frac{2 \cdot 5}{3 \cdot 6} = \frac{10}{18} = \frac{5}{9}$$

Multiplizieren von Brüchen:
- Zähler mal Zähler,
- Nenner mal Nenner

$$\frac{2}{3} \cdot \frac{3}{4} = \frac{2 \cdot 3}{3 \cdot 4} = \frac{6}{12} = \frac{1}{2}$$

Beim Multiplizieren darf man

Kommutativgesetz
- die Reihenfolge der Faktoren vertauschen

Assoziativgesetz
- die Reihenfolge, in der man multipliziert, selbst festlegen.

Beispiele   **C** Aquarium

Berechne die Wassermenge in dem Aquarium.

$$\frac{3}{4} \cdot \frac{1}{2} \cdot \frac{1}{2} \text{ m}^3 = \frac{3 \cdot 1 \cdot 1}{4 \cdot 2 \cdot 2} \text{ m}^3 = \frac{3}{16} \text{ m}^3$$

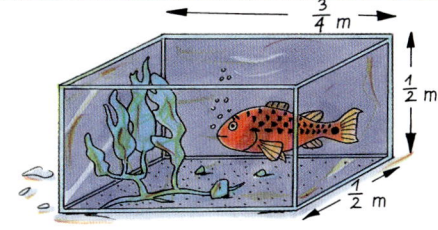

Beispiele   **D** Lieblingsessen

In der Klasse 6 d mit 30 Schülerinnen und Schülern ist das Lieblingsessen der Klasse Pizza. Denn $\frac{2}{3}$ aller Schüler mögen italienisches Essen, davon mögen $\frac{3}{5}$ Pizza. Wie groß ist der Anteil der Pizzaliebhaber von der gesamten Klasse?

Färbe zuerst $\frac{2}{3}$ eines Rechtecks	Teile die markierte Fläche in 5 gleiche Teile und nimm 3 davon.	Das Ergebnis sind $\frac{6}{15}$ des gesamten Rechtecks.	Rechnung: $\frac{3}{5} \cdot \frac{2}{3} = \frac{6}{15} = \frac{2}{5}$

 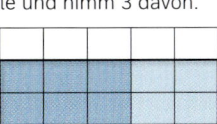 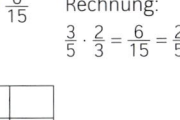

Übungen   **9** Rechnung in Bildern

Schreibe zu jedem Bild eine Rechnung auf und gib das Ergebnis an.

a) 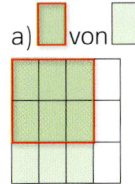 von   b) 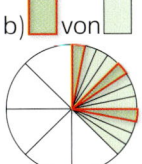 von   c) 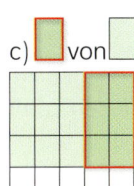 von

10 Kürzen erwünscht

a) $\frac{6}{15} \cdot \frac{5}{18}$

b) $\frac{12}{25} \cdot \frac{20}{8}$

c) $\frac{17}{16} \cdot \frac{16}{17}$

d) $\frac{8}{35} \cdot \frac{70}{16}$

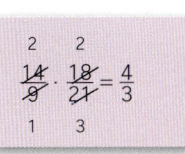

Übungen

11 Training

a) $\frac{1}{3} \cdot \frac{2}{5}$ b) $\frac{1}{2} \cdot \frac{3}{7}$ c) $\frac{3}{10} \cdot \frac{7}{8}$ d) $\frac{2}{9} \cdot \frac{2}{5}$ e) $\frac{2}{3} \cdot \frac{5}{6}$ f) $\frac{6}{7} \cdot \frac{6}{7}$

g) $\frac{8}{9} \cdot \frac{3}{4}$ h) $\frac{3}{5} \cdot \frac{7}{10}$ i) $\frac{7}{8} \cdot \frac{1}{4}$ j) $\frac{13}{4} \cdot \frac{2}{52}$ k) $\frac{7}{35} \cdot \frac{7}{36}$ l) $\frac{6}{7} \cdot \frac{7}{6}$

12 Clever gerechnet

a) $\frac{2}{3} \cdot \frac{4}{5} \cdot \frac{1}{3}$ b) $\frac{3}{4} \cdot \frac{4}{5} \cdot \frac{1}{10}$ c) $\frac{5}{6} \cdot \frac{5}{6} \cdot \frac{5}{6}$ d) $\frac{1}{2} \cdot \frac{1}{3} \cdot \frac{1}{4} \cdot \frac{1}{5}$ e) $\frac{1}{2} \cdot \frac{2}{3} \cdot \frac{3}{4} \cdot \frac{4}{5} \cdot \frac{5}{6}$

13 Kannst du das im Kopf rechnen?

a) $\frac{2}{5} \cdot \frac{13}{15}$ b) $\frac{11}{20} \cdot \frac{7}{10}$ c) $\frac{6}{7} \cdot \frac{13}{16}$ d) $\frac{8}{5} \cdot \frac{18}{25}$ e) $\frac{2}{3} \cdot \frac{19}{50}$ f) $\frac{13}{16} \cdot \frac{5}{8}$

g) $\frac{13}{19} \cdot \frac{19}{13}$ h) $\frac{3}{12} \cdot \frac{18}{9}$ i) $\frac{7}{32} \cdot \frac{16}{9}$ j) $\frac{25}{6} \cdot \frac{3}{125}$ k) $\frac{2}{3} \cdot \frac{1}{2}$ l) $\frac{21}{26} \cdot \frac{13}{7}$

14 Besondere Ergebnisse

a) $\frac{2}{3} \cdot \frac{3}{2}$ b) $\frac{12}{9} \cdot \frac{9}{12}$ c) $\frac{1}{9} \cdot 9$ d) $\frac{11}{39} \cdot \frac{39}{11}$ e) $\frac{3}{2} \cdot \frac{5}{7} \cdot \frac{2}{3} \cdot \frac{7}{5}$

f) Ist dir etwas beim Rechnen aufgefallen? Schreibe selbst weitere Beispiele auf.

15 Anteile berechnen

a) $\frac{3}{10}$ von 30 m b) $\frac{17}{20}$ von $\frac{40}{51}$ dm c) $\frac{3}{5}$ von $\frac{7}{2}$ km d) $\frac{3}{4}$ von $\frac{3}{4}$ h e) $\frac{1}{10}$ von $\frac{9}{10}$ ℓ

16 Zahl gesucht

a) $\frac{2}{3} \cdot \blacksquare = \frac{8}{27}$ b) $\blacksquare \cdot 3 = \frac{6}{7}$ c) $\frac{3}{8} \cdot \blacksquare = \frac{15}{24}$ d) $\frac{1}{9} \cdot \blacksquare = \frac{9}{9}$ e) $\frac{4}{9} \cdot \blacksquare = 1$ f) $\blacksquare \cdot \frac{7}{4} = 7$

17 Gemischte Zahlen

$3\frac{1}{2} = \frac{7}{2}$ a) Max rechnet: $3\frac{1}{2} \cdot 2\frac{1}{2} = 6\frac{1}{4}$. Beschreibe, wie Max gerechnet hat. Überprüfe seine Rechnung, indem du die gemischten Zahlen zunächst in unechte Brüche umwandelst.

b) Berechne die Produkte:

(1) $2\frac{1}{4} \cdot \frac{2}{9} \cdot 5 \cdot 1\frac{3}{5}$ (2) $4\frac{3}{8} \cdot \frac{2}{15} \cdot \frac{4}{7} \cdot 5\frac{2}{3}$ (3) $5\frac{3}{20} \cdot 2\frac{5}{7} \cdot \frac{7}{3} \cdot 4$ (4) $3 \cdot 5 \cdot \frac{7}{15} \cdot 2\frac{4}{7} \cdot \frac{5}{6}$

18 Ein Wandertag, Schulwege, ein Kinobesuch und eine Ernte

(1) Die Schüler der 6c haben an ihrem Wandertag bis zur ersten Rast $\frac{2}{5}$ des gesamten Weges von 12 km zurückgelegt. Welche Strecke sind sie bereits gegangen?

(2) $\frac{2}{3}$ einer Schulklasse kommen von auswärts zur Schule, $\frac{1}{4}$ von ihnen mit dem Bus. Wie hoch ist der Anteil der mit dem Bus kommenden in der Klasse?

(3) Gestern waren $\frac{1}{5}$ der Klasse im Kino, von denen $\frac{2}{3}$ danach noch ein Eis essen gingen. Welcher Anteil der Klasse war im Kino und Eis essen?

(4) $\frac{1}{4}$ der Ernte wurde vom Hagel vernichtet, $\frac{2}{7}$ vom Rest durch Insekten. Was bleibt übrig?

19 Fahrschülerinnen

In der Klasse 6e sind 30 Kinder, $\frac{2}{3}$ davon sind Mädchen. Von den Mädchen benutzen $\frac{3}{5}$ den Bus, um zur Schule zu kommen.

a) Wie viele Mädchen kommen mit dem Bus zur Schule?

b) Welchen Anteil an allen 30 Schülern der 6e machen die Mädchen aus, die mit dem Bus zur Schule kommen?

20 Eine „Schweinegeschichte"

a) „Übersetze" die Angaben aus der Abbildung in einen Text.

b) Berechne den Anteil des Muskelfleisches an dem Schwein.

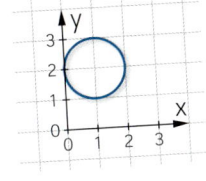

8 Schlacht- $\frac{}{}$ 10 körper (Muskeln, Fett, Knochen)

100 kg Lebendgewicht $\frac{5}{8}$ vom Schlachtkörper sind Fleisch.

21 Aufgaben selbst verfassen

Schreibe zu jeder Rechnung einen Aufgabentext. Vergleicht partnerweise eure Aufgabenstellungen und überprüft sie. Bestimmt die Lösung.

a) $7 \cdot \frac{3}{8}$ b) $\frac{3}{10} \cdot 250$ c) $\frac{4}{5} \cdot 60$ d) $\frac{5}{8} \cdot \frac{2}{3}$ e) $\frac{5}{6} \cdot \frac{1}{19}$ f) $\frac{1}{10} \cdot \frac{5}{6}$

22 Goldbarren

In einem Märchen muss die Prinzessin drei Stadttore passieren. Jedem Torwächter muss sie $\frac{1}{3}$ des Goldes, das sie mit sich trägt, geben, damit er das Tor öffnet. Claudias kleine Schwester meint traurig: „Nun hat die Prinzessin kein Gold mehr." Stimmt das?

Die Frage kann man auch zeichnerisch beantworten. Zeichne den Goldbarren in dein Heft. Was bleibt der Prinzessin nach jedem Tor von dem Barren übrig?

23 Paketvolumen

a) Berechne das Volumen der Pakete. (Für das Volumen eines Quaders gilt: Volumen = Länge · Breite · Höhe)

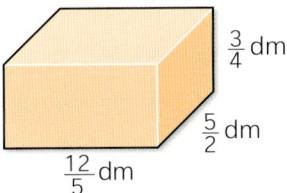

$\frac{3}{4}$ dm $\frac{5}{2}$ dm $\frac{12}{5}$ dm

$\frac{4}{5}$ m $\frac{7}{8}$ m $\frac{3}{10}$ m

$\frac{1}{10}$ dm $\frac{4}{10}$ dm $\frac{9}{10}$ dm

b) Berechne die Oberfläche und das Volumen der Schachtel. Woraus die Oberfläche der Schachtel besteht, kannst du an dem Netz des Quaders erkennen.

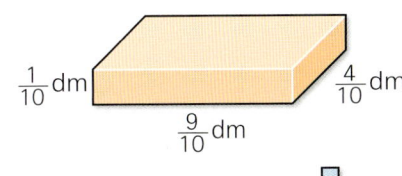
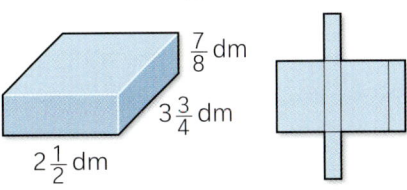

$\frac{7}{8}$ dm $3\frac{3}{4}$ dm $2\frac{1}{2}$ dm

Kopfübungen

1. Was ist mehr: 9 Viertel oder 10 Fünftel?

2. Gib die Koordinaten des Kreismittelpunktes an:

3. Was bedeutet der Vorsatz „Milli" bei den Einheiten wie Milliliter, Millimeter, Milligramm?

4. Bestimme das ungefähre Ergebnis: a) 2016 : 18   b) 365 · 5

5. Nico bastelt aus kleinen Würfeln einen großen Würfel. Er benötigt noch mindestens ■ kleine Würfel.

6. Wie lange brauchst du für den Schulweg? Wie würdest du eine entsprechende Befragung durchführen und auswerten?

7. Jon kauft drei Brötchen und bezahlt 99 Cent. Samuel kauft fünf Brötchen derselben Sorte und bezahlt mit 2 €. Wie viel Geld bekommt er zurück?

Aufgaben

24 Flächenanteile

Die schraffierte Fläche macht $\frac{3}{4}$ der gefärbten Fläche aus.
Die gefärbte Fläche ist $\frac{2}{3}$ der gesamten Fläche von
300 m².

a) Wie groß ist die schraffierte Fläche?

b) Welchen Anteil macht die schraffierte Fläche an der gesamten Fläche aus?

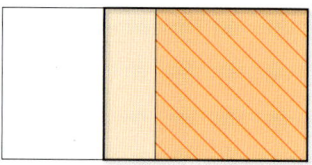

25 Eine Schülerzeitung

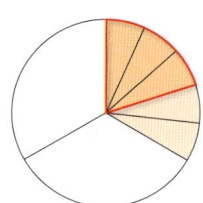

Aus der Schülerzeitung: „In der Klasse 6 e haben $\frac{1}{3}$ an dem diesjährigen Mathewettbe-
werb teilgenommen. $\frac{3}{5}$ der Schüler der 6 e gewannen einen 1. Preis.
Da stimmt etwas nicht. Der Text passt doch nicht zu der Abbildung.

a) Schreibe einen korrekten Text.

b) Wie groß ist der Anteil der Schülerinnen und Schüler an der gesamten Klasse,
die einen 1. Preis gewonnen haben?

26 Laubbäume

Von allen Laubbäumen in Nordrhein-Westfalen sind $\frac{4}{10}$ völlig gesund. Von den anderen
zeigen $\frac{1}{3}$ deutliche Schäden.

a) Stelle die Daten in einem Kreisdiagramm dar. Benutze Farben.

b) Berechne den Anteil der stark geschädigten Bäume an allen Bäumen.

27 Auffällige Ergebnisse

Berechne

a) $\frac{3}{10} \cdot \frac{10}{3}$ b) $\frac{9}{4} \cdot \frac{4}{9}$

c) $\frac{5}{2} \cdot \frac{2}{5}$ d) $\frac{1}{5} \cdot \frac{5}{1}$

e) $\frac{7}{50} \cdot \frac{50}{7}$ f) $\frac{3}{7} \cdot \frac{21}{6} \cdot \frac{2}{3}$

Was fällt dir auf?

> ↘ **Kehrbruch**
>
> Vertauscht man Zähler
> und Nenner eines Bruches,
> dann nennt man den
> neuen Bruch **Kehrbruch**: $\frac{3}{5} \longrightarrow \frac{5}{3}$
> Es gilt: $\frac{3}{5} \cdot \frac{5}{3} = 1$
> „Bruch mal Kehrbruch ergibt 1."

28 Größe der Potenzen

Berechne die Potenzen und beobachte die Größe der Ergebnisse.

a) $\left(\frac{2}{3}\right)^2$ b) $\left(\frac{9}{10}\right)^2$ c) $\left(\frac{5}{4}\right)^2$

$\left(\frac{2}{3}\right)^3$ $\left(\frac{9}{10}\right)^3$ $\left(\frac{5}{4}\right)^3$

$\left(\frac{2}{3}\right)^4$ $\left(\frac{9}{10}\right)^4$ $\left(\frac{5}{4}\right)^4$

Stelle Regeln für Produkte von Brüchen auf. Überprüfe deine Regeln anhand selbst
gewählter Beispiele.

29 Etwas zum Wundern

Beim Multiplizieren von zwei natürlichen Zahlen ist das Produkt stets größer als jeder
der Faktoren. Ausnahmen machen die 0 und die 1.

Beim Multiplizieren mit Brüchen kann das Produkt kleiner als einer der Faktoren sein.

a) Veranschauliche die Aussagen der beiden Sätze mit je einem Beispiel.

b) Eigentlich ist es nicht verwunderlich, dass das Produkt mit einem Bruch kleiner als einer der Faktoren sein kann. Erfinde zu dem Produkt $\frac{2}{5} \cdot 15$ eine Textaufgabe. Erkläre mit
der Textaufgabe, wieso das Produkt kleiner als 15 sein muss.

c) Finde zwei Brüche, so dass deren Produkt kleiner als jeder der Faktoren ist.

2.3 Dividieren mit Brüchen

Wie breit muss ein Rechteck mit der Länge 9 cm sein, damit sein Flächeninhalt 54 cm² beträgt? Na klar, die Breite muss 6 cm betragen.

Da die Fläche das Produkt aus Länge und Breite ist, muss man nur 54 : 9 rechnen und schon hat man das Ergebnis.

Wie ist das nun, wenn die Maßzahlen von Länge und Breite Brüche sind? Natürlich muss man nun Brüche dividieren. Aber wie? Und – gibt es dafür eine Regel?

Aufgaben

1 Rechtecke

Wie lang sind die unbekannten Seiten? Gib das Ergebnis mit einem Bruch in cm an.

2 Zersägen eines Holzstocks

Ein Holzstock der Länge $\frac{3}{4}$ m soll in 5 gleich lange Stücke zersägt werden. Wie lang wird jedes Stück?

a) Rechne die Aufgabe zunächst, indem du die Länge in eine kleinere Einheit umrechnest.

b) Löse die Aufgabe mit Brüchen.

3 Mit Kreismodell rechnen

Mit einem Kreismodell ist die Rechnung dargestellt. Was kommt bei der dargestellten Rechnung heraus?

Fertige eine Zeichnung zur Rechnung $\frac{3}{4}$: 2 an und berechne den Quotienten.

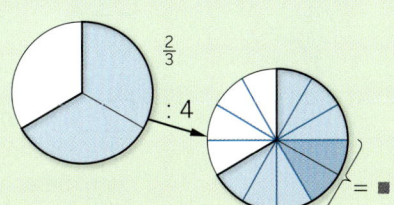

4 Entdeckung beim Dividieren mit Brüchen

Clara hat eine Liste von Rechnungen notiert.

a) Berechne die Ergebnisse. Erkennst du eine Regel?

b) Notiere für beide Listen die nächsten beiden Rechnungen. Was stellst du fest?

c) Findest du eine Situation, in der Rechnungen wie 4 : 16 oder 4 : $\frac{1}{4}$ auftauchen könnten? Erkläre!

4 : 16 = ?	10 : 4 = ?
4 : 8 = ?	10 : 2 = ?
4 : 4 = ?	10 : 2 = ?
4 : 2 = ?	10 : $\frac{1}{2}$ = ?
4 : 1 = ?	10 : $\frac{1}{4}$ = ?
4 : $\frac{1}{2}$ = ?	
4 : $\frac{1}{4}$ = ?	
4 : $\frac{1}{8}$ = ?	

Beim Aufteilen, Verteilen, Zersägen, Zerschneiden usw. in eine bestimmte Anzahl von gleich großen Teilen muss man durch eine natürliche Zahl dividieren.

Dividieren eines Bruches durch eine natürliche Zahl

Probe:

$\frac{4}{15} \cdot 3 = \frac{12}{15} = \frac{4}{5}$

stimmt!

$\frac{4}{5} : 3$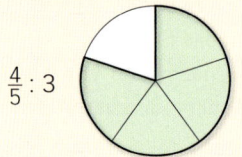

: 3

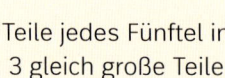

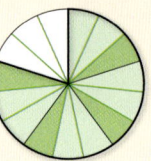

$\frac{4}{5} : 3 = \frac{4}{5 \cdot 3} = \frac{4}{15}$

Teile jedes Fünftel in
3 gleich große Teile

Nenner mal natürlicher Zahl
Zähler beibehalten

Beispiele

A Gerecht aufgeteilt

Berechne die Quotienten und kürze, wenn möglich.

a) $\frac{7}{8} : 5 = \frac{7}{8 \cdot 5} = \frac{7}{40}$ b) $\frac{16}{9} : 20 = \frac{16}{9 \cdot 20} = \frac{4}{9 \cdot 5} = \frac{4}{45}$ c) $2\frac{9}{10} : 10 = \frac{29}{10} : 10 = \frac{29}{100}$

B Teilstrecke

Bei einem Stadtlauf sind 13 Runden zu laufen. Die Gesamtlänge der Strecke beträgt $6\frac{1}{2}$ km. Wie lang ist jede Runde?

Lösung: $6\frac{1}{2} : 13 = \frac{13}{2} : 13 = \frac{13}{2 \cdot 13} = \frac{1}{2}$ Länge einer Runde: $\frac{1}{2}$ km = 500 m

Übungen

5 Rechnen mit Kreismodellen

Was wurde hier gerechnet? Übertrage die Zeichnung in dein Heft und ergänze die fehlenden Zahlen.

a)   b)   c)

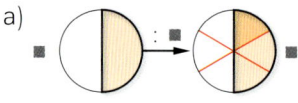

$\frac{6}{11} : 3 = \frac{2}{11}$

Probe:

$\frac{2}{11} \cdot 3 = \frac{6}{11}$

6 Training

a) $\frac{6}{11} : 3$ b) $\frac{5}{9} : 9$ c) $\frac{18}{5} : 10$ d) $\frac{14}{15} : 21$ e) $\frac{21}{8} : 12$ f) $\frac{13}{100} : 39$

7 Rechnen mit Probe

Die Umkehrung der Division ist die Multiplikation. Damit lässt sich leicht eine Probe machen. Berechne die Quotienten und mache die Probe.

a) $\frac{2}{3} : 5$ b) $\frac{16}{25} : 4$ c) $\frac{4}{9} : 10$ d) $\frac{8}{11} : 8$ e) $\frac{7}{8} : 3$ f) $\frac{5}{9} : 25$

8 Lückenhaft

Finde die fehlende Zahl.

a) $\frac{3}{4} : \blacksquare = \frac{3}{16}$ b) $\frac{6}{11} : \blacksquare = \frac{2}{11}$ c) $\blacksquare : 2 = \frac{3}{20}$ d) $\blacksquare : 5 = \frac{3}{4}$

e) $\frac{7}{12} : \blacksquare = \frac{7}{120}$ f) $\frac{5}{8} : \blacksquare = \frac{1}{8}$ g) $\frac{7}{13} : \blacksquare = \frac{14}{39}$ h) $\blacksquare : \frac{16}{25} = 0$

9 Rechentricks

Manchmal geht das Dividieren schnell. Schaue dir das vorgerechnete Beispiel an und rechne dann genauso.

Tipp

$\frac{8}{7} : 4 = \frac{8 : 4}{7} = \frac{2}{7}$

a) $\frac{12}{5} : 4$ b) $\frac{36}{7} : 6$ c) $\frac{99}{10} : 11$ d) $\frac{56}{15} : 8$ e) $\frac{108}{25} : 12$ f) $\frac{165}{9} : 15$

10 Geburtstagsfeier

Bei einem Geburtstag teilen sich 6 Kinder $1\frac{1}{2}$ ℓ Cola.

Übungen

11 Dividieren durch einen Bruch: Entdeckung einer ersten Regel

Wie wird eine natürliche Zahl durch einen Stammbruch dividiert?
Berechne den Quotienten. Du kannst leicht das Ergebnis finden, wenn du überlegst, was in der Abbildung dargestellt ist.

$2 : \frac{1}{5}$ 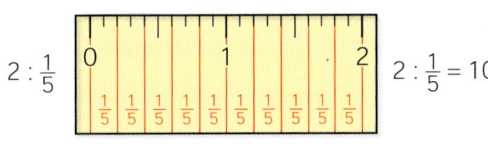 $2 : \frac{1}{5} = 10$

a) $3 : \frac{1}{4}$ b) $6 : \frac{1}{5}$ c) $12 : \frac{1}{2}$ d) $1 : \frac{1}{7}$ e) $18 : \frac{1}{10}$ f) $9 : \frac{1}{8}$

Stammbrüche
$\frac{1}{2}, \frac{1}{3}, \frac{1}{4}, \frac{1}{5}$

Kannst du eine passende Divisionsregel notieren? Schreibe dazu den folgenden Satz in dein Heft und vervollständige ihn: „Eine natürliche Zahl wird durch einen Stammbruch geteilt, indem man die natürliche Zahl mit ..."

12 Dividieren durch einen Bruch: Entdeckung einer zweiten Regel

Berechne. Die Abbildungen können dir beim Rechnen helfen.

a) $4 : \frac{1}{3}, 4 : \frac{2}{3}$ b) $6 : \frac{1}{5}, 6 : \frac{3}{5}$

c) $10 : \frac{1}{8}, 10 : \frac{5}{8}$ d) $14 : \frac{1}{10}, 14 : \frac{7}{10}$

$4 : \frac{1}{3}$

Manchmal „geht die Rechnung nicht auf".
Das Ergebnis ist dann ein Bruch.

$4 : \frac{2}{3}$

e) $4 : \frac{1}{5}, 4 : \frac{3}{5}$ f) $1 : \frac{1}{9}, 1 : \frac{5}{9}$

Kannst du eine passende Divisionsregel notieren? Schreibe dazu den folgenden Satz in dein Heft und vervollständige ihn: „Eine natürliche Zahl wird durch einen Bruch geteilt, indem man die natürliche Zahl ..."

13 Regel für das Dividieren durch einen Bruch

Kehrbruch
$\frac{5}{3}$ ist der Kehrbruch zu $\frac{3}{5}$.

Wurde hier richtig gerechnet? Passt die angegebene Regel zu deiner Regel aus Aufgabe 12? Überprüfe mit anderen Aufgaben aus Aufgabe 12.

Aufgabe: Berechne $6 : \frac{2}{3}$. Kürze das Ergebnis so gut wie möglich.

Lösung: $6 : \frac{2}{3} = 6 \cdot \frac{3}{2} = \frac{18}{2} = 9$

Regel:
Um durch $\frac{2}{3}$ zu dividieren, multipliziert man mit dem Kehrbruch $\frac{3}{2}$.

14 Brüche dividieren

a) Was man alles über das Dividieren wissen sollte.
   Diskutiere in der Klasse: „Wenn du eine Zahl durch eine kleinere Zahl dividierst, dann ist der Quotient kleiner, gleich oder größer als 1?"
   Wie ist der Quotient, wenn du eine Zahl durch eine größere dividierst?

b) Berechne $\frac{3}{4} : \frac{3}{8}$

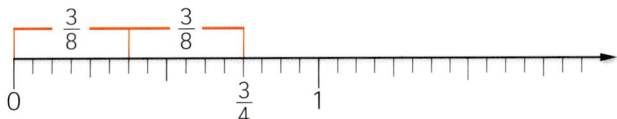

c) In Aufgabe 13 ist angegeben, dass man eine ganze Zahl durch einen Bruch dividiert, indem man die ganze Zahl mit dem Kehrbruch multipliziert. Verwende diese Regel, um $\frac{3}{4} : \frac{3}{8}$ zu berechnen. Vergleiche mit deinem Ergebnis, das du mit der Abbildung berechnet hast.

Basiswissen

Wie kann man durch Brüche dividieren?

Dividieren durch einen Bruch

Durch einen Bruch dividieren kann man, indem man mit seinem Kehrbruch multipliziert.

$\frac{3}{8} : \frac{2}{7} = \frac{3}{8} \cdot \frac{7}{2} = \frac{21}{16}$ Multipliziere den ersten Bruch mit dem Kehrbruch des zweiten Bruchs.

Spezialfälle, aber die gleiche Regel:

- Division einer natürlichen Zahl durch einen Bruch: $3 : \frac{5}{8} = 3 \cdot \frac{8}{5} = \frac{24}{5} = 4\frac{4}{5}$

- Division durch einen Stammbruch $\frac{2}{7} : \frac{1}{5} = \frac{2}{7} \cdot \frac{5}{1} = \frac{10}{7}$

Beispiele

C Division mit Probe

$\frac{7}{9} \cdot \frac{3}{5} = \frac{7}{9} \cdot \frac{5}{3} = \frac{35}{27}$

Probe:

$\frac{\cancel{35}^{7}}{\cancel{27}_{9}} \cdot \frac{\cancel{3}^{1}}{\cancel{5}} = \frac{7}{9}$

D Fehlende Rechteckseite

Berechne die fehlende Seitenlänge.

$\frac{3}{4}$ cm $\frac{12}{5}$ cm²

$\frac{12}{5} : \frac{3}{4} = \frac{12}{5} \cdot \frac{4}{\cancel{3}_{1}} = \frac{16}{5}$ Lösung: $\frac{16}{5}$ cm $= 3\frac{1}{5}$ cm

Übungen

15 Kopfrechnen

a) $\frac{2}{3} : \frac{1}{2}$ b) $\frac{4}{5} : \frac{3}{2}$ c) $\frac{7}{10} : \frac{7}{10}$ d) $\frac{3}{7} : \frac{2}{5}$ e) $\frac{1}{2} : \frac{9}{10}$

f) $\frac{7}{3} : \frac{3}{7}$ g) $\frac{5}{9} : \frac{3}{9}$ h) $\frac{8}{11} : \frac{8}{10}$ i) $\frac{8}{5} : \frac{4}{5}$ j) $\frac{5}{3} : \frac{3}{5}$

16 Rechnen mit Probe

Berechne. Kürze, wenn möglich, und mache die Probe.

a) $\frac{3}{8} : \frac{2}{5}$ b) $\frac{7}{4} : \frac{3}{10}$ c) $\frac{11}{7} : \frac{22}{35}$ d) $\frac{12}{11} : \frac{5}{8}$ e) $\frac{16}{4} : \frac{40}{125}$ f) $\frac{14}{9} : \frac{18}{9}$

17 Rechtecke

Berechne die fehlende Seitenlänge.

a)

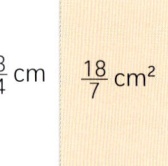

$\frac{3}{4}$ cm $\frac{18}{7}$ cm²

b)

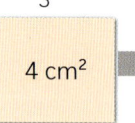

$\frac{5}{3}$ cm   4 cm²

c)

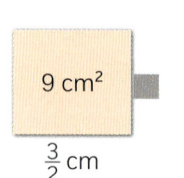

9 cm² $\frac{3}{2}$ cm

d)

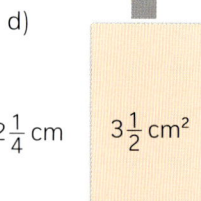

$2\frac{1}{4}$ cm $3\frac{1}{2}$ cm²

18 Zahl gesucht

Bestimme die fehlende Zahl.
Verfahre so, wie vorgemacht.

a) $\blacksquare : \frac{7}{12} = \frac{3}{5}$ b) $\blacksquare : \frac{11}{8} = \frac{5}{22}$

c) $\blacksquare : \frac{3}{5} = \frac{45}{12}$ d) $\blacksquare : \frac{18}{7} = \frac{13}{36}$

e) $\blacksquare : 5 = \frac{7}{9}$ f) $\blacksquare : \frac{4}{15} = 1$

Und so wird's gemacht:

$\blacksquare : \frac{3}{4} = \frac{7}{8}$ Die Multiplikation ist die Umkehrung der Division

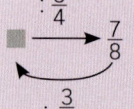

$\frac{7}{8} \cdot \frac{3}{4} = \frac{21}{32}$

Übungen

19 Gemischte Zahlen

Wie rechnest du mit gemischten Zahlen?

a) $2\frac{1}{2} : 1\frac{1}{2}$ b) $5\frac{3}{7} : 2\frac{5}{7}$ c) $2\frac{3}{4} : 2\frac{1}{8}$

d) $7\frac{4}{5} : 10$ e) $3 : 2\frac{3}{4}$ f) $8\frac{7}{10} : 8\frac{7}{10}$

> Gemischte Zahlen zuerst in einen Bruch umwandeln.
>
> $$3\frac{1}{4} : 1\frac{2}{3} = \frac{13}{4} : \frac{5}{3}$$
> $$= \frac{13}{4} \cdot \frac{3}{5} = \frac{39}{20} = 1\frac{19}{20}$$

20 Die Null

Felix und Leonie rechnen:

Felix: $\frac{5}{0} = 5$; Leonie: $\frac{5}{0} = 0$

Überprüfe durch eine Probe, ob jemand von den beiden richtig gerechnet hat.

> ↘ **Die Null bei der Division**
>
> Die Division durch 0 ist bei Brüchen wie bei den natürlichen Zahlen verboten.
>
> So darf auch der Nenner eines Bruches nicht 0 sein. $\frac{7}{8} \cdot 0$ $\frac{7}{0}$

21 Verbotene Ausdrücke

Welche Ausdrücke sind verboten? Begründe deine Antworten.

a) $\frac{0}{8}$ b) $\frac{8}{0}$ c) $\frac{1}{2} : 0$ d) $5 \cdot \frac{1}{0}$ e) $0 : \frac{6}{1}$ f) $\frac{6}{1} : 0$

22 Eine Schulklasse, eine Wanderung, ein Messbecher und Apfelsaft

(1) In der Klasse 6 d des Geschwister-Scholl-Gymnasiums kommen $\frac{2}{3}$ der Schülerinnen und Schüler aus Pulheim, das sind 18 Kinder.

(2) Die Klasse 6 a macht auf ihrer Wanderung nach $5\frac{1}{2}$ km zum ersten Mal Rast. Die Lehrerin Frau Schmitz sagt: „Jetzt haben wir $\frac{5}{12}$ der gesamten Wanderstrecke zurückgelegt."

(3) Frau Schneider findet in der Ferienwohnung keinen Messbecher und auch kein Litermaß. Beim Kochen muss sie aber genau $\frac{3}{4}$ ℓ Milch abmessen. Pia kommt mit dem 250 mℓ-Milchfläschchen von Tim und hat eine Idee ...

(4) Franziskus trinkt gerne Apfelsaft. Seine Eltern kaufen den Apfelsaft in $\frac{3}{4}$ ℓ-Flaschen. In sein Glas passt $\frac{1}{5}$ ℓ Flüssigkeit. Wie viele Gläser kann er aus einer vollen Flasche füllen?

Kopfübungen

1. Notiere die größte vierstellige Zahl, die aus lauter verschiedenen Ziffern besteht.
2. Gib die Koordinaten von zwei Punkten an, die den Abstand 1 zum Punkt A(1|1) haben.
3. Entscheide, welche Einheit dazu passt: „Gewicht eines Taschenrechners in der Produktbeschreibung".
4. Was fehlt in der Rechnung?
   a) $59 - \blacksquare = 33$ b) $2 \cdot \blacksquare = 74$
5. So viel Schokolade wird jährlich durchschnittlich pro Kopf verzehrt:
   Schweiz 12,4 kg; USA 5,2 kg; Frankreich 6,9 kg;
   Deutschland 11,4 kg; Niederlande 3 kg; Japan 2,2 kg.
   Ordne nach dem Schokoladenkonsum, beginne mit dem Land mit dem größten Wert.
6. Robert isst montags bis donnerstags immer in der Mensa für 3,20 € pro Tag.
   Wie viel Geld gibt er in einer Woche für das Mensaessen aus?

Aufgaben

23 Zum Nachdenken

Wenn man eine Zahl durch $\frac{1}{5}$ dividiert, so erhält man 1.

Wenn man eine Zahl durch $\frac{2}{3}$ dividiert, so erhält man $\frac{1}{2}$.

Wenn man eine Zahl durch $\frac{1}{5}$ dividiert, so erhält man die Zahl selbst.

Geht das?

24 Vergleich mit den natürlichen Zahlen

Zur Erinnerung:
„Dividend : Divisor = Quotient"

Bei der Division mit natürlichen Zahlen ist der Quotient immer kleiner als der Dividend (24 : 3 = 8, „Dividieren macht kleiner"), wenn der Divisor nicht 1 ist. Bei der Division von Brüchen kann dagegen Unterschiedliches geschehen.

Hier einige mögliche Beispiele

$\frac{2}{3} : 4 \qquad 5 : \frac{2}{3} \qquad 8 : \frac{3}{5} \qquad 7 : 28$

$7 : \frac{1}{4} \qquad \frac{3}{4} \cdot \frac{4}{3} \qquad \frac{1}{2} \cdot \frac{1}{3} \qquad \frac{2}{5} \cdot \frac{2}{5}$

a) Finde Divisionsaufgaben, bei denen
    (1) das Ergebnis (Quotient) größer als der Dividend ist,
    (2) der Quotient größer als der Dividend und der Divisor ist,
    (3) der Quotient größer als der Dividend und kleiner als der Divisor ist.
b) Führe eine entsprechende Untersuchung für die Multiplikation von Brüchen durch.

25 Eine Ackerfläche

1 ha = 100 a
1 a = 100 m^2

Bauer Lauble erzählt: „Auf $\frac{3}{8}$ meiner Ackerfläche baue ich Zuckerrüben an. Das macht eine Fläche von $15\frac{3}{4}$ ha aus." Mit diesen Angaben kann man auf die Gesamtfläche „hochrechnen". Dabei kann die Abbildung helfen.

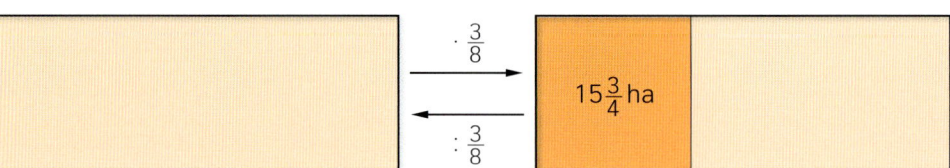

Wie muss man rechnen? Berechne die gesamte Ackerfläche, die Bauer Lauble bewirtschaftet.

26 Bericht in einer Schülerzeitung

Aus der Schülerzeitung: „An unserer Schule sind die Frauen in der Überzahl. $\frac{3}{5}$ des Lehrerkollegiums sind weiblich, $\frac{4}{7}$ aller Schüler sind Mädchen. Insgesamt unterrichten an unserer Schule 48 Lehrerinnen 464 Mädchen."
a) Wie groß ist das Lehrerkollegium? Stelle die Daten zunächst in einer Zeichnung dar.
b) Wie viele Schülerinnen und Schüler besuchen die Schule?
c) Wie groß ist der Anteil der Mädchen an eurer Schule?

27 Ein Heizöltank

An einem Heizöltank kann man ablesen, dass er noch zu $\frac{2}{9}$ gefüllt ist.
Aufgefüllt wird der Tank mit 4235 ℓ Heizöl. Wie viel Liter fasst der Tank?
Auch bei dieser Aufgabe kann eine Zeichnung helfen.

2.4 Rechenausdrücke mit Brüchen

Vorfahrtsregeln

Rechengesetze

Erinnerst du dich noch an die Rechenregeln, die du im vergangenen Schuljahr beim Rechnen mit natürlichen Zahlen kennen gelernt hast? Vielleicht schwirren auch noch Rechengesetze wie Distributivgesetz, Kommutativgesetz und andere in deinem Kopf herum.

Wenn du dich nicht mehr so genau erinnern kannst, dann macht dies nichts. Nach diesem Lernabschnitt bist du wieder Experte.

Aufgaben

1 Rechenvorteile

Auf der Tafel stehen einige Rechnungen.

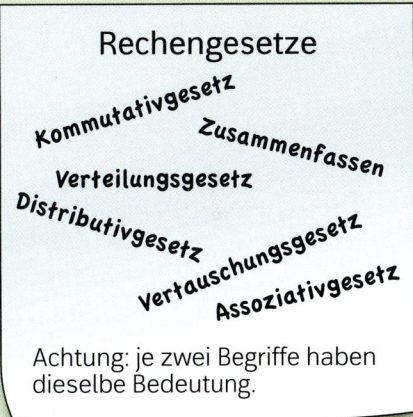

Rechengesetze

Kommutativgesetz

Zusammenfassen

Verteilungsgesetz

Distributivgesetz

Vertauschungsgesetz

Assoziativgesetz

Achtung: je zwei Begriffe haben dieselbe Bedeutung.

a) Erkennst du die Rechenregeln bzw. Vorfahrtsregeln, die in den Rechnungen an der Tafel angewendet wurden? Weißt du noch, wie diese heißen und was sie bedeuten? Du findest die passenden Begriffe in der Liste auf dieser Seite.

b) Berechne die folgenden Rechenausdrücke in ähnlicher Weise. Entscheide dich für Vertauschen, Zusammenfassen oder Verteilen.

(1) $\frac{3}{4} \cdot \frac{5}{8} \cdot \frac{4}{5}$ (2) $\frac{1}{4} \cdot \left(\frac{1}{7} + \frac{3}{7}\right)$ (3) $\left(\frac{1}{3} + \frac{5}{6}\right) \cdot \frac{3}{5}$ (4) $\frac{3}{8} + \frac{2}{3} + \frac{4}{3}$ (5) $\frac{1}{6} \cdot \left(1 - \frac{7}{10}\right)$

2 Sonderangebote

Das Geschäft „Immer Schick" feiert das 10-jährige Bestehen mit einem Jubiläumsangebot.

Jubiläumsangebot
Feiern Sie mit!
Alle Preise
10%
reduziert
Geburtstagskinder dürfen zusätzlich 5,- € abziehen

a) Anja hat besonderes Glück. Sie hat in dem Geschäft für sich eine schöne Jacke gefunden. Diese kostet „normal" 80 €. Was muss Anja, die zufällig auch noch an diesem Tag Geburtstag hat, tatsächlich bezahlen?

b) Laura, das Matheass, stellt fest: „Eigentlich ganz einfach: Rechne $80 \cdot \frac{9}{10} - 5$ und beachte dabei, dass Punkt- vor Strichrechnung ausgeführt wird." Hast du genauso gerechnet? Wenn nicht, dann überprüfe, ob Laura Recht hat.

c) Miriam, die auch ein Geburtstagskind ist, hat für eine Hose 40 € bezahlt. Was hat die Hose ursprünglich gekostet?

Aufgaben

3 Zahlenrätsel

Romina stellt ihren Mitschülerinnen und Mitschülern ein Zahlenrätsel.

„Denke dir eine Zahl, addiere $\frac{1}{4}$. Multipliziere das Ergebnis mit 2 und subtrahiere dann $\frac{1}{4}$. Wenn du mir das Ergebnis nennst, dann kann ich ganz schnell deine gedachte Zahl nennen."

Damit man die Rechenanweisungen besser behält, schreibt Romina diese in Form eines Rechenbaumes.

a) Probiere verschiedene gedachte Zahlen aus. Vergleiche jeweils das Ergebnis mit der gedachten Zahl. Du wirst Rominas Trick schnell herausfinden.

b) Möchtest du den Trick verstehen? Verwendet man z. B. als gedachte Zahl 1000, so sieht der zugehörige Rechenausdruck wie folgt aus: $\left(\frac{1}{4} + 1000\right) \cdot 2 - \frac{1}{4}$

Man kann zur Berechnung das Distributivgesetz anwenden:

$$\left(\frac{1}{4} + 1000\right) \cdot 2 - \frac{1}{4} = \frac{1}{4} \cdot 2 + 1000 \cdot 2 - \frac{1}{4} = \ldots$$

Rechne weiter und du wirst den Rechentrick verstehen.

gedachte Zahl

Basiswissen

Für das Rechnen mit Brüchen gelten die gleichen Gesetze und Regeln wie für das Rechnen mit natürlichen Zahlen. Diese Gesetze legen fest, in welcher Reihenfolge man rechnen muss. Du kannst sie manchmal ausnutzen, um die Rechnungen zu vereinfachen.

Vorfahrtsregeln

1. Punkt- vor Strichrechnung

Punktrechnungen werden vor Strichrechnungen ausgeführt.

$$\frac{1}{2} + \frac{2}{3} \cdot \frac{1}{5} = \frac{1}{2} + \frac{2}{15} = \frac{15}{30} + \frac{4}{30} = \frac{19}{30}$$

2. Klammerregel:

Was in der Klammer steht, wird zuerst ausgerechnet.

$$\left(\frac{2}{5} + \frac{3}{10}\right) \cdot \frac{1}{2} = \left(\frac{4}{10} + \frac{3}{10}\right) \cdot \frac{1}{2} = \frac{7}{10} \cdot \frac{1}{2} = \frac{7}{20}$$

Für die Addition und die Multiplikation von Brüchen gelten das **Kommutativgesetz (Vertauschungsgesetz)** und das **Assoziativgesetz (Verbindungsgesetz)**. Du darfst also bei einer Summe und einem Produkt die Zahlen vertauschen und in beliebiger Reihenfolge zusammenfassen.

$$\frac{3}{4} + \frac{2}{7} + \frac{1}{4} = \frac{3}{4} + \frac{1}{4} + \frac{2}{7} = \left(\frac{3}{4} + \frac{1}{4}\right) + \frac{2}{7} = 1\frac{2}{7}$$

$$\frac{3}{8} \cdot \frac{5}{6} \cdot \frac{8}{3} = \frac{5}{6} \cdot \frac{8}{3} \cdot \frac{3}{8} = \frac{5}{6} \cdot \left(\frac{8}{3} \cdot \frac{3}{8}\right) = \frac{5}{6} \cdot 1 = \frac{5}{6}$$

Achtung: Bei der Subtraktion und der Division gelten diese Gesetze nicht.

Beispiele

A Geschickt addieren

$$\frac{4}{7} + \frac{2}{3} + \frac{3}{7} = \left(\frac{4}{7} + \frac{3}{7}\right) + \frac{2}{3} = \frac{7}{7} + \frac{2}{3} = 1\frac{2}{3}$$

B Vorfahrtsregeln

$$\frac{1}{4} \cdot \left(\frac{7}{4} - \frac{3}{4}\right) + \frac{1}{2} \quad \overset{\text{(Klammer zuerst)}}{=} \quad \frac{1}{4} \cdot \frac{4}{4} + \frac{1}{2} \quad \overset{\text{(Punkt vor Strich)}}{=} \quad \frac{1}{4} + \frac{1}{2} = \frac{3}{4}$$

Aufgaben

4 Das Distributivgesetz

Das Distributivgesetz besagt: Multipliziert man eine Summe mit einer Zahl, so kann man zunächst jeden Summanden mit der Zahl multiplizieren und dann die Produkte addieren.

$$7 \cdot (5 + 10) = 7 \cdot 5 + 7 \cdot 10$$
$$= 35 + 70 = 105$$

Kannst du $20 \cdot \left(\frac{2}{5} + \frac{3}{4}\right)$ im Kopf ausrechnen? Wenn du zuerst die Klammer ausrechnest, dann fällt dir das bestimmt schwer. Einfacher geht es, wenn du das Distributivgesetz anwendest.

Basiswissen

Verteilungsgesetz

Distributivgesetz

Man kann eine Summe mit einer Zahl multiplizieren, indem man

$$\frac{2}{3} \cdot \left(\frac{3}{8} + \frac{9}{10}\right) \qquad\qquad\qquad \frac{2}{3} \cdot \left(\frac{3}{8} + \frac{9}{10}\right)$$

- jeden Summanden mit der Zahl multipliziert
- die Summe in der Klammer ausrechnet

$$= \frac{2}{3} \cdot \frac{3}{8} + \frac{2}{3} \cdot \frac{9}{10} = \frac{1}{4} + \frac{3}{5} \qquad\qquad = \frac{2}{3} \cdot \left(\frac{15}{40} + \frac{36}{40}\right) = \frac{2}{3} \cdot \frac{51}{40}$$

- und die Produkte addiert.
- und die Produkte ausrechnet.

$$= \frac{5}{20} + \frac{12}{20} = \frac{17}{20} \qquad\qquad\qquad = \frac{2 \cdot 51}{3 \cdot 40} = \frac{17}{20}$$

Manchmal ist „Klammer zuerst" geschickter, manchmal erst multiplizieren. So kann man sich mit dem Distributivgesetz Rechenvorteile verschaffen.

Beispiele

Rechenausdrücke werden auch Terme genannt.

C Berechnen von Rechenausdrücken

Man kann Rechenausdrücke (Terme) auf verschiedene Weisen berechnen. Vergleiche. Was geht schneller?

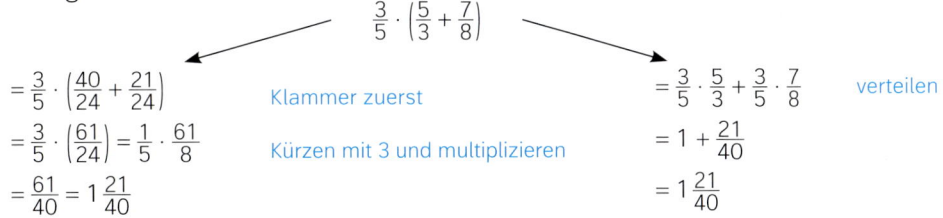

$$\frac{3}{5} \cdot \left(\frac{5}{3} + \frac{7}{8}\right)$$

$$= \frac{3}{5} \cdot \left(\frac{40}{24} + \frac{21}{24}\right) \qquad \text{Klammer zuerst} \qquad\qquad = \frac{3}{5} \cdot \frac{5}{3} + \frac{3}{5} \cdot \frac{7}{8} \qquad \text{verteilen}$$

$$= \frac{3}{5} \cdot \left(\frac{61}{24}\right) = \frac{1}{5} \cdot \frac{61}{8} \qquad \text{Kürzen mit 3 und multiplizieren} \qquad = 1 + \frac{21}{40}$$

$$= \frac{61}{40} = 1\frac{21}{40} \qquad\qquad\qquad\qquad\qquad\qquad\qquad\qquad = 1\frac{21}{40}$$

Die „rechte" Rechnung ist durch das Distributivgesetz einfacher geworden.

D Rechenausdrücke in einen Text „übersetzen".

Rechenbaum:

Schreibe den Rechenausdruck

$$\frac{1}{2} \cdot \left(\frac{4}{3} - \frac{2}{3}\right) + \frac{5}{6}$$

als Text. Benutze einen Rechenbaum, um ihn auszurechnen

> Multipliziere $\frac{1}{2}$ mit der Differenz aus $\frac{4}{3}$ und $\frac{2}{3}$. Addiere zu dem Produkt $\frac{5}{6}$.

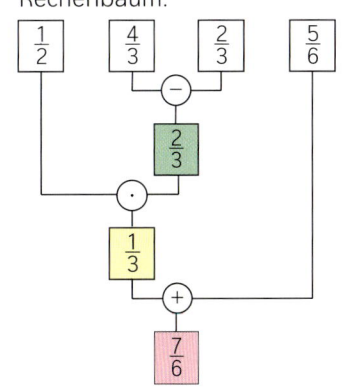

Lösung:

$$\frac{1}{2} \cdot \left(\frac{4}{3} - \frac{2}{3}\right) + \frac{5}{6} = \frac{1}{2} \cdot \frac{2}{3} + \frac{5}{6} = \frac{1}{3} + \frac{5}{6} = \frac{2}{6} + \frac{5}{6} = \frac{7}{6} = 1\frac{1}{6}$$

E Geschickt rechen

$$\frac{1}{2} + 3 - \frac{1}{4} + \frac{3}{5} - 1 - \frac{1}{4} + \frac{2}{5} = \left(\frac{1}{2} - \frac{1}{4} - \frac{1}{4}\right) + \left(\frac{3}{5} + \frac{2}{5}\right) + 3 - 1$$

$$= \qquad 0 \qquad + \qquad 1 \qquad + 3 - 1 = 3$$

5 Terme berechnen

Berechne. Führe die Rechnung in der richtigen Reihenfolge aus. Rechenbäume können dir dabei helfen.

a) $\frac{3}{8} + \frac{5}{8} \cdot \frac{1}{2}$

b) $\frac{3}{4} + 3 \cdot \left(\frac{1}{4} + \frac{1}{2}\right)$

c) $\left(\frac{1}{3} + \frac{1}{6}\right) \cdot \frac{1}{2} + \frac{1}{4}$

d) $\left(\frac{3}{5} + \frac{3}{10}\right) \cdot \left(\frac{2}{3} + \frac{4}{9}\right)$

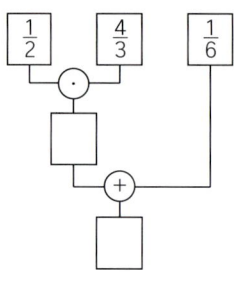

6 Rechenbäume

Übersetze die Rechenbäume in einen Rechenausdruck. Rechne.
Übersetze jeden Rechenausdruck in einen Text.

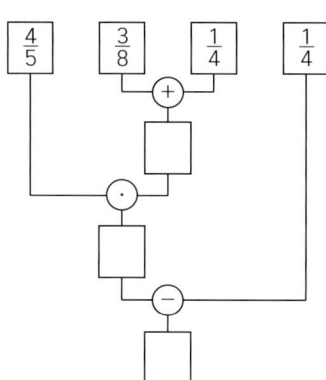
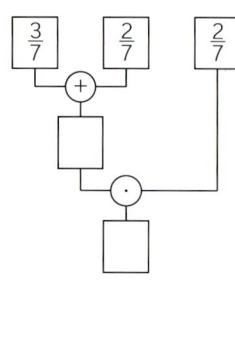

Achtung: Aufgaben 7 bis 10 Regeltraining! Damit du ein richtiger Experte wirst, musst du jetzt einige Aufgaben trainieren.

7 Klammern richtig setzen

Setze, falls erforderlich, Klammern, so dass die Rechnung richtig wird. Schreibe jede richtige Rechnung als Rechenbaum und als Text.

a) $7 - 6 \cdot \frac{2}{3} + \frac{1}{2} = 0$

b) $1 + \frac{2}{3} \cdot \frac{9}{2} - 2 = 2$

c) $\frac{1}{2} + \frac{1}{3} \cdot \frac{1}{2} = \frac{5}{12}$

d) $\frac{1}{8} + \frac{2}{5} \cdot \frac{3}{4} + \frac{1}{2} = \frac{5}{8}$

e) $\frac{1}{4} + \frac{2}{5} \cdot \frac{3}{8} - \frac{1}{8} = \frac{7}{20}$

f) $\frac{3}{5} - \frac{1}{5} \cdot \frac{2}{3} = \frac{4}{15}$

8 Geschickt rechnen

Berechne durch geschicktes Vertauschen und Zusammenfassen im Kopf

a) $\frac{4}{5} + \frac{1}{2} + \frac{2}{5}$

b) $\frac{3}{8} + \frac{3}{4} - \frac{2}{8} + 1$

c) $1\frac{3}{4} + \frac{3}{5} - \frac{3}{4} - \frac{1}{5}$

d) $2 + \frac{1}{3} + 1\frac{1}{2} + \frac{5}{3}$

e) $\frac{3}{4} \cdot \frac{5}{8} \cdot \frac{2}{3}$

f) $\frac{2}{5} \cdot \frac{1}{3} \cdot \frac{3}{8} \cdot \frac{5}{4}$

9 Einfacher mit dem Distributivgesetz

a) $4 \cdot \left(\frac{3}{2} + \frac{1}{4}\right)$

b) $\frac{3}{2} \cdot \left(\frac{5}{6} - \frac{1}{3}\right)$

c) $\frac{2}{3} \cdot \left(\frac{9}{4} - \frac{3}{8}\right)$

d) $\frac{4}{5} \cdot \left(\frac{10}{4} + \frac{15}{4}\right)$

10 Ausklammern oder das Distributivgesetz rückwärts anwenden

Und so wird es gemacht: $\quad \frac{3}{7} \cdot \frac{3}{5} + \frac{3}{7} \cdot \frac{2}{5} = \frac{3}{7} \cdot \left(\frac{3}{5} + \frac{2}{5}\right) = \frac{3}{7} \cdot \left(\frac{3}{5} + \frac{2}{5}\right) = \frac{3}{7} \cdot 1 = \frac{3}{7}$

Rechne genauso

a) $\frac{1}{3} \cdot \frac{4}{9} + \frac{1}{3} \cdot \frac{2}{9}$

b) $\frac{3}{5} \cdot \frac{7}{8} - \frac{3}{5} \cdot \frac{3}{8}$

c) $\frac{3}{4} \cdot \frac{3}{11} + \frac{7}{11} \cdot \frac{3}{4}$

d) $\frac{5}{7} \cdot \frac{3}{10} - \frac{4}{7} \cdot \frac{3}{10}$

e) $\frac{5}{7} \cdot \frac{3}{10} - \frac{3}{10} \cdot \frac{4}{7}$

f) $\frac{4}{11} \cdot 5 + \frac{4}{11} \cdot 17$

Übungen   **11** Distributivgesetz anwenden?

Entscheide bei den Aufgaben, ob es vorteilhaft ist, das Distributivgesetz anzuwenden oder ob man zuerst die Klammer ausrechnen soll.

a) $\frac{2}{9} \cdot \left(\frac{4}{5} - \frac{4}{10}\right)$
b) $\frac{3}{7} \cdot \left(\frac{7}{3} + 4\right)$
c) $\frac{3}{2} \cdot \left(\frac{7}{4} - \frac{5}{4}\right)$
d) $\frac{5}{8} \cdot \left(\frac{7}{3} - \frac{2}{5}\right)$

Nicht immer ist die Entscheidung eindeutig.

12 „Fehlerteufel"

Hier sind einige Fehler unterlaufen. Findest du sie? Rechne korrekt im Heft.

a)
$$\left(\frac{3}{5} - \frac{2}{5} \cdot \frac{1}{6}\right) + \frac{2}{3} : 2$$
$$= \left(\frac{1}{5} \cdot \frac{1}{6}\right) + \frac{2}{3} \cdot \frac{2}{1}$$
$$= \frac{1}{30} + \frac{4}{3}$$
$$= 1 + \frac{40}{30}$$
$$= \frac{41}{30}$$

b)
$$2 - \frac{2}{3} : \frac{1}{3} + \frac{5}{4} - \frac{1}{4} \cdot 3$$
$$= 2 - \frac{2}{3} \cdot \frac{3}{1} + \frac{4}{4} \cdot 3$$
$$= (2 - 2) + \frac{12}{4}$$
$$= 0 + \frac{3}{1} = 3$$

c)
$$\frac{5}{2} - \frac{1}{4} : \left(1 + \frac{3}{4}\right)$$
$$= \frac{5}{2} - \frac{1}{4} : \left(\frac{4}{4} + \frac{3}{4}\right)$$
$$= \frac{5}{2} - \frac{1}{4} \cdot \frac{7}{8}$$
$$= \frac{5}{2} - \frac{1}{4} \cdot \frac{8}{7} = \frac{5}{2} - \frac{2}{7}$$
$$= \frac{35}{14} - \frac{4}{14} = \frac{31}{28}$$

13 Gemischte Zahlen werden multipliziert.

Die Schülerinnen und Schüler der Klasse 6c wiederholen, wie man eine gemischte Zahl mit einer natürlichen Zahl multipliziert. Der Lehrer hat eine erste Aufgabe gestellt:

Eva beginnt zu rechnen: $5 \cdot 3\frac{4}{7} = 5 \cdot \left(3 + \frac{4}{7}\right) = \ldots$

Martin rechnet: $5 \cdot 3\frac{4}{7} = \frac{5}{1} \cdot \frac{25}{7} = \ldots$

Was meint ihr wohl, hat Martin oder Eva richtig angefangen? Begründe.
Setze Evas und Martins Rechnungen fort und vergleiche die beiden Ergebnisse.

14 „Termdomino"

Bringe die Dominosteine in die richtige Reihenfolge. Ergänze den fehlenden Term und berechne alle vorkommenden Terme.

| Subtrahiere das Produkt aus 6 und $\frac{5}{12}$ von $5\frac{1}{2}$. | ? |

| Dividiere die Summe aus $\frac{1}{2}$ und $\frac{1}{3}$ durch 6. | ZIEL |

| Multipliziere die Summe aus $\frac{3}{4}$ und $\frac{4}{5}$ mit 3. | $5\frac{1}{2} - 6 \cdot \frac{5}{12}$ |

| START | $5 \cdot \frac{6}{15} + \frac{3}{4}$ |

| Addiere $\frac{3}{4}$ zum Produkt aus 5 und $\frac{6}{15}$. | $3 \cdot \left(\frac{3}{4} + \frac{4}{5}\right)$ |

Kopfübungen

1. Eine Strecke ist 12 km lang. Wie lang sind $\frac{3}{4}$ dieser Strecke?
2. Eine Gerade g durch den Punkt P(3|0) ist parallel zur y-Achse. Gib die Koordinaten von zwei weiteren Punkten an, die auf der Geraden g liegen.
3. Entscheide, welche Einheit dazu passt: „Geschätztes Gewicht eines Passagierflugzeugs".
4. Ist die Aussage wahr oder falsch?   „$10^2 - 10 = 20$"
5. Was unterscheidet ein Säulendiagramm von einem Balkendiagramm?
6. Ein Fünftel der Laufstrecke sind 100 m. Wie viel muss Simon insgesamt zurücklegen?

Aufgaben

15 Maler am Werk

Die Lise-Meitner-Schule wird renoviert. Ein Maler kann pro Tag $\frac{3}{4}$ eines Klassenzimmers streichen. Am Montag kommen 5 Maler, ab Donnerstag ist einer von ihnen krank.
Was wird durch den Ausdruck
$3 \cdot 5 \cdot \frac{3}{4} + 2 \cdot 4 \cdot \frac{3}{4}$ ausgerechnet?

16 Goldsucher

Jim und John sind Goldsucher. Alle zwei Tage teilen sie das gefundene Gold. Gestern waren es 30 g, heute nur 10 g.
a) Der Rechenausdruck $\frac{1}{2} \cdot (30 + 10)$ passt zu der Geschichte. Was berechnet man damit?
b) Der Rechenausdruck $\frac{1}{2} \cdot 30 + \frac{1}{2} \cdot 10$ ergibt das gleiche Ergebnis. Schreibe die Geschichte so um, dass der Rechenausdruck passt.
c) Erfinde eine Geschichte zu dem Rechenausdruck $\frac{1}{4} \cdot (36 + 44) + \frac{1}{4} \cdot (28 + 52)$.
d) Wie könnte die Geschichte zu dem Ausdruck $\frac{1}{4} \cdot (16 + 24) + \frac{1}{3} \cdot (12 + 18)$ lauten?

17 Orangenlimonade

Ein Kasten Orangenlimonade enthält acht Flaschen mit je $1\frac{1}{2}$ ℓ Limonade. $1\frac{1}{2}$ Liter Limonade wiegen $1\frac{1}{2}$ kg. Eine leere Flasche wiegt $\frac{1}{10}$ kg. Der Kasten selber wiegt $1\frac{1}{4}$ kg. Wie schwer ist der Kasten mit vollen Flaschen? Schaffst du es, für die ganze Rechnung einen einzigen Rechenausdruck aufzuschreiben? Ein Rechenbaum könnte dir dabei helfen.

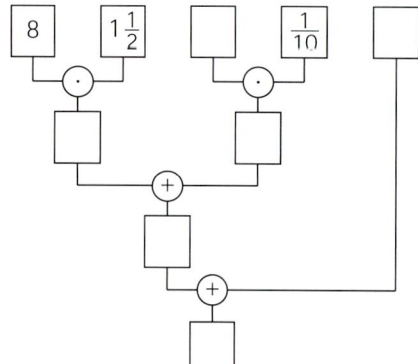

Tipp

Beim Rechnen mit Computern und Taschenrechnern ist es häufig hilfreich, Rechnungen mit einem Rechenausdruck aufzuschreiben.

18 Ratenkauf

Familie Neubau hat einen Wohnzimmerschrank für 450 € gekauft. Sie müssen $\frac{1}{5}$ davon anzahlen, der Rest wird in neun Monatsraten bezahlt. Wie groß ist eine Monatsrate? Du kannst in mehreren Schritten rechnen oder einen einzigen Rechenausdruck aufschreiben.

19 Klassenfahrt

Miras Klassenfahrt kostet 280 €. $\frac{2}{7}$ des Betrages hat Miras Mutter bereits angezahlt. Den Rest will sie nun von ihrem Konto überweisen. Der aktuelle Kontostand beträgt 131 €. Wie groß ist der Kontostand nach Abbuchung der Überweisung?

Gleichnamige Brüche

Addieren:

Zähler + Zähler und
Nenner beibehalten $\quad \frac{3}{7} + \frac{2}{7} = \frac{9}{7}$

Subtrahieren:

Zähler − Zähler und $\quad \frac{8}{9} - \frac{2}{9} = \frac{6}{9} = \frac{2}{3}$
Nenner beibehalten

Ungleichnamige Brüche

Addieren und subtrahieren:

Gleichnamig machen,
dann addieren $\qquad \frac{5}{7} - \frac{1}{3} =$
oder subtrahieren.
Gemeinsamer $\qquad \frac{15}{21} - \frac{7}{21} = \frac{8}{21}$
Nenner: $3 \cdot 7 = 21$

Rechnen mit gemischten Zahlen

So klappt es immer: Vor dem Addieren,
Subtrahieren usw. die gemischten Zahlen
in einen unechten Bruch verwandeln.

$$4\frac{1}{3} - 1\frac{5}{6} = \frac{13}{3} - \frac{11}{6}$$
$$= \frac{26}{6} - \frac{11}{6} = \frac{15}{6} = \frac{5}{2} = 2\frac{1}{2}$$

Multiplizieren eines Bruches ...

... mit einer natürlichen Zahl

Zähler mal natürlicher Zahl,
Nenner beibehalten.

$$4 \cdot \frac{2}{3} = \frac{8}{3} = 2\frac{2}{3}$$

... mit einem Bruch

Zähler mal Zähler, Nenner mal Nenner.

$$\frac{2}{5} \cdot \frac{3}{4} = \frac{6}{20} = \frac{3}{10}$$

Kehrbruch

Zwei Brüche, deren Produkt 1 ist:
$$\frac{3}{5} \cdot \frac{5}{3} = \frac{15}{15} = 1$$
Den einen Bruch bezeichnet man als
Kehrbruch zu dem anderen.
Man erhält den Kehrbruch, wenn man
Zähler und Nenner vertauscht.

$\frac{3}{5}$ Kehrbruch zu $\frac{5}{3}$

Check-up

1 Kopfrechnen

a) $\frac{3}{4} - \frac{1}{4}$ b) $\frac{2}{5} + \frac{3}{5} - \frac{1}{5}$ c) $\frac{3}{8} - \frac{1}{8} + \frac{7}{8}$ d) $\frac{5}{3} + \frac{2}{3} - \frac{4}{3}$

e) $\frac{5}{6} + \frac{2}{3} - \frac{1}{6}$ f) $\frac{1}{2} - \frac{1}{3} + \frac{1}{6}$ g) $\frac{1}{2} + \frac{1}{4} + \frac{1}{8}$ h) $\frac{3}{10} + \frac{4}{5} - \frac{1}{5} + \frac{1}{2}$

2 Training

a) $\frac{2}{3} + \frac{5}{18}$ b) $\frac{3}{4} - \frac{3}{7}$ c) $\frac{5}{12} + \frac{1}{5}$ d) $\frac{7}{15} + \frac{7}{15}$

e) $\frac{7}{8} - \frac{7}{16}$ f) $\frac{3}{8} + \frac{1}{6}$ g) $\frac{2}{3} + \frac{3}{4}$ h) $\frac{9}{10} - \frac{3}{5} + \frac{1}{2}$

i) $\frac{2}{3} + \frac{3}{8} - \frac{5}{6}$ j) $\frac{1}{2} + \frac{3}{8} - \frac{1}{6}$ k) $\frac{3}{4} + \frac{7}{10} - \frac{1}{2}$ l) $\frac{5}{6} - \frac{4}{9} + \frac{2}{3}$

3 Zahl gesucht

Finde die fehlende Zahl.

a) $\frac{7}{10} - \blacksquare = \frac{2}{5}$ b) $\frac{3}{8} + \blacksquare = \frac{3}{4}$ c) $\blacksquare - \frac{1}{6} = \frac{2}{3}$ d) $\blacksquare + \frac{3}{10} = \frac{4}{5}$

4 Auf der Reise

Annika fliegt mit ihren Eltern in den Urlaub. Einige Zeit nach dem
Abflug sagt ihr Vater: „Wir haben schon $\frac{2}{3}$ des Fluges zurückgelegt." Einige Zeit später bemerkt die Mutter: „Jetzt haben wir
weitere $\frac{2}{7}$ unseres Fluges hinter uns gebracht." Annika denkt:
„Jetzt sind wir bald da." Hat sie Recht?

5 Kauf eines Fahrrads

Leon erzählt seinen Freunden: „Meine Großeltern haben zu mei-
nem Geburtstag $\frac{2}{5}$ meines Fahrrads bezahlt und meine Eltern $\frac{2}{3}$."
Sein Freund David denkt kurz nach und sagt dann: „Da kann et-
was nicht stimmen." Was meinst Du?

6 Gemischte Zahlen

a) $4\frac{3}{4} + 3\frac{1}{6}$ b) $4\frac{5}{9} - 2\frac{1}{2}$ c) $8 - 6\frac{3}{8}$ d) $6\frac{5}{9} - 2$ e) $2\frac{1}{3} + 3\frac{8}{9}$

7 Berechne. Kürze, wenn möglich.

a) $\frac{5}{7} \cdot 28$ b) $\frac{3}{14} \cdot 42$ c) $\frac{7}{18} \cdot 45$ d) $\frac{11}{17} \cdot 5$ e) $8 \cdot \frac{5}{16}$

8 Multiplikationstraining, kürze frühzeitig

a) $\frac{2}{3} \cdot \frac{1}{8}$ b) $\frac{4}{7} \cdot \frac{7}{4}$ c) $\frac{7}{10} \cdot \frac{3}{7}$ d) $\frac{15}{4} \cdot \frac{4}{20}$ e) $\frac{2}{3} \cdot 0$

f) $\frac{3}{5} \cdot \frac{1}{3}$ g) $\frac{27}{32} \cdot \frac{2}{9}$ h) $\frac{11}{15} \cdot \frac{15}{22}$ i) $\frac{5}{12} \cdot \frac{16}{32}$ j) $\frac{18}{55} \cdot \frac{11}{36}$

9 Musiker in einem Orchester

Die Streicher machen $\frac{2}{3}$ eines Symphonieorchesters aus. Von den
Streichern spielt $\frac{1}{5}$ Cello. Welchen Anteil an dem gesamten Orchester machen die Cellisten aus?

10 Kehrbruch angeben

a) $\frac{3}{7}$ b) $\frac{7}{3}$ c) $\frac{1}{5}$ d) 6 e) $\frac{9}{4}$

Dividieren eines Bruches durch eine natürliche Zahl

Nenner mal der natürlichen Zahl, Zähler beibehalten

$$\frac{5}{6} : 3 = \frac{5}{6 \cdot 3} = \frac{5}{18}$$

Dividieren eines Bruches durch einen Bruch

Multiplizieren mit dem Kehrbruch des Divisors

$$\frac{3}{7} : \frac{2}{5} = \frac{3}{7} \cdot \frac{5}{2} = \frac{15}{14}$$

Vorfahrtsregeln

Punkt- vor Strichrechnung

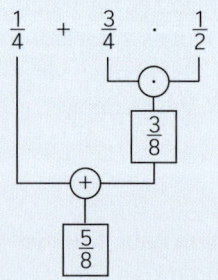

Klammern zuerst bearbeiten

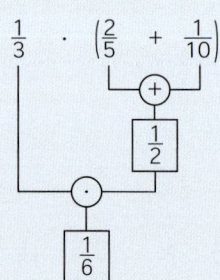

Rechenvorteile durch das Distributivgesetz

Ausklammern	Ausmultiplizieren
$\frac{2}{5} \cdot \frac{4}{7} + \frac{2}{5} \cdot \frac{10}{7}$	$\frac{7}{3} \cdot \left(\frac{3}{7} - \frac{3}{10}\right)$
$= \frac{2}{5} \cdot \left(\frac{4}{7} + \frac{10}{7}\right)$	$= \frac{7}{3} \cdot \frac{3}{7} - \frac{7}{3} \cdot \frac{3}{10}$
$= \frac{2}{5} \cdot \left(\frac{14}{7}\right)$	$= 1 - \frac{7}{10}$
$= \frac{2}{5} \cdot 2 = \frac{4}{5}$	$= \frac{3}{10}$

Mit etwas Erfahrung erkennt man, ob man sich einen Rechenvorteil verschaffen kann.

Check-up

11 Berechne den Quotienten

a) $\frac{2}{7} : 2$ b) $\frac{5}{8} : 10$ c) $1\frac{3}{4} : 7$ d) $3\frac{3}{8} : 3$ e) $\frac{11}{9} : 10$

f) $1 : \frac{1}{8}$ g) $6 : \frac{2}{3}$ h) $4 : \frac{5}{3}$ i) $\frac{9}{16} : \frac{3}{8}$ j) $2\frac{1}{8} : 1\frac{2}{5}$

12 Rechnen, im Kopf oder mit Papier und Stift

a) $3 \cdot \frac{5}{6}$ b) $\frac{3}{4} \cdot 12$ c) $\frac{6}{7} : 2$ d) $\frac{2}{3} \cdot \frac{4}{5}$ e) $\frac{3}{8} \cdot \frac{5}{6}$

f) $\frac{7}{8} : \frac{1}{2}$ g) $\frac{1}{3} : \frac{2}{3}$ h) $\frac{7}{8} \cdot \frac{2}{3}$ i) $5 : \frac{3}{5}$ j) $\frac{2}{3} : \frac{3}{2}$

13 Gemischtes
Multipliziere und dividiere; kürze rechtzeitig.

a) $\frac{2}{3} \cdot \frac{4}{5} \cdot \frac{3}{4}$ b) $\frac{5}{6} \cdot \frac{3}{10} \cdot \frac{2}{3}$ c) $\frac{7}{10} \cdot \frac{5}{8} : \frac{7}{2}$ d) $\frac{2}{3} : \frac{5}{6} : \frac{5}{8}$

14 Rechenbilder
Übertrage die Rechenbilder in dein Heft und fülle die freien Stellen aus.

a)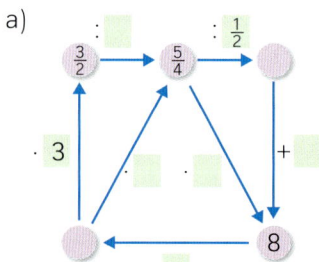

b)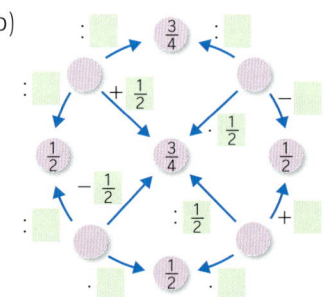

15 Verkleinern am Kopierer
Bernd möchte eine Zeichnung verkleinern. Er stellt den Kopierer auf den Verkleinerungsfaktor $\frac{7}{10}$ ein. Die verkleinerte Kopie verkleinert er nochmals mit dem Faktor $\frac{1}{3}$. Mit welchem Verkleinerungsfaktor hätte er die letzte Kopie mit einmaligem Kopieren aus dem Original erhalten?

16 Aus einem Intelligenztest
„Wie viel ist 30 durch ein Halb plus 10?"

17 Rechenbäume
Berechne die Rechenausdrücke. Zeichne zu jedem Rechenausdruck einen Rechenbaum.

a) $\frac{1}{3} \cdot \left(\frac{3}{8} + \frac{1}{4}\right)$ b) $\frac{1}{4} \cdot \frac{1}{2} + \frac{1}{2}$ c) $\left(\frac{1}{3} + \frac{1}{6}\right) \cdot \left(\frac{2}{5} + \frac{1}{2}\right)$

d) $4 \cdot \left(\frac{5}{8} - \frac{3}{8}\right)$ e) $\frac{1}{3} + \frac{8}{9} : 4$ f) $\frac{3}{5} - \frac{1}{4} : \frac{1}{2} + \frac{1}{3}$

18 Vorteilhaftes Rechnen
Verteilen oder Zusammenfassen, was ist vorteilhafter?

a) $\frac{3}{7} \cdot \left(\frac{4}{5} + \frac{3}{5}\right)$ b) $\frac{6}{7} \cdot \left(\frac{21}{12} - \frac{7}{18}\right)$ c) $\frac{3}{4} : \frac{1}{6} + \frac{1}{4} : \frac{1}{6}$

Sichern und Vernetzen – Vermischte Aufgaben zu Kapitel 2

Trainieren

1 Summe und Differenz
Berechne und kürze, wenn möglich.

a) $\frac{8}{11} + \frac{1}{3}$ b) $\frac{5}{8} + \frac{7}{8}$ c) $\frac{5}{12} + \frac{1}{5}$ d) $\frac{7}{10} + \frac{2}{3}$ e) $\frac{5}{8} + \frac{7}{8}$ f) $\frac{3}{4} + \frac{18}{8}$

g) $\frac{5}{8} - \frac{1}{4}$ h) $\frac{12}{13} - \frac{3}{13}$ i) $\frac{3}{4} - \frac{3}{7}$ j) $\frac{12}{15} - \frac{3}{10}$ k) $\frac{5}{6} - \frac{4}{5}$ l) $\frac{7}{8} - \frac{11}{20}$

2 Rechnen mit gemischten Zahlen.
Gib das Ergebnis als gemischte Zahl an.

a) $3\frac{3}{10} + \frac{8}{10}$ b) $4 - 2\frac{5}{7}$ c) $4\frac{5}{6} + 1\frac{1}{6}$ d) $5\frac{1}{10} - 3\frac{3}{10}$ e) $8\frac{3}{4} - 6\frac{2}{3}$

Du kannst die Aufgaben auf verschiedene Arten lösen.

3 Kopfrechnen
a) $2\frac{1}{2} + 1\frac{1}{2} + 4\frac{1}{2}$ b) $9 - 2\frac{3}{5}$ c) $\frac{1}{8} + \frac{1}{2} + \frac{3}{8} + \frac{1}{4}$ d) $10\frac{3}{5} - 2\frac{4}{5}$

4 Rechnen mit mehr als zwei Brüchen
Gib das gekürzte Ergebnis an.

a) $\frac{7}{10} - \frac{3}{20} + \frac{4}{5}$ b) $\frac{3}{4} - \frac{2}{3} + \frac{1}{12}$ c) $\frac{5}{7} - \frac{1}{28} + \frac{3}{4}$ d) $\frac{1}{2} - \frac{1}{4} + \frac{1}{8} - \frac{1}{16}$

5 Zauberquadrate
In einem Zauberquadrat ist die Summe der Zahlen in den Spalten, in den Zeilen und in den Diagonalen gleich. Ist das erste Quadrat ein Zauberquadrat? Ergänze das zweite Quadrat zu einem Zauberquadrat.

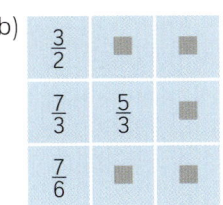

6 Berechne die Produkte
a) $5 \cdot \frac{1}{8}$ b) $2 \cdot \frac{2}{5}$ c) $\frac{3}{4} \cdot 10$ d) $6 \cdot \frac{1}{6}$ e) $\frac{5}{9} \cdot 3$ f) $7 \cdot \frac{20}{100}$

g) $\frac{2}{3} \cdot \frac{4}{5}$ h) $\frac{2}{3} \cdot \frac{3}{4}$ i) $\frac{6}{7} \cdot \frac{7}{6}$ j) $\frac{1}{2} \cdot \frac{2}{3} \cdot \frac{3}{4} \cdot \frac{4}{5}$ k) $\left(\frac{3}{4}\right)^3$ l) $0 \cdot \frac{7}{11}$

7 Multiplizieren mit gemischten Zahlen
Gib das gekürzte Ergebnis an.

a) $4 \cdot 1\frac{3}{4}$ b) $2\frac{5}{6} \cdot 12$ c) $3\frac{1}{3} \cdot 2\frac{1}{2}$ d) $1\frac{5}{8} \cdot \frac{1}{3}$ e) $2\frac{3}{5} \cdot 10$

8 Rechnen mit Größen
a) $\frac{1}{3}$ von $\frac{1}{4}$ h   b) $\frac{2}{3}$ von $\frac{3}{5}$ ℓ   c) $\frac{9}{10}$ von $2\frac{1}{9}$ m   d) $\frac{3}{4}$ von $4\frac{1}{3}$ kg

9 Zahlenmauern
Übertrage die Zahlenpyramide in dein Heft. Trage in das Feld über zwei Zahlen deren Produkt ein. Erreichst du die Spitze? Vergiss nicht, zu kürzen.

a)

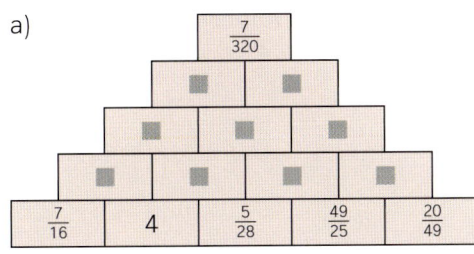

b)

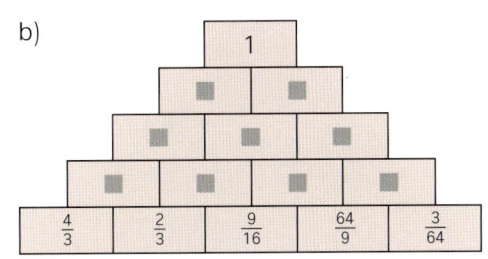

Trainieren

10 Domino
Zeichne die „Domino-Steine" nach der folgenden Regel in dein Heft:
Ein Stein darf angelegt werden, wenn er mit dem Produkt der Zahlen auf dem vorhergehenden Stein beginnt.

| $\frac{2}{3}$ | $\frac{5}{7}$ | $\frac{1}{4}$ | $\frac{5}{7}$ | $\frac{10}{9}$ | $\frac{3}{9}$ | $\frac{5}{28}$ | $\frac{14}{15}$ |

| $\frac{3}{8}$ | $\frac{4}{6}$ | $\frac{10}{21}$ | $\frac{7}{3}$ | $\frac{10}{27}$ | $\frac{3}{5}$ | $\frac{1}{6}$ | 4 |

11 Gib jeweils den Kehrbruch an
a) $\frac{3}{5}$　　　b) $\frac{9}{4}$　　　c) 10　　　d) $3\frac{1}{2}$　　　e) 1　　　f) $\frac{1}{3}$

12 Berechne den Quotienten
a) $\frac{2}{5} : 4$　　　b) $\frac{5}{7} : 5$　　　c) $3\frac{1}{2} : 7$　　　d) $\frac{1}{6} : 6$　　　e) $\frac{3}{8} : 3$　　　f) $\frac{7}{3} : 2$

13 Dividieren durch einen Bruch – multiplizieren mit dem Kehrbruch
a) $\frac{3}{8} : \frac{3}{10}$　　　b) $\frac{4}{9} : \frac{2}{3}$　　　c) $\frac{2}{3} : \frac{4}{9}$　　　d) $1 : \frac{7}{12}$
e) $2\frac{1}{2} : 1\frac{3}{4}$　　　f) $3 : 5\frac{3}{4}$　　　g) $3\frac{3}{8} : 2\frac{1}{4}$　　　h) $1\frac{3}{18} : \frac{7}{9}$

Verstehen

14 Mit Bildern rechnen
Welche Rechnung wird durch das Bild dargestellt?

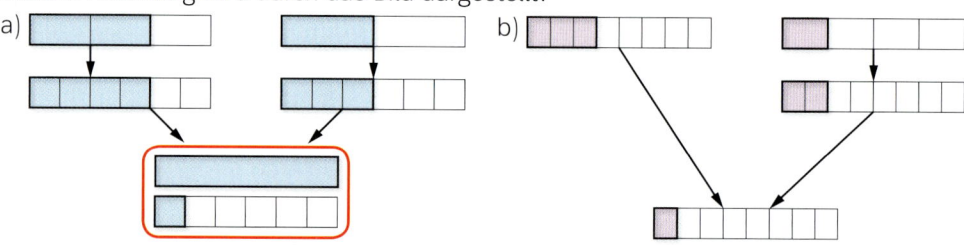

Stelle die Rechnung durch ein Bild dar.
c) $\frac{1}{3} + \frac{1}{6}$　　　d) $\frac{1}{2} + \frac{1}{4}$　　　e) $\frac{3}{5} + \frac{3}{10}$　　　f) $\frac{3}{4} - \frac{1}{8}$

15 Diskussion
Sind $2\frac{3}{4}$ und $2\frac{4}{3}$ Kehrbrüche zueinander? Begründe.

16 Etwas zum genau Hinschauen
Beantworte die folgenden Fragen zunächst, ohne zu rechnen. Überprüfe deine Antwort mit einer Rechnung.
Was ist größer,
a) die Summe oder das Produkt von $\frac{4}{5}$ und $\frac{5}{7}$,
b) die Summe oder das Produkt von 3 und $\frac{1}{3}$?

17 Etwas zum Nachdenken
Wenn man einen Bruch durch einen kleineren Bruch dividiert, dann ist der Quotient
(1) kleiner als 1　　(2) gleich 1　　　(3) größer als 1　　(4) kann man nicht sagen.

18 Vorfahrts- und Rechenregeln
Welche Vorfahrts- und Rechenregeln wurden angewandt?
a) $3 \cdot \left(3 + \frac{1}{8}\right) = 9 + \frac{3}{8}$　　　b) $\frac{3}{4} + \frac{1}{4} \cdot 4 = \frac{3}{4} + 1$　　　c) $\frac{3}{7} \cdot \frac{11}{12} \cdot \frac{7}{3} = \frac{3}{7} \cdot \frac{7}{3} \cdot \frac{11}{12} = 1 \cdot \frac{11}{12}$

19 Terme
a) $\left(\frac{8}{9} - \frac{2}{3}\right) \cdot 12$　　　b) $\left(\frac{2}{7} + \frac{12}{21}\right) : \frac{21}{5}$　　　c) $\left(3\frac{8}{9} - 2\frac{2}{3}\right) \cdot 18$　　　d) $8 : \frac{3}{4} : \frac{1}{4}$
e) $\left(\frac{1}{3} - \frac{1}{6}\right) - \frac{1}{9}$　　　f) $\frac{1}{3} - \left(\frac{1}{6} - \frac{1}{9}\right)$　　　g) $\left(3 - 2\frac{2}{5}\right) \cdot 10$　　　h) $\left(\frac{1}{2} - \frac{1}{3}\right) \cdot \left(\frac{1}{2} + \frac{1}{3}\right)$

Vergleiche die Ergebnisse der Aufgaben e) und f). Was stellst du fest?

Anwenden

20 Text und Term

Stelle zunächst den Term auf. Berechne ihn dann.

a) Multipliziere die Summe der Zahlen 5 und $\frac{3}{4}$ mit $\frac{1}{8}$ und subtrahiere dann $\frac{1}{2}$.

b) Subtrahiere von dem Quotient der Zahlen $\frac{1}{2}$ und $\frac{2}{5}$ das Produkt dieser beiden Zahlen.

c) Dividiere die Summe von $2\frac{1}{8}$ und $3\frac{1}{3}$ durch $\frac{1}{8}$.

21 Eine Zugfahrt

Eine Zugfahrt dauert von Hamburg nach Frankfurt $3\frac{2}{3}$ Stunden und von Frankfurt nach Stuttgart $1\frac{1}{4}$ Stunden. Wie lange dauert die gesamte Zugfahrt von Hamburg nach Stuttgart, wenn der Zug in Frankfurt $\frac{1}{4}$ Stunde Aufenthalt hat? Rechne einmal mit Brüchen und einmal, indem du in Minuten umrechnest. Vergleiche deine Ergebnisse.

22 Entfernungen

Patricks Schulweg beträgt $5\frac{5}{8}$ km, Julies Schulweg nur $3\frac{3}{4}$ km. Um wie viel Kilometer unterscheiden sich die Schulwege von Patrick und Julie?

23 Eine Schulklasse

In der Klasse 6 c des Goethe-Gymnasiums kommen $\frac{2}{5}$ der Kinder von auswärts, das sind 12 Kinder. Schreibe selbst eine Aufgabe und löse sie.

24 Fahrradkauf

Die Großeltern von Valentin sagen: „Deine Eltern bezahlen $\frac{3}{4}$ deines Fahrrads. Wir zahlen $\frac{1}{4}$ von dem, was deine Eltern zahlen. Dann ist dein Fahrrad finanziert."
Was meinst du, haben die Großeltern Recht?

25 Piraten

Drei Piraten haben einen Goldschatz gefunden. Da es schon spät am Abend ist, beschließen sie, sich in ihrem Lager schlafen zu legen und den Schatz am nächsten Morgen zu gleichen Teilen aufzuteilen.
Einer der Piraten wird in der Nacht wach. Da er den anderen nicht traut, nimmt er $\frac{1}{3}$ des Schatzes an sich und verschwindet. Später in der Nacht wird der zweite Pirat

wach und sieht, dass ein Pirat mit einem Teil des Schatzes verschwunden ist. „Ich will fair bleiben", denkt er sich und nimmt von dem verbliebenen Schatz $\frac{1}{3}$ und verschwindet ebenfalls. Als der letzte der Piraten am Morgen aufwacht, sieht er, dass die beiden anderen verschwunden sind. Er glaubt, dass diese fair gehandelt haben, nimmt den Rest des Goldschatzes an sich und zieht zufrieden von dannen.
Was meint ihr, haben alle drei denselben Anteil an dem Schatz erhalten?

26 Rätselhaftes

Aus dem Reschensee ragt von einem Kirchturm noch $\frac{2}{3}$ der Gesamtlänge aus dem Wasser heraus. $\frac{5}{24}$ steht im Wasser und der Rest von 4,5 m ist im Seeboden versunken.

a) Wie hoch ist der Turm?

b) Wie tief ist das Wasser an dieser Stelle?

ROMANIUK O UKR 3:17.31
DELLACASA ITA 3:20.28
STURM-CON. GER 3:23.10
DE GREGOR. ITA 3:28.91
PASCARELLI FRA 3:34.99
LEROY A.   FRA 3:35.76
BACCIGLIE. ITA 3:41.91

3

Rechnen mit Dezimalzahlen

Immer schneller, immer weiter, immer genauer.
Bei internationalen Schwimmwettbewerben kommt es manchmal
auf hundertstel Sekunden an, das wird bei den Dezimalzahlen
durch die zweite Stelle hinter dem Komma angezeigt. Der Unterschied zwischen der Gewinnerin und der Zweitplazierten lässt sich
als Differenz zwischen den gemessenen Zeiten ermitteln und als
Dezimalzahl angeben.

Beim Rechnen mit Dezimalzahlen kann man auf die bekannten
Rechenverfahren bei den natürlichen Zahlen zurückgreifen, allerdings kommt es auch hier auf das Komma an.

3.1 Dezimalzahlen

Wenn du ein Viertel Kilogramm Erdberen bestellst, so wird an der elektronischen Waage nicht $\frac{1}{4}$ angezeigt, sondern eine Zahl, die nahe an 0,25 liegt. Solche Dezimalzahlen sind nur andere Namen für Brüche. Im Alltag wirst du deine Größe wohl nicht mit $1\frac{52}{100}$ m angeben, sondern mit 1,52 m. Beim Ordnen und Rechnen bieten die Dezimalzahlen viele Vorteile.

Zeigt die Waage exakt $\frac{1}{3}$ kg an?

3.2 Addieren und Subtrahieren

Beim schriftlichen Addieren und Subtrahieren natürlicher Zahlen kommt es darauf an, dass man die Ziffern in der richtigen Weise untereinander schreibt.
So ist es auch bei den Dezimalzahlen, hier wird das Stellenwertsystem nach rechts hinter dem Komma um Zehntel, Hundertstel usw. erweitert.

Beim elektronischen Kassenbon stehen die Zahlen richtig untereinander. Worauf kommt es an?

3.3 Multiplizieren und Dividieren

Bei der Mietwohnung wird die Wohnfläche in Quadratmetern angegeben, z. B. 112,34 m².
Für die Miete ist dann der Quadratmeterpreis entscheidend, er wird mit der Wohnfläche multipliziert. Im Stadtzentrum ist der durchschnittliche Quadratmeterpreis 9,72 €, im Vorort beträgt er 6,30 €.

Wie groß ist der Unterschied der Mieten für eine Wohnung der oben angegebenen Größe?

3.1   Dezimalzahlen

Du sollst einen halben Liter Milch einkaufen, auf der Packung steht aber 0,5 ℓ. Deine Mutter sagt: „Bringe bitte ein viertel Kilogramm Tilsiter mit.“ Auf der Packung in der Käsetheke steht 0,265 kg. Ist das ungefähr das, was Mutter haben will? Brüche und Dezimalzahlen sind eng miteinander verwandt. Jeder Bruch hat auch eine Dezimaldarstellung. Warum das so ist und warum Dezimalzahlen im Alltag häufig beliebter als Brüche sind, erfährst du in diesem Lernabschnitt.

Aufgaben

1 Breiten, Längen, Tiefen und Zeiten mit Kommazahlen

a) Im Alltag begegnen uns bei Längenangaben häufig Kommazahlen: Ein Haus ist 15,6 m breit, im Fahrzeugschein eines Autos wird die Länge mit 4,391 m angegeben, ein Nichtschwimmerbecken ist 0,95 m tief. Was bedeuten die Ziffern hinter dem Komma?

> Hinweis:
> 15,6 m = 15 m 6 dm
> $= 15\ m + \frac{6}{10}\ m$

Einheitentafel als Stellenwerttafel

Übertrage die Tabelle in dein Heft und fülle sie vollständig aus. Notiere die Längenangaben wie im Hinweis.

		m	dm	cm	mm
	Zehner	Einer	Zehntel	Hundertstel	Tausendstel
15,6 m	1	5	6		
4,391 m					
0,95 m					

b) Die Zieleinläufe beim 50 m-Freistilschwimmen sind häufig so knapp, dass die Zeiten in tausendstel Sekunden gemessen werden. Die Tabelle gibt die sechs Erstplatzierten des 50 m-Freistilschwimmens der Männer bei den Olympischen Spielen 2004 in alphabetischer Reihenfolge an. Trage die Zeiten in eine Stellenwerttafel wie in a) ein. Wer gewann Gold, wer Silber, wer Bronze? Ordne die Liste nach den Zeiten. Beschreibe allgemein, wie man zwei Kommazahlen der Größe nach vergleichen kann.

Name	Zeit
Draganja, Duje	21,941 s
Hall, Gary	21,932 s
Hawke, Brett	22,183 s
Lezak, Jason	22,114 s
Nystrand, Stefan	22,075 s
Schoeman, Roland	22,019 s

2 Ein 200 m-Rennen

Sieg um drei Hundertstel verpasst
Bei den Landesmeisterschaften hat Klaus Meier vom SV Kleinborn einen beachtlichen 2. Platz beim 200 m-Lauf in 21,34 s erzielt. Er lag damit um nur drei hundertstel Sekunden hinter dem Sieger.

a) Welche Zeit benötigte der Gewinner des Laufs?

b) Der Weltrekord im 200 m-Lauf beträgt 19,19 Sekunden. Um wie viel war Klaus Meier langsamer?

3 Gewichtsangaben
Auf einem Zettel hat jemand Gewichtsangaben notiert. Sie sehen alle recht ähnlich aus, aber nur einige sind gleich. Finde gleiche Gewichtsangaben.

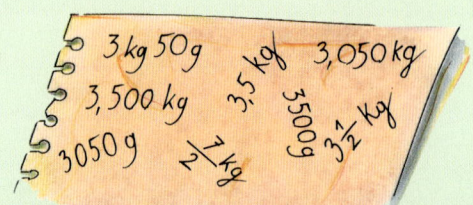

Aufgaben

4 „Sieben Euro fünf"

Sara hört, wie der Händler sagt: „Das kostet sieben Euro fünf."

Sie wundert sich.

a) Was kann der Händler gemeint haben? 7,50 €; 7 € und 5 Cent; 7,05 €; $7\frac{1}{5}$ €; 7,5 €?

b) Lies die Geldbeträge laut vor: 7,50 €; 7,05 €; 7,5 €; 57,05 €.

5 Zollstöcke

Sicher hast du schon mit einem Zollstock gemessen. Hast du schon einmal versucht, $1\frac{1}{2}$ m mit dem Zollstock abzumessen?

Auf dem Zollstock stehen keine Brüche. Du musst bei 1,50 m bzw. 150 cm ablesen.

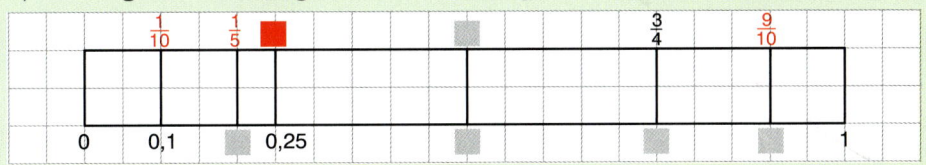

a) Wo musst du ablesen, wenn du $\frac{2}{5}$ m, $1\frac{1}{4}$ m, $\frac{1}{2}$ m, $1\frac{1}{10}$ m, $\frac{3}{4}$ m abmessen willst?

b) Übertrage die Abbildung in dein Heft und ergänze die fehlenden Zahlen.

c) Kannst du auch Längenangaben mit Brüchen schreiben?

Probiere es einmal mit: 1,25 m   0,1 m   0,4 m   1,75 m   2,5 m   0,8 m.

Basiswissen

Im Alltag sind Dezimalzahlen weiter verbreitet als Brüche. Obwohl sie eigentlich nur „verkleidete" Brüche sind, kann man mit ihnen leichter umgehen. Dies liegt daran, dass die „Nenner" bei Dezimalzahlen Zehnerpotenzen (10, 100, 1000, …) sind.

Zehntel
Hundertstel $\Big\}$ Stellenwerte
⋮

Was sind 8,250 kg?

Mit einer Stellenwerttafel lässt sich dies leicht beantworten:

$8 + \frac{2}{10} + \frac{5}{100} + \frac{0}{1000}$

8,250 kg oder 8250 g

		: 10 →	: 10 →	: 10 →	: 10 →
10 Zehner	**1** Einer ,	**0,1** $= \frac{1}{10}$ Zehntel	**0,01** $= \frac{1}{100}$ Hundertstel	**0,001** $= \frac{1}{1000}$ Tausendstel
	8 ,	2	5	0

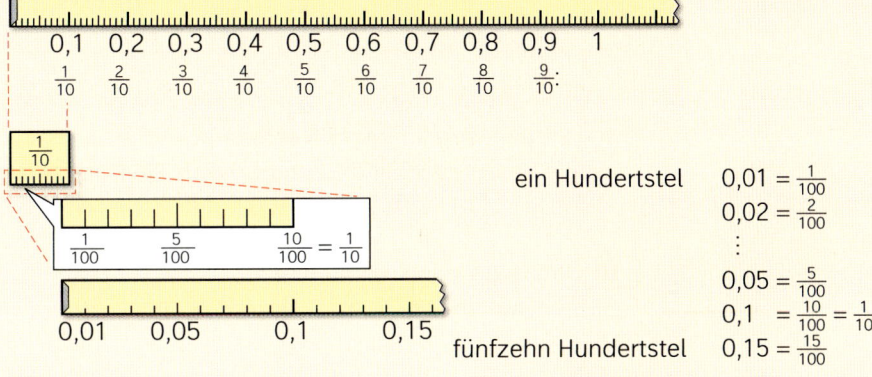

0,1 0,2 0,3 0,4 0,5 0,6 0,7 0,8 0,9 1

$\frac{1}{10}$ $\frac{2}{10}$ $\frac{3}{10}$ $\frac{4}{10}$ $\frac{5}{10}$ $\frac{6}{10}$ $\frac{7}{10}$ $\frac{8}{10}$ $\frac{9}{10}$.

$\frac{1}{10}$

$\frac{1}{100}$ $\frac{5}{100}$ $\frac{10}{100} = \frac{1}{10}$

0,01   0,05   0,1   0,15

ein Hundertstel $0,01 = \frac{1}{100}$

$0,02 = \frac{2}{100}$

⋮

$0,05 = \frac{5}{100}$

$0,1 \ = \frac{10}{100} = \frac{1}{10}$

fünfzehn Hundertstel $0,15 = \frac{15}{100}$

Beispiele

A Vergleich von Dezimalzahlen beim 50 m-Lauf

Katrin läuft 50 m in 7,7 s, Julian in 7,57 s und Claas in 7,75 s.

	Einer ,	Zehntel	Hundertstel
Katrin	7 ,	7	0
Julian	7 ,	5	7
Claas	7 ,	7	5

Julian läuft am schnellsten,
Claas am langsamsten,
weil $\frac{57}{100} < \frac{70}{100} < \frac{75}{100}$ sind.

B Manchmal helfen Brüche

Der Metzger wiegt ein Stück Rindfleisch.
Es wiegt 0,250 kg. Wie viel kostet das
Fleisch?
$0,250 \text{ kg} = \frac{1}{4} \text{ kg}$
Das Fleisch kostet 12 € : 4 = 3 €.

C Ergänze zu 1

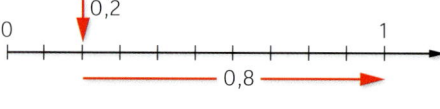

0,6	+ 0,4	= 1	0,06 + 0,94 = 1	0,66 + 0,34 = 1
0,006	+ 0,994	= 1	0,666 + 0,334 = 1	0,066 + 0,934 = 1

Übungen

6 Körpergrößen im Vergleich

Hier stellen wir die Familie Sperlich
vor. Der kleine Lennhart ist 0,98 m groß.
Wie groß sind Herr und Frau Sperlich sowie
die Kinder Julian und Benedikt?

7 Orientierung auf dem Zahlenstrahl

Orientiere dich auf dem Zahlenstrahl.
Welche Dezimalzahlen sind markiert?
Beachte die Bedeutung der Teilstriche.

Tipp

Wenn du Schwierig-
keiten hast, hilft bei
den Aufgaben 8–12
oft eine Stellenwert-
tafel.

8 Dezimalzahlen auf dem Zahlenstrahl

Zeichne den Zahlenstrahl in dein Heft. Trage die folgenden Dezimalzahlen ein.

a) 0,2　　　b) 0,75　　　c) 1,75　　　d) 1,05　　　e) 1,4　　　f) 0,6

9 Stellenwerte in Dezimalzahlen

Welchen Stellenwert hat die Ziffer 3 in den Dezimalzahlen?

a) 5,31　　　b) 0,23　　　c) 30,5　　　d) 6,153　　　e) 0,03　　　f) 351,8

10 Wo muss das Komma hin?

Setze das Komma so, dass die gekennzeichnete Ziffer den angegebenen Stellenwert
hat.

a) 4126　　　　b) 1025　　　　c) 48965　　　　d) 30506
　　↑　　　　　　↑　　　　　　　↑　　　　　　　↑
Zehntel　　　Hundertstel　　　Zehner　　　Tausendstel

Übungen

11 Dezimalzahlen schreiben
a) 2 Einer 4 Zehntel
b) 3 Hunderter 4 Hundertstel
c) 3 Zehner 5 Zehntel 2 Tausendstel
d) 1 Einer 1 Hundertstel 1 Tausendstel

12 Die Hundertstel angeben
a) 1,23456   b) 123,456   c) 12 345,6   d) 12,3456   e) 123 456

13 Wie viel …
a) Zehntel sind ein Einer?
b) Hundertstel sind ein Zehner?
c) Tausendstel sind ein Zehntel?
d) Zehntel sind ein Zehner?

14 Unterschiedliche Bilder für Dezimalzahlen
Veranschauliche 0,5 und 0,75 jeweils durch zwei verschiedene Bilder, z. B. eine Strecke, ein Rechteck oder einen Kreis.

15 Kleine und große Sprünge auf dem Zahlenstrahl
Setze die Zahlenfolge fort.

Ordnen

16 Dezimalzahlen ordnen
a) Sortiere der Größe nach.
   Beginne mit der kleinsten Zahl:
   1,2   0,9   2   1,8   1,5   1,1
b) Sortiere der Größe nach.
   Beginne mit der größten Zahl:
   8,235   8,352   8,350   8,5   8,325

> ↘ **Dezimalzahlen vergleichen**
>
> Dezimalzahlen vergleicht man der Größe nach, indem man solange von links nach rechts wandert, bis sich ein Stellenwert unterscheidet. Diese Stelle entscheidet, welche Zahl größer ist.
> Beispiel: 24,36**5**78
>   24,36**4**97
> Weil 5 > 4, ist 24,36578 > 24,36497.

17 Dezimalzahlen sortieren

> 0,9   0,06   0,6   0,35   0,475
> 0,85   0,45   0,3   1   0,99

18 Dezimalzahlen finden
Finde fünf Dezimalzahlen, die größer als 4,3 und kleiner als 4,4 sind. Wie viele dieser Zahlen gibt es deiner Meinung nach?

19 Wechselgeld
Du musst bezahlen und zahlst mit einem Geldschein. Welches Wechselgeld erhältst du?
a) 8,73 €   b) 37,42 €   c) 86,77 €

Uhrzeit und Dezimalzahlen

20 Uhrzeit und Zeiten
a) Die Uhr zeigt 11.59, also eine Minute vor 12 Uhr. Handelt es sich bei der Uhrzeit 11.59 um eine Dezimalzahl? Begründe deine Entscheidung.
b) Wie viel Minuten sind:
   $2\frac{1}{2}$ h; $1\frac{1}{4}$ h; $3\frac{3}{4}$ h;   0:58 h;   1:32 h;   1,5 h;   2,25 h;   0,75 h
   Kannst du begründen, warum man 0,75 h im Alltag nicht verwendet?

Übungen

21 Sportfest

Bei einem großen Sportfest werden alle Zeiten elektronisch gestoppt. Um einen Fehler in der Messanlage auszugleichen, werden zu jeder Zeit 2 Hundertstel addiert. Korrigiere selbst die Zeiten der 800 m-Läuferinnen.

a) 1:58,34   b) 1:58,59   c) 1:58,90   d) 1:59,08   e) 1:59,99

Runden

22 Runden

Informiere dich darüber, wie Dezimalzahlen gerundet werden.

23 In der Arztpraxis

Auf einem modernen Fieberthermometer wird die Temperatur mit zwei Stellen nach dem Komma angegeben. Der Arzt notiert die Werte aber immer gerundet auf die Zehntelstelle, weil die Hundertstel für ihn uninteressant sind. Wie notiert der Arzt die folgenden Messwerte?

a) 37,38 °C   b) 39,14 °C   c) 36,97 °C   d) 39,38 °C   e) 40,09 °C

24 Dezimalzahlen runden

a) Runde auf Zehntel: 2,84;   7,15;   3,249;   18,317;   7,191;   2,96
b) Runde auf Hundertstel: 18,207;   13,142;   15,296;   1,402;   2,375;   7,816
c) Runde auf Einer: 18,37;   26,91;   2,88;   17,19;   22,03;   2,50

25 Entfernungsangaben bei der Deutschen Bahn

An den Strecken der Deutschen Bahn stehen in regelmäßigen Abständen Entfernungsangaben für den Lokomotivführer. Außerdem sind diese Entfernungsangaben auch an Gebäuden angebracht. Auf dem Bild siehst du eine Angabe auf einer Tafel und eine an dem Schuppen. Was fällt dir auf?

26 Viele Antworten auf eine Frage

Jasmin fragt Jungen und Mädchen ihrer Klasse, was die Kommazahl 0,65 bedeutet. Sie erhält viele Antworten:

Ole:
„Das sind 6 Zehntel plus 5 Hundertstel."

Mareike:
„0,65 sind 65 Hundertstel."

Julia:
„Es sind 6 Einer und 5 Zehntel."

Marcel:
„Es sind 6 Zehntel plus 50 Tausendstel."

27 Wir bauen Nullen an und ein

Max:
„4,19 ist größer als 4,2, denn 19 ist größer als 2."

Neele:
„Wenn man an eine Zahl Nullen anhängt, wird die Zahl immer größer."

Jan:
„Man kann Nullen anhängen und die Zahl bleibt genauso groß."

Nina:
„Kann man Nullen in eine Zahl einbauen, so dass sie kleiner wird?"

Was meinst du zu den Aussagen von Max, Neele und Jan? Was antwortest du Nina?

Übungen

Von Dezimalzahlen zu Brüchen und zurück

28 Von der Dezimalzahl zum Bruch
Wandle die Dezimalzahlen in einen Bruch um. Die Stellenwerttafel ist dabei eine gute Hilfe.

...	Z	E,	z	h	t	...
		0,	8	5		
		2,	6	2	5	

$\rightarrow \frac{85}{100} = \frac{17}{20}$

$\rightarrow \frac{2625}{1000} = \frac{21}{8}$

0,7; 0,72; 0,725; 1,53; 1,03; 2,035; 0,05; 2,001; 1,125
Kürze, soweit wie möglich.

29 Vom Bruch zur Dezimalzahl
Franziska findet für die Umwandlung von $\frac{7}{8}$ in eine Dezimalzahl folgende Methode:
a) Wandle die Brüche $\frac{9}{20}$, $\frac{3}{5}$, $\frac{3}{4}$, $\frac{5}{16}$ auf dieselbe Art in eine Dezimalzahl um.
b) Versuche nun, $\frac{2}{3}$ auf dieselbe Art in eine Dezimalzahl umzuwandeln. Warum funktioniert hier die Methode von Franziska nicht?

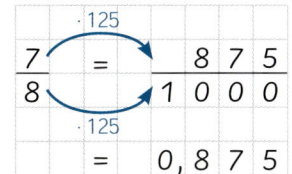

30 Besondere Dezimalzahlen
Bisher gab es bei Dezimalzahlen immer eine endliche Anzahl von Ziffern hinter dem Komma, es gab also immer eine letzte Ziffer. Betrachte nun folgende Zahl, von der du vielleicht auch schon einmal gehört hast: „null-Komma-Periode-drei": $0,\overline{3} = 0,3333...$
Hinter dem Komma wird unendlich oft die 3 angehängt. Welcher Bruch wird durch diese Zahl dargestellt? Findest du auch zu $0,\overline{6}$ und $0,\overline{1}$ einen passenden Bruch?

$100 : 32 = 3 + 4 : 32$
$1000 : 32 = 31 + 8 : 32$
$10\,000 : 32 = 312 + 16 : 32$
$100\,000 : 32 = 3125$

↘ **Dezimalzahlen**

- Die Umwandlung von Dezimalzahlen in Brüche geschieht leicht mithilfe der Stellenwerttafel.

- Wenn du umgekehrt einen Bruch in eine Dezimalzahl umwandeln willst, gelingt dies, wenn der Nenner sich zu einem Vielfachen von 10 erweitern lässt, also zu 100, 1000 usw.:

$$\frac{4}{5} = \frac{80}{100} = 0,8 \qquad\qquad \frac{7}{32} = \frac{7 \cdot 3125}{32 \cdot 3125} = \frac{21\,875}{100\,000} = 0,21875$$

Strategie:
Gehe die 10er-Potenzen (10, 100, 1000 usw.) durch und probiere aus, ob eine 10er-Potenz ohne Rest durch den Nenner teilbar ist. Solche Dezimalbrüche heißen **abbrechende Dezimalzahlen**.

- Es gibt Brüche, bei denen die zugehörige Dezimalzahl unendlich viele Stellen hinter dem Komma hat:

$$\frac{1}{3} = 0,\overline{3} = 0,3333... \qquad\qquad \frac{7}{9} = 0,777... = 0,\overline{7}$$

$0,\overline{3}$ ist eine **nicht abbrechende Dezimalzahl**, sie ist periodisch, die 3 wiederholt sich ständig.

Wie man zu einem beliebigen Bruch eine passende Dezimalzahl findet und welche unterschiedlichen Dezimaldarstellungen es gibt, erfährst du in den Aufgaben 38 und 39.

31 Von der Dezimalzahl zum gekürzten Bruch

a) 0,84   b) 0,0125   c) 4,1010   d) 0,333   e) 10,01   f) 0,111   g) 0,375   h) 10,00

32 Vom Bruch zur Dezimalzahl

a) $\frac{5}{4}$ b) $\frac{2}{9}$ c) $\frac{11}{16}$ d) $\frac{12}{9}$ e) $\frac{3}{8}$ f) $\frac{3}{64}$

Übungen

33 Welcher Bruch gehört zu welcher Dezimalzahl?

$\frac{1}{9}$ $\frac{6}{5}$ $\frac{1}{2}$ $\frac{4}{9}$ $\frac{5}{8}$ $\frac{1}{10}$ $\frac{1}{3}$ $\frac{2}{5}$

0,1   0,625   0,5   1,2 $0,\overline{3}$ $0,\overline{1}$ $0,\overline{4}$ 0,4

Stammbruch:
Zähler ist 1

34 Stammbrüche und ihre Nachfahren

a) Dass $\frac{1}{2}$ = 0,5 gilt, weißt du vermutlich schon lange. $\frac{1}{4}$ ist dann die Hälfte von $\frac{1}{2}$ und damit gilt $\frac{1}{4}$ = 0,25. Warum? Übertrage die Tabelle in dein Heft und fülle sie aus. Wer findet den kleinsten Stammbruch und die dazugehörige Dezimalzahl?

b) Mit der Tabelle gelingt es dir schon, viele Dezimaldarstellungen von Stammbrüchen zu finden, aber nicht alle.
Stehen $\frac{1}{2048}$ und $\frac{1}{5120}$ in der Tabelle? Gib einige Stammbrüche an, für die du keine Dezimaldarstellung findest und begründe, warum dir das nicht so einfach gelingt.

c) *Forschungsaufgabe:* Du kennst noch $\frac{1}{3}$ = $0,\overline{3}$ und $\frac{1}{9}$ = $0,\overline{1}$. Versuche mit diesen Ausgangszahlen eine Tabelle zu füllen.

d) *Zum Diskutieren:*

Bruch-zahl	Dezimal-zahl	Bruch-zahl	Dezimal-zahl
$\frac{1}{2}$	0,5	$\frac{1}{5}$	■
$\frac{1}{4}$	0,25	$\frac{1}{10}$	0,1
$\frac{1}{8}$	■	$\frac{1}{20}$	■
■	■	■	■
■	■	■	0,0125
■	■	■	■

Anke: Wenn man etwas immer wieder halbiert, hat man irgendwann nichts mehr oder ein kleinstes Teil.

Olga: Ich kann immer wieder die Hälfte von einer Zahl bestimmen, das hat kein Ende, es kommt nie null heraus.

Wird es einen kleinsten Stammbruch geben?
Was meinst du zu Ankes und Olgas Aussage?

Kopfübungen

1. Nenne alle Teiler der Zahl 65.

2. Wahr oder falsch? „Auf dem Karopapier findet man Linien, die zueinander weder parallel noch senkrecht sind."

3. Ein Rennpferd legt 100 m in 4 Sekunden zurück. Falls das Pferd so schnell weiterläuft:
   a) Wie weit kommt es in einer Minute?   b) Wie lange braucht es für 1 km?

4. Entscheide ohne auszurechnen, welche Aufgaben das gleiche Ergebnis wie 75 · 16 haben:
   a) 3 · 25 · 4 · 4   b) 3 · 100 · 4   c) 12 · 100   d) 300 · 4

5. Ordne die Liste nach der Größe der Flächen (z.B. Rang 1: Land mit der größten Fläche).

6. Aus einem Sonnenblumenkern kann eine Sonnenblume wachsen, die wiederum bis zu 2000 Sonnenblumenkerne enthält. Wie viele Sonnenblumenkerne kann man ernten, wenn man alle 2000 Kerne einmal wieder aussäht?

Land	Fläche in km²	Rang
Australien	7 741 220	■
Brasilien	8 514 877	■
China	9 596 961	■
Kanada	9 984 670	■
Russland	17 098 242	■
USA	9 826 675	■

Aufgaben

35 Sehr große Zahlen

> **Schulrenovierung für 1,9 Mio. Euro**
> Das Geschwister-Scholl-Gymnasium wurde in den Sommerferien renoviert.
> Dafür musste die Stadt fast 2 Millionen Euro ausgeben.
> Der größte Teil wurde verwendet für ...

Solche Überschriften mit Dezimalzahlen findet man oft in Zeitungen.
a) Schreibe die Zahlenangaben aus den Überschriften ohne Komma.
b) Kannst du dir vorstellen, warum in Zeitungen 4,93 Milliarden und nicht
   4 930 000 000 steht?

4,2 Mio. Autos zugelassen

3,6 Mrd. Schulden

1,25 Mio. für Spielplätze

Rarität für 2,65 Mio. versteigert

Umsatz auf 4,93 Mrd. gestiegen

> **Tipp**
> 1,9 Mio. = 1 Mio. + $\frac{9}{10}$ Mio.
> $\frac{1}{10}$ Mio. = 100 000
> also $\frac{9}{10}$ Mio. = 900 000
> 1,9 Mio. = 1 900 000

Exkurs

Wie geht man mit ganz kleinen Größen um?

Computer können irrsinnig schnell rechnen. Im Jahr 2000 benötigten Computer zum Ausführen einer Addition 0,000 000 1 Sekunden.

Um solch kleine Zahlen besser lesen zu können, verwenden Wissenschaftler kleine Maßeinheiten. Sie kennzeichnen sie durch Vorsilben. Du kennst bereits einige kleine Maßeinheiten:

1 Milligramm (mg)	= 0,001 Gramm	1 µs (Mikrosekunde) ist
1 Millimeter (mm)	= 0,001 Meter	0,000 001 s
1 Milliliter (mℓ)	= 0,001 Liter	= eine millionstel Sekunde = $\frac{1}{1\,000\,000}$ s
1 Millisekunde (ms)	= 0,001 Sekunden	

Vorsilbe	Zeichen	Bedeutung
Milli	m	· 0,001
Mikro	µ	· 0,000 001
Nano	n	· 0,000 000 001
Pico	p	· 0,000 000 000 001

36 Sehr kleine Zahlen

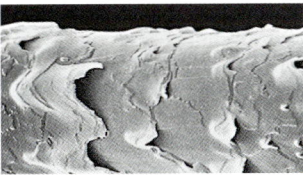
Haare sind etwa 50 µm dick.

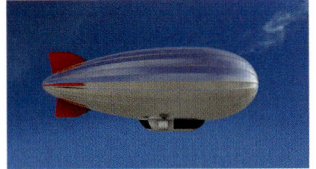
Das Heliumatom hat einen Durchmesser von ungefähr 74 pm.

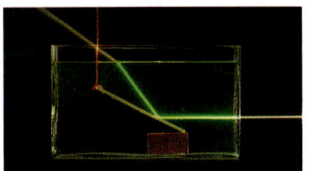
Licht legt eine Strecke von 3 km in 10 µs zurück.

Rechne die Angaben in Meter bzw. Sekunden um.

37 Sehr „lange" Zahlen
Der Dezimalbruch $0,\overline{158} = 0,15815815...$ hat unendlich viele Ziffern hinter dem Komma.
a) Welche Ziffer steht an der 19. Stelle, welche an der 3002. Stelle?
b) Begründe, dass 0,158 kleiner als $0,\overline{158}$ ist und 0,1582 größer als $0,\overline{158}$ ist.
   Versuche abwechselnd mit deinem Sitznachbarn jeweils zwei Dezimalbrüche zu finden, die noch näher an $0,\overline{158}$ liegen.
c) Was hältst du von folgender Zahl? 0,1010010001000010 ...
   Kannst du selber eine solche Zahl bauen?

Aufgaben

38 Periodische Dezimalzahlen

Mathematiker haben festgestellt, dass sich jeder Bruch entweder als abbrechende oder als periodische Dezimalzahl schreiben lässt.

Periodische Dezimalzahlen

Umwandlung von Brüchen in Dezimalzahlen

abbrechende Dezimalzahl	periodische Dezimalzahl
$\frac{3}{4}$ = ■	$\frac{5}{11}$ = ■
3 : 4 = 0,75	5 : 11 = 0,454545....
$\underline{30}$	50
28	$\underline{44}$
20	60
$\underline{20}$	55
0	50

Periodenlänge

0,454545... . Ist eine nicht abbrechende periodische Dezimalzahl.
Die Ziffernfolge 45 wiederholt sich fortgesetzt. Wir schreiben statt 0,454545... einfach $0,\overline{45}$ und sagen null-Komma-Periode-vier-fünf.
Da es sich um zwei Ziffern handelt, die sich fortgesetzt wiederholen, ist die **Länge der Periode** 2.

Wandele die folgenden Brüche jeweils in eine Dezimalzahl um. Schreibe die periodischen Dezimalzahlen besonders sorgfältig auf und gib auch die Sprechweise an. Sollte es sich um eine periodische Dezimalzahl handeln, dann gib jeweils die Periodenlänge an.

a) $\frac{7}{8}$ b) $\frac{1}{9}$ c) $\frac{2}{9}$ d) $\frac{1}{7}$ e) $\frac{3}{11}$

Bei vielen periodischen Dezimalzahlen beginnt die Periode nicht gleich nach dem Komma.

$\frac{1}{12}$ = 0,08333 ...
= $0,08\overline{3}$

f) $\frac{5}{6}$ g) $\frac{5}{12}$ h) $\frac{17}{12}$

39 Periodenlängen

$\frac{1}{3}$ = 0,\overline{3} hat die Periodenlänge 1,

$\frac{1}{7}$ = 0,\overline{142857} die Periodenlänge 6.

a) Welche Periodenlängen treten bei den Dezimalzahlen für die Stammbrüche $\frac{1}{6}$, $\frac{1}{9}$, $\frac{1}{11}$, $\frac{1}{12}$, $\frac{1}{13}$, $\frac{1}{14}$ und $\frac{1}{15}$ auf? Ordne die Stammbrüche nach der Periodenlänge.

b) $\frac{1}{7}$ = ■   1 : 7 = 0,142857 142...

$\underline{0}$
→ 10   gleiche Reste:
$\underline{7}$ Jetzt geht's
30   von vorne los.
$\underline{28}$
20
$\underline{14}$
60
$\underline{56}$
40
$\underline{35}$
50
$\underline{49}$
→ 1

Wie lange kann die Periode höchstens sein? Bei der Division durch 7 gibt es höchstens 6 verschiedene Reste. Spätestens nach 6 Divisionsschritten erscheint wieder derselbe Rest.
Die Periodenlänge kann also höchstens 6 sein (sie ist genau 6). Wie groß kann die Periodenlänge höchstens sein bei $\frac{1}{17}$, $\frac{1}{21}$, $\frac{1}{11}$?

c) Warum kann die Periodenlänge nie größer sein als der Nenner der Bruches?

3.2 Addieren und Subtrahieren

Hast du schon einmal einen Kassenzettel gesehen, auf dem $\frac{3}{4}$ € + $\frac{7}{5}$ € + $1\frac{3}{100}$ € addiert werden? In den meisten Situationen des Alltags wird mit Dezimalzahlen gerechnet, im Beispiel also 0,75 € + 1,40 € + 1,03 €. Die Rechenverfahren hierzu sind dir von den natürlichen Zahlen bereits bestens vertraut, jetzt muss nur zusätzlich das Komma beachtet werden.

Aufgaben

1 Am Flughafen

Lea und Tim packen ihren Urlaubskoffer. Ihr Koffer darf am Flughafen maximal 20 kg schwer sein, da sie sonst für Übergewicht zuzahlen müssen. Ihren gepackten Koffer stellen sie auf eine Personenwaage: „So ist der Koffer zu schwer". Nun wiegen die beiden alle Sachen aus und müssen einige Dinge zurücklassen.

Koffer 2,3 kg	Tims Kleidung 5,1 kg
Leas Kleidung 6,2 kg	Bücher 2,4 kg
Geschenke 1,7 kg	Spielsachen 2,1 kg
Getränke 1,25 kg	

Welche Gegenstände sollten zu Hause bleiben?
Wie schwer ist ihr Koffer dann?

2 Lagenstaffeln bei einem Schwimmfest

Beim alljährlichen Schwimmfest der Stadt gingen sechs Lagenstaffeln über 4 × 50 m an den Start. Die Siegerstaffel auf Bahn 3 schlug nach insgesamt 3:27,2 min an. Die Zeiten für die einzelnen Teilstrecken der Staffeln kannst du der Tabelle entnehmen.

Der Zeitnehmer der Siegerstaffel hat die Zeit der Rückenstrecke leider nicht gestoppt. Wie schnell wurden die ersten 50 m angeschwommen?
Welchen Platz belegte die Staffel auf Bahn 4?

Das Staffelrennen auf einen Blick

	Bahn 1	Bahn 2	Bahn 3	Bahn 4	Bahn 5	Bahn 6
Rücken	57,2	52,3	■	56,1	56,0	63,8
Schmetterling	72,4	54,8	49,2	51,9	57,9	62,5
Brust	65,3	57,1	56,3	55,2	59,6	60,4
Freistil	48,2	46,8	44,4	46,0	45,1	47,6
Endzeit in s	243,1	211,0	207,2	■	218,6	234,3
Endzeit in min	■	■	3:27,2	■	■	■

Aufgaben

3 Im Supermarkt

Bevor du einen Supermarkt verlässt, musst du an der Kasse deine Einkäufe bezahlen. Um sicherzustellen, ob dein Geld reicht, solltest du zuvor einen Überschlagswert ermitteln.
Damit kannst du auch eventuelle Tippfehler „entlarven".

a) Überschlage schnell die Summe der Preise der eingekauften Artikel.

b) Nach dem Einkauf willst du den Kassenbon genauer überprüfen. Dieser Kassenbon ist an einer wichtigen Stelle leider unlesbar geworden. Zum Glück stehen die Zahlen aber untereinander.
Mit welchem Geldschein wurde bezahlt? Zur Sicherheit rechne noch einmal nach. Wie gut war dein Überschlagswert?

Tippfehler:
Komma zu früh
0,138 statt 1,38

Komma zu spät
13,8 statt 1,38

c) Wie ändert sich die Endsumme, wenn bei Artikel 2 das Komma eine Stelle zu früh oder eine Stelle zu spät gesetzt wurde? Vergleiche deine Ergebnisse mit dem Überschlag.

SUPER MARKT	
Kasse 3	
Artikel 1	0,98
Artikel 2	1,38
Artikel 3	3,45
Artikel 4	0,99
Artikel 5	7,49
Artikel 6	2,95
Summe	
Bar	
R	2,76

4 Addition am Zahlenstrahl

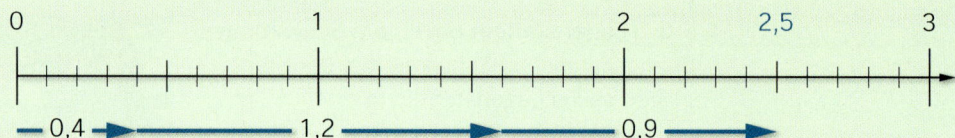

$0,4 + 1,2 + 0,9 = 2,5$

Zeichne entsprechende Bilder am Zahlenstrahl in dein Heft und gib das Ergebnis an.

a) $0,2 + 1,9 + 0,8 + 1,2$ b) $1,25 + 0,85 + 0,7 + 1,1$ c) $2,4 + 1,7 - 1,8$

5 Eine Klassenkasse

Anja führt in ihrer Klasse die Klassenkasse. Sie notiert in einem Heft alle Einnahmen und Ausgaben. Anfang März zählt sie das Geld in der Klassenkasse. Es sind 21,55 €. Stimmt die Klassenkasse? Überschlage zunächst das Ergebnis mit gerundeten Zahlen.

KLASSENKASSE 6A	ANF. FEBR. 42,20 €	
	AUSGABEN	EINNAHMEN
03.02. GELD EINSAMMELN		25 €
12.02. GETRÄNKE FÜR DAS KLASSENFEST	23,70 €	
RÜCKGABE DER KÄSTEN		6,50 €
18.02. CD FÜR JUTTA	16,25 €	
24.02. BLUMENSTRAUß	12,20 €	

Basiswissen

Die Addition und Subtraktion von Dezimalzahlen kannst du in gleicher Weise durchführen wie bei natürlichen Zahlen.

Schriftliches Addieren

Schreibe die Summanden sorgfältig so untereinander, dass Komma unter Komma steht. Addiere dann stellenweise wie bei natürlichen Zahlen.

$27,46 + 16,71 + 9,04$
Überschlag: $27 + 17 + 9 = 53$

Komma unter Komma

	2	7,	4	6
+	1	6,	7	1
+		9,	0	4
	2	1	1	
	5	3,	2	1

Schriftliches Subtrahieren

Schreibe Minuend und Subtrahend sorgfältig so untereinander, dass Komma unter Komma steht. Subtrahiere dann stellenweise wie bei natürlichen Zahlen.

$73,29 - 27,95 - 8,03$
Überschlag: $73 - 28 - 8 = 37$

	7	3,	2	9
−	2	7,	9	5
−		8,	0	3
	2	1		
	3	7,	3	1

Zur Überprüfung des Ergebnisses kannst du eine Überschlagsrechnung durchführen. Runde die Zahlen so, dass du leicht im Kopf mit ihnen rechnen kannst.

Beispiele

A Richtig untereinander schreiben

$1,57 + 1,318 + 0,4 + 0,9167$

Lösung:
Bei unterschiedlichen Anzahlen von Nachkommastellen ist das richtige Untereinanderschreiben besonders wichtig.
Überschlag: $1,6 + 1,3 + 0,4 + 0,9 = 4,2$

	1,	5	7		
+	1,	3	1	8	
+	0,	4			
+	0,	9	1	6	7
	2	1	1		
	4,	2	0	4	7

Richtig untereinander schreiben

B Kassenzettel

Klaus geht mit seinen Eltern essen. Der Kellner schreibt auf seinen Rechnungszettel die Preise und verlangt 48,20 €. Klaus wundert sich, dass es so viel kostet.
Um wie viel hat sich der Kellner verrechnet?

26,80
2
5,50
3,20
1,70

Lösung:
Klaus überschlägt und rechnet genau nach.
Überschlag: $27 + 2 + 6 + 3 + 2 = 40$

Der Kellner hat sich um 9 € verrechnet.

	2	6,	8	0
+		2,	0	0
+		5,	5	0
+		3,	2	0
+		1,	7	0
	1	2		
	3	9,	2	0

Übungen

6 Rechnungen

Bestimme den Endbetrag.

Übungen

7 An der Kasse

Wie viel Wechselgeld erhältst du, wenn du an der Kasse die angegebenen Beträge mit einem 10 €-Schein bezahlst?
a) 8,20 €   b) 6,85 €   c) 9,98 €   d) 1,87 €   e) 0,59 €   f) 5,07 €   g) 3,17 €   h) 0,99 €

8 Zahlenfolgen

Ergänze zu einer Folge aus zehn Zahlen, indem du zum Startwert immer die angegebene Zahl addierst bzw. subtrahierst.

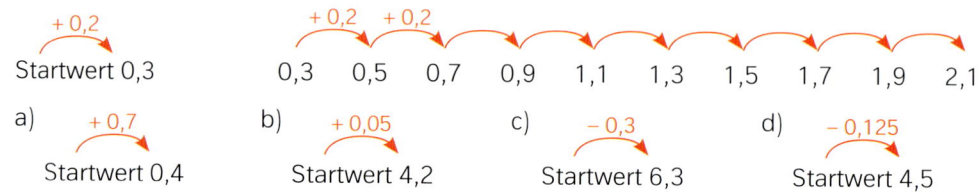

+ 0,2
Startwert 0,3

+ 0,2   + 0,2
0,3   0,5   0,7   0,9   1,1   1,3   1,5   1,7   1,9   2,1

a) + 0,7
Startwert 0,4

b) + 0,05
Startwert 4,2

c) − 0,3
Startwert 6,3

d) − 0,125
Startwert 4,5

9 Geschicktes Rechnen

Rechne im Kopf möglichst schnell und geschickt. Wenn du es in drei Minuten schaffst, liegst du ganz gut in der Zeit.
a) 1,4 + 1,6   b) 25,3 + 4,7   c) 16,34 − 2,14
d) 2,6 + 1,0   e) 7,2 − 1,4   f) 1,30 − 0,01
g) 5,6 − 1,3   h) 5,5 + 4,5   i) 1 000 − 1,1
j) 2,9 + 1,9   k) 7,67 − 0,68   l) 100 − 99,9

10 Stellenwerttafel

Bei der Addition kannst du auch auf die Stellenwerttafel zurückgreifen.
12,5 + 0,71 + 0,075

z Zehntel
h Hundertstel
t Tausendstel

100 H	10 Z	1 E	$\frac{1}{10}$ z	$\frac{1}{100}$ h	$\frac{1}{1000}$ t	
	1	2 , 5				12,5
		0 , 7	1			0,71
		0 , 0	7	5		0,075
	1	3 , 2	8	5		13,285

Übertrage die Stellenwerttafel. Rechne wie im Beispiel. Mache einen Überschlag.
a) 17,95 + 4,005 + 109,98   b) 12,1 + 7,985 + 210,07   c) 34,791 − 12,1 − 2,45
d) 100,68 + 11,675 + 0,569   e) 0,8 − 0,15 − 0,005   f) 4,895 − 2,06 − 1,9
Begründe mit der Stellenwerttafel die im Kasten beschriebene sorgfältige Schreibweise bei Addition und Subtraktion („Komma unter Komma").

11 Lücken füllen

Berechne die fehlenden Zahlen und Größen.
a) 6,4 + ■ = 9,6   b) 23,45 − ■ = 9,9   c) 2,7 kg + ■ = 6,1 kg
d) 2,65 € − ■ = 0,93 €   e) ■ + 5,7 = 10,1   f) ■ − 1,2 = 18,9
g) ■ − 3,7 ℓ = 15,8 ℓ   h) ■ − 1,2 s = 10,2 s   i) 14,2 − ■ = 7,7

12 Fehler erkennen

Entscheide, ob richtig oder falsch gerechnet wurde und notiere jeweils den Buchstaben. Du erhältst ein Lösungswort. Welche Fehler wurden gemacht?

Aufgabe	Richtig	Falsch
0,9 + 0,3 = 0,12	E	O
1,98 − 1,521 = 0,459	A	R
0,25 − 0,1 = 0,24	D	S
6,011 + 0,2 = 7,111	T	E

Übungen

13 Zahlenkartenpaare
Suche Zahlenkartenpaare deren Summe eine natürliche Zahl ergibt. Welche Karte kann nicht benutzt werden? Beispiel: 1,65 + 0,35 = 2,00

0,35   0,098   5,875   0,65
0,525   0,0499   4,9501   0,125
0,902   1,65

14 Umsätze von Verkäufern
Mithilfe der Tabellenkalkulation werden im Kaufhaus Wertkauf die Umsätze für vier Verkäufer alle zwei Stunden festgehalten.
a) In welchem Zeitraum (2-Stunden-Takt) wurde am meisten verkauft?
b) Welcher Verkäufer hat an dem Tag den größten Umsatz erzielt?
c) Welcher Gesamtumsatz wurde in der Abteilung erzielt? Berechne dies zur Probe auf zwei verschiedenen Wegen.

Umsatz am Donnerstag in der Abteilung Sport

	Jürgen	Heiner	Oskar	Pit	
9 – 11	159,78	180,50	110,34	134,78	
11 – 13	180,05	149,02	95,65	178,99	+
13 – 15	174,79	83,70	175,98	156,81	+
15 – 17	176,84	143,45	220,90	170,34	+
17 – 19	166,53	148,99	132,48	162,98	+
		+	+	+	

15 Rechnen mit dem Zufall
Spiele mit einem Nachbarn.
Ihr benötigt einen Würfel.

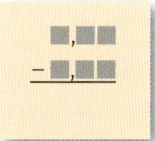

Spielregel: Jeder würfelt sechsmal. Nach jedem Wurf schreibt man die gewürfelte Zahl in ein freies Kästchen.
Gewonnen hat der- oder diejenige mit der kleinsten Differenz. Wer seine Differenz nicht bestimmen kann, hat sofort verloren. Also Vorsicht!

Notiere die Rechnungen in dein Heft.

16 Zahlenmauern
Zeichne das Muster und die Zahlen in dein Heft. Addiere die Zahlen auf benachbarten zwei „Backsteinen". Schreibe das Ergebnis auf den darüber liegenden Stein.

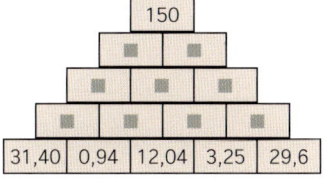

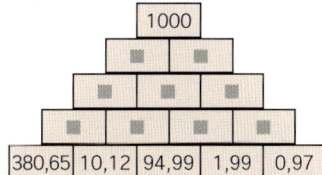

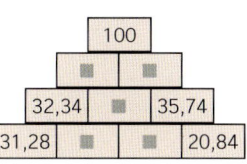

17 Brüche und Dezimalzahlen gemischt

Susi rechnet so:
$$\frac{3}{5} + 0,4 = \frac{3}{5} + \frac{2}{5} = \frac{5}{5} = 1$$

Tom rechnet so:
$$\frac{3}{5} + 0,4 = 0,6 + 0,4 = 1$$

Entscheide dich bei jeder Aufgabe für die schnellere Variante.
a) $\frac{3}{4} + 0,75$ $0,6 - \frac{3}{5}$ $1,4 - \frac{1}{8}$ $1,1 + \frac{1}{5} + 0,7$
b) $2,3 - \frac{3}{10}$ $\frac{2}{5} + 0,375$ $100 - \frac{1}{10}$ $\frac{1}{4} + 0,125 + 1,1$
c) $2\frac{1}{2} - 2,2$ $10,3 - \frac{2}{5}$ $\frac{3}{8} - 0,1$ $4\frac{3}{5} - 1,4 + 3\frac{1}{4}$
d) $0,7 + \frac{3}{4}$ $3\frac{1}{2} - 0,75$ $1,2 - \frac{5}{8}$ $2\frac{1}{4} + 1\frac{3}{4} - 0,6$

18 Überschlag
Mache zuerst einen Überschlag. Berechne dann genau.
a) 2,4 + 2,75 + 8,108 + 6,55   b) 3,3 + 30,505 + 2,05635 + 1,09
c) 22,08 + 3,4 + 9,0202 + 3,8   d) 7,1 + 42,06 + 102,7078 + 0,0909

Übungen

19 Maschendrahtzaun

Familie Witt will ihr rechteckiges Grundstück (35,50 m lang und 27,75 m breit) mit Draht einzäunen. An einer Seite wird der Zaun durch eine 3,60 m breite Einfahrt unterbrochen. In der Garage steht noch eine 125 m lange Maschendrahtrolle. Reicht diese Rolle für das Vorhaben?

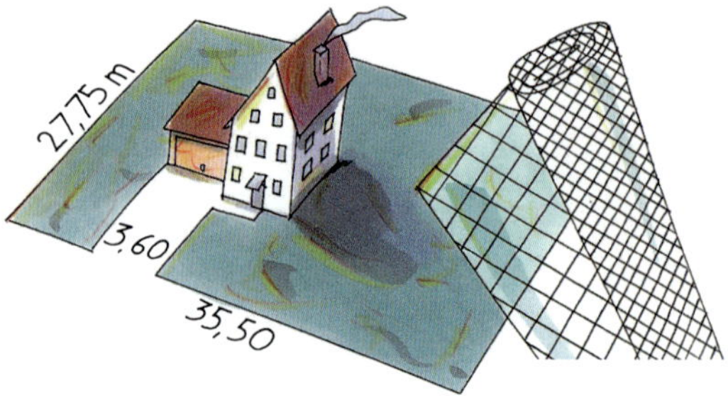

20 Zielschießen

Wer kommt am nächsten an die 5? Wähle aus der Zahlenkiste drei Zahlen. Erlaubt sind Addieren und Subtrahieren.

Christin: 1,77 + 2,53 + 0,92 = ▒

Björn: 5,47 – 3,21 + 2,89 = ▒

a) Wer hat besser „gezielt"?

b) Suche selbst drei Zahlen aus. Versuche noch näher an die 5 zu kommen als Christin und Björn.

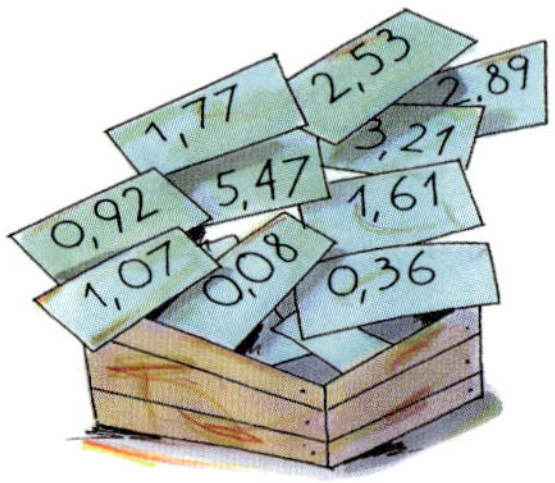

21 Köln Marathon

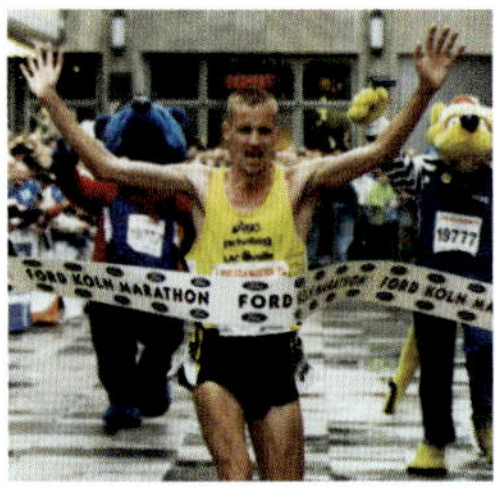

Herr Krause möchte trotz seines Gewichtes von 96,8 kg am Köln Marathon teilnehmen. Durch intensives Lauftraining nimmt er Woche für Woche ab. Jeden Montag stellt er sich auf seine Waage und trägt seine Gewichtsabnahme in ein Diagramm ein. Bestimme sein Gewicht nach 7 Wochen. Wie viel hat Herr Krause insgesamt abgenommen?

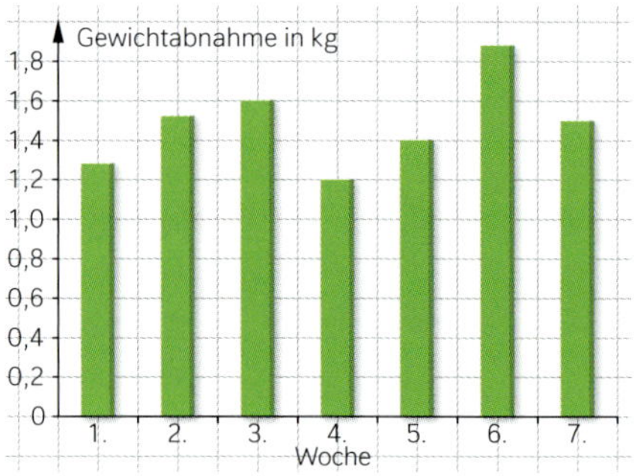

Kopfübungen

1. Zwei Zahlen sind durch Plättchen in einer Stellenwerttafel dargestellt. Welche der Zahlen ist größer?

T	H	Z	E
	••	••	

T	H	Z	E
••		••	

2. Wahr oder falsch: „Es gibt Dreiecke mit zwei rechten Winkeln"?
3. Gib an, was jeweils bis zu $\frac{1}{2}$ kg fehlt: a) 475 g b) 80 g c) 4 g
4. Erkennst du das Ergebnis auf einen Blick? Berechne: $29 \cdot 2 \cdot 5 \cdot 2 \cdot 5 \cdot 2 \cdot 5 \cdot 2 \cdot 5$
5. 1645 Schülerinnen und Schüler wurden befragt, ob sie mit ihrem Vornamen zufrieden sind.

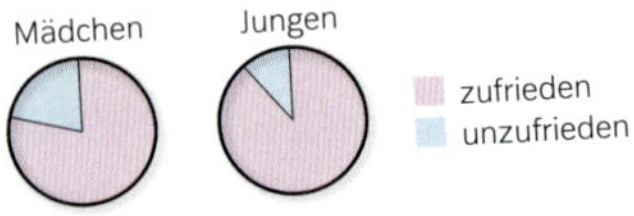

Setze fort:

a) Die meisten Schülerinnen und Schüler sind mit ihrem Vornamen ▒.

b) Bei den Mädchen kommt häufiger als bei den Jungen vor, dass sie mit ihrem Vornamen ▒ sind.

6. Familie Specht (zwei Erwachsene, drei Kinder) besuchte den Zirkus. Der Normalpreis beträgt 20 €, die Kinder erhalten 5 € Ermäßigung (Preisminderung). Wie viel Geld bezahlte die Familie Specht für den Zirkusbesuch?

Aufgaben

22 Neujahrsskispringen

Beim Neujahrsskispringen auf der Olympiaschanze in Garmisch-Partenkirchen springen die Skiflieger in zwei Durchgängen um den Tagessieg. Im Fernsehen wird nach jedem Sprung die Sprungweite, kurz danach die Punktzahl mit der aktuellen Platzierung angezeigt. Für einen Sprung erhalten die Springer für die Weiten sogenannte Weitenpunkte und von fünf Wertungsrichtern Haltungsnoten.
Die Reihenfolge in der Gesamtwertung ergibt sich aus der Summe der Weitenpunkte und Haltungspunkte. Die besten zehn nach dem ersten Durchgang sprangen in der angegebenen Reihenfolge.

Punktebestimmung

Für 125 m gibt es 60 Weitenpunkte. Für jeden Meter mehr werden 1,8 Punkte zu den 60 Punkten addiert, für jeden Meter weniger werden 1,8 Punkte subtrahiert. Für einen halben Meter entsprechend 0,9 Punkte. Von den fünf Haltungsnoten (maximal 20 Punkte) werden die beste und die schlechteste gestrichen. Die verbleibenden drei werden addiert und ergeben die Haltungspunkte.

Beispiel
Gregor Schlierenzauer
Er sprang 13,0 m weiter als 125 m. Somit werden zu den 60 Punkten weitere 23,4 Punkte addiert.
Weitenpunkte: 60 + 23,4 = 83,4
Für die Haltungspunkte werden eine 18,0 als schlechteste und eine 18,5 als beste gestrichen: 18,0 + 18,5 + 18,5 = 55 Punkte, gesamt: 83,4 + 55 = 138,4 Punkte.

Name	Land	Weite	Haltungsnoten				
G. Schlierenzauer	AUT	138,0 m	18,5	18,0	18,5	18,5	18,0
A. Kofler	AUT	130,5 m	18,5	18,0	18,0	18,5	18,5
D. Ito	JPN	138,5 m	14,5	15,5	15,5	15,0	13,5
T. Takeuchi	JPN	130,5 m	18,0	18,0	17,5	18,5	18,5
K. Stoch	POL	132,0 m	18,5	18,5	18,0	18,5	18,5
T. Morgenstern	AUT	132,0 m	18,5	18,5	18,0	18,5	19,0
S. Freund	GER	138,5 m	18,5	18,5	18,5	19,0	19,0
R. Koudelka	CZE	136,0 m	18,5	18,5	18,0	18,5	18,5
A. Bardal	NOR	129,0 m	18,0	17,0	17,5	18,0	17,5
S. Ammann	SUI	136,5 m	18,5	18,5	18,0	18,5	18,0

4 · 1,8 = 7,2
5 · 1,8 = 9,0
7 · 1,8 = 12,6
11 · 1,8 = 19,8
13 · 1,8 = 23,4

a) Berechne die Punktwertung von Severin Freund. Schaue nach, wie es bei Gregor Schlierenzauer gemacht wurde.
b) Bestimme für die besten zehn Springer des 1. Durchgangs die Reihenfolge.
In umgekehrter Reihenfolge dieser Platzierung starten die Teilnehmer im 2. Durchgang, d. h. der Zehntplatzierte des 1. Durchgangs startet als Zehntletzter, der Beste als Letzter.
c) Gregor Schlierenzauer gewann das Springen nach dem 2. Durchgang mit einer Weite von 134 m und einer Gesamtpunktzahl (Summe aus 1. und 2. Durchgang) von 274,5 Punkten. Wie könnten die fünf Wertungsrichter die Haltungsnoten vergeben haben?

3.3 Multiplizieren und Dividieren

Ein Feinkosthändler möchte 7,5 ℓ Kürbiskernöl in 0,25 Flaschen abflüllen. Wie viele Flaschen kann er füllen? Er teilt dazu 7,5 durch 0,25.
7,5 : 0,25 = ▓. Weißt du was da rauskommt?
Du kannst die Aufgabe mit Brüchen lösen oder nun auch direkt mit den Dezimalzahlen rechnen.

Aufgaben

1 „Haarklein"

Willst du dir etwas so Feines wie ein Haar genauer ansehen, so benutzt du eine Lupe oder ein Mikroskop. Unter einem Mikroskop mit 100-facher Vergrößerung erscheint dünnes Haar mit einer Dicke von 2 – 4 mm.

Haartyp	Dicke
dünnes Haar	0,02 – 0,04 mm
normales Haar	0,05 – 0,07 mm
dickes Haar	>0,07 mm

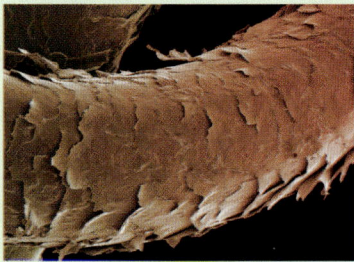

a) Wie dick erscheint es unter einer Lupe mit 1000-facher Vergrößerung?
b) Klara hat dicke Haare (0,085 mm). Wie dick erscheint ein Haar von ihr unter einer Lupe mit 20-facher Vergrößerung?
c) Saschas Haartyp hat normale Dicke. Es erscheint bei 100-facher Vergrößerung mit einer Dicke von 6,4 mm. Wie dick ist sein Haar?

Haar unter einem Mikroskop

2 Auf drei Wegen zum Ziel

Nebenrechnung

1	4	7	·	1	6
	1	4	7		
		8	8	2	
	1	1			
2	3	5	2		

Hanna, Petra und Sven wollen für den Aufbau ihrer Modelleisenbahn eine rechteckige Holzplatte kaufen. Damit die Platte genau in die Ecke des Kellerraumes passt, muss sie 1,47 m breit und 1,6 m lang sein. Ein Quadratmeter der Holzplatte kostet 10 €.
Flächeninhalt = Länge · Breite
Also müssen die beiden Dezimalzahlen multipliziert werden. Multiplikation der Zahlen ohne Komma ist kein Problem: 147 · 16 = 2352

„Aber wo steht das Komma?"

Petra und Sven kommen auf andere Weise zu dem gleichen Ergebnis:

Hanna rechnet mit einem Überschlag:
Da beide Seiten weniger als 2 m lang sind, muss der Flächeninhalt kleiner als 4 m² sein. Also ist die Platte 2,352 m² groß.

Petra: 1,47 m · 1,6 m
= 147 cm · 160 cm
= 23 520 cm²
= 235,2 dm²
= 2,352 m²

Sven: 1,47 m · 1,6 m
$= \frac{147}{100}$ m $\cdot \frac{16}{10}$ m
$= \frac{2352}{1000}$ m²
= 2,352 m²

a) Wie hat Petra gerechnet, wie Sven? Erkläre die beiden Verfahren.
b) Wie teuer ist die Holzplatte? Mache einen Überschlag und berechne dann genau.
c) Berechne den Preis einer größeren Platte (Breite 2,71 m, Länge 3,2 m).

Aufgaben

Nebenrechnung

5	0	·	3	4	5
	1	5	0		
		2	0	0	
			2	5	0
	1	7	2	5	0

3 Verwandte Aufgaben

Mache bei allen Aufgaben einen Überschlag. Löse zunächst die Aufgaben, in denen kein Komma auftaucht. Zu jeder Aufgabe mit Dezimalzahlen gibt es eine zugehörige Aufgabe ohne Dezimalzahlen. Finde die Aufgabenpaare. Wie lassen sich die übrigen Aufgaben berechnen?

a) $30 \cdot 140$
d) $50 \cdot 60$
g) $0,3 \cdot 14,0$
j) $50 \cdot 345$

b) $2,6 \cdot 5$
e) $2,05 \cdot 5,8$
h) $26 \cdot 5$
k) $0,5 \cdot 0,6$

c) $10 \cdot 1,2345$
f) $5,0 \cdot 3,45$
i) $10 \cdot 12345$
l) $205 \cdot 58$

4 Das Gewicht und die Dicke von Papier

Wie dick und wie schwer ist ein DIN-A4-Blatt? Ein Stapel Kopierpapier aus 1000 Blatt ist 10,4 cm hoch und wiegt 5,13 kg. Berechne nacheinander die Dicke und das Gewicht zunächst für 100 Blatt, dann für 10 Blatt und schließlich für ein Blatt.

Was passiert mit dem Komma? Kannst du eine „Komma-verschiebungsregel" für die Division durch 10; 100; 1000 aufschreiben?

Idee:
$$10,4 : 10 = 10,4 \cdot \tfrac{1}{10}$$
$$= 10,4 \cdot 0,1$$

5 Ein Klassenfest

Die Klassensprecher der Klasse 6a, Kai, Ulrike und Petra organisieren ein Klassenfest. Sie kaufen Getränke und Knabbersachen ein. Insgesamt haben sie 126,72 € ausgelegt. Nun soll jeder der 24 Schülerinnen und Schüler seinen Anteil zahlen. Wie viel muss jeder zahlen? Sie wollen es genau wissen. Also einfach dividieren: $126,72 : 24 = ?$

Petra:
Ich rechne zunächst wieder ohne Komma.
Mein Ergebnis ist dann 528.
Aber wo steht das Komma?
Sind es 0,528 € oder 5,28 € oder 52,8 €?
Überschlag: $125 : 25 = 5$.
Jeder muss 5,28 € bezahlen.

Kai:
$126,72 € = 12672$ ct
$12672 : 24 = 528$
$-\ 120$
$\quad\ \ 67$
$\ -\ 48$
$\quad\ 192$
$\ -\ 192$
$\qquad\ 0$

528 ct $= 5,28$ €

Ulrike:
$$126,72 : 24 = \frac{12672}{100} : \frac{24}{1}$$
$$= \frac{12672 \cdot 1}{100 \cdot 24}$$
$$= \frac{528}{100}$$
$$= 5,28$$

5,28 €

a) Wie hat Kai gerechnet, wie Ulrike? Erkläre die beiden Verfahren. Vergleiche mit Petras Lösung.

b) Berechne   74,56 € : 8   1,08 km : 3   27,450 kg : 9

6 Verschieden und doch gleich

Wie viele 0,2 cm lange Stücke passen auf ein 2,6 cm langes Stück? Um das auszurechnen, muss man $2,6 : 0,2$ rechnen, aber wie macht man das?

$$\frac{\text{Dividend}}{\text{Divisor}} = \text{Quotient}$$

Schau dir die folgenden vier Quotienten an:

26 mm (2,6 cm)

2 mm (0,2 cm)

$2,6 : 0,2$ $26 : 2$ $260 : 20$ $13 : 1$

a) Wie verändern sich Dividend und Divisor in den letzten drei Quotienten gegenüber dem Dividenden und Divisor im ersten Quotienten?

b) Berechne jedes Mal den Quotienten. Was stellst du fest?

Basiswissen

Für die Multiplikation von Dezimalzahlen ohne den Umweg über die Brüche brauchst du nur eine zusätzliche Regel zum Setzen des Kommas.

So multiplizierst du zwei Dezimalzahlen:

- Multipliziere die Zahlen zunächst ohne Berücksichtigung des Kommas
- Setze im Ergebnis das Komma so, dass dieses so viele Nachkommastellen hat wie die beiden Faktoren zusammen.

eine Nachkommastelle   zwei Nachkommastellen

$$
\begin{array}{ccccc}
5,1 & \cdot & 4,8\,5 \\
& & 2\;0\;4 \\
& & 4\;0\;8 \\
& & 2\;5\;5 \\
& & \quad\;1 \\
\hline
2\;4, & 7\;3\;5
\end{array}
$$

drei Nachkommastellen

Probe durch Überschlag:
$5,1 \cdot 4,85$
| |
$5 \cdot 5 = 25$

Beispiele

A Überschlag
Berechne $3,4 \cdot 12,95$.
Lösung:
Multiplizieren ohne Komma:
$34 \cdot 1295 = 44\,030$.
Überschlag:
$3 \cdot 13 = 39$
Antwort:
$3,4 \cdot 12,95 = 44,030$

$$
\begin{array}{ccccc}
3,4 & \cdot & 1\,2,9\,5 \\
& & 3\;4 \\
& & 6\;8 \\
& & 3\;0\;6 \\
& & 1\;7\;0 \\
& 1\;1 & 1 \\
\hline
4\;4, & 0\;3\;0
\end{array}
$$

Das Ergebnis hat $1 + 2 = 3$ Nachkommastellen.

B Nachkommastellen zählen

Welches Ergebnis ist richtig?

$3,5 \cdot 6,85 = ?$
→ 2,3975
→ 23,975
→ 239,75

Lösung:
Die Ziffern sind richtig.
Die Faktoren haben beide zusammen drei Nachkommastellen.
Somit: $3,5 \cdot 6,85 = 23,975$

C Zwei Berechnungen
Multiplizieren ohne Komma:

$21,45 \cdot 100$
$2145,\underline{00}$
↑
2 Nachkommastellen

$21,45 \cdot 0,01$
$0,\underline{2145}$
↑
4 Nachkommastellen

Übungen

7 Überschlag und Rechnung
Führe zunächst eine Überschlagsrechnung durch und berechne danach schriftlich in deinem Heft.

a) $3,8 \cdot 3$
$7,2 \cdot 1,3$
$5,23 \cdot 0,5$

b) $4,7 \cdot 4$
$4,8 \cdot 4,2$
$12,3 \cdot 0,47$

c) $5 \cdot 9,1$
$6,2 \cdot 2,7$
$4,17 \cdot 0,75$

d) $8 \cdot 8,2$
$7,2 \cdot 1,1$
$3,98 \cdot 0,25$

e) $7,4 \cdot 12$
$8,4 \cdot 7,9$
$0,064 \cdot 0,36$

8 Lösungen:
1,71   34,96
30,78   19,95
6,44   11,04

8 Eine Multiplikationstabelle
Übertrage die Multiplikationstabelle in dein Heft und fülle aus. Die Summen der Zeilenprodukte und der Spaltenprodukte findest du in der Lösungsbox.

·	1,2	3,8	0,7
5,4	■	■	■
3,5	■	■	■
0,3	■	■	■

Übungen

Zehnerpotenzen:
$10^2 = 100$
$10^3 = 1000$
...

9 Multiplikationen mit Zehnerpotenzen

Berechne die folgenden Aufgaben.

a) 0,5 kg · 100   b) 4,02 cm² · 1000   c) 0,06 m · 10   d) 1,1 dm² · 10
   0,04 s · 1000   10,7 g · 1000   50,90 s · 100   0,15 km · 100
   3,01 m² · 0,1   13 ℓ · 0,01   1,2 m · 0,01   3,05 kg · 0,001

Formuliere eine Regel, wie man eine Dezimalzahl mit Zehnerpotenzen sowie mit 0,1;
mit 0,01 usw. multipliziert.

Basiswissen

Besonders einfach lassen sich Dezimalzahlen mit 10; 100; 1000; ... oder mit 0,1; 0,01;
0,001; ... multiplizieren. Hier wird nur das Komma nach rechts oder links verschoben.

Multiplikation einer Dezimalzahl mit:		Verschiebung des Kommas um:
10	3,125 · 10 = 3 1,2 5	eine Stelle nach rechts
100	3,125 · 100 = 3 1 2,5	zwei Stellen nach rechts
1000	3,125 · 1000 = 3 1 2 5	drei Stellen nach rechts
0,1	648,5 · 0,1 = 6 4,8 5	eine Stelle nach links
0,01	648,5 · 0,01 = 6,4 8 5	zwei Stellen nach links
0,001	648,5 · 0,001 = 0,6 4 8 5	drei Stellen nach links

Beispiele

D Nach rechts verschieben

0,43 ·   10 =   4,3
0,43 ·   100 =   43
0,43 · 1000 = 430

Das Komma wird nach rechts verschoben.
Wenn die Anzahl der Ziffern nicht reicht,
so werden Nullen angehängt.

E Nach links verschieben

12,5 · 0,1   = 1,25
12,5 · 0,01   = 0,125
12,5 · 0,001 = 0,0125

Das Komma wird nach links verschoben.
Wenn die Anzahl der Ziffern nicht reicht,
so werden Nullen eingefügt.

Übungen

10 Zwillinge

Jeweils zwei Produkte sind gleich. Berechne und entscheide.

a) 1,2 · 10   0,12 · 1000   1,2 · 1000   1,2 · 100   0,12 · 100
b) 23,4 · 10   23,4 · 100   0,234 · 100   0,234 · 1000   2,34 · 10
c) 0,75 · 10   7,5 · 100   0,075 · 100   75,0 · 10   0,075 · 10
d) 0,026 · 10   0,0026 · 1000   2,6 · 10   0,26 · 100   0,0026 · 100

11 Mit Papier stapeln

Ein Stapel aus 100 Blatt Kopierpapier ist
1,04 cm dick.

a) Wie dick ist ein Stapel aus 500 (1000,
   10000) Blatt Papier?
b) Wie viel Blatt brauchst du für einen
   Stapel bis zur Decke deines Klassenzimmers?

Übungen

12 Für Schnellrechner

Rechne möglichst schnell.

a) 16,85 m + 16,85 m + 16,85 m + 16,85 m + 16,85 m + 16,85 m + 16,85 m
   + 16,85 m + 16,85 m + 16,85 m

b) 2,045 kg + 2,045 kg + 2,045 kg + 2,045 kg + 2,045 kg

c) 0,67 € + 0,67 € + 0,67 € + 0,67 € + 0,67 € + 0,67 € + 0,67 € + 0,67 € + 0,67 €

d) 7,034 + 7,034 + 7,034 + 7,034 + 7,034

> **Tipp**
>
> *Für · 5*
> *rechne · 10 und*
> *dann die Hälfte.*

13 Lücken füllen

Berechne die fehlenden Zahlen.

a) $6,4 \cdot \blacksquare = 640$ b) $\blacksquare \cdot 5,7 = 57$ c) $10,2 \cdot \blacksquare = 1020$ d) $\blacksquare \cdot 0,02 = 0,2$

e) $2,04 \cdot \blacksquare = 204$ f) $\blacksquare \cdot 0,98 = 9,8$ g) $54 \cdot \blacksquare = 5,4$ h) $\blacksquare \cdot 65,2 = 0,652$

14 Eine Multiplikationsmauer

a) Fülle aus, indem du nach unten die exakten Werte der
   Produkte einträgst und nach oben die Überschläge.

b) Du sollst jetzt addieren statt multiplizieren. Erstelle die
   Mauer wie in a). Vergleiche die beiden Mauern.

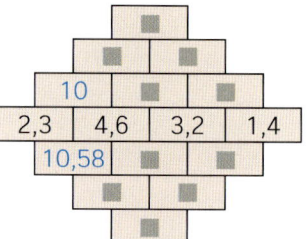

15 Aufgaben finden

Finde richtige Aufgaben, z. B. $0,2 \cdot 2,1 = 0,42$.

Zu einigen Ergebnissen kannst du verschiedene Produkte finden. Notiere die Aufgaben
in dein Heft.

2	0,2
0,21	1,2
	0,12

·

0,6	2,1
	40
16	70

=

Ergebnisbox

0,12	4,8	0,42
3,2	8,4	4,2

16 Lösen ohne Rechnen

$613,6 \cdot 0,73 = 447,928$. Bestimme die Ergebnisse folgender Aufgaben möglichst
schnell, ohne zu rechnen.

a) $61,36 \cdot 7,3$ b) $6,136 \cdot 73$ c) $61,36 \cdot 0,73$ d) $6136 \cdot 0,073$ e) $613,6 \cdot 7,3$

17 Fehler erkennen

Entscheide, ob richtig oder falsch
gerechnet wurde und notiere jeweils
den Buchstaben. Du erhältst ein Lösungswort.

Aufgabe	richtig	falsch
$0,4 \cdot 0,3 = 0,12$	R	L
$3,1 \cdot 10 = 30,10$	E	A
$0,5 \cdot 0,6 = 0,3$	S	I
$0,2 \cdot 0,2 = 0,4$	S	E
$0,5 \cdot 1,2 = 0,6$	N	E

18 Quadrate von Dezimalzahlen

a) Wiederholung: Nenne alle
   Quadratzahlen zwischen 1 und
   400: 1, 4, 9, …

b) Suche im rechten Kasten die
   Quadratzahlen zu den Dezimalzahlen des linken Kastens..

> $0,9 \cdot 0,9 = 0,81$
> $0,2 \cdot 0,2 = 0,04$

0,6	0,1
1,2	0,5
	1,5

0,1	3,6	14,4	0,01
2,25	0,25	0,225	
0,36	1,44	2,5	

19 Falsches finden

> – Überschlage
> – letzte Ziffer
> – Kommaregel

In der Klasse 6b werden für das Produkt $23,4 \cdot 315,6$ folgende Ergebnisse genannt:

a) 738,24   b) 7385,4   c) 7385,224   d) 7385,22   e) 7385,04

Bei manchen Ergebnissen kann man „sofort" sehen, dass sie falsch sind. Begründe.

Übungen   **20** Ein Grundstück auf dem Lande

Familie Reise möchte für ein neues Grundstück nicht mehr als 60 000 € ausgeben.
Sie erhalten mehrere Angebote.

Ruhiges, 675,8 m² großes Grundstück. 80,50 € pro m², gute Verkehrsanbindung zur Stadt.

Schnäppchen: 79,99 € pro m². Ideal für die junge Familie – 770,5 m² – Kindergarten, Schule in unmittelbarer Nähe.

Hier werden Wünsche wahr. Vollerschlossenes 595 m² Hanggrundstück für 86,75 € pro m² – mit Blick über unverbaubare Felder.

21 Ein Wandertag

Für ihren Wandertag muss die Klasse 6 b an Fahrtkosten insgesamt 70,50 € zahlen. Die Klassenlehrerin sammelt von jedem der 27 Schülerinnen und Schüler 2,45 € ein. Reicht das Geld?
Der Differenzbetrag soll in die Klassenkasse gezahlt oder ihr entnommen werden.

22 Mitgliedsbeiträge

Ein Sportverein rechnet für das nächste Jahr mit Ausgaben in Höhe von 100 000 €. Der Verein hat als Mitglieder 205 Jugendliche und 642 Erwachsene. Ein Jugendlicher zahlt im Monat 4,50 €, ein Erwachsener 11,75 € Mitgliedsbeitrag.
Sollte der Beitrag für das nächste Jahr erhöht werden?

23 Paprika, Käse, eine Baugrube und eine Schnecke

a) Michel hat Paprika gekauft. Der aufgedruckte Preis kommt ihm komisch vor.

b) An der Käsetheke wurden Käseecken abgepackt. Bestimme den Preis für jedes Stück.

c) Für den Neubau eines Hauses muss eine Grube ausgebaggert werden.
  (1) Wie viel Kubikmeter Erde müssen ausgehoben werden?
  (2) Nach dem Kellerbau wird nur noch ein Fünftel des Aushubs zur Auffüllung benötigt. Wie viel muss abgefahren werden?

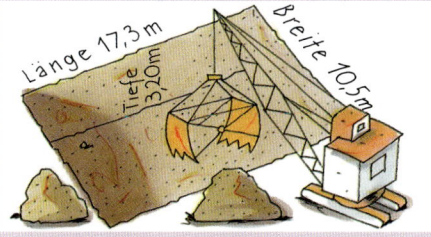

d) Eine Schnecke legt höchstens 0,047 m pro Minute zurück. Wie weit kommt sie in zehn Minuten, wie weit in einer Stunde? Wie viel schafft sie an einem Tag? Äußere zunächst eine Vermutung und rechne dann. Vergleiche mit deiner Vermutung.

Übungen

24 **Zum Nachdenken**

Beim Multiplizieren natürlicher Zahlen ist das Produkt immer größer (oder zumindest gleich) als jeder der einzelnen Faktoren. Bei Dezimalzahlen kann das Produkt auch kleiner sein als ein Faktor oder sogar kleiner sein als beide Faktoren.
Welche Aufgaben bestätigen die Behauptung?

a) $0,5 \cdot 16$ b) $4 \cdot 0,125$ c) $0,5 \cdot 0,25$ d) $0,125 \cdot 8$

e) $1,7 \cdot 1,5$ f) $0,1 \cdot 0,3$ g) $0,2 \cdot 0,2$ h) $0,25 \cdot 30$

i) $0,1 \cdot 3$ j) $1,3 \cdot 0,1$ k) $1,2 \cdot 7,5$ l) $0,35 \cdot 0,2$

Findest du eine Erklärung?

Basiswissen

Die Division von Dezimalzahlen lässt sich gut in zwei Schritten erklären. Im ersten Fall wird die Division einer Dezimalzahl durch eine natürliche Zahl erklärt. Dann wird die Division einer Dezimalzahl durch eine Dezimalzahl auf den ersten Fall zurückgeführt.

So dividierst du eine Dezimalzahl durch eine natürliche Zahl:

Dividiere wie bei natürlichen Zahlen.

Wenn du beim Rechnen im Dividenden das Komma überschreitest, musst du im Ergebnis das Komma setzen.

```
Dividend   Divisor   Quotient
  6,7 5  :  5  =  1,3 5
- 5
  1 7
- 1 5          Kommaverschiebung
    2 5
  - 2 5
      0
```

Zur ersten Überprüfung des Ergebnisses kannst du eine Überschlagsrechnung durchführen; $7 : 5 = 1,4$.
Zur genauen Probe musst du eine passende Multiplikation durchführen.

```
Probe:  1,3 5 · 5
            6,7 5
```

Beispiele

F **Klassenkasse**

Am Ende des Schuljahres ist noch ein Restbetrag von 54,60 € in der Klassenkasse. Er soll gleichmäßig an die 28 Schülerinnen und Schüler zurückgezahlt werden.
Lösung:
Überschlag: $56 : 28 = 2$
Jeder erhält 1,95 €

Rechnung:
```
  5 4,6 0  :  2 8  =  1,9 5
- 2 8
  2 6 6            Probe:  1,9 5 · 2 8
- 2 5 2                      3 9 0 0
    1 4 0                    1 5 6 0
  - 1 4 0                    1
      0                      5 4,6 0
```

G **Rechnen**

$81,3 : 6 = ?$
Lösung:
Überschlag: $84 : 6 = 14$

Antwort: $81,3 : 6 = 13,55$

Rechnung:
```
  8 1,3 0  :  6  =  1 3,5 5
- 6
  2 1
- 1 8              Kommaverschiebung
    3 3
  - 3 0            Probe:  1 3,5 5 · 6
      3 0                     8 1,3 0
    - 3 0
        0
```

Übungen

25 Streichholzschachteln, ein Seil, eine Sammelbestellung und Flaschen

a) Ein Stapel aus acht Streichholzschachteln ist genau 12,48 cm hoch. Wie hoch ist eine Streichholzschachtel?

b) Lege mit einem 2,85 m langen Seil ein gleichseitiges Dreieck. Wie lang ist eine Seite?

c) Die Sammelbestellung von 28 Taschenrechnern kostet 2161,60 € plus 8,40 € Versandkosten. Wie viel spart ein Schüler gegenüber dem Einzelkauf im Kaufhaus?

85€

d) Wie viel kostet eine einzelne Flasche beim Kauf eines ganzen Kastens?

1 Fl. 0,39 €
1 Kasten
o. Pf. 3,48 €

26 Gemischtes

a) Rechne im Kopf. Führe stets eine Probe durch.

(1) 2,4 : 6   (2) 0,9 : 3
  4,9 : 7   0,75 : 3
  0,1 : 5   0,64 : 8
  0,28 : 4   0,12 : 4

b) Führe zunächst eine Überschlagsrechnung durch. Berechne dann genau.

(1) 22,75 : 7   (2) 52,96 : 8
  102,6 : 10   270,12 : 6
  0,123 : 3   13,2 : 50

c) 2790 : 6 = 465
Mit diesem Ergebnis kannst du die folgenden Quotienten schnell berechnen:

(1) 279 : 6   (2) 2790 : 60
  27,9 : 6   279 : 60
  2,79 : 6   27,9 : 60

Erkläre, wie du vorgegangen bist.

d) Auf dem Zettel sind beim Dividieren jeweils die Kommas verschwunden.

364 : 7 = 5,2
585 : 13 = 0,45
4732 : 28 = 1,69
104 : 20 = 0,052

Basiswissen

Die Division durch eine Dezimalzahl führen wir auf die Division durch eine natürliche Zahl zurück. Wir wissen ja bereits, dass die gleiche Kommaverschiebung im Dividenden und Divisor den Wert eines Quotienten nicht ändert.

So dividierst du eine Dezimalzahl durch eine Dezimalzahl:

Verschiebe zunächst das Komma im Dividenden und im Divisor um gleich viele Stellen so weit nach rechts, bis der Divisor eine natürliche Zahl ist.
Rechne nun wie bei der Division durch eine natürliche Zahl.

Überschlag: 8 : 0,5 = 80 : 5 = 16

```
8,2 5 : 0,5
8 2,5 :   5 = 1 6,5
- 5
  3 2
- 3 0
    2 5
  - 2 5     Kommaüberschreitung
      0
```

Beispiele

H Flaschen abfüllen

61,5 Liter Saft sollen auf 0,75-Liter-Flaschen umgefüllt werden.

Überschlag: Bei 1-Liter-Flaschen könnten 61 davon gefüllt werden. Bei kleineren Flaschen können wir mehr Flaschen füllen.

Lösung

6	1	,	5	:	0	,	7	5		
6	1	5	0	:	7	5	=	8	2	

Es können 82 Flaschen gefüllt werden.

I Rechnung mit Probe

1	,	9	5	:	0	,	0	1	5		
1	9	5	0	:	1	5	=	1	3	0	

Probe:

	1	3	0	·	0	,	0	1	5
		1	3	0					
			6	5	0				
	1	,	9	5	0				

Übungen

27 Eine Küchenrolle

Eine Küchentuchrolle hat abgerollt eine Länge von 13,5 m. Jedes Blatt ist 0,25 m lang. Wie viele Blätter sind auf der Rolle?

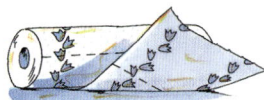

28 Kopfrechnen

a) 2 : 0,4   b) 2 : 0,2   c) 3 : 0,6   d) 2,4 : 0,3   e) 1 : 0,25   f) 1 : 0,05

Tipp

3 : 0,5 = 30 : 5 = 6

29 Lösungen:

0,8   4,55   6,2
17   17,5   145,8

29 Training

Mache zunächst einen Überschlag und berechne dann genau.

a) 5,46 : 1,2   1,92 : 2,4   1,55 : 0,25
b) 348,25 : 19,9   4,08 : 0,24   4,374 : 0,03

30 Zum Nachdenken

Was ist größer, Produkt oder Quotient? Mache zunächst eine Vorhersage und rechne dann.

a)
45,6 · 1,9
45,6 : 1,9

b)
54 · 0,91
54 : 0,91

c)
0,6 · 100
0,6 : 0,01

31 Multiple Choice

Welches ist die richtige Lösung? Bestimme die Lösung nur mithilfe des Überschlags. Überprüfe dein Ergebnis durch eine Probe.

a) 15,36 : 5,12
   ■ 0,03   ■ 0,3   ■ 3   ■ 30   ■ 300
b) 21,44 : 1,6
   ■ 0,134   ■ 1,34   ■ 13,4   ■ 134   ■ 1340
c) 17,1 : 0,9
   ■ 0,019   ■ 0,19   ■ 1,9   ■ 19   ■ 190
d) 0,448 : 0,08
   ■ 0,056   ■ 0,56   ■ 5,6   ■ 56   ■ 560

32 Divisionsaufgaben erstellen

Mit diesen Zahlen kannst du neun Divisionsaufgaben bilden.

0,25		0,5		**Ergebnisbox**			
1,2	:	4	=	0,0625 1,8 0,48 0,5 0,1			
0,9		2,5		0,36 0,3 0,225 2,4			

Übungen

33 Eine knifflige Sache

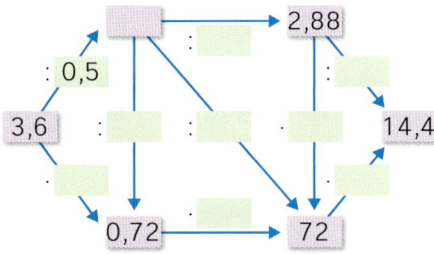

Zeichne das „Netzwerk" in dein Heft und fülle die richtigen Zahlen in die Kästen.

34 Fehler erkennen

Entscheide, ob richtig oder falsch gerechnet wurde, und notiere jeweils den Buchstaben. Du erhältst ein Lösungswort.

Aufgabe	richtig	falsch
0,3 : 0,2 = 0,15	S	P
5,6 : 0,7 = 0,8	T	A
0,01 : 0,1 = 0,1	U	A
0,28 : 0,2 = 1,4	S	H
0,8 : 0,2 = 0,82	L	E

35 Brüche und Quotienten

Du weißt bereits, dass man Brüche auch als Dezimalzahlen schreiben kann, so z. B. $\frac{3}{4} = 0{,}75$. Wenn du das nicht mehr so genau im Gedächtnis hast, so kannst du dir einfach helfen, indem du die Division Zähler : Nenner ausführst.

a) Bestätige durch Division

$\frac{1}{2} = 0{,}5; \qquad \frac{2}{5} = 0{,}4 \qquad \frac{5}{4} = 1{,}25 \qquad \frac{3}{20} = 0{,}15$

b) Rechne ebenso die Brüche in Dezimalzahlen um:

$\frac{4}{24}, \frac{5}{8}, \frac{21}{25}, \frac{7}{20}, \frac{13}{5}, \frac{140}{125}, \frac{4}{625}$

36 Überraschendes

Schreibe $\frac{7}{12}$ als Dezimalzahl. Die Division Zähler durch Nenner bringt Überraschendes.

$$7 : 12 = 0{,}5833 \ldots$$

a) Führe die schriftliche Division 7 : 12 selbst bis auf 6 Stellen hinter dem Komma durch. Warum lohnt es sich nicht, weiterzurechnen?

b) Auch bei den folgenden Quotienten führt die Division nicht zu einem Ende. Rechne so lange, bis du weißt, wie es weitergeht.

$\quad$ 1 : 3 $\qquad$ 5 : 6 $\qquad$ 11 : 12 $\qquad$ 12 : 11 $\qquad$ 22 : 15 $\qquad$ 4: 7

37 Wohnungssuche

Abkürzungen in der Zeitungsannonce sparen Platz und Geld!
KM Kaltmiete
NK Nebenkosten
Hzg Heizung
WM Warmmiete

Familie Harder zieht nach Dortmund. Auf der Wohnungssuche bleiben zwei interessante Angebote übrig. Welche Wohnung ist kostengünstiger? Vergleiche die Kosten pro Quadratmeter.

Großzügige 4-Zimmer-Wohnung, 92,5 m², KM 550 € + NK 75 € + Hzg 60 €

4-Zimmer-Wohnung in ruhiger Wohngegend, 95,8 m², WM 690 € inkl. NK

38 Entdeckungen beim Flächeninhalt

Ein Quadrat mit der Seitenlänge 1 m hat den Flächeninhalt 1 m². Wenn du eine Seite um 10 cm (20 cm; 50 cm) verlängerst und die andere um 10 cm (20 cm; 50 cm) verkürzt, so entsteht ein Rechteck mit dem gleichen Umfang wie das Quadrat. Wie ändert sich der Flächeninhalt? Berechne und zeichne auch die entsprechenden Bilder.

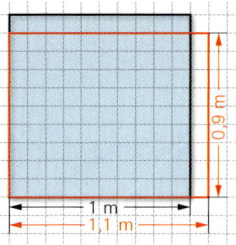

Übungen

39 Wie genau soll man rechnen

Der Restbestand von 103 € aus der Klassenkasse soll an die 26 Schüler der 6b aufgeteilt werden.

a) Rechne auf Cent genau. Vergleiche mit der Anzeige deines Taschenrechners.

b) Genügt bei der Aufgabe auch ein Überschlag: 100 : 25 = 4?

↘ **„Faustregeln" für die Genauigkeit bei Sachaufgaben:**

- Rechne nicht genauer, als es von der Sache her Sinn macht!
- Rechne mit Größen nicht genauer, als du messen kannst!

40 Probleme lösen

Zur Lösung der folgenden Probleme muss jeweils die gleiche Division durchgeführt werden.

a) Drei Spieler teilen sich den Lottogewinn von 110 € untereinander auf. Rechne auf Cent genau. (Warum nicht genauer?)

b) Eine Kette von 110 g besteht zu einem Drittel aus Gold. Wie schwer ist der Goldanteil? Rechne auf mg genau, denn Gold ist sehr teuer.

c) Der Tacho zeigt an: Die 110 km lange Trainingsstrecke wurde von den Radfahrern in drei Stunden zurückgelegt. Welche Durchschnittsgeschwindigkeit wurde gefahren? Rechne auf km / h genau, denn genauer sind die Tachoangaben nicht.

d) Ein Pizzarezept ist von der Menge her für drei Personen beschrieben, dafür braucht man u. a. 110 g Fett. Petra will eine kleinere Pizza nur für eine Person backen. Rechne auf 10 g genau, denn genauer kann man mit der Küchenwaage nicht wiegen.

Kopfübungen

1. Gib die Hälfte der dargestellten Zahl an, verwende Ziffern.

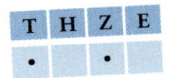

2. Wie viele kleine Quadrate (2 cm Seitenlänge) braucht man zum Auslegen eines großen Quadrates (6 cm Seitenlänge)?

3. Pro Minute atmet eine Klasse (29 Schüler, 1 Lehrkraft) etwa 10 ℓ Kohlenstoffdioxid (CO_2) aus. Wie viel CO_2 atmet die Klasse in einer Mathematik-Stunde aus?

4. Entscheide ohne auszurechnen, welche Aufgaben das gleiche Ergebnis wie 75 · 16 haben:

   (1) $70 \cdot 10 + 5 \cdot 6$ (2) $70 \cdot 10 + 5 \cdot 10 + 70 \cdot 6 + 5 \cdot 6$

5. Was versteht man unter dem Maßstab 1 : 100 000?

6. Eine Firma fördert vier ähnliche Forschungsprojekte mit insgesamt 300 000 €. Wie viel Geld erhält jedes Projekt?

1 inch = 2,54 cm
1 foot = 30,48 cm
1 yard = 91,44 cm
1 mile = 1,609 km

Exkurs

Längenmaße

Längen werden heute in fast allen Ländern der Welt in Meter (oder den daraus abgeleiteten Größen mm, cm, dm, km) gemessen. Das war nicht immer so, in früheren Zeiten gab es eine verwirrende Vielzahl von Längenmaßen, so z.B. Fuß, Elle, Klafter, Meile.

In den englischsprachigen Ländern außer den USA wurde erst 1985 von dem eigenen System mit inch, foot, yard und mile auf das international nun verbindliche metrische System umgestellt. Das war nicht einfach, es bedeutete viele Umstellungen und kostete sehr viel Geld. Kannst du einige Gründe dafür aufzählen? Warum hat man trotzdem diese Mühe auf sich genommen?

Auch findet man heute noch viele Spuren und Auswirkungen dieser anderen Längenmaße in vielen Lebensbereichen.

Aufgaben

41 Englische Längenmaße

Ein großer Vorteil der Längenangaben in Meter liegt darin, dass die Umrechnung in größere oder kleinere Einheiten mit Zehnerpotenzen geschieht: Wie sehen diese Umwandlungen bei den früheren englischen Längenmaßen aus?

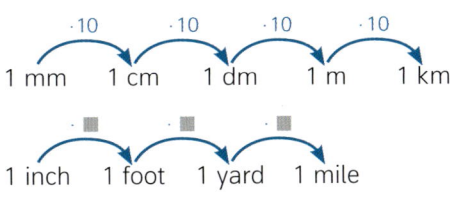

30,48 : 2,54
Überschlag: 30 : 2,5 = 12
1 foot = 12 inches

Mit den obigen Angaben kannst du dies herausfinden. Versuche es zunächst mit Überschlagsrechnungen. Für die genaue Überprüfung musst du schon aufwendigere Divisionen durchführen.

42 Spielfelder

Bei solchen „Forschungsaufgaben" ist der Taschenrechner ein nützliches Werkzeug.

Tennis und Fußball stammen aus dem Mutterland England. Viele „seltsame" Abmessungen auf den Spielfeldern erklären sich daraus. So z.B. der Radius des Mittelfeldkreises beim Fußball: Er ist mit 9,15 m angegeben. Für die Umrechnung in yard dividieren wir 9,15 : 0,9144 = 10,006. Offenbar wurde der Radius ursprünglich auf 10 yard (oder 30 feet) festgelegt.

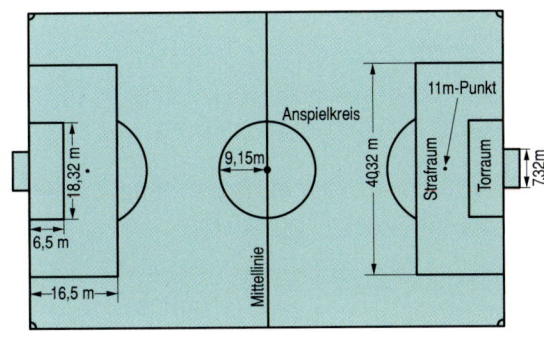

Findest du noch bei anderen Sportarten solche Spuren, die auf die englische Herkunft hinweisen?

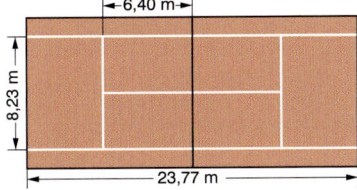

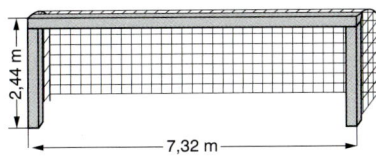

a) Rechne nach, ob sich auch bei den anderen Längen im Fußballfeld und beim Fußballtor ganze Maßzahlen in yard oder foot ergeben.

b) Der Elfmeterpunkt war ursprünglich 12 yard von der Torlinie entfernt. Von welcher genauen Maßzahl in m hat man die 11 m gerundet?

c) Rechne die Länge und Breite beim Tennisspielfeld in yard um.

Dezimalzahlen

Dezimalzahlen sind Brüche, bei denen die Nenner Zehnerpotenzen (10, 100, 1 000, ...) sind. Für ihre Darstellung wird die Stellenwerttafel nach rechts („hinterm Komma") erweitert:

10	1	$0,1 = \frac{1}{10}$	$0,01 = \frac{1}{100}$	$0,001 = \frac{1}{1000}$
Zehner	Einer ,	Zehntel	Hundertstel	Tausendstel
	5 ,	2	4	8

$$5,248 = 5 + \frac{2}{10} + \frac{4}{100} + \frac{8}{1000}$$

Brüche in Dezimalschreibweise

- Erweitere auf den Nenner 10, 100, ...
- Schreibe in Dezimalschreibweise:

	Einer ,	z	h	t
$\frac{3}{4} = \frac{75}{100}$	0 ,	7	5	
$\frac{9}{8} = \frac{1125}{1000}$	1 ,	1	2	5

Die Dezimaldarstellung von Brüchen kann

- endlich sein, z. B. $\frac{1}{4} = 0,25$ oder
- periodisch unendlich sein, z. B. $\frac{1}{3} = 0,\overline{3}$.

Überschlagsrechnung

Du brauchst die Überschlagsrechnung im Alltag für ein ungefähres Ergebnis, da du nicht immer Papier und Stift oder einen Taschenrechner bei dir hast. Damit weißt du auch, wo das Komma im exakten Ergebnis stehen muss.

$$56,8 + 322,4$$
Überschlag: $60 + 320 = 380$

$$46,3 \cdot 104,1$$
Überschlag: $50 \cdot 100 = 5000$

Kommasetzung beim schriftlichen Addieren

		1	2,	6	3	
+			6,	1	2	5
+	2	0	0,	4		
+		9	5,	2	2	
	3	1	4,	3	7	5

genau untereinander schreiben

Komma unter Komma

Check-up

Für das Rechnen mit Dezimalzahlen kannst du die gleichen Verfahren durchführen wie bei natürlichen Zahlen, du brauchst nur zusätzliche Regeln zum Setzen des Kommas.

1 Stellenwert
Welchen Stellenwert hat die 7 in den Dezimalzahlen?
a) 4,76   b) 0,007   c) 5,678   d) 7849,3   e) 1,11117

2 Vom Bruch zur Dezimalzahl
Wandle die Brüche in Dezimalzahlen um. Die mit (*) gekennzeichneten Brüche und ihre Dezimalschreibweise solltest du auswendig kennen.
a) $\frac{1}{2}$ (*) $\frac{3}{4}$ (*) $\frac{5}{8}$ $1\frac{1}{2}$ (*) $2\frac{1}{4}$ (*) $\frac{1}{5}$ (*) $\frac{5}{10}$ $\frac{7}{10}$ $\frac{9}{5}$
b) $\frac{8}{25}$ $\frac{3}{125}$ $\frac{7}{4}$ $\frac{13}{20}$ $\frac{17}{40}$ $\frac{17}{50}$ $\frac{12}{1000}$ $\frac{31}{1000}$ $10\frac{4}{5}$

3 Von der Dezimalzahl zum Bruch
Wandle folgende Dezimalzahlen in Brüche um, kürze anschließend soweit wie möglich.
a) 0,2   0,35   0,48   1,25   0,75   3,4
b) 0,25   0,9   1,75   3,25   2,25   0,18
c) 0,375   0,005   0,08   0,8   0,0025   0,10

4 Der Größe nach sortieren
Sortiere der Größe nach. Beginne mit der größten Zahl. Nutze die Stellenwerttafel.
a) $\frac{51}{10}$ 0,051   5,01 $\frac{1}{2}$ $\frac{51}{100}$ $\frac{10}{2}$
b) $\frac{9}{10}$ 0,88   0,09   0,89 $\frac{99}{100}$ $\frac{895}{100}$

5 Welche Zahlen liegen dazwischen?
Gib zehn Zahlen an, die zwischen 0,5 und 0,51 liegen. Zwischen den beiden liegt aber nur eine genau in der Mitte, welche ist das?

6 Pärchen gesucht
Ordne den Aufgaben das richtige Ergebnis zu.

8,64 + 3,26	15,3 · 3
307,75 + 162,15	21,06 : 5,4
1245,09 − 617,19	
156,28 + 52,62	101,1 · 9

909,9   627,9   45,9   469,9   11,9   208,9   3,9

7 Strecke gesucht
Wie lang ist die Strecke $\overline{BC}$?

19,6 cm
A — 10,25 cm — B   C

8 Kopfrechnen
a) 8,7 + 0,5   b) 7,6 + 5,7   c) 0,65 − 0,1   d) 1 − 0,1
   1,15 − 0,2   1,1 + 0,9   0,48 − 0,2   2 − 0,02
   4,2 + 0,05   7,8 − 2,25   3,6 + 12,4   9,9 + 1,1

Kommaverschiebung beim Rechnen mit Zehnerpotenzen

Kommaverschiebung nach rechts:

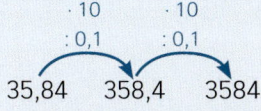

Kommaverschiebung nach links:

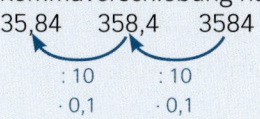

Kommasetzung beim schriftlichen Mulitplizieren

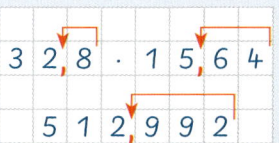

Anzahl der Nachkommastellen des Produktes = Summe der Anzahl der Nachkommastellen der Faktoren

Kommasetzung beim schriftlichen Dividieren

$\overset{\rightarrow}{0{,}582} : \overset{\rightarrow}{0{,}03} =$

```
  5 8, 2 : 3 = 1 9, 4
− 3
  2 8
− 2 7
    1 2
  − 1 2   Kommaüberschreitung
     0
```

Setze das Komma im Ergebnis nach Kommaüberschreitung des Dividenden.

Umwandlung Bruch in Dezimalzahl

```
              Bruch
           ↙        ↘
brechende          periodische
= 3 : 8 = 0,375    5/6 = 5 : 6 = 0,83̄
```

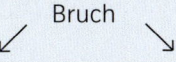

Dezimalzahl

---

9 Schriftliches Rechnen
a) 132,78 + 67,05 + 370,69   b) 45,8 + 12,7 + 107,5 + 0,7
c) 206,81 − 23,13 − 56,66 − 0,3 d) 1590 − 376,8 − 47,03 − 1,5
e) 176,9 − 43,6 + 23,1 − 6,4   f) 895,4 − (20,6 + 289,1 + 9,4)

10 Kommaverschiebung
Übertrage in dein Heft und setze das Komma im Ergebnis an die richtige Stelle.
a) 0,92 · 8,4 = 7 7 2 8   b) 327,5 · 12,7 = 4 1 5 9 2 5
c) 4,67 · 0,624 = 2 9 1 4 0 8   d) 0,042 · 3,45 = 1 4 4 9
e) 562,7 · 89,4 = 5 0 3 0 5 3 8   f) 0,48 · 0,2 = 9 6

11 Zimmervergleich
Johannas Zimmer ist 4,35 m lang und 3,07 m breit. Ulfs Zimmer ist 3,87 m lang und 3,53 m breit. Wer hat das größere Zimmer?

12 Renovierung
Familie Fischer möchte im 24,9 m² großen Wohnzimmer den Fußbodenbelag erneuern. Reichen 500 €? Wie teuer würde jeweils das Vorhaben werden?

Angebote

Bodenbelag	Preis pro m²
PVC-Belag	6,25 €
Auslegware	21,99 €
Laminat	19,90 €
Parkett	32,45 €

13 Kopfrechnen
Berechne im Kopf durch Kommaverschiebung.
a) 17 : 0,1   b) 24 : 1,2   c) 1,4 : 0,7   d) 1,5 : 0,01
   0,36 : 0,9   4,8 : 2,4   0,9 : 0,03   1,5 : 0,25
   36 : 1,2   0,16 : 0,04   7 : 3,5   1,06 : 5,3

14 Teebeutel abfüllen
Ein Teebeutel enthält 2,6 g Tee. Wie viele Beutel können aus 20 kg Tee gefüllt werden?

15 Marathonlauf
Ein Marathon hat die Länge 42,195 km. In den USA wird diese Distanz aber in Meilen (1 Meile entspricht 1,609 km) angegeben. Nach wie vielen Meilen hat ein Teilnehmer am New-York-Marathon das Ziel erreicht?

16 Welche Antwort stimmt?

		Antwort		
	Aufgabe	1	2	3
a)	67,8 + 264,25 = ■	335,82	330,825	332,05
b)	52,6 · 4,8 = ■	252,48	25,248	2524,8
c)	0,73 : 0,01 = ■	0,0073	0,073	73
d)	378,4 − 283,25 = ■	104,85	95,15	94,25
e)	46,85 : 12,5 = ■	4685 : 125	468,5 : 125	46,85 : 125
f)	38,7 + ■ = 105	38,7 + 105	105 − 38,7	38,7 − 105
g)	14,3 · ■ = 36,61	36,61 − 14,3	14,3 : 36,61	36,61 : 14,3

Sichern und Vernetzen – Vermischte Aufgaben zu Kapitel 3

Trainieren

1 Brüche als Dezimalzahlen

a) Wandele die folgenden Brüche in Dezimalzahlen um: $\frac{1}{2}$, $\frac{3}{4}$, $\frac{1}{8}$, $\frac{3}{20}$, $\frac{17}{250}$

b) Die folgenden Brüche ergeben periodische Dezimalzahlen: $\frac{2}{9}$, $\frac{3}{7}$, $\frac{2}{11}$, $\frac{1}{12}$
Gib jeweils die Länge der Periode an.

2 Größenvergleich

Vergleiche der Größe nach

a) 3,1456 und 3,1465   b) 0,35 und 0,3501   c) 25,12 und 25,120

d) 33,883 und 33,8829   e) 0,0010 und 0,0100   f) 26,451 und 26,541

3 Taschengeld

Patrick hat noch 4,82 € von seinem Taschengeld übrig, Janina hat 1,95 € weniger als Patrick und Alberto hat 2,05 € mehr.

a) Wie viel Geld hat jeder der drei übrig?

b) Wie viel Geld haben sie zusammen?

4 Rechenmauer

Rechne zunächst „plus" dann „minus", dann „mal" und schließlich „geteilt".

a)

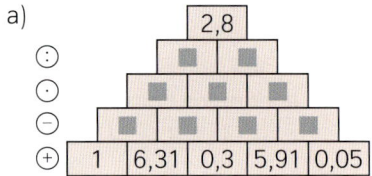

b)

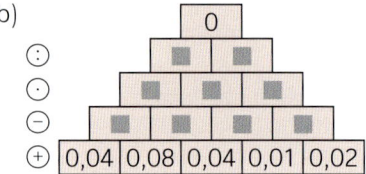

5 Kopfrechnen – möglichst schnell

Rechne im Kopf möglichst schnell und geschickt.

a) 3,9 + 19,9   b) 2,5 · 20   c) 11,4 – 3,5 – 1,4   d) 34,6 : 2

e) 1000 · 0,7564   f) 4 · 1,7 · 2,5   g) 12,67 – 11   h) 10 : 0,1

i) $1,5^2$ j) 1000 – 998,9   k) 0,2 · 0,5   l) 4 · 1,5 – 1,5

6 Eine Multiplikationstabelle

2,45	12,3
24,5	1,23

Bilde aus den gegebenen Zahlen alle Produkte mit zwei Faktoren. Es kann eine Zahl auch mit sich selbst multipliziert werden. Wie viele Produkte findest du? Schreibe die Ergebnisse in einer Multiplikationstabelle auf.

·	2,45	12,3	24,5	1,23
2,45	■	■	■	■
12,3	■	■	■	■
24,5	■	■	■	30,135
1,23	3,0135	■	■	■

7 Division zweier Dezimalzahlen

Berechne

a) 4,2 : 7   b) 4,2 : 0,7   c) 4,2 : 0,07   d) 0,356 : 0,5   e) 4,8 : 0,8

f) 0,571 : 0,0002   g) 0,0001 : 0,00001   h) 16,2 : 7,5   i) 1,21 : 1,1

8 Kilopreis

Auf dem Markt berechnet der Verkäufer für 1 kg Äpfel 2,40 €. Wie viel Äpfel kann man für 8 € kaufen?

Verstehen

9 Wahr oder falsch?

a) Kann die Summe zweier Dezimalzahlen, die beide kleiner als 1 sind, größer als 2 sein?

b) Kann die Summe zweier Dezimalzahlen mit Nachkommastellen eine natürliche Zahl sein?

c) Kann das Produkt zweier Dezimalzahlen mit jeweils einer Nachkommastelle eine natürliche Zahl sein?

d) Wenn der Divisor kleiner als 1 ist, dann ist der Quotient größer als der Dividend.

10 Gleiche Produkte – verschiedene Faktoren

$756 \cdot 24 = 18\,144$

Setze bei beiden Faktoren jeweils ein Komma so, dass das Produkt unverändert bleibt. Wie viele Möglichkeiten gibt es dafür? Beschreibe, wie man sie angeben kann.

11 Fragen und Begründungen

Es gilt $3,6 + 2,4 = 6$.

a) Was passiert, wenn man das Komma bei jedem Summanden um eine Stelle nach rechts verschiebt? Versuche eine Begründung zu geben.
Was passiert entsprechend, wenn man die beiden Zahlen subtrahiert, multipliziert oder dividiert?

b) Führe die Untersuchung aus Teilaufgabe a) für eine Kommaverschiebung bei beiden Zahlen um zwei Stellen nach links durch.

12 Zum Nachdenken

Beim Dividieren natürlicher Zahlen ist der Quotient stets kleiner als oder höchstens gleich dem Dividenden. Bei Dezimalzahlen kann der Quotient auch größer als der Dividend sein.

> Dividend   Quotient
> $12 \quad : \quad 4 \quad = \quad 3$
> Divisor

Welche der folgenden Aufgaben bestätigen die Behauptung?

a) $7,5 : 1,5$ b) $5 : 1,25$ c) $1 : 0,1$ d) $8 : 0,5$

e) $0,5 : 0,2$ f) $0,18 : 9$ g) $25,8 : 6$ h) $0,07 : 0,2$

Erkennst du eine Regel.

Tipp

Achte auf den Divisor.

13 Suche nach der größten Zahl

$12,4$ ▨ $2,8$ ▨ $0,5$ ▨ 3 ▨ $4,1$

Setze in die Kästen jeweils genau ein Rechenzeichen (+, –, ·, :) und rechne aus. Wie viele verschiedene Aufgaben gibt es?

Welches ist das größte Ergebnis, das man erzielen kann? Probiere zunächst.

Findest du eine Strategie, vor welcher Zahl man das : setzen muss, damit das Ergebnis möglichst groß wird? Gelingt es dir durch Überlegungen, die Rechenzeichen so zu setzen, dass das Ergebnis maximal wird?

14 Etwas zum Nachdenken

a) Gesucht ist eine Dezimalzahl, deren Produkt mit 7,6 eine Zahl ergibt, die größer als 3,8 und kleiner als 7,6 ist.

b) Gib ein Beispiel dafür an, dass der Quotient zweier Dezimalzahlen, die kleiner als 1 sind, größer als 1 ist.

c) Gib jeweils eine Dezimalzahl an, mit der man 101 multiplizieren muss, um eine Zahl zwischen 1 und 35 (10) zu erhalten.

Erläutere, was du dir überlegt hast.

Anwenden

15 Wasserstände

Am Monatsersten schreibt Frau Seemann die Zählerstände ihrer Wasseruhr auf. Zeichne ein Diagramm, aus dem man den Wasserverbrauch für jeden Monat ablesen kann.
In welchem Monat war der Verbrauch am größten? Woran könnte es liegen?

1.4.	263,004 m³
1.5.	279,678 m³
1.6.	297,684 m³
1.7.	332,488 m³
1.8.	369,139 m³
1.9.	374,207 m³

16 Ein neues Auto

Herr Schmidt benötigt einen neuen Wagen. Nach einiger Zeit verbleiben drei Jahreswagen in der engeren Auswahl. Kannst du Herrn Schmidt einige Zahlen zur Entscheidungshilfe berechnen? Nimm dabei an, dass er im Jahr 20 000 km fährt und das Benzin 1,70 € pro Liter kostet.

Kauf 7890 €	Kauf 8100 €	Kauf 9990 €
Verbrauch 6,4 ℓ pro 100 km	Verbrauch 5,8 ℓ pro 100 km	Verbrauch 3,1 ℓ pro 100 km

17 Hamburger Hansemarathon

Beim Hansemarathon kamen 9657 Läuferinnen und Läufer ins Ziel.

a) Wie viel Kilometer liefen alle zusammen? Vergleiche das Ergebnis mit der Länge des Äquators (ungefähr 40 000 km).

b) Einer von den Teilnehmern war Dauerläufer Oskar. Er trainiert fast täglich und läuft in der Woche ungefähr 120 km. Im letzten Jahr hat er 8 Marathonläufe bestritten. Wie viel Wettkampfkilometer hat Oskar absolviert? Wie weit käme er damit von deinem Schulort aus? Vergleiche mit seinen Trainingskilometern pro Jahr.

Die Marathonstrecke ist 42,195 km lang.

18 Eine Kanutour

Die Klasse 6 c mit 30 Schülerinnen und Schülern plant eine 5-tägige Kanutour mit 4 Übernachtungen. Der Veranstalter bietet eine Pauschale für 2 Personen in einem Boot inkl. Verpflegung für 21,50 € pro Tag an. Die Unterkunft auf Zeltplätzen kostet 4,30 € pro Nacht und Person. Die Busfahrkarte kostet pro Person 26,85 €.

a) Wie viel kostet die Fahrt insgesamt?
b) Wie viel muss jedes der Kinder bezahlen?

Anwenden

19 Sonderangebot

Aus der Werbung eines Reisebüros:

„In unserem Fünf-Sterne-Hotel zahlen Sie für vier Tage die gleiche
Halbpension, der fünfte Tag kostet nur noch $\frac{1}{5}$."

Martins Eltern buchen 5 Tage in dem Hotel und bezahlen
dafür 378,– €.

   Berechne den regulären Preis für die Halbpension.

   Halbpension: Kosten für den Aufenthalt, die Übernachtung, das Frühstück und das
   Abendessen in dem Hotel.

> **Angebot des Monats:**
>
> *Jeder 5. Tag*
> *kostet nur $\frac{1}{5}$.*

20 Ein Medikament

Herr Willibald liegt im Krankenhaus und bekommt täglich fünf Spritzen eines Medika-
mentes mit jeweils unterschiedlicher Dosis A, B, C, D, E. Wie viel Milliliter des Medika-
mentes erhält er im Laufe eines Tages?

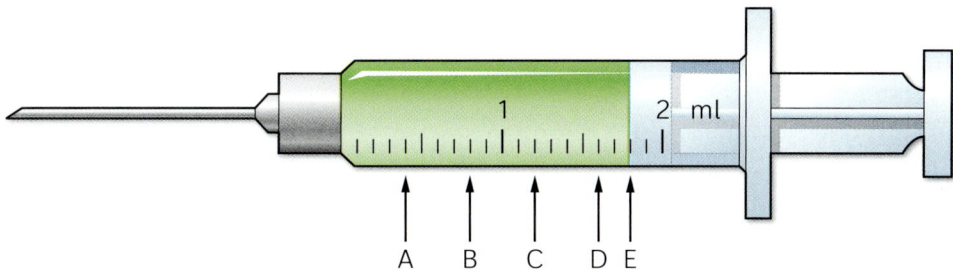

21 Ein Konto

Das Konto von Herrn Fröhlich weist einen Stand von 453,75 € auf. Seinen Großeinkauf
im Supermarkt im Wert von 221,95 € bezahlt er mit seiner EC-Karte. Außerdem über-
weist er die Rechnung für die Autoreparatur in Höhe von 597,50 €. Zur gleichen Zeit
erhält er die Zahlung des Kindergeldes in Höhe von 308 € auf sein Konto.
Welchen Kontostand weist das Konto von Herrn Fröhlich auf, nachdem alle Posten
verbucht sind?

22 Benzinpreise

Auf dem Bild siehst du die Anzeige der
Benzinpreise an einer Großtankstelle.

a) Was bedeutet die kleine 9 am Ende der
   Preisangabe? Warum rundet man den Preis
   nicht einfach auf 1,72 €?

b) Frau Kuballa tankt ungefähr einmal pro
   Woche 45 Liter Super.
   Welche Bedeutung hat für sie die kleine 9?

c) Die Tankstelle liegt günstig in der Nähe der
   Autobahn, an jedem Tag werden ungefähr
   20 000 Liter Superbenzin getankt. Was
   bedeutet die kleine 9 für die Tankstelle in
   einer Woche (in einem Jahr)?

Geometrische Körper

Geometrie ist überall. Wenn du genau hinschaust, entdeckst du auch auf dem Foto der Wasserburg von Heidenreichstein in Österreich überall interessante Formen und Muster. Bestimmte geometrische Körper, Flächen und Figuren tauchen immer wieder auf, sowohl in der lebendigen Natur als auch in den von Menschen geschaffenen Bauwerken und Gegenständen. Beim Beobachten, beim Beschreiben und vor allem beim eigenen Herstellen und Zeichnen geometrischer Formen kannst du viele Eigenschaften und Beziehungen selbst entdecken.

4.1

Einfache geometrische Körper und Figuren

Was haben dein Klassenraum und der Tafelschwamm gemeinsam? Richtig – beide haben die gleiche Grundform: Sie sind quaderförmig. Dabei kommt es auf die Größe gar nicht an.

Jana betrachtet den Leuchtturm: „Das sieht ja aus wie ein zu kurzer Bleistift.“

4.2

Kantenmodelle von Körpern und Figuren

Kannst du mit sechs Streichhölzern vier gleichseitige Dreiecke herstellen? Den Trick verrät das Foto, denn nur wenn man die Streichhölzer zu einem Kantenmodell einer Dreieckspyramide zusammenstellt, kann man das Rätsel lösen.

Für die Kantenmodelle entdeckte LEONHARD EULER die berühmte Formel: Eckenzahl + Flächenzahl – Kantenzahl = 2

4.3

Schrägbilder

Wie kommt der Würfel ins Heft? Mit Schrägbildern gelingt das leicht, denn damit kannst du einen verblüffenden räumlichen Eindruck erzielen. Eine wichtige Rolle spielen dabei die verkürzten Kanten.

Betrachte das nebenstehende Bild. Wie viele Würfel entdeckst du? „Springen“ manche Ecken rein und raus?

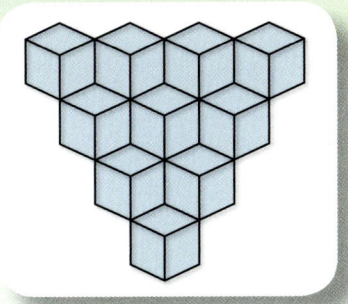

4.4

Würfelnetze und Quadernetze

Wenn du eine quaderförmige Keksschachtel vorsichtig auffaltest, erkennst du den Faltbogen, aus dem die Schachtel hergestellt wurde. Mathematiker nennen solche Faltvorlagen Netze.

Hier siehst du zwei unterschiedliche Würfelnetze. Mit B wird der Boden und mit D der Deckel gekennzeichnet. Kannst du jeweils den zugehörigen Boden bzw. Deckel markieren?

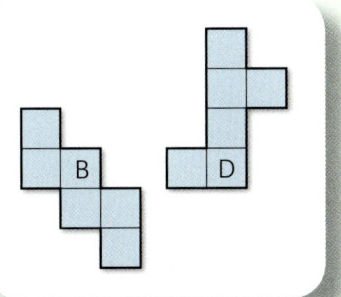

4.5

Rauminhalt und Oberflächeninhalt

Ob Umzugskisten oder Schuhkartons – Quader begegnen dir in unzähligen Abmessungen. Sie besitzen natürlich auch unterschiedliche Rauminhalte und Oberflächeninhalte.

Dieser Akrobat ist so gelenkig, dass er sich in eine Kiste „hineinfalten“ kann. Welche Abmessungen hat die Kiste wohl?

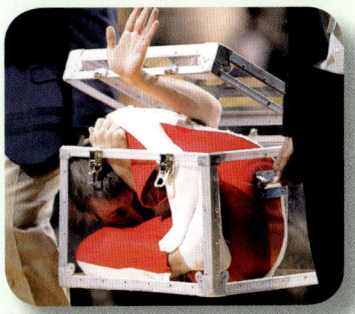

4.1   Einfache geometrische Körper und Figuren

Geometrie ist überall. Wenn du genau hinschaust, so entdeckst du überall schöne und interessante Formen und Muster. Bestimmte geometrische Körper, Flächen und Figuren tauchen dabei immer wieder auf, sowohl in der Natur als auch in den von Menschen geschaffenen Bauwerken und Gegenständen. Beim Beobachten, beim Beschreiben und vor allem beim eigenen Herstellen und Zeichnen geometrischer Formen kannst du viele Eigenschaften und Beziehungen selbst entdecken.

Aufgaben   **1**   Gegenstände und Formen

Auf dem Foto einer Baustelle kannst du neben den Gebäuden auch kleinere Details wie z.B. Verkehrsschilder, Baugeräte oder Lampen entdecken. Versuche, diese Gegenstände und Formen zu beschreiben. Benutze dabei die geometrischen Namen. Wirf dazu einen Blick in die beiden Kästen auf Seite 118. Wie viele verschiedene Formen findest du?

Exkurs

Geometrie und Wirklichkeit
Die verschiedenen Körper und Figuren kommen in der Wirklichkeit selten in ihrer „idealen" geometrischen Form vor. Bei der Beschreibung der Betonsilos musst du zum Beispiel von vielen Anbauten und Details absehen, um die Grundform eines Zylinders mit angesetztem Kegel zu erkennen.

Aufgaben

2 Verpackungen

Verpackungen gehören zu unserem Alltag. Verpackungen sind nützlich, z. B. beim Verschicken und Transportieren von Waren, beim Stapeln in Warenhäusern oder beim Aufbewahren von Flüssigkeiten und anderen Stoffen. Beim Verschenken kommt es auch auf die Schönheit der Verpackung an.

Erkunden

Suche in deiner Umgebung nach verschiedenen Formen. Sammle nützliche und auch besonders auffällige und schöne Verpackungen. Bringe sie (oder Bilder davon) mit. In deiner Klasse kommt sicher eine abwechslungsreiche Sammlung zustande. Für welche dieser Verpackungen kennst du geometrische Namen? Schreibe alle Namen auf.

3 Netze – Quader, Prisma, Walmdach

Am besten versteht man geometrische Formen, wenn man sie selbst bastelt oder nachbaut. Architekten stellen deshalb immer wieder Modelle ihrer geplanten Bauwerke her.

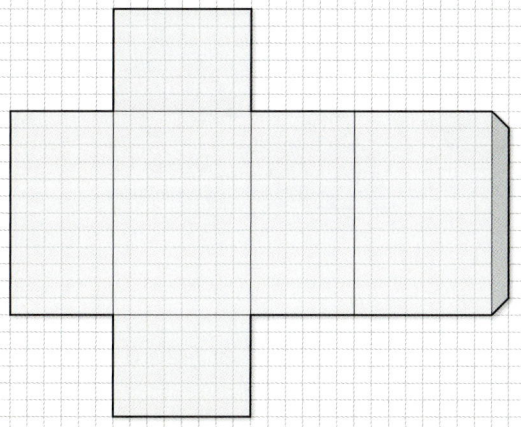 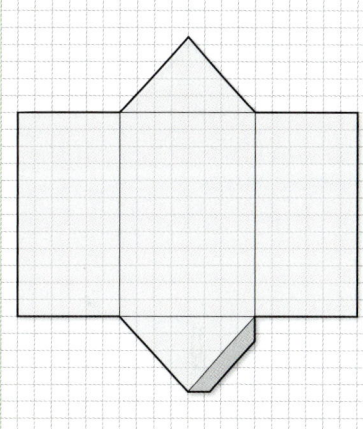

Aus den beiden aufgezeichneten Bastelbögen kannst du einen Quader und ein dreieckiges Prisma bauen und daraus das Modell eines Hauses mit Satteldach zusammensetzen. Das Haus ist 12 m lang, 8 m breit und (ohne Dach) 6 m hoch, der Bastelbogen ist maßstabsgetreu verkleinert.

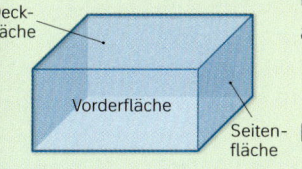

a) Der Quader entsteht aus sechs Rechtecken. Beschrifte im Netz jeweils die Vorder- und Rückfläche, die Boden- und Deckfläche sowie die beiden Seitenflächen des Hauses. Die Namen sollen nach dem Zusammenbau außen auf dem Quader stehen.

b) Das dreieckige Prisma (Satteldach) besteht aus drei Rechtecken und zwei Dreiecken. Kennzeichne in dem Bastelbogen jeweils die beiden Giebelflächen, die beiden Dachflächen und die Bodenfläche. Auch hier sollen die Namen nach dem Zusammenbau außen stehen.

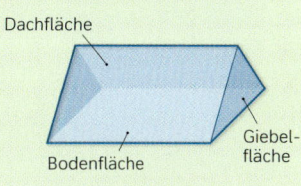

c) Bestimmte Linien müssen in den beiden Bastelbögen die gleiche Länge haben. Kennzeichne in beiden Bastelbögen alle gleich langen Strecken in einer Farbe. Kontrolle: Du brauchst vier verschiedene Farben.

d) Kannst du auch ein Walmdach basteln? Entwirf einen Bastelbogen. Achte auch hier auf gleich lange Strecken. Aus welchen Flächen ist das Netz zusammengesetzt?

In unserer Umgebung kommen bestimmte regelmäßige geometrische Formen (Körper und Figuren) immer wieder vor. Wir stellen diese Grundformen mit den passenden Namen nun übersichtlich zusammen. In der Wirklichkeit kommen diese Formen meistens nicht in ihrer idealen Grundform vor.

Grundformen geometrischer Körper

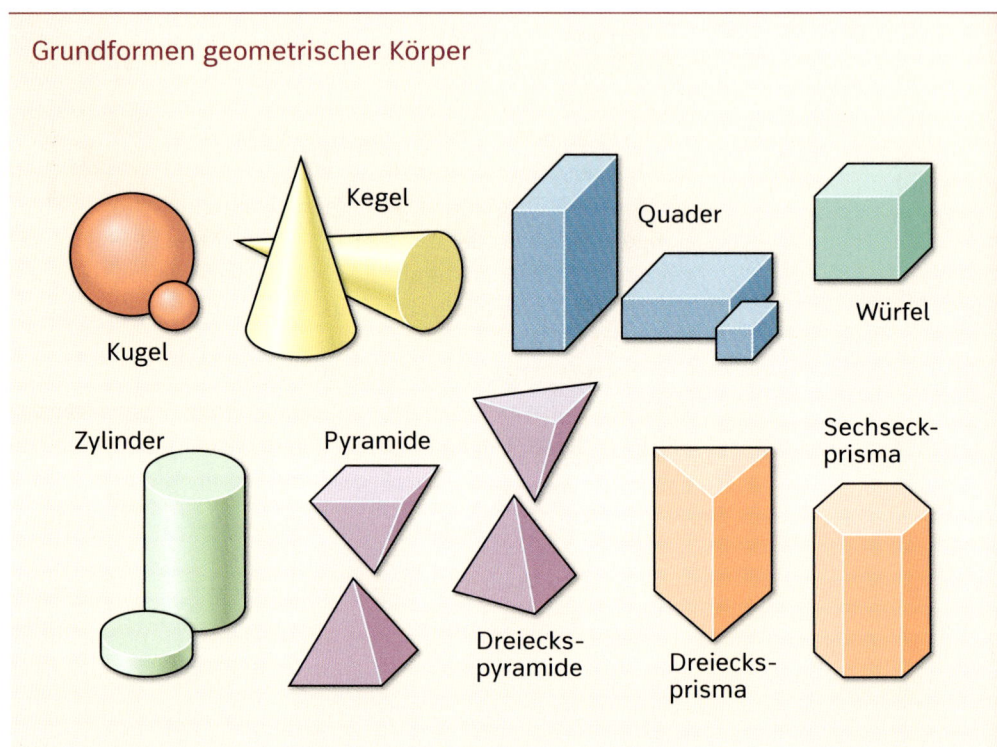

Grundformen ebener geometrischer Figuren (Flächen)

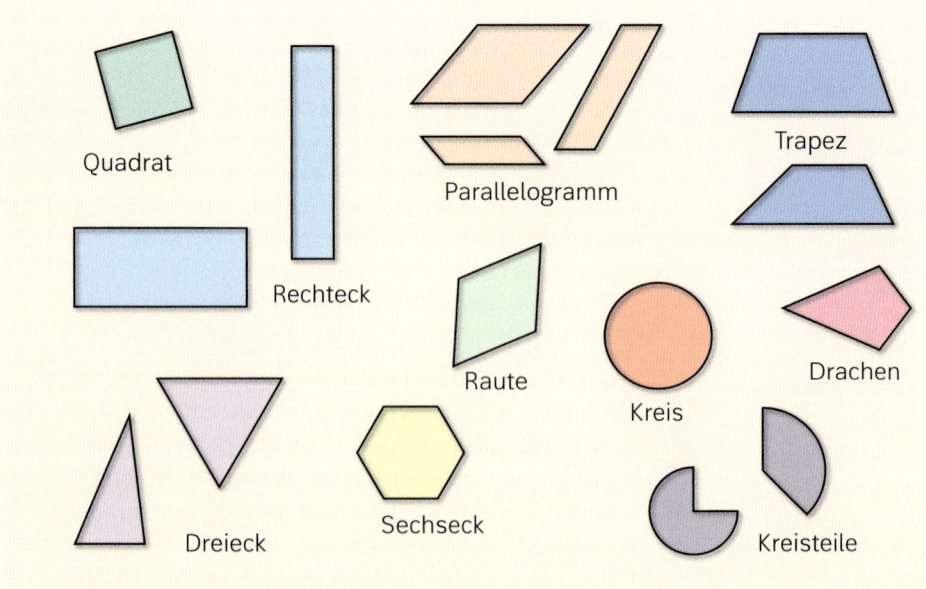

Beispiele **A** Geometrische Grundformen von Gegenständen

In der Liste sind zahlreiche alltägliche Gegenstände notiert. Sie alle entsprechen jeweils einer bestimmten geometrischen Grundform. Dabei muss man sich gewisse Verzierungen, Einkerbungen, Griffe u. Ä. wegdenken.

Grundkörper	Gegenstand
Quader	CD-Hülle, Buch
Würfel	Zettelkasten
Pyramide	Zeltdach
Zylinder	Thermosflasche, Konservendose
Kegel	Schultüte
Kugel	Fußball

Übungen **4** Alltägliche Gegenstände

Suche in deiner Umgebung nach Gegenständen, die du wie im Beispiel in die Tabelle einträgst.

5 Zusammenhänge zwischen Körpern und Flächen

Welche Flächen benötigst du für den Aufbau der Körper? Übertrage die Tabelle in dein Heft und fülle sie aus.

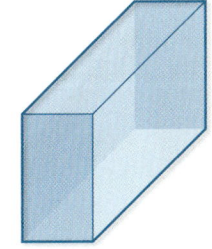

Ein Quader wird von sechs Rechtecken begrenzt

Körper	Welche Flächen?	Wie viele Flächen?	Gleiche Flächen?
Quader	Rechtecke	6	je 2 gegenüberliegende Rechtecke
Würfel	▨	▨	▨
Dreieckiges Prisma	▨	▨	▨
Quadratische Pyramide	Quadrat Dreiecke	1 4	▨

6 Dachformen

Die Dachmodelle sind jeweils mit der Bodenfläche (Speicherboden) gebaut.

a) In der Tabelle ist einiges durcheinander geraten. Kannst du das richtig stellen?

Körper	Welche Flächen?	Wie viele Flächen?	Gleiche Flächen?
Walmdach	Rechtecke Dreiecke	3 2	2 Rechtecke 2 Dreiecke
Satteldach	Quadrat Dreiecke	1 4	4 Dreiecke
Pyramidendach	Rechteck Dreiecke Trapeze	1 2 2	2 Dreiecke 2 Trapeze

Satteldach

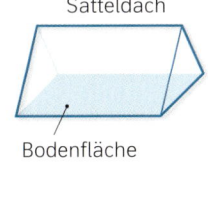

Bodenfläche

Die CD „Raum und Form" kann dir hier helfen.

b) Erstelle eine Tabelle für die Dachformen Krüppelwalmdach und Mansardendach. Die Giebelflächen eines Mansardendaches lassen sich aus zwei verschiedenen Flächen zusammensetzen.

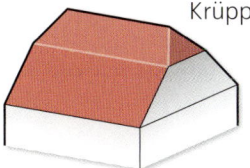
Krüppelwalmdach

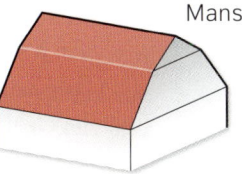
Mansardendach

Übungen

7 Netze

Der Aufbau eines Körpers gelingt besonders gut, wenn man die Flächen passend zu einem „Netz" anordnet. Für einen Quader, einen Würfel, ein dreieckiges Prisma und eine quadratische Pyramide sind die Netze gezeichnet.

a) Welches Netz gehört zu welchem Körper?

b) Baue die Körper aus solchen Netzen. Vergiss die Klebelaschen nicht. Beachte, welche Kanten gleich lang sein müssen und ritze die Faltkanten an.

Die Tabelle in Aufgabe 7 liefert eine Materialliste für die Flächen, die du benötigst.

1)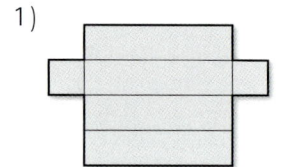

2)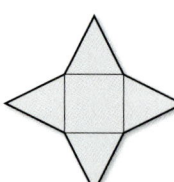

3)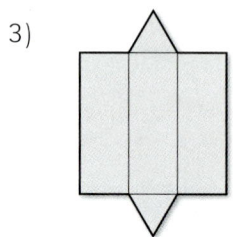

4)

8 Zerlegen von Körpern

Viele Gegenstände und Bauwerke in unserer Umgebung sind aus mehreren gleichen oder verschiedenen Grundformen von Körpern zusammengesetzt.

Das Modell eines einfachen Hauses besteht zum Beispiel aus einem Quader und einem Prisma (Satteldach).

a) „Zerlege" die Körper in möglichst einfache Grundformen.

b) Finde selbst solche Körper und „zerlege" sie in Gedanken in einfache Grundformen.

Kopfübungen

1. Gib den Wert an: $4 \cdot 100 + 7 \cdot 1 + 5 \cdot 10$

2. Die Ecken des Dreiecks werden nach innen umgeklappt.
   (1) Treffen sich die Punkte A, B, C nach dem Umklappen?
   (2) Zu welcher Figur wird das Dreieck ABC gefaltet?

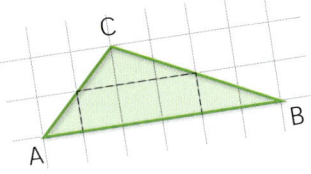

3. Wandle die Angabe in Cent um: a) 5€   b) 7€ 20 ct

4. Berechne im Kopf: 96 : 8.

5. Überschlage den Restbetrag.
   Lisa gibt von 20€ erst 3,85€, dann 4,05€ und schließlich noch 85 ct aus.

6. Aus den Buchstaben O, L, E soll ein (eventuell sinnloses) Wort gebildet werden. Wie viele Möglichkeiten gibt es?

7. Mia kauft neun Brötchen für je 50 Cent. Sie hat einen Zehneuroschein dabei. Wie viel Geld bekommt sie zurück?

Aufgaben

9 **Bastelbögen für Zylinder**

Recht einfach können wir Bastelbögen (Netze) für Körper herstellen, die von ebenen Flächen begrenzt sind.
Wie sieht nun ein Bastelbogen für einen runden Turm (Zylinder) aus?

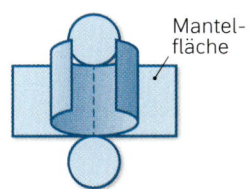

Mantelfläche

a) Schneide eine Toilettenrolle durch einen geraden Schnitt auf und breite sie dann flach auf einen Tisch aus. Welche Figur erkennst du?

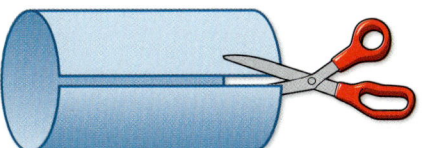

b) Beklebe eine zylinderförmige Getränkedose mit farbigem Papier. Du brauchst dazu drei Papierflächen. Wie sehen diese aus?

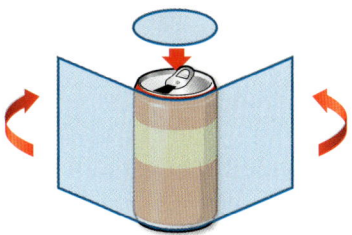

c) Jetzt kannst du selbst einen Zylinder basteln.

10 **Bastelbögen für Kegel**

Wie sieht ein Bastelbogen für den Kegel aus? Es ist klar, dass man als Grund- oder Deckfläche einen Kreis benötigt. Aber wie sieht das Netz der Mantelfläche des Kegels aus?
Hier hilft die Erinnerung an eine Bastelvorschrift für den Kindergeburtstag weiter:
„Die gefüllte Maus".

a) Schneide aus dünnem Karton einen Halbkreis aus und klebe ihn wie in der Anleitung zu einer „Tüte" zusammen. Die „Tüte" nimmt die Form eines Kegels an.
b) Schneide nun einen Viertelkreis und einen Dreiviertelkreis aus und klebe diese jeweils wie oben zusammen. Vergleiche die Formen dieser Kegel mit der aus Aufgabe a).

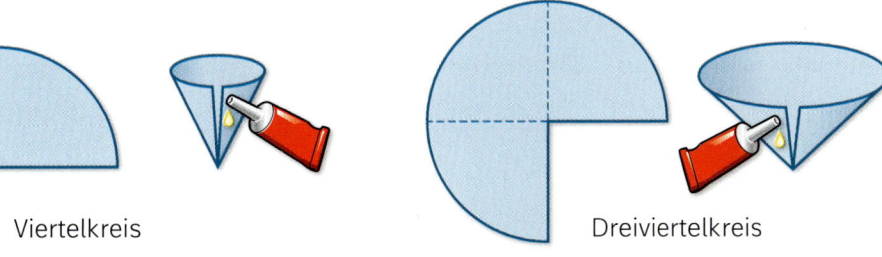

Viertelkreis   Dreiviertelkreis

4.2 Kantenmodelle von Körpern und Figuren

Kannst du aus Drahtstücken oder Holzstangen einen Würfel bauen? Natürlich wird das nur ein „Gerüst". Ähnliche Gerüste sehen wir beim Dachstuhl eines Neubaus oder beim Aufbauen eines großen Campingzeltes. In der Geometrie heißen die Gerüste Kantenmodelle. Beim Bau von Kantenmodellen kannst du weitere Eigenschaften der Körper entdecken.

Aufgaben

1 Stabile Holzgerüste
In einer großen Halle sind wie im obigen Foto stabile Holzgerüste aufgebaut.

Kannst du dir denken, zu welchem Zweck man die Querstreben eingebaut hat?

a) Beschreibe den Aufbau des Gerüstes. Die Ausschnittsvergrößerung verdeutlicht den Aufbau eines Würfelmodells.

b) Wie viele Ecken und Kanten benötigt man für ein einfaches Kantenmodell eines Würfels ohne Querstreben?

2 Gerüste
In deiner Umgebung kannst du Gerüste zum Beispiel bei Baukränen, bei Masten von Hochspannungsleitungen, bei manchen Lampenschirmen usw. beobachten. Suche weitere Beispiele und beschreibe den Aufbau der Gerüste. Findest du dabei auch Kantenmodelle von dir bekannten einfachen Körpern?

3 Kantenmodelle mit Knetkugeln

Kantenmodell eines Quaders

Du kannst selbst Kantenmodelle herstellen. Forme für die Ecken kleine Knetkugeln, in die die Kanten gesteckt werden. Schneide die Kanten in passender Länge aus bunten Trinkhalmen. Baue auf diese Weise das Kantenmodell
a) eines Würfels,
b) eines Quaders,
c) einer quadratischen Pyramide.

4 Dachformen

Benutze für Kanten gleicher Länge immer Strohhalme gleicher Farbe.

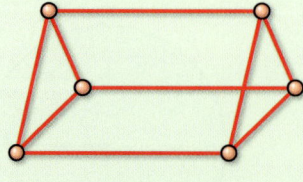
a) Satteldach

b) Walmdach

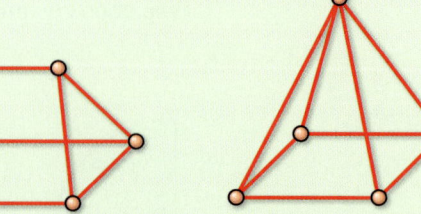
c) Pyramidendach

Stelle ein Kantenmodell der jeweiligen Dachform her.

Aufgaben

5 Kantenmodelle für Flächen

Nicht nur für die Körper gibt es Kantenmodelle. Auch Flächen werden von „Kanten" begrenzt. Oft spricht man dabei dann nicht von den Kanten der Fläche, sondern von den Seiten einer Figur, zum Beispiel von den vier Seiten eines Quadrates oder den drei Seiten eines Dreiecks. Auf dem Geobrett können wir die Seiten solcher Figuren mit Gummischnüren aufspannen.

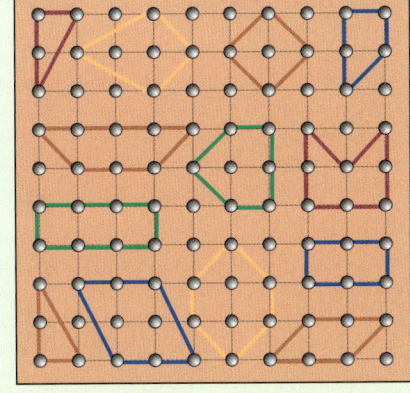

a) Welche ebenen Figuren erkennst du auf dem 10 × 10-Geobrett? Schreibe alle Namen auf. Wie viele Seiten sind bei den einzelnen Figuren jeweils gleich lang?

b) Spanne auf einem 5 × 5-Geobrett verschiedene Vierecke auf: Quadrat, Rechteck, Parallelogramm, Trapez. Übertrage die Bilder in dein Heft. Vergleiche mit den Bildern deiner Tischnachbarn.

Bau eines 5 × 5-Geobretts

In diesem Buch wirst du das Geobrett noch oft gebrauchen.

Das Geobrett lässt sich schnell mit Gitterpunkten auf kariertem Papier zeichnen.

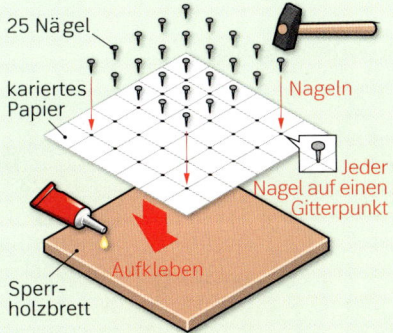

Bauanleitung für ein 5 × 5-Geobrett:
Besorge dir ein quadratisches Brett (18 cm × 18 cm) aus 12 mm starkem Sperrholz. Zeichne das Gitternetz auf kariertes Papier (Abstand der Gitterlinien 3 cm) und klebe dies auf das Brett. Schlage an den 25 Gitterpunkten kleine Nägel ein. Nun musst du nur noch kleine Gummiringe in verschiedenen Farben besorgen.

6 Quadrate auf dem Geobrett

Wie viele verschieden große Quadrate kannst du auf deinem 5 × 5-Geobrett erzeugen?
Zeichne diese in dein Heft und vergleiche mit deinem Tischnachbarn. Wer hat die meisten Quadrate gefunden?

7 Rechtecke auf dem Geobrett

Spanne auf deinem Geobrett Rechtecke, die doppelt so lang wie breit sind. Wie viele solcher Rechtecke kannst du auf deinem 5 x 5-Geobrett erzeugen? Zeichne diese in dein Heft und vergleiche mit deinem Tischnachbarn.

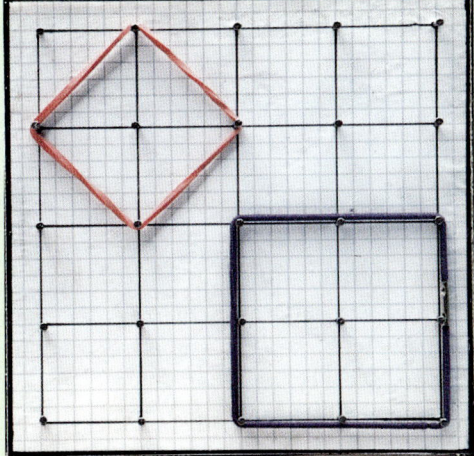

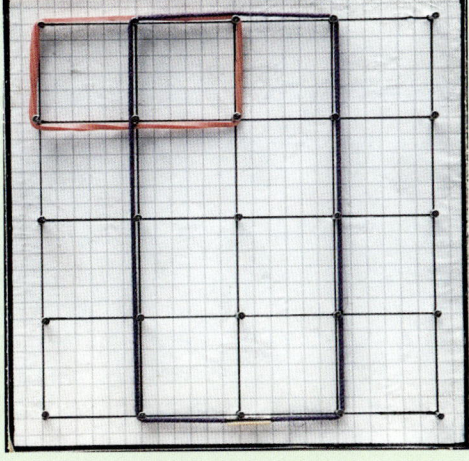

Basiswissen
Der Aufbau einfacher Körper und Figuren wird durch Kantenmodelle „durchsichtig".

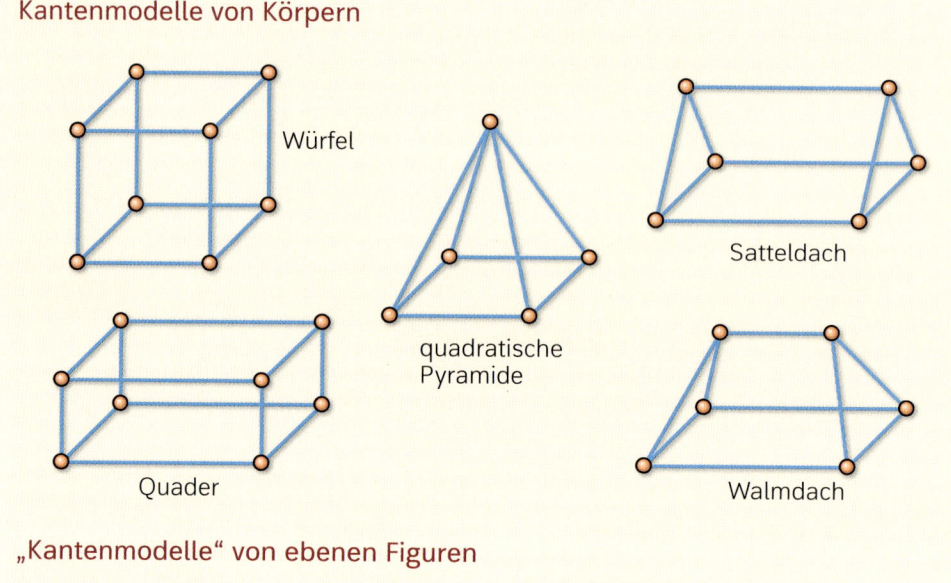

Kantenmodelle von Körpern

Würfel

quadratische Pyramide

Satteldach

Quader

Walmdach

Beim Quader sind jeweils vier Kanten parallel und gleich lang.

Bei ebenen Figuren werden die Kanten Seiten genannt

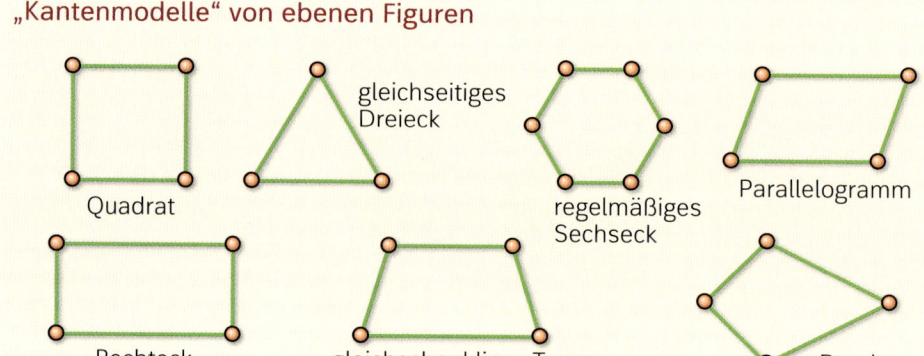

„Kantenmodelle" von ebenen Figuren

Quadrat

gleichseitiges Dreieck

regelmäßiges Sechseck

Parallelogramm

Rechteck

gleichschenkliges Trapez

Drachen

Übungen

8 „Materiallisten"

Mithilfe von Knetkugeln und Strohhalmen werden die Kantenmodelle von Körpern hergestellt. Übertrage dazu die Tabelle in dein Heft und fülle sie aus.

Der Kasten im Basiswissen mit den Kantenmodellen von Körpern hilft dir.

Anzahl der ＼ Körper	Würfel	Quader	quadratische Pyramide	Dreiecksprisma (Satteldach)
Ecken	8	■	■	■
Kanten	■	12	■	■
Kanten an einer Ecke	■	■	Boden 3 Spitze 4	■
Kanten gleicher Länge	■	■	■	3 2 4

9 Drahtmodell eines Würfels

Lauras Vater ist Installateur. Er will für die Schule ein anschauliches Kantenmodell eines Würfels aus festen Drahtstücken zusammenschweißen. Der Würfel soll eine Seitenlänge von 24 cm haben. Wie viel Draht benötigt er dafür? Wie viel cm Draht braucht er mehr, wenn die Kantenlänge 6 cm länger sein soll?

Übungen **10** Streichhölzer legen

a) Aus sechs Streichhölzern kannst du verschiedene Vielecke legen. Findest du weitere Vielecke?

b) Welche Vielecke kannst du mit vier (fünf, acht, neun) Streichhölzern legen?

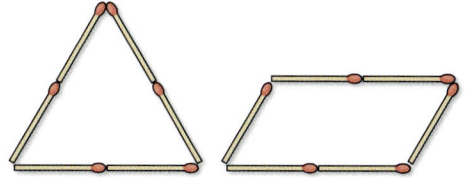

11 Kantensatz

Welcher Kantensatz gehört zu welchem Kantenmodell? Zähle in jedem Fall die Kanten und die Ecken.

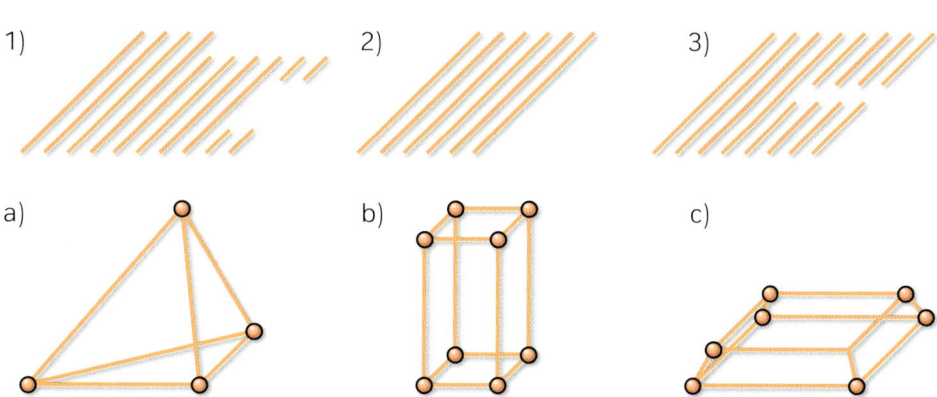

Das Bauen der Kanten-
modelle mit Trinkhalmen
und Knetkugeln hilft beim
Nachdenken.

12 Erkennst du mich?

Ich bin ein Kantenmodell aus

a) 12 gleich langen Kanten und 8 Ecken

b) 8 gleich langen Kanten und 5 Ecken

c) 9 gleich langen Kanten und 6 Ecken.

Gibt es für manche Steckbriefe mehrere Kandidaten?

Erfinde selbst solche „Steckbriefe".

13 Kantenmodell

Das abgebildete Kantenmodell soll jeweils aus dem Kantensatz zusammengesetzt werden. Leider fehlen entweder einige Kanten oder es sind sogar zu viele vorhanden. Kannst du das in Ordnung bringen?

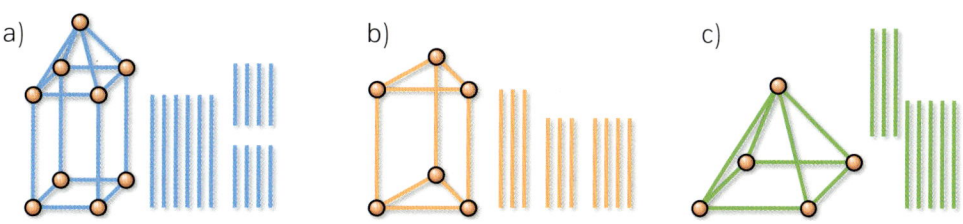

14 Ein Würfel mit zu vielen Kanten?

Moritz denkt sich gerne Rätsel aus.
Schreibe ein ähnliches Rätsel für die quadratische Pyramide auf.

„Ein Würfel hat sechs Seitenflächen. Jede dieser Flächen ist ein Quadrat mit vier Seiten, die gleichzeitig Kanten des Würfels sind. Also hat ein Würfel 6 · 4 = 24 Kanten! Ich zähle immer nur 12 Kanten. Was ist los?"

Übungen

Wichtig: Kantenmodell auf
ebene Tischplatte stellen.

15 Kantenmodelle verändern sich
Das aus Knetkugeln und Strohhalmen
gebaute Kantenmodell eines Würfels
lässt sich mühelos verformen, die Kanten
stehen dann nicht mehr alle senkrecht
aufeinander. Untersuche auf die gleiche
Weise das Kantenmodell eines Quaders,
eines dreieckigen Prismas (Satteldach) und einer quadratischen Pyramide. Welches
dieser Modelle ist am stabilsten?

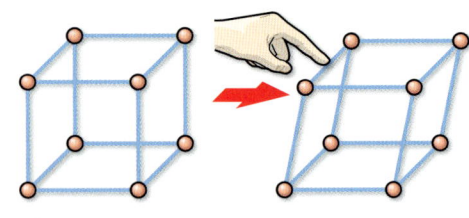

16 Gelenk-Vielecke
Baue aus gleich langen Pappstreifen ein Gelenk-Dreieck, ein Gelenk-Viereck, ein Ge-
lenk-Fünfeck und ein Gelenk-Sechseck. Versuche diese Figuren durch Drehen in den
Gelenken zu verändern. Was beobachtest du?

Bastelanleitung für Gelenk-Vielecke:
❶ 1 cm schmale Pappstreifen schneiden und an beiden Enden lochen.
❷ Die Pappstreifen mit Paketklammern
   verbinden.

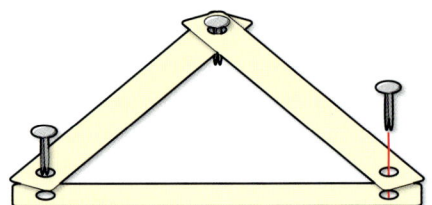

17 Gelenk-Rechteck
a) Baue ein Gelenk-Rechteck. Kannst du
   es zu anderen Figuren verformen?
   Zu welchen?

b) Baue ein Gelenk-Rechteck mit einer
   Diagonalen. Kannst du es verformen?

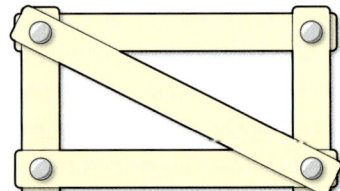

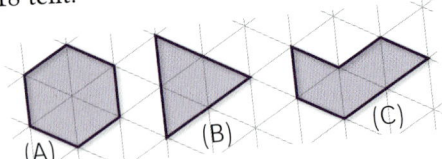

Kopfübungen

1. Nenne die größte Zahl, welche die 12 und die 18 teilt.
2. Ordne die Figuren nach der Größe ihres
   Flächeninhalts, beginne mit dem kleinsten.

(A)   (B)   (C)

3. In einer Tüte sind 350 g Zucker.
   Wie viel fehlt bis zu 1 kg?
4. Berechne geschickt: $87 + 156 + 13$.
5. Welcher geometrische Körper kann gemeint sein: „Dieser Körper kann rollen, aber er
   rollt nicht geradeaus."?
6. In der 5 c (18 Mädchen, 9 Jungen) ist das Vorstellen der gelösten Aufgaben sehr beliebt.
   Es wird entschieden, dass abwechselnd Mädchen und Jungen präsentieren sollen. Ist
   die Entscheidung gerecht?
7. Die Äpfel werden für 1,20 € pro kg angeboten, 10 kg kosten 10,00 €. Melissa kauft 15 kg
   Berechne die Kosten.

Aufgaben

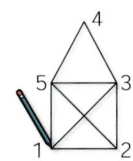

18 Das Haus vom Nikolaus

Das „Haus vom Nikolaus" wurde mit dem Bleistift in einem Zug ohne Abzusetzen gezeichnet. Dabei wurde keine Kante doppelt durchlaufen. Das kannst du sicher auch. Notiere deinen Weg. Gibt es mehrere Möglichkeiten?

> **Tipp**
> Notiere die Wege einfach als Reihenfolge der Ecken, z. B. 1 2 5.

19 Krabbelkäfer

a) Ein Käfer sitzt auf der vorderen Ecke 1 des Kantenmodells eines Würfels und möchte zur Ecke 7 krabbeln. Dabei soll aber keine Kante mehrmals durchlaufen werden. Notiere fünf verschiedene Wege. Wie lang ist der kürzeste, wie lang der längste Weg?

b) Nun will der Käfer jede Ecke des Würfels erkrabbeln. Auch dabei will er keine Kante zweimal durchlaufen. Ist das möglich?

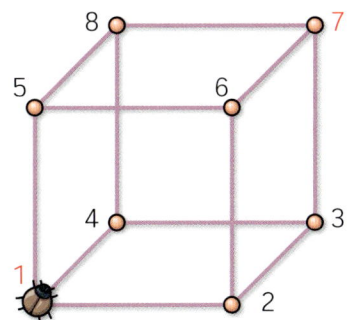

20 Regelmäßige Körper

Yvonne ist von der Regelmäßigkeit des Würfels begeistert:

- Alle zwölf Kanten sind gleich lang.
- An jeder Ecke treffen gleich viele Kanten aufeinander (drei).
- Alle Flächen des Würfels sind gleiche, wiederum besonders regelmäßige Figuren (Quadrate).

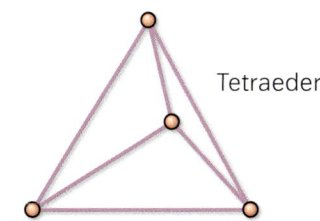

a) Gibt es noch andere Körper mit solch vollkommener Regelmäßigkeit?

b) Baue aus sechs gleich langen Trinkhalmen das Kantenmodell einer „Pyramide mit vier Ecken". Von welchen Seitenflächen wird die Pyramide begrenzt? Wie viele dieser Flächen gibt es? Wie viele Kanten treffen an einer Ecke zusammen?

c) Baue aus 12 gleich langen Kanten und sechs Ecken das Kantenmodell einer „Doppelpyramide". Von welchen Seitenflächen wird die Doppelpyramide begrenzt? Wie viele dieser Flächen gibt es? Wie viele Kanten treffen an einer Ecke zusammen?

„Tetraeder" und „Oktaeder" sind griechische Namen, sie bedeuten „Vierflächner" und „Achtflächner". Was findest du im Lexikon unter „Hexaeder"?

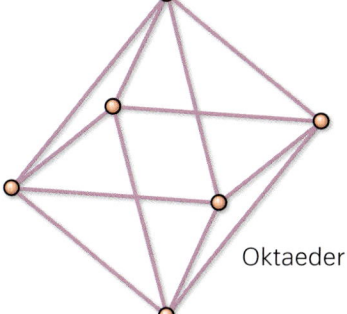
Tetraeder

Oktaeder

Exkurs

Platonische Körper

Die Menschen waren schon immer von der geometrischen Regelmäßigkeit und Schönheit mancher Körper fasziniert. So fanden schon die alten Griechen heraus, dass es nur wenige Körper gibt, die eine so vollkommene Regelmäßigkeit wie der Würfel aufweisen. Insgesamt gibt es fünf, man nennt sie **Platonische Körper**.

Drei davon konntest du bereits entdecken: den Würfel, das Tetraeder und das Oktaeder. Von den beiden anderen siehst du Bilder von selbstgebastelten Kantenmodellen: Dodekaeder und Ikosaeder.

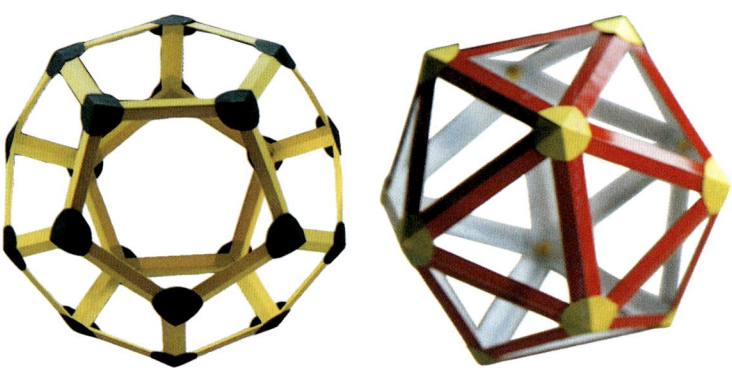

Beide Körper haben die gleiche Anzahl von gleich langen Kanten, nämlich 30. Das Dodekaeder hat 20 Ecken und wird von 12 Flächen (regelmäßige Fünfecke) begrenzt. Beim Ikosaeder finden wir 12 Ecken und 20 Flächen (gleichseitige Dreiecke).

Für die Griechen bedeuteten die platonischen Körper noch viel mehr als schöne Geometrie. Vier von ihnen standen für die Grundelemente der Welt: der Würfel für die Erde, das Tetraeder für das Feuer, das Oktaeder für die Luft und das Ikosaeder für das Wasser. Das Dodekaeder stand für die ganze Welt, den „Kosmos".

Aufgaben

21 Wir entdecken eine berühmte Formel.

Die Formel heißt nach dem Schweizer Mathematiker LEONHARD EULER (1707 – 1783) **Eulersche Polyederformel**. Polyeder ist griechisch und bedeutet „Vielflächner".

Lege in deinem Heft eine Tabelle an und trage die passende Zahlen ein:

Körper	Anzahl der Ecken e	Anzahl der Flächen f	Summe der Ecken und Flächen $e + f$	Anzahl der Kanten k
Quader	8	▨	▨	▨
dreieckiges Prisma	▨	5	▨	▨
quadratische Pyramide	▨	▨	▨	8
Würfel	▨	▨	8+6=14	▨
Tetraeder	▨	▨	▨	▨
Oktaeder	▨	▨	▨	▨

a) Kannst du einen Zusammenhang zwischen den Zahlen in den letzten beiden Spalten erkennen, der für alle diese Körper zutrifft?

b) Gilt dieser Zusammenhang auch für das Dodekaeder und das Ikosaeder?
   Die Zahlen für das Dodekaeder und das Ikosaeder findest du im Exkurs.

4.3 Schrägbilder

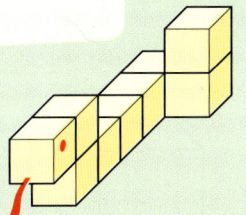

Du hast in diesem Buch schon viele Bilder von Würfeln oder Dächern gesehen. Wie gelingt es eigentlich, das Bild solcher Körper auf ein Blatt Papier zu zeichnen, sodass man wirklich einen räumlichen Eindruck gewinnt? Auf den nächsten Seiten wirst du einige Hinweise und Regeln kennenlernen, mit denen du dann solche „Schrägbilder" von einfachen Körpern zeichnen kannst.

Aufgaben

1 Geobrett

Mit einem 5 × 5-Geobrett kannst du ganz ohne Lineal und Bleistift Schrägbilder dir bekannter Körper herstellen.

a) Welche Körper erkennst du? Spanne mit Haushaltsgummis oder Haargummis die vier gezeigten Schrägbilder auf.

b) In einem Schrägbild erkennst du ein L. Kannst du ein Schrägbild für den Großbuchstaben T spannen?

c) Versuche noch weitere Schrägbilder von einfachen Körpern auf dem Geobrett darzustellen.

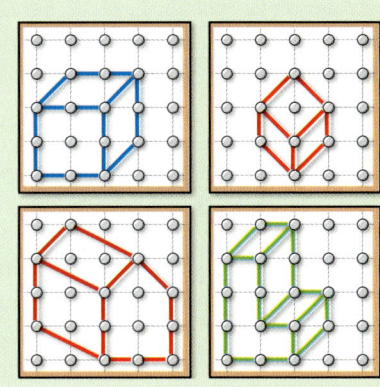

2 Karopapier

Auf Karopapier kannst du Schrägbilder leicht nachzeichnen, wenn du die Eckpunkte auf dem Gitter genau auszählst und passend verbindest.

Die Körper mit den gestrichelten Linien erscheinen „durchsichtig".

a) Welche Körper erkennst du in den Zeichnungen? Zeichne die vier Schrägbilder auf Karopapier. Färbe in deinen Schrägbildern die parallelen Strecken jeweils in der gleichen Farbe.

b) In den Bildern A und B sind auch sogenannte „verdeckte Kanten" mit gestrichelten Linien gezeichnet. Schraffiere bei diesen Körpern die drei Flächen, auf die du draufschauen kannst. Was geschieht mit den gestrichelten Linien?
Kannst du in den Schrägbildern C und D die verdeckten Kanten einzeichnen?

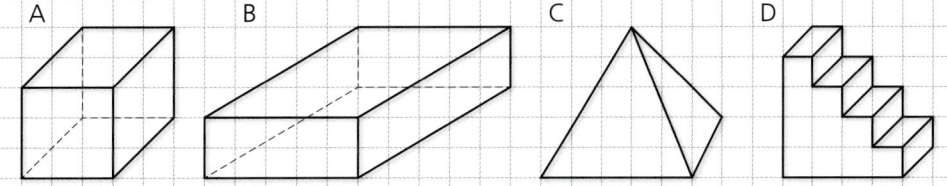

3 Schrägbilder aus Figuren

Was geschieht, wenn das zweite Quadrat etwas „verdreht" zu dem ersten liegt?

a) Zeichne zwei gleich große Quadrate in dein Heft und nummeriere die Ecken. Verbinde anschließend die Eckpunkte mit den gleichen Nummern. So entsteht das „Schrägbild" eines Quaders.

b) Zeichne auf gleiche Weise ein Satteldach, indem du von zwei gleichen Dreiecken ausgehst.

c) Entwirf selbst Schrägbilder nach diesem Verfahren.

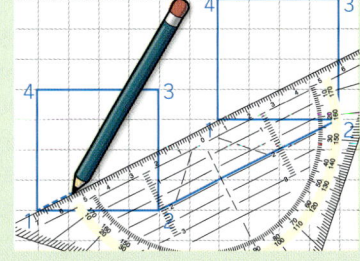

Wenn wir Dinge ganz genau betrachten wollen, so schauen wir sie von allen Seiten an. Wenn wir auf dem Zeichenblatt ein räumliches Bild von einem Körper bekommen wollen, so zeichnen wir Schrägbilder.

Tipp

Sehr oft zeichnet man die schrägen, verkürzten Kanten so wie hier:
- *längs der Kästchendiagonalen*
- *eine Kästchendiagonalen entspricht 1 cm*

Dass es auch anders geht, zeigt Aufgabe 8 auf der nächsten Seite.

Das Schrägbild eines Würfels entsteht

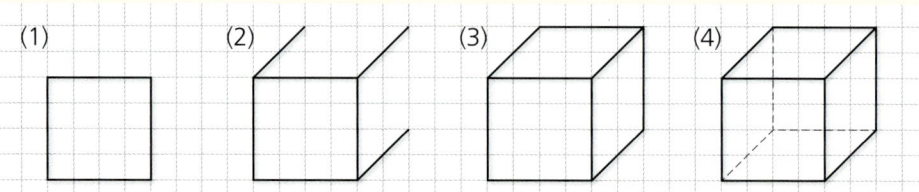

(1)   (2)   (3)   (4)

1. Schritt: Zeichne die Vorderfläche des Würfels (1).
2. Schritt: Zeichne die Kanten, die von vorne nach hinten zeigen, schräg und verkürzt, wie im Bild (2).
3. und 4. Schritt: Ergänze die fehlenden Kanten der hinteren Fläche des Würfels. Die verdeckten Kanten werden nur gestrichelt gezeichnet (4).
Soll der Würfel undurchsichtig sein, so lässt man alle verdeckten Kanten weg (3).

Übungen

4 Schrägbild eines Würfels
a) Zeichne das Schrägbild eines Würfels mit 4 cm Kantenlänge in dein Heft.
b) Kennzeichne alle parallelen Strecken in der gleichen Farbe.
c) Welche Kanten musst du weglassen, damit der Würfel undurchsichtig wird?

5 Unvollendete Schrägbilder
Übertrage die angefangenen Schrägbilder der Quader in dein Heft und zeichne sie fertig.

a)
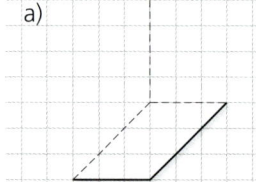

b)
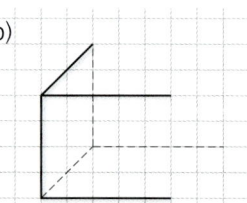

c)
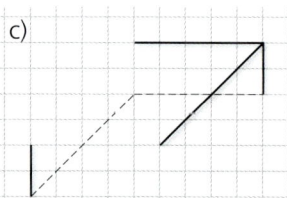

6 Schrägbilder von Quadern
Zeichne Schrägbilder für die farbigen Quader mit folgenden Abmessungen. Der gelb gefärbte Quader ist bereits fertig.

*Achte auf die verkürzten schrägen Kanten nach hinten.
Du kannst im Schrägbild nicht die wahre Länge abmessen.*

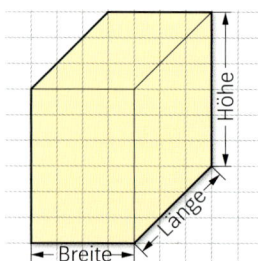

Quader	Breite	Höhe	Länge
gelb	2 cm	3 cm	3 cm
blau	4 cm	5 cm	2 cm
grün	7,5 cm	7,5 cm	4 cm
rot	6 cm	8 cm	6 cm

7 Siegertreppchen
Ein Platz auf dem Siegertreppchen ist für viele Sportler das Größte. Hier ist die Treppe aus vier Würfeln zusammengesetzt. Zeichne das Schrägbild eines Siegertreppchens in dein Heft.

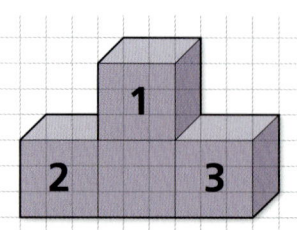

Übungen

8 Krüppelwalmdach

In diesen Bildern ist das Krüppelwalmdach in unterschiedlichen Schrägbildern gezeichnet.

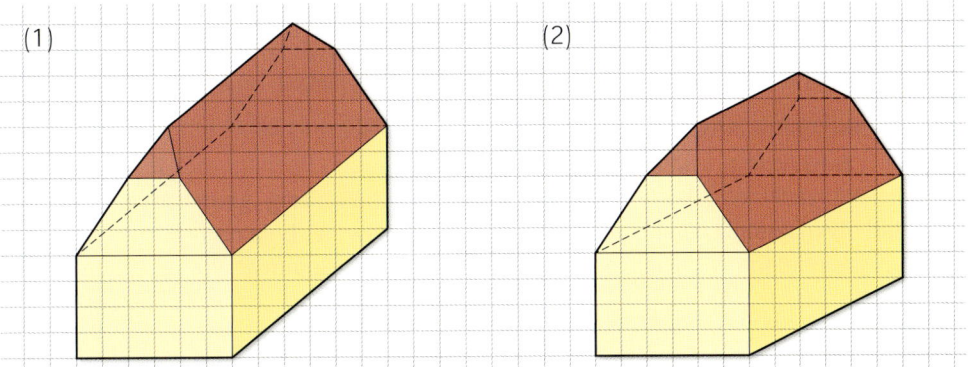

(1) (2)

a) Worin unterscheiden sich die beiden Schrägbilder?
   Tipp: Achte auf die verkürzten schrägen Kanten nach hinten.
b) Welches Bild gefällt dir besser? Warum?

9 Würfelfiguren

Uwe baut mit Würfeln: Buchstaben, Treppen und sogar eine Schlange hat er bereits fertig.
a) Zeichne die Schrägbilder auf Karopapier in dein Heft.
b) Erfinde weitere „Würfelfiguren" und zeichne die Schrägbilder in dein Heft.

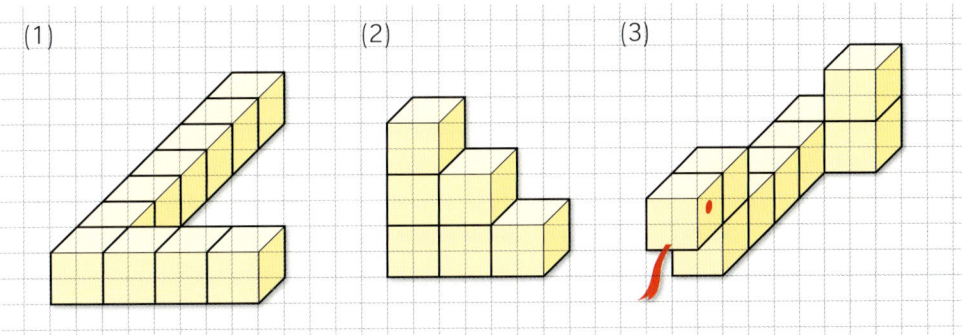

(1) (2) (3)

10 Würfelburg

Eileen hat das Schrägbild einer Würfelburg gezeichnet. Sie besteht aus acht gelben, einem
blauen und einem orangen Würfel.
a) Zeichne das Schrägbild der Würfelburg ab.
   Vorsicht: Eileen hat den Würfel aus der Mitte
   herausgenommen.
b) Zeichne nun ein Schrägbild der Burg, bei
   dem der blaue Würfel vorne links und der
   orange hinten rechts sitzt.

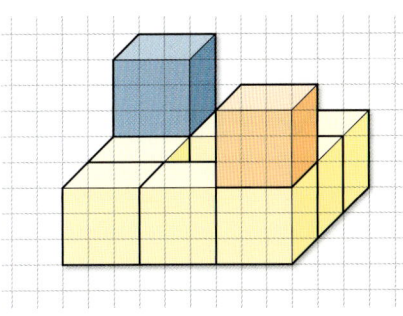

11 Streichholzschachtel

Zeichne das Schrägbild einer halbgeöffneten
Streichholzschachtel in dein Heft (kariertes
Papier).

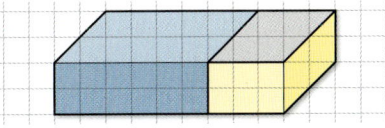

Übungen

12 Fehler in Schrägbildern

Beim Zeichnen der folgenden Schrägbilder sind leider einige Fehler unterlaufen. Benenne jeweils die Fehler und zeichne die Schrägbilder fehlerfrei.

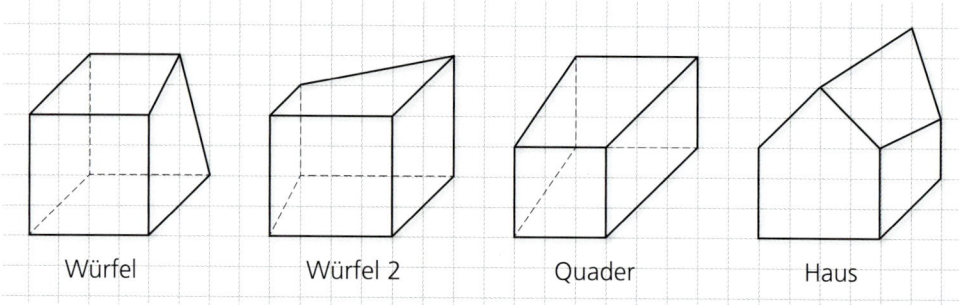

Würfel   Würfel 2   Quader   Haus

13 Verschiedene Darstellungen eines Würfels

Warum müssen beim Schrägbild eines Würfels die nach hinten verlaufenden Kanten eigentlich verkürzt werden? Überzeuge dich selbst, indem du ein Schrägbild eines Würfels zeichnest, bei dem alle gezeichneten Kanten 4 cm lang sind. Experimentiere dann mit verschiedenen Längen für die nach hinten verlaufenden Kanten (3 cm, 2 cm, 1 cm).

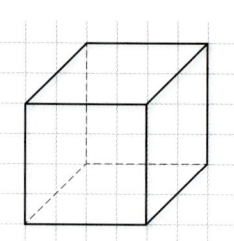

14 Würfel aus verschiedenen Blickwinkeln

Melanie zeichnet Schrägbilder mit verdeckten Kanten.

Es kann passieren, dass die Bilder plötzlich „umspringen". Man sieht dann eine andere Lage des Würfels.

a) Zeichne die vier Würfelschrägbilder in dein Heft.

b) Beim ersten Würfel blickt man auf die Vorderfläche, die rechte Seitenfläche und die Deckfläche des Würfels.
Auf welche Flächen blickst du jeweils bei den Würfeln (2), (3) und (4)?

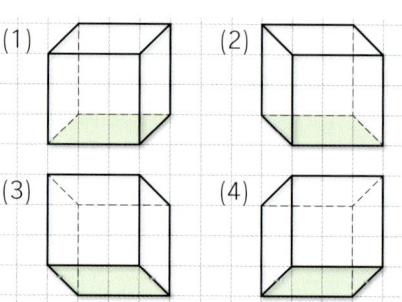

Kopfübungen

1. Gesucht ist die kleinste Zahl (größer null), die sowohl durch 20 als auch durch 30 ohne Rest teilbar ist.

2. Zum Quadrat fehlt ein Teil. Ist es (1), (2), (3) oder (4)?

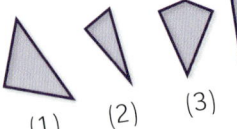

(1)   (2)   (3)   (4)

3. Wandle in cm um:
   a) $\frac{1}{2}$ m   b) 50 mm   c) 15 dm

4. Berechne im Kopf: a) 10 + 10 : 10   b) (10 + 10) : 10

5. Wie viele Steine fehlen bis zu einem Würfel?

6. Wie viele Kanten hat eine quadratische Pyramide?

7. Simon, ein begeisterter Fußballfan, möchte sich ein Spiel der Kategorie A (Ticketpreis 35 €) und vier Spiele der Kategorie B (Ticketpreis 25 € pro Spiel) im Stadion ansehen. Wie viel Geld wird er für die Tickets ausgeben?

Projekt Burg-Schrägbild-Puzzle

Ritter Kunibert liebte die Mathematik und war zudem noch sehr sparsam. Deshalb baute er seine Burg sehr regelmäßig auf und aus möglichst vielen gleichen Bauelementen. In seiner Bibliothek fanden sich interessante Planungsunterlagen: ein Puzzle aus Schrägbildern solcher Bauelemente und ein Schrägbild der fertigen Burg. Offensichtlich hatte Kunibert das Schrägbild aus den einzelnen Puzzleteilen zusammengeklebt.

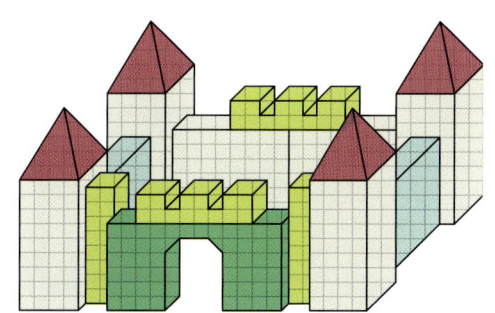

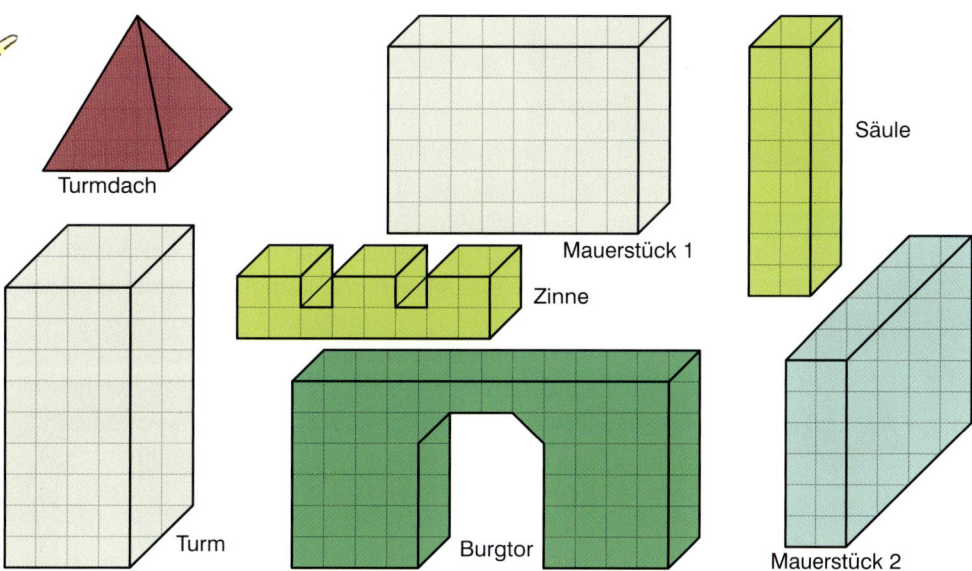

Turmdach

Mauerstück 1

Zinne

Säule

Turm

Burgtor

Mauerstück 2

A Wie viele der einzelnen Puzzleteile benötigte Kunibert zum Zusammenbau des Schrägbilds der gesamten Burg? Lege eine Materialliste an.

Turm	Turmdach	Mauer 1	Mauer 2	Zinne	Säule	Burgtor
▨	▨	▨	▨	2	▨	1

B Zeichne die Bausteine für die Vorderfront der Burg auf Karopapier und schneide sie aus. Lege die Teile dann so auf ein Blatt, dass ein Schrägbild dieser Vorderfront entsteht.

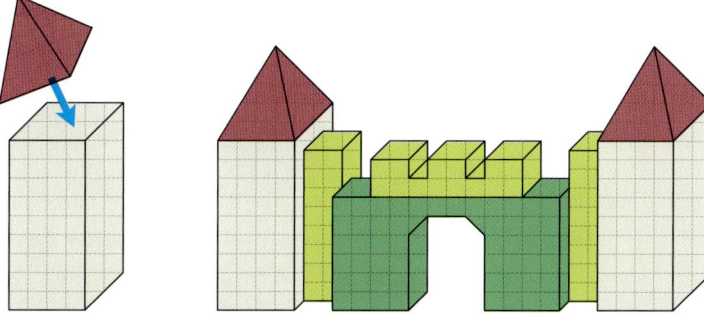

Projekt **C** Baue auf die gleiche Weise ein Schrägbild für die rechte Seitenfront zusammen. Tipp: Beginne mit dem hinteren Turm.

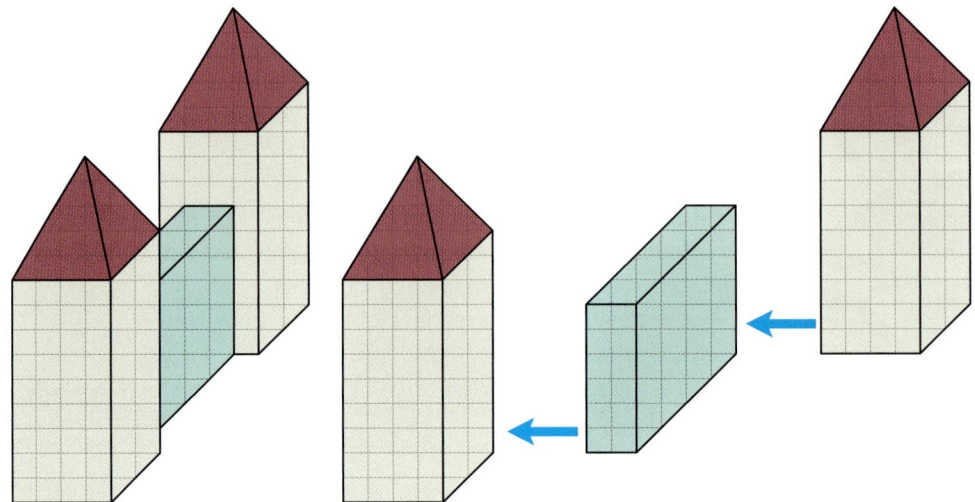

D Wenn ihr euch die Arbeit in einer Vierergruppe aufteilt, so könnt ihr nun das gesamte Puzzle erstellen. Ganz einfach ist das nicht wegen der vielen verdeckten Teile (drunterschieben?, drüberlegen?), aber beim Puzzle kann man ja probieren. Es hilft auch, wenn man die einzelnen Teile mit bestimmten Farben bunt malt, zudem sieht es gut aus.

E „Angehende Architekten-
teams" können das Puzzle
natürlich auch nach ihren
eigenen Ideen verändern oder
erweitern, z. B. mit einem
runden Torbogen oder einem
spitzeren Turmdach oder …
Hinweis: Der Punkt am Burgtor
gibt an, wo du mit dem Zirkel einstechen kannst.

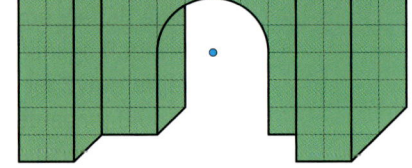
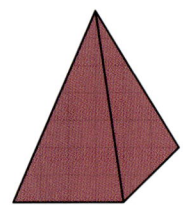

Dieses Team hat seine Schrägbild-Burg in einem großen Maßstab gestaltet und auf ein Plakat geklebt. Die Türme wurden mit Fenstern versehen.
Sie sind auch auf die Farbgebung stolz, denn die nach rechts zeigenden Flächen sind etwas dunkler und der räumliche Eindruck damit noch wirkungsvoller.

4.4 Würfelnetze und Quadernetze

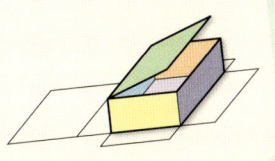

Würfel und Quader sind räumliche Figuren, die du aus ebenen Pappflächen herstellen kannst. Durch Falten der Pappflächen entsteht dann der Würfel oder Quader. Dabei ist jedes Mal räumliches Sehen gefragt, und das kann man trainieren. Es ist wie jedes gute Training nicht ganz einfach, aber die Anstrengung lohnt sich und kann sogar Spaß machen.

Aufgaben

1 Würfel

Als Mathehausaufgabe soll ein Würfel gebastelt und zur nächsten Stunde mitgebracht werden. Die vier Freunde Pia, Demet, Sascha und Jan fürchten, ihre Pappwürfel nicht heil zur Schule tragen zu können. Sie bringen deshalb ihre ausgeschnittenen Netze (mit Laschen) sowie Klebstoff mit und wollen die Würfel in der 5-Minuten-Pause zusammenkleben. Wer von den vier Freunden bekommt Schwierigkeiten? Vielleicht siehst du das sofort, wenn du die Netze in deiner Vorstellung zusammenfaltest.

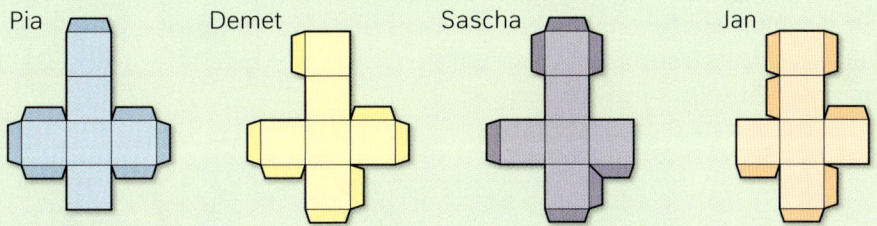

2 Spielwürfel

Bei dieser Aufgabe kannst du die CD „Raum und Form" (siehe Seite 137) nutzen.

Unser Spielwürfel ist so aufgebaut, dass die Summe der Augenzahlen auf gegenüberliegenden Flächen jeweils sieben ergibt. Zeichne die Netze in dein Heft und trage die richtigen Zahlenmuster in die Flächen ein. Gibt es verschiedene Möglichkeiten?

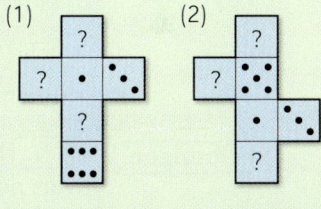

3 Verschiedene Würfelnetze

Diese beiden Netze sind nicht wirklich verschieden. Das siehst du sofort, wenn du das Buch umdrehst.

Meist zeichnen wir Würfelnetze in T-Form oder Kreuz-Form. Es geht aber auch anders.

a) Zeichne die abgebildeten Netze auf Karopapier, schneide sie aus und falte sie zu Würfeln.

b) Findest du noch weitere Würfelnetze? Vergleiche deine Ergebnisse mit denen deiner Tischnachbarn. Wie viele wirklich verschiedene Würfelnetze findet ihr zusammen?

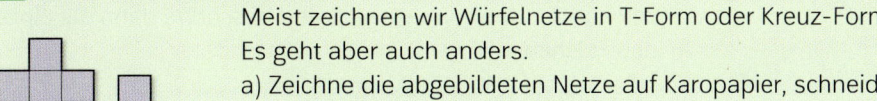

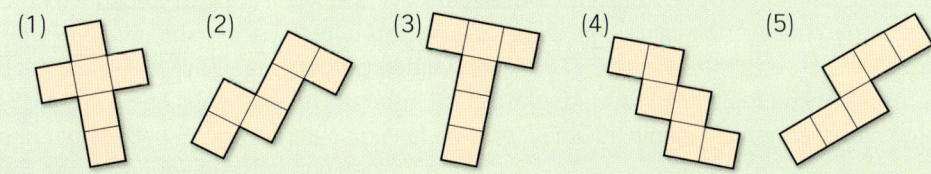

4 Quadernetze

Bei Quadern gibt es – genau wie bei Würfeln – verschiedene Netzformen. Zeichne Quadernetze, die zu den in Aufgabe 3 abgebildeten Würfelnetzen passen. Baue dann die Quader.

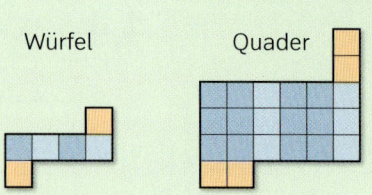

Würfel   Quader

Für Würfel und Quader gibt es viele verschiedene Netze. In den Bildern im Kasten kannst du die farbigen Flächen aus den Netzen in den Körpern wiedererkennen.

Netze

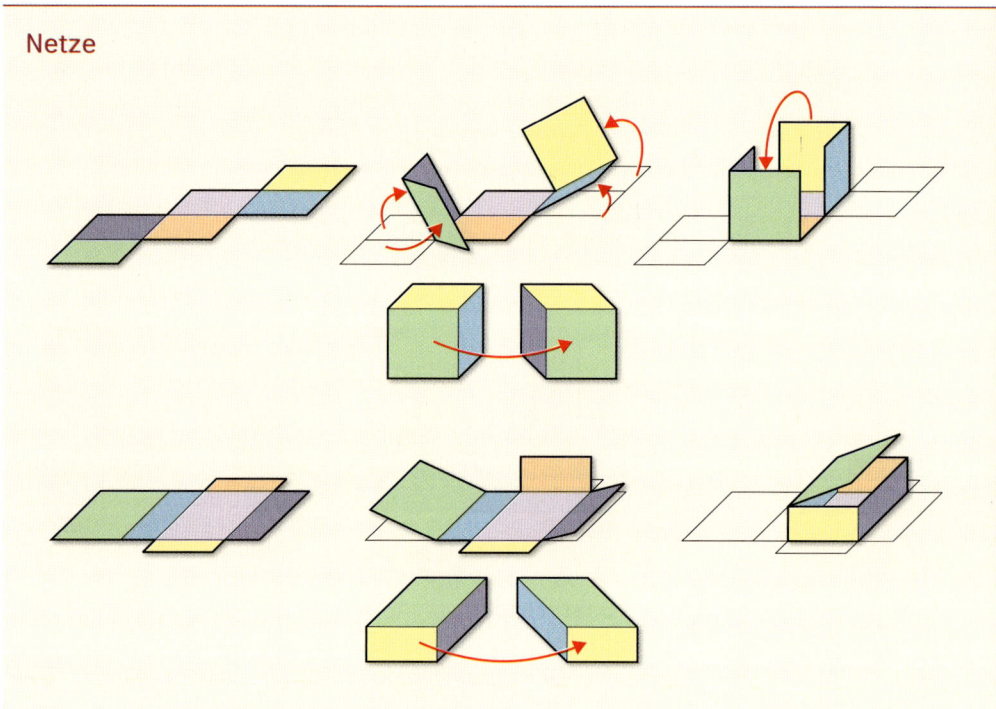

5 Beschriftungen bei Quadernetzen

Aus dem Netz wird der Quader zusammengebaut, sodass die Fläche B die Bodenfläche ist. Welche Fläche des Netzes wird zur Deckfläche (D), zur linken (LS) und zur rechten Seitenfläche (RS), zur Vorder- (V) und zur Rückfläche (R)?
Zeichne die Netze in dein Heft und beschrifte dann die einzelnen Flächen.

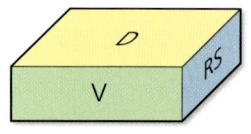

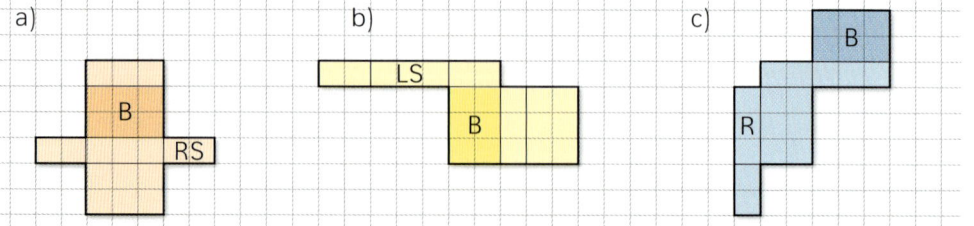

Übungen

Mit drei Netzen gelingt es nicht.

6   Würfelnetze

Welche Netze sind Würfelnetze?

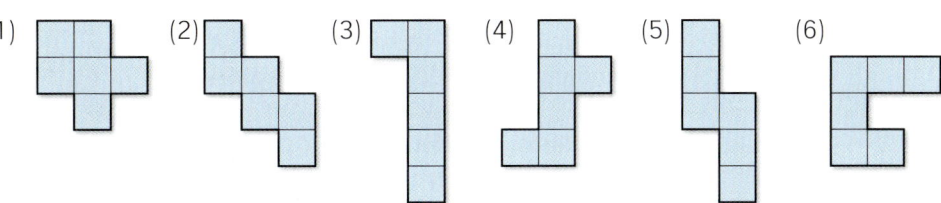

(1)   (2)   (3)   (4)   (5)   (6)

Versuche die folgenden Aufgaben zunächst im Kopf zu lösen. Das ist nicht einfach, aber wichtig für das Training des räumlichen Sehens. Zur Probe ist Zeichnen, Ausschneiden und Zusammenfalten nützlich.

7   Unvollständige Netze

Zeichne die angefangenen Netze ab. Zeichne das fehlende Quadrat so ein, dass ein Würfelnetz entsteht. Gibt es verschiedene Möglichkeiten?

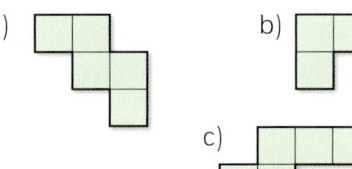

a)   b)

c)

8   Kanten färben

Die Netze sollen zu Würfeln gefaltet werden. Zeichne die Netze in dein Heft. Färbe jeweils die zwei Seiten in gleicher Farbe, die im Würfel eine Kante bilden.

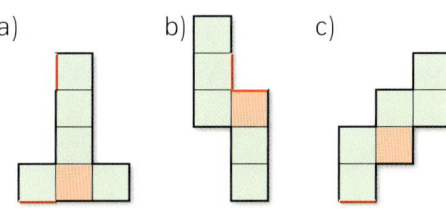

a)   b)   c)

Die CD bietet viele Möglichkeiten zum Experimentieren mit Mustern.

Experimentieren mit der CD „Raum und Form"

9   Würfelnetz mit Muster

Zeichne das Würfelnetz mit dem Muster ab und schneide es aus. Ergänze dann das Muster auf der freien Fläche, sodass du auf dem zusammengebauten Würfel ein möglichst geschlossenes Muster erhältst. Das ist nicht ganz einfach, aber du kannst den Erfolg durch Falten überprüfen.

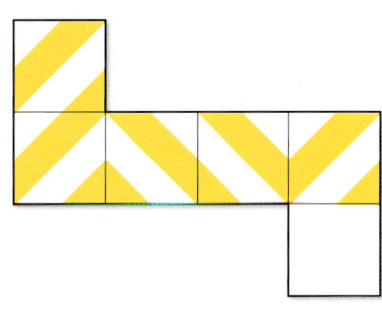

Übungen

Zur Erinnerung:
Die Augensumme
gegenüberliegender
Flächen beträgt 7.

10 Spielwürfel

Aus den Netzen werden Spielwürfel hergestellt.
Zeichne die Netze in dein Heft und trage die fehlenden Zahlen in die Flächen ein. Kannst du auch
passende Schrägbilder der Würfel zeichnen?

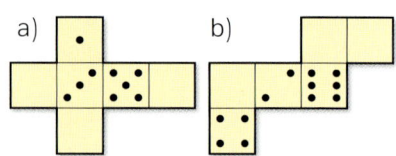
a)   b)

11 Gefärbter Würfel

Der Würfel ist an einer Ecke blau gefärbt. Zeichne ein Netz des
Würfels und trage die drei blauen Dreiecke passend ein.
Versuche es zunächst ohne Zusammenfalten des Netzes.
Die anschließende Probe zeigt den Erfolg.

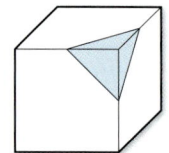

12 Intelligenter Käfer

Ein „intelligenter Käfer" sitzt in der hinteren
Ecke C eines oben offenen Würfels und
möchte auf kürzestem Weg in die vordere
Ecke E gelangen.
Den roten Weg C → B → A → E
und den blauen Weg C → A → E
hat er schon ausprobiert.

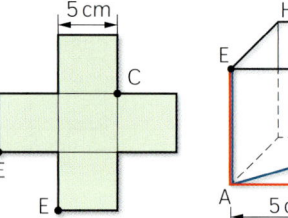
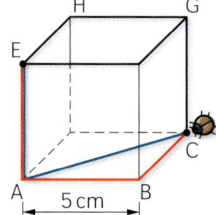

a) Zeichne das Netz in der richtigen Größe in dein Heft. Übertrage dann die farbigen
   Wege in das Netz und miss jeweils die Länge aus.

b) Finde im Netz den kürzesten Weg. Zeichne ihn in grüner Farbe und miss die Länge.
   Vergleiche.

c) Wenn du das Netz nun ausschneidest und zur Schachtel zusammenfaltest, so
   kannst du im Inneren den grünen Weg sehen.

Kopfübungen

1. Nenne die beiden in gleichen Abständen folgenden Zahlen:

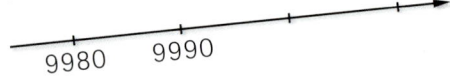

   9980   9990

2. Anne addiert fünfmal denselben Bruch und erhält als Summe 1.
   Welchen Bruch hat sie addiert?

3. Schreibe jeweils in Cent: a) 0,10 € b) 0,01 € c) 1,01 €

4. Berechne im Kopf: 357 : 7

5. Wie viele Flächen eines Quaders stoßen an einer Ecke zusammen?

6. Gib einen passenden Rechenausdruck an und berechne:
   „Multipliziere die Summe von 17 und 23 mit der Zahl 5."

7. Das Katzenfutter „Royal" wird in 4 kg-Paketen zum Preis von 30 € verkauft.
   Für einen Kater reicht das acht Wochen. Wie lange reicht ein Paket für vier
   Kater?

Aufgaben

Würfelschnitte und ihre
Spuren im Netz

Löse die Aufgaben auf
dieser Seite zunächst
im Kopf. Zur Kontrolle
kannst du die Netze
zeichnen und deine
Lösungen überprüfen.
Der Einsatz der CD
„Raum und Form" ist
auch hilfreich.

13 Spuren im Netz

Der Würfel wird in der Mitte durchgeschnitten. Im (verkleinerten) Netz (1) sind die
Schnittlinien farbig eingezeichnet. Übertrage das Schrägbild und die beiden Netze in
dein Heft (kariertes Papier, Kantenlänge des Würfels fünf Kästchen). Trage dann in
Netz (2) ebenfalls die Schnittlinien ein.

(1) 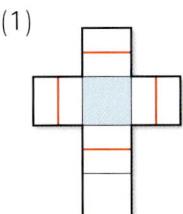   (2)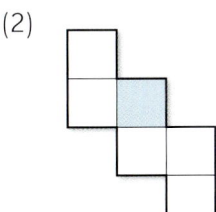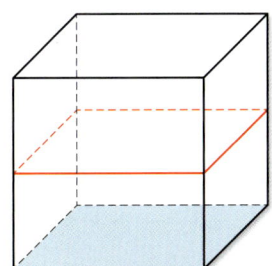

14 Schnittlinien

a) Zeichne die beiden Netze und ein Schrägbild des zugehörigen Würfels in dein Heft
(kariertes Papier).

b) Trage in einer anderen Farbe die Schnittlinien in das Schrägbild ein und beschreibe die Schnittfläche.

c) Zeichne die Schnittlinien in Netz (1) ein.

(1)   (2)
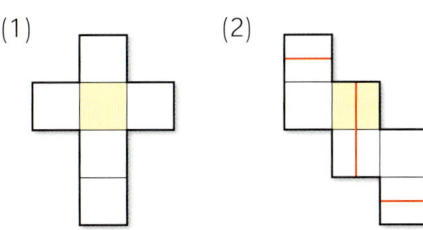

15 Satteldach

Aus dem Würfel wird ein Satteldach ausgeschnitten.

a) Zeichne das Schrägbild und die beiden Netze in dein Heft. Ergänze in den Netzen die
noch fehlenden Schnittlinien.

b) Zeichne ein Netz für das Satteldach und falte es zusammen. Denke an die Klebelaschen.

(1) 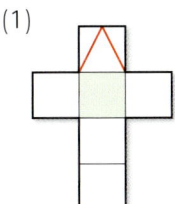   (2)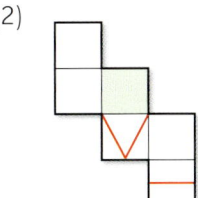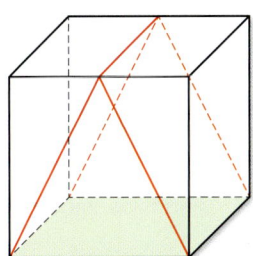

16 Würfelschnitte

Die Netze (1), (2) und (3) zeigen die Schnittlinien für Würfelschnitte.

(1) 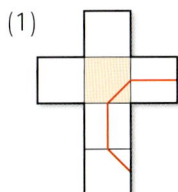   (2) 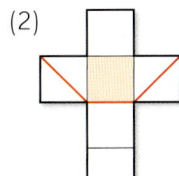   (3)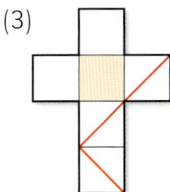

Zeichne die Schnittlinien jeweils in das zugehörige Würfelschrägbild. Welche Schnittflä-
chen erkennst du? Beschreibe sie möglichst genau mit Worten.

Würfelhäuser

Aus gleich großen Würfeln lassen sich viele verschiedenartige Würfelgebäude aufbauen.

A Paul meint, dass das Würfelhaus aus 12 kleinen Würfeln aufgebaut wurde.
Ricarda sagt, dass man sich da nicht sicher sein kann, es könnten auch 13 sein. Hat sie recht?

Teamarbeit
Wenn ihr selbst Würfelhäuser baut, teilt euch die Arbeit. Jeder in der Klasse baut zwei Würfel mit der Kantenlänge 5 cm. Ihr könnt viele verschiedene Würfelhäuser aufbauen.

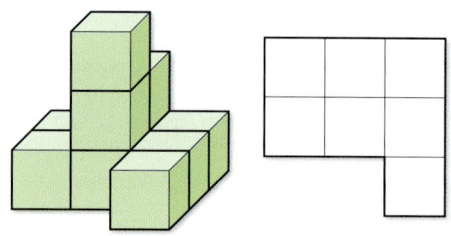

B Zeichne den Grundriss zu dem Würfelhaus in dein Heft und trage die Anzahl der Würfel über den Quadraten ein.
Wie viele zusätzliche kleine Würfel brauchst du, um das Würfelhaus zu einem großen Würfel zu ergänzen?

Tipp

Das Schrägbild von Würfelhäusern verrät nicht alles. Wir geben deshalb eine Zusatzinformation:
1. Wir zeichnen das „Fundament" des Würfelhauses aus Quadraten.
2. In jedes Quadrat tragen wir ein, wie viele Würfel darüber gebaut sind. Architekten nennen solche Bilder der Grundfläche auch „Grundriss".
Für das Würfelhaus in A sind z. B. folgende Zusatzbilder möglich:

4	2		
3	1	1	1

	1		
4	2		
3	1	1	1

C Welcher Grundriss passt zu welchem Würfelgebäude?

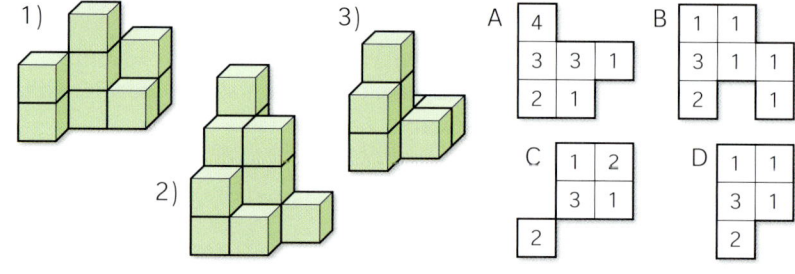

1)

3)

2)

A
4		
3	3	1
2	1	

B
1	1	
3	1	1
2		1

C
	1	2
	3	1
2		

D
	1	1
	3	1
2		

Dieses Haus ist natürlich nicht aus einzelnen Würfeln zusammengesetzt, aber es sieht beinahe so aus.

D Nun bauen wir Quaderhäuser aus Streichholzschachteln, zunächst in der Vorstellung.
Welcher Grundriss gehört zu welchem Gebäude?

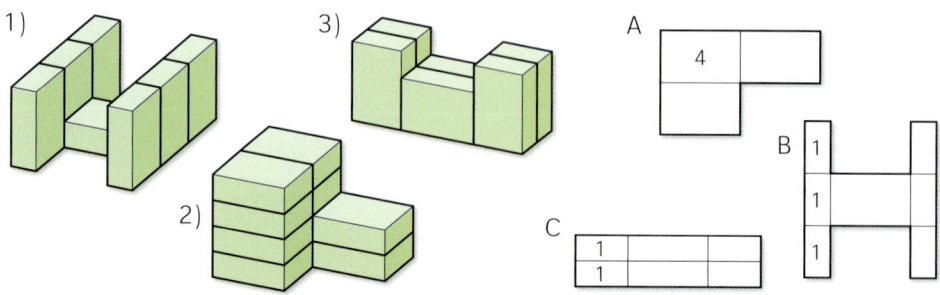

1)

3)

2)

A
4	

B
1	
1	
1	

C
1		
1		

Baut nun zu zweit Gebäude nach Plan. Ein Partner zeichnet einen Grundriss, der oder die andere baut diesen mit Streichholzschachteln nach.

4.5 Rauminhalt und Oberflächeninhalt

Wie viel Kubikmeter Luft braucht jede Schülerin und jeder Schüler an einem anstrengenden Schulmorgen zum Atmen?
Was besagen die Größenangaben „Kubikzentimeter" und „Liter" bei Regenmengen (Niederschlag)?
Für das Messen und Berechnen der Rauminhalte gibt es verschiedene Einheiten.

Aufgaben

1 Bauklötze

Bei Leas kleinem Bruder liegen mal wieder jede Menge Bauklötze auf dem Fußboden herum. Lea hilft ihm beim Aufräumen. Passen alle abgebildeten Bauklötze in den Karton? Wie viele blaue (rote, grüne, gelbe) Bauklötze passen höchstens in den Karton?

2 Klassenfest

Die Klasse 5b feiert ein Klassenfest. Die Schulleitung spendiert eine Sechserkiste mit 1,50 Liter Limoflaschen.
„Das reicht doch nie!"

3 Quader

In welchen Quader passen mehr Würfel? Wie viele mehr?

(1)

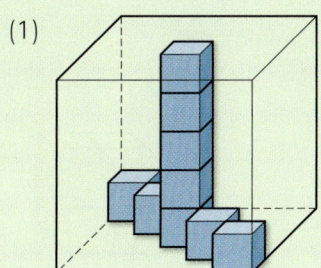

(2)

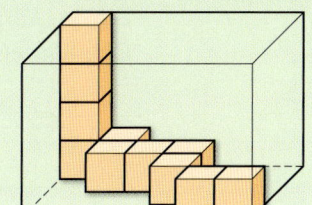

4 Containerhafen

Im Hafen wird ein Container entladen, der würfelförmige Holzkisten mit Bananen geladen hat.
a) Wie viele dieser Kisten passen in den Container?
b) Wie viel Quadratmeter Stahlblech hat man zur Herstellung des Containers gebraucht?

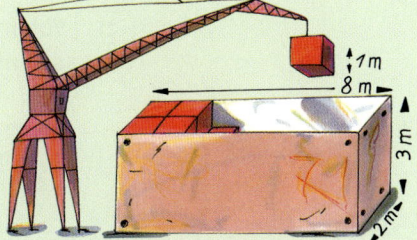

Basiswissen

Paketdienste bieten den „schnellen Faltkarton" für Pakete an. Bei diesen Paketen sind verschiedene Größen von Bedeutung.

Länge, Breite und Höhe
Sie bestimmen die Form des Quaders.
Wir können sie z. B. in cm messen.

Die Oberfläche des Paketes
Diese bestimmt unter anderem die Fläche des erforderlichen Packpapiers.
Die Oberfläche können wir z. B. in cm² messen.

Der Rauminhalt des Paketes
Er gibt an, wie viel in das Paket hineinpasst.
Wir können ihn z. B. in Kubikmetern (m³) messen.

Rauminhalt

Den Rauminhalt eines Quaders messen wir durch Ausfüllen mit Würfeln.
Als Einheit für den Rauminhalt kann man z. B. einen Würfel mit der Kantenlänge 1 cm verwenden.
Dieser Würfel hat den Rauminhalt 1 cm³ (1 Kubikzentimeter).

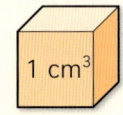

Der Quader lässt sich mit 24 Würfeln ausfüllen.

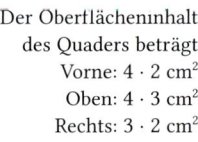
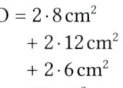

Der Oberflächeninhalt des Quaders beträgt
Vorne: $4 \cdot 2$ cm²
Oben: $4 \cdot 3$ cm²
Rechts: $3 \cdot 2$ cm²

$O = 2 \cdot 8$ cm²
$+ 2 \cdot 12$ cm²
$+ 2 \cdot 6$ cm²
$= 52$ cm²

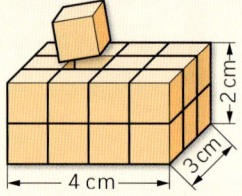

24 cm³
Maßzahl   Maßeinheit

Statt Rauminhalt sagt man auch **Volumen**.

Beispiele

A Rauminhalt und Oberflächeninhalt
Die drei Körper haben jeweils den Rauminhalt 8 cm³. Haben sie auch den gleichen Oberflächeninhalt?

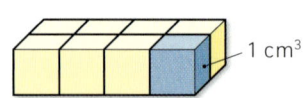
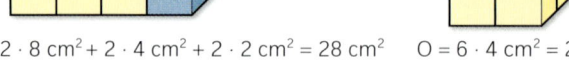
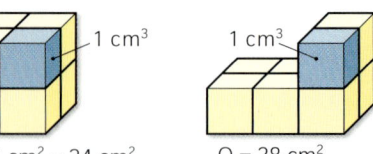

$O = 2 \cdot 8$ cm² $+ 2 \cdot 4$ cm² $+ 2 \cdot 2$ cm² $= 28$ cm² $O = 6 \cdot 4$ cm² $= 24$ cm² $O = 28$ cm²

Körper mit gleichem Rauminhalt können unterschiedlichen Oberflächeninhalt haben.

B Volumenvergleich
Die Vase hat einen Rauminhalt von 16 cm³.

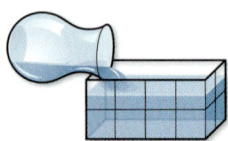

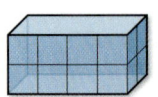

voll   leer

Übungen

5 Würfeltürme

Die Kantenlänge der kleinen Würfel beträgt jeweils 1 cm. Gib den Rauminhalt der Körper an. Ergänze die Körper zu einem Quader. Bestimme jeweils das Volumen der Würfel, die du hinzugefügt hast.

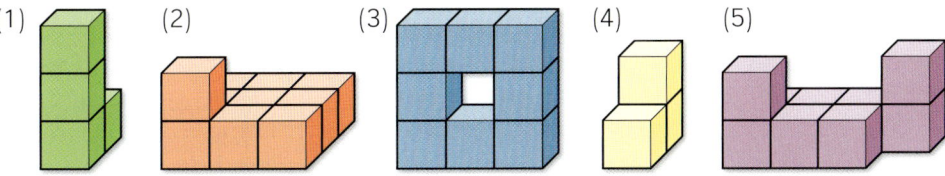

(1)   (2)   (3)   (4)   (5)

6 Luft im Klassenraum

Wie viel Rauminhalt Luft steht jedem Schüler zur Verfügung?

Auf dem Bild siehst du einen Würfel mit der Kantenlänge 1 m. Er hat einen Rauminhalt von 1 m³ (Kubikmeter). Schätze ab, wie viele solcher Würfel in den Klassenraum hineinpassen. Wenn du das weißt, dann kannst du auch schätzen, wie viel Kubikmeter Luft für jeden Schüler vorhanden sind.

7 Schätzaufgaben

Schätze den Rauminhalt.

a) eurer Sporthalle   b) des Schulbusses
c) eines Pkw   d) eines Kühlschranks
e) eines zehnstöckigen Hochhauses

8 Zusammengesetzte Körper

Die Körper sind aus Würfeln mit der Kantenlänge 1 cm zusammengesetzt.

a) Vergleiche die Rauminhalte der Körper.
b) Die Körper sollen außen mit Papier beklebt werden. Vergleiche die Flächeninhalte des benötigten Papiers.

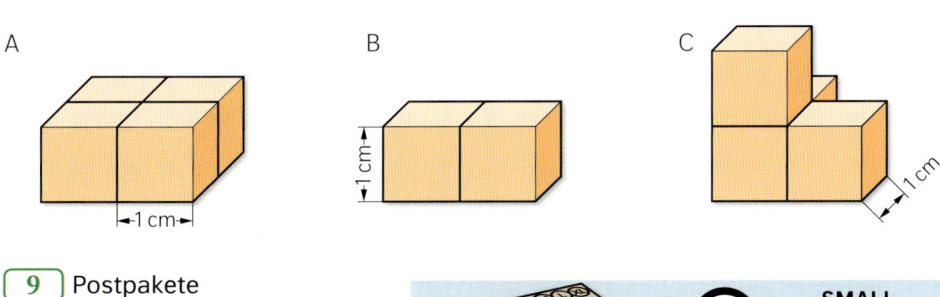

A   B   C

9 Postpakete

Wie viele Pakete „SMALL" passen ungefähr in ein Paket der Größe „EXTRA LARGE"?

Vergleiche auch die Oberflächen der beiden Pakete.

SMALL
25 x 17,5 x 10 c m
(Breite x Tiefe x Höhe)

EXTRA LARGE
50 x 30 x 20 c m
(Breite x Tiefe x Höhe)

Volatilis

Übungen

10 Dinge aus dem Alltag
Ordne die Rauminhalte passend zu.

Raum

Zuckerkristall

Schultasche

Spielwürfel

Milchflasche

Blumenvase

0,3 ℓ   1 mm³   1 cm³   16 dm³   36 m³   1 ℓ

11 T Passende Einheiten
Wähle jeweils die Einheit, die deiner Meinung nach am besten den Rauminhalt angibt. Franz hat so entschieden, dass die Buchstaben in der Reihenfolge den Namen einer Stadt ergeben.

	m³	ℓ	cm³	mm³
Ei	T	P	C	S
Tablette	O	R	P	E
Klassenzimmer	L	O	A	E
Kühlschrank	A	L	R	S
Schwimmbecken	E	T	S	O

12 Kubikdezimeter
Wie viele Würfel mit der Kantenlänge 1 cm passen in einen Würfel mit der Kantenlänge 1 dm? Schätze und prüfe nach.

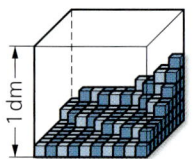

1 dm

Basiswissen

Zum Messen von Rauminhalten benötigt man wie beim Messen von Längen und Flächeninhalten verschiedene Maßeinheiten. Die Umrechnung geschieht
    bei Längen mit der Umrechnungszahl 10,
    bei Flächen mit der Umrechnungszahl 100,
    bei Rauminhalten mit der Umrechnungszahl 1000.

Übersicht über die Einheiten von Rauminhalten

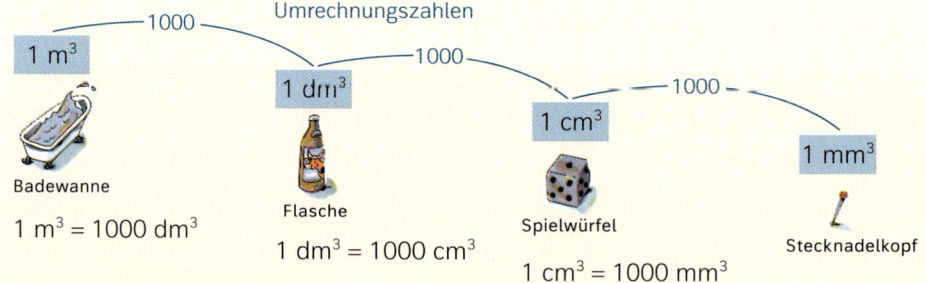

Umrechnungszahlen

1000

1000

1000

1 m³

1 dm³

1 cm³

1 mm³

1 Hektoliter   1 hℓ = 100 ℓ
1 Deziliter   1 dℓ = 0,1 ℓ
1 Zentiliter   1 cℓ = 0,01 ℓ

Badewanne

Flasche

Spielwürfel

Stecknadelkopf

1 m³ = 1000 dm³

1 dm³ = 1000 cm³

1 cm³ = 1000 mm³

Das Volumen von Flüssigkeiten wird auch in Litern gemessen.
So passt
in 1 dm³ genau ein Liter und
in 1 cm³ genau ein Milliliter.

1 ℓ = 1 dm³   1 mℓ = 1 cm³

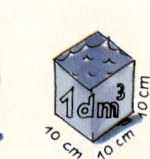

Rauminhalt eines Quaders

Den Rauminhalt eines Quaders kannst du mit folgender Formel berechnen:
Rauminhalt = Länge mal Breite mal Höhe
$$V = 4 \text{ cm} \cdot 2 \text{ cm} \cdot 3 \text{ cm}$$
$$= 24 \text{ cm}^3$$

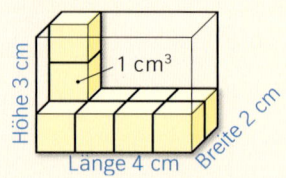

Höhe 3 cm   1 cm³   Breite 2 cm   Länge 4 cm

Oberflächeninhalt
= 2 mal (Länge mal Breite
       + Länge mal Höhe
       + Breite mal Höhe)
$O = 2 \cdot (8 \text{ cm}^2 + 12 \text{ cm}^2 + 6 \text{ cm}^2)$
$= 52 \text{ cm}^2$

Beispiele | **C** Rauminhalt von Quadern

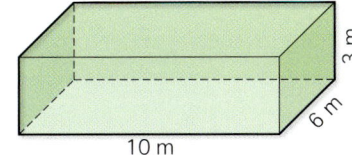 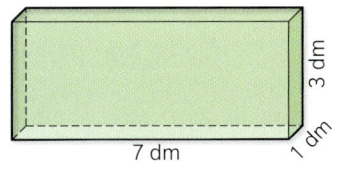 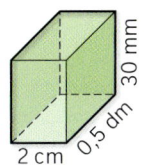

(1) $V = 10\,m \cdot 6\,m \cdot 3\,m$
$= 180\,m^3$

(2) $V = 7\,dm \cdot 1\,dm \cdot 3\,dm$
$= 21\,dm^3$

(3) $V = 2\,cm \cdot 5\,cm \cdot 3\,cm$
$= 30\,cm^3$

Übungen | **13** Rauminhaltsberechnungen

Die Kantenlängen des Quaders sind gegeben. Berechne den Rauminhalt.

	Länge	Breite	Höhe
a)	20 cm	15 cm	10 cm
b)	1 m	5 m	0,5 m
c)	80 cm	1,50 m	0,3 m
d)	8 dm	75 cm	100 mm

14 Aquarium

Ein Aquarium wird bis zur Höhe von 30 cm mit Wasser gefüllt.
Wie viel Wasser braucht man?

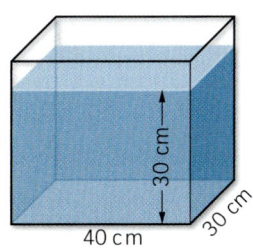

15 Umwandeln

Die Mehrzahl von Volumen heißt Volumina.

Wandle die Volumina in die nächstkleinere Maßeinheit um.
a) 12 dm³   b) 7 ℓ
c) 50 m³   d) 120 cm³
e) 1,2 m³   f) 2,7 dm³

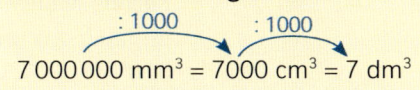

Umwandeln von Einheiten für Rauminhalte (Volumina)

Von der großen zur kleineren

$$\overset{\cdot\,1000}{\frown}\quad\overset{\cdot\,1000}{\frown}$$
$$12\ m^3 = 12\,000\ dm^2 = 12\,000\,000\ cm^2$$

Von der kleinen zur größeren

$$\overset{:\,1000}{\frown}\quad\overset{:\,1000}{\frown}$$
$$7\,000\,000\ mm^3 = 7000\ cm^3 = 7\ dm^3$$

16 Umwandeln

Wandle in die nächstgrößere Maßeinheit um.
Gib die Länge, Breite und Höhe eines möglichen Quaders mit dem gegebenen Rauminhalt an.
a) 15 000 cm³   b) 75 000 dm³   c) 7500 ℓ   d) 190 000 mm³   e) 300 ml

17 Monsterzahlen

Hier hat Simon sehr genau gerechnet. Sein Klassenraum hat einen Rauminhalt von 36 401 552 102 mm³. Kann das sein? Runde sinnvoll und wähle eine passende Maßeinheit.

18 Training zum Umwandeln

Ordne der Größe nach. Beginne mit dem größten Volumen.
Rechne jeweils in eine geeignete Einheit um.
a) 300 cm³; 2 m³; 24 dm³   b) 5 ℓ; 5000 dm³; 55 m³
c) 4000 cm³; 3,5 dm³; 30 000 mm³   d) 60 000 cm³; 6 m³; 6 000 000 mm³
e) 2,5 dm³; 2450 cm³; 2 510 000 mm³   f) 19 ℓ; 1900 ml; 20 dm
g) 65 000 dm³; 65 600 000 ml; 605 000 cm³; 6,1 m³; 60 000 ℓ; 59 000 000 cm³

Übungen

19 Volumen und Oberflächeninhalt von Quadern
Berechne für die Quader die fehlenden Größen.

	Länge	Breite	Höhe	Rauminhalt	Oberflächeninhalt
a)	4 cm	3 dm	0,2 m	■	■
b)	15 cm	5 cm	■	3,15 ℓ	■
c)	■	2,5 dm	20 dm	0,5 m³	■
d)	20 cm	■	1 dm	4 ℓ	■
e)	■	1 cm	6 cm	■	82 cm²

20 Wassereimer
a) Wie viele Zehn-Liter-Eimer kann man aus einem vollen Wassertank mit den Maßen 2 m × 1 m × 1,20 m mit Wasser füllen?
b) Die Wassermenge im Zehn-Liter-Eimer wird auf Flaschen zu 0,75 ℓ oder in Gläser zu 0,2 ℓ verteilt. Wie viele Flaschen bzw. Gläser werden gefüllt?

↘ **Umwandeln mit der Einheitentabelle**

Beim Umwandeln von Volumeneinheiten kann die Einheitentabelle sehr hilfreich sein. Dies ist vor allem wichtig, wenn man die Kommaschreibweise benutzt.

m³			dm³ = ℓ			cm³ = mℓ			mm³			
		1	0	0	0							1 m³ = 1000 dm³
				1	0	0	0					1 dm³ = 1000 cm³
						1	0	0	0			1 cm³ = 1000 mm³
			2	4	0	0	0					24 000 mℓ = 24 ℓ
			2	4								
		2	5									2,5 m³ = 2500 ℓ
		2	5	0	0							
				4	7	3						4,73 dm³ = 4 730 000 mm³
				4	7	3	0	0	0	0		

21 Umwandeln mit der Einheitentabelle
Rechne in die angegebene Einheit um. Benutze die Einheitentabelle.

a) 320 ℓ → ■ mℓ c) 1,7 m³ → ■ cm³ e) 0,2 ℓ → ■ mm³

b) ■ dm³ ← 42 000 cm³ d) ■ m³ ← 6 250 000 cm³ f) 3,02 dm³ → ■ cm³

22 Zu viel Müll?
a) Ein Großbehälter fasst 5000 ℓ Restmüll. In einer Stadt werden an einem Tag 72 Behälter entleert. Wie viel Restmüll fällt an? Wie hoch würde sich dieser Müll in einer quaderförmigen Säule mit einer Grundfläche von 1 m² stapeln? Wie hoch würde sich der Müll auf einer 1 ha großen Mülldeponie verteilen, wenn sie gleichmäßig gefüllt würde?
b) Im Jahr 2011 haben die Närrinnen und Narren am Rosenmontag in Köln 325 000 ℓ Müll produziert. Wie hoch wäre die Säule mit der Grundfläche von 1 m²?

23 Getränkeangebot
Welches Angebot ist günstiger?

Mineralwasser	
12 Flaschen à 0,75 ℓ	3,69 €
20 Flaschen à $\frac{1}{2}$ ℓ	4,99 €

Übungen

24 Blutmenge

Das menschliche Herz drückt bei jeder Kontraktion (Zusammenziehung) ca. 60 mℓ in die Blutbahn. Bestimme die Blutmenge, die in einer Minute durch dein Herz läuft. Wie viel Blut läuft an einem Tag durch dein Herz?

25 Klassenfest

Für das nächste Klassenfest sollst du die Getränke besorgen. Überschlage, wie viele Gläser Sprudel, Orangensaft und Multivitaminsaft jeder ungefähr trinken wird. Wie viele Flaschen von jeder Sorte musst du besorgen? Wie viel Liter Flüssigkeit sind das insgesamt?

26 Schneelast

Auf dem Flachdach eines Hauses mit einer Fläche von 150 m² liegen 25 cm Schnee.
a) Wie viel Kubikdezimeter Schnee liegen auf dem Dach?
b) Wie groß ist die Schneelast, wenn 1 dm³ Schnee 64 g wiegt?

27 Aquarium

Tobias hat ein Aquarium.
a) Wie viel Liter hat er eingefüllt, wenn das Wasser 42 cm hoch steht?
b) Um wie viel Zentimeter steigt das Wasser, wenn er 9 Liter nachfüllt?

28 Blumenkästen

Vier Blumenkästen sollen von außen gestrichen werden. Wie viel Quadratmeter sind zu streichen? Zur Füllung der Kästen kauft Julian 50 Liter Blumenerde. Reicht dieser Beutel?

Kopfübungen

1. Ordne die Zahlen der Größe nach, beginne mit der kleinsten:
   a) 2121   b) 1221   c) 2211   d) 1122   e) 2112   f) 1212

2. Ein Murmeltier (M) muss auf kürzestem Wege in ein Erdloch gelangen. Soll es das Erdloch A, B, C oder D wählen?

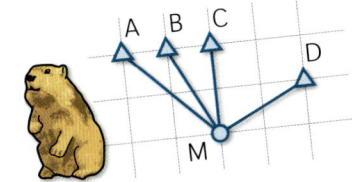

3. Es ist 20:30 Uhr. Wie spät ist es nach zehn Stunden?

4. Berechne im Kopf: a) $5 + 5 \cdot 2$ b) $(5 + 5) \cdot 2$

5. Welcher geometrische Körper ist geeignet, um eine Münze näherungsweise zu beschreiben?

6. Welches Maß beschreibt die Höhe einer Zimmertür?
   a) 3 m   b) 500 cm   c) 2000 mm

7. Der Mietpreis für 1 m² Wohnfläche beträgt ca. 8 €. Lukas kann monatlich nur 300 € für die Kaltmiete bezahlen. Schätze, wie groß seine Wohnung höchstens sein darf.

Exkurs

Wasserbedarf

Rund 25 Liter Wasser werden in Indien pro Person und Tag im Haushalt verbraucht. In Europa dagegen sind es 150 Liter, in den USA 300 Liter, jeweils ein Drittel wird allein für die WC-Spülung benutzt. Weil sich immer mehr Menschen am westlichen Lebensstandard orientieren, wächst der globale Bedarf an Haushaltswasser noch schneller als die Weltbevölkerung: Mit heute 1 Kubikkilometer pro Tag hat er sich gegenüber 1950 versechsfacht – während sich die Zahl der Menschen im selben Zeitraum etwa verdoppelte.　　　Stand 2007

Lake Shasta, Kalifornien (2014)

Projekt

Wasserverbrauch im Alltag

Trinkwasser ist wertvoll und lebenswichtig. Es steht auf der Erde zwar in großen Mengen, aber nicht unbegrenzt zur Verfügung. Hast du eine Vorstellung, wie viel Trinkwasser in deiner Familie innerhalb einer Woche verbraucht wird?
In Gruppen könnt ihr euch auf verschiedene Arten mit dem Thema auseinandersetzen.

A Plakat zum Thema Wasserverbrauch im Alltag

Überlegt euch, wo überall im Alltag eurer Familie Wasser verbraucht wird. Aus Prospekten, Katalogen usw. schneidet ihr Verbrauchsgeräte aus, typische Situationen könnt ihr in eigenen Bildern und Fotos auf einem Plakat festhalten. Zu jeder Situation ermittelt ihr dann durch eigene Untersuchungen und Experimente den Wasserverbrauch innerhalb einer Woche. Unter die Bilder schreibt ihr diese Zahlen in Liter auf.
Mithilfe der Tabellenkalkulation könnt ihr ein übersichtliches Diagramm ergänzen.

Zur besseren Vergleichbarkeit rechnet ihr den durchschnittlichen Verbrauch pro Tag und pro Person aus.

B Wasseruhr

Der Wasserverbrauch lässt sich auch an der Wasseruhr ablesen. Ermittle mithilfe eurer Wasseruhr den Verbrauch in einer Woche. Vergleiche mit den Werten aus der Collage. Vielleicht kannst du die Werte auch aus der Jahresabrechnung für das Wasser gewinnen. Dabei erfährst du auch, was das Wasser bei uns kostet. Zusätzlich werden noch die „Abwasserkosten" berechnet.

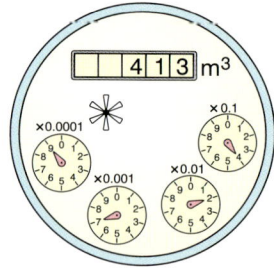

Die abgebildete Wasseruhr zeigt einen Wert von 413,4279 m³ an.

C Ratgeber „Wasser sparen"

Wie kann man Wasser sparen? Wodurch wird Trinkwasser vergeudet? Erstellt eine kleine Broschüre, in der die Ratschläge mit entsprechenden Zahlenwerten belegt werden. Hier einige Anregungen:

Es tropft und tropft …

Dusche statt Vollbad und beim Einseifen das Wasser abdrehen. (Volumen der Badewanne schätzen, Zeit fürs Duschen stoppen und zehn Sekunden Wasser im Eimer auffangen)

Viele Menschen lassen während des Zähneputzens das Wasser laufen. (Wie viel Wasser verschwendet z.B. eine vierköpfige Familie in einer Woche?)

Stopp- oder Spartaste bei der WC-Spülung. (Sparwerte werden oft in den Werbeblättern angegeben.)

Undichter Wasserhahn tropft. (Wie viel Wasser geht am Tag verloren? Wie lange würde es dauern, bis die Badewanne voll ist?)

Aufgaben

29 Hinkelstein

Welchen Rauminhalt hat ein Hinkelstein?
Asterix und Obelix beantworten die Frage
jeder auf seine Weise.

Zu welchen Ergebnissen kommen Asterix
und Obelix? Welche Methode würdest du
bevorzugen?

Asterix:
„Der Hinkelstein ist 1,80 m hoch
und misst an der breitesten Stelle
etwa 80 cm. Eine Bretterkiste zum
Einpacken müsste also die Maße
80 cm × 80 cm × 1,80 m haben.
Der Hinkelstein füllt diese Kiste etwa
zur Hälfte aus."

Obelix:
„Im Gallierdorf steht ein großer
quaderförmiger Wassertrog von 3 m
Länge, 1,50 m Breite und 1,30 m Höhe. Im Augenblick steht das Wasser
im Trog 95 cm hoch. Ich lege den
Hinkelstein in den Trog, der Wasserspiegel steigt auf 1,07 m."

30 Niederschlagsmengen

Die Meteorologen geben die Niederschlagsmenge
(Regen, Schnee, Hagel) pro Jahr in Millimeter an.
510 mm Niederschlag bedeuten:
Sammelt man alle Niederschläge, die während eines Jahres fallen, so erhält man eine
510 mm hohe Säule Wasser über einem Quadratzentimeter.

Niederschläge zum Vergleich	
Wüste pro Jahr	150 mm
Dortmund pro Jahr	585 mm

a) Welche Menge Wasser fällt innerhalb Dortmunds pro Jahr durchschnittlich auf einen
   Quadratmeter?
b) Schätze ab, wie viel Regen dabei auf deine Stadt gefallen wäre.

31 Regenwasser sammeln

a) Neben der Garage steht eine große
   Regentonne mit einem Fassungsvermögen von 500 ℓ. Sie sammelt den Regen auf, der auf das Garagendach mit
   den Maßen 6 m · 3 m fällt und über eine
   Regenrinne weitergeleitet wird.
   Wie lange muss es „stark regnen", bis
   die Tonne gefüllt ist?

Leichter Regen*	0 – 2 mm
Starker Regen*	2 – 10 mm
Platzregen*	mehr als 10 mm

* Niederschlagswert in mm pro 30 min

b) Es gibt große Auffangbecken, in denen
   man das Regenwasser sammelt, das auf
   große Flächen fällt.
   Wie viele Kubikmeter Wasser könnte man sammeln, wenn auf einem asphaltierten
   Parkplatz von 1 ha Fläche eine Stunde lang ein Platzregen mit 15 mm Niederschlag
   pro 30 min niedergeht?
   Welche Maße müsste das quaderförmige Auffangbecken mindestens haben?

Vorstellung für den Kubikkilometer

In der Übersicht über die Einheiten von Rauminhalten steht nicht der Kubikkilometer (km³). Ein Kubikkilometer ist ein Würfel mit der Kantenlänge 1 km.

Einen Kubikkilometer kann man sich nicht so leicht vorstellen, da er sehr groß ist.

Aufgaben

32　Volumen der Erde

Unsere Erde ist fast eine Kugel mit einem Durchmesser von 12 740 km. Versuche das Volumen der Erde abzuschätzen, indem du die Erde in einen Würfel einpasst. Welches Volumen hat dieser Würfel?

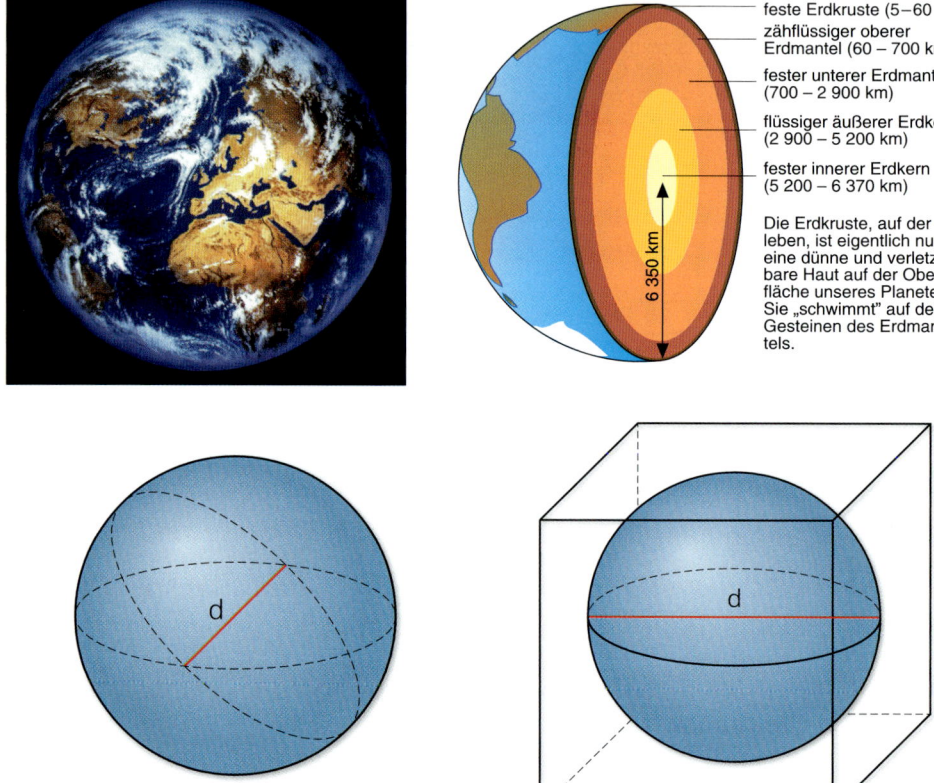

feste Erdkruste (5 – 60 km)
zähflüssiger oberer Erdmantel (60 – 700 km)
fester unterer Erdmantel (700 – 2 900 km)
flüssiger äußerer Erdkern (2 900 – 5 200 km)
fester innerer Erdkern (5 200 – 6 370 km)

Die Erdkruste, auf der wir leben, ist eigentlich nur eine dünne und verletzbare Haut auf der Oberfläche unseres Planeten. Sie „schwimmt" auf den Gesteinen des Erdmantels.

Finde heraus, wie man diese Zahl liest.

In einem Buch wird das Volumen der Erde mit 1 083 319 780 000 km³ angegeben. Wie gut hast du mit dem Würfel geschätzt? Vergleiche dein Ergebnis für den Würfel mit dem Volumen der Erde.

33　Schwimmbecken

Ein 25 m langes und 20 m breites Schwimmbecken mit einer Tiefe von 2 m ist mit Wasser gefüllt.

a) Welche Kantenlänge hat ein Würfel, in den das Wasser des Schwimmbeckens passen würde? Zeichne diesen Würfel maßstabsgetreu in einen Kubikkilometer. Was stellst du fest?

b) Wie groß müsste ein 2 m tiefes Schwimmbecken sein, das den Kubikkilometer halb füllen würde?

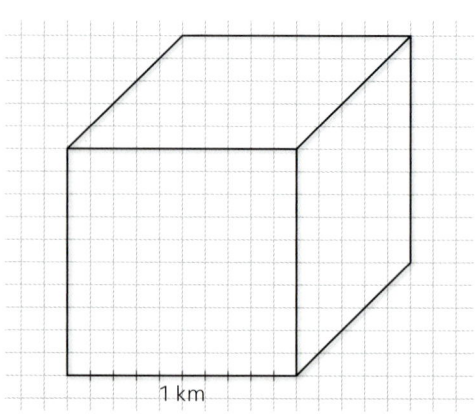

1 km

Quader

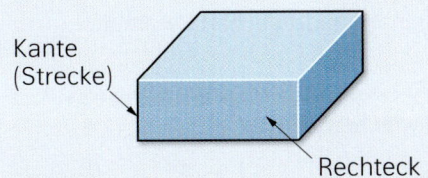

Kante
(Strecke)

Rechteck

Körper

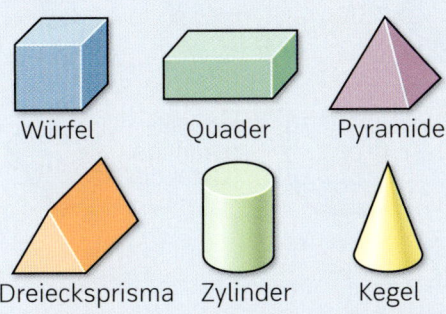

Würfel   Quader   Pyramide

Dreiecksprisma   Zylinder   Kegel

Figuren

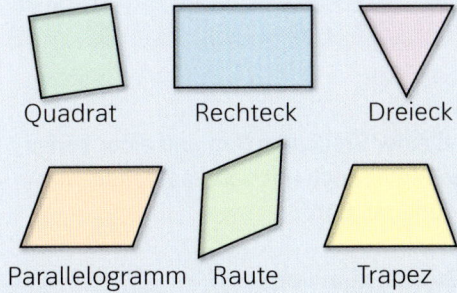

Quadrat   Rechteck   Dreieck

Parallelogramm   Raute   Trapez

Kantenmodelle

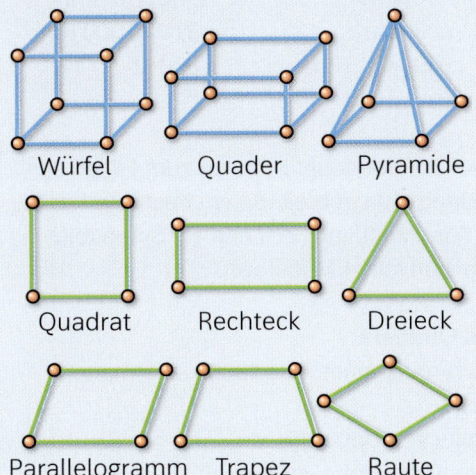

Würfel   Quader   Pyramide

Quadrat   Rechteck   Dreieck

Parallelogramm   Trapez   Raute

Check-up

1 Geometrische Körper im Alltag

Im Alltag begegnen dir viele Formen geometrischer Körper.
a) Schreibe in deinem Heft die Namen aller Körper auf, die du kennst.
b) Gib für jeden Körper die Anzahl seiner Kanten und Flächen an.
c) Suche für jeden Körper ein Beispiel aus dem Alltag. Ein Blick in Kapitel 2 hilft dir dabei.

2 Körperdetektiv

Welcher Körper ist jeweils gemeint?
a) Ich bin ein Körper und habe als Seitenflächen lauter Rechtecke.
b) Ich bin ein Körper und habe nur sechs Kanten.
c) Mein Netz besteht aus einem Quadrat und vier Dreiecken.
d) Ich bin ein Dach. Zwei Trapeze und zwei Dreiecke machen mich zu dem, was ich bin.
e) Ich bin ein Dach, das aus vier gleichgroßen Dreiecken besteht.

3 Bekannte Türme

Diese Türme stehen in drei verschiedenen Städten Deutschlands: Frankfurt, Dresden und Berlin. Sie sind aus mehreren gleichen oder verschiedenen Grundformen zusammengesetzt.
a) Zerlege die Türme in möglichst einfache geometrische Körper.

Eschenheimer Turm in Frankfurt   *Turm der Universität Dresden*   *Fernsehturm in Berlin*

b) Finde selbst z. B. in Zeitschriften zusammengesetzte Körper und zerlege sie.

4 „Was bin ich?" – ein geometrisches Ratespiel

Es geht darum, geometrische Körper zu beschreiben, ohne den Namen zu nennen.
Beispiel: Der Körper besteht aus sechs Quadraten und hat …
a) Beschreibe auf diese Weise die abgebildeten Körper. Spiele abwechselnd mit deinem Tischnachbarn.
b) Ihr könnt das Spiel auch mit den nebenstehenden Kantenmodellen spielen.

Schrägbild

Quader

Netz

Quader

Rauminhalt eines Quaders

Wie viel in einen Körper hineinpasst, wird durch den Rauminhalt angegeben.

Den **Rauminhalt eines Quaders** kannst du mit einer Formel berechnen:

Rauminhalt = Länge mal Breite mal Höhe

Rauminhalt bestimmen

Anke hat noch einen 50-Liter-Sack Blumenerde. Reicht dieser für zwei Blumenkästen mit den Maßen: Länge 0,8 m; Breite 20 cm; Höhe 15 cm?

$$\overset{\cdot 10 \quad\quad \cdot 10}{}$$

Umwandlung: 0,8 m = 8 dm = 80 cm

Rechnung:
80 cm · 20 cm · 15 cm = 24 000 cm³

Umwandlung:
24 000 cm³ = 24 dm³ = 24 ℓ

$$\underset{: 1000}{}$$

Antwort:
Die 50 Liter reichen für zwei Kästen.

Oberflächeninhalt eines Quaders

Oberflächeninhalt
= 2 mal (Länge mal Breite
+ Länge mal Höhe
+ Breite mal Höhe)

Beispiel:

O = 2 · (80 cm · 20 cm
    + 80 cm · 15 cm
    + 20 cm · 15 cm) = 6200 cm²
              = 62 cm³

Check-up

5 Schrägbilder

Zeichne das Schrägbild
a) eines Würfels,   b) einer quadratischen Pyramide.

6 Netze

Welche Netze gehören zu welchem Körper?

a)   b)   c)   d)

e)   f)   g)

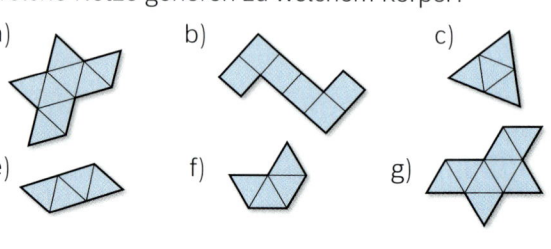

Pyramide mit vier Ecken (Tetraeder)   Würfel   Doppelpyramide (Oktaeder)

7 Quader

Berechne die fehlenden Größen:

Länge	Breite	Höhe	Rauminhalt	Oberflächeninhalt
3 cm	■	4 cm	12 cm³	■
2 dm	4 cm	5 cm	■	■
10 mm	2 cm	■	1 cm³	■

8 Weitsprunggrube

Eine Weitsprunggrube mit einer Breite von 3 m und einer Länge von 8 m soll einen halben Meter hoch mit Sand aufgefüllt werden. Reicht eine Lkw-Ladung mit 6 m³?

9 Umwandeln von Größen zum Vergleich

Gib in einer größeren Einheit an und nenne Gegenstände ähnlichen Ausmaßes.
a) 1500 cm³   78 000 dm³   200 000 mm³
b) 20 000 cm³   729 mm³   87 000 000 mm³
c) 4000 mℓ   3000 ℓ   800 cℓ

10 Aquarium

Wie viele Eimerfüllungen (10 ℓ) benötigt Heinrich zum Füllen seines Aquariums (1,20 m lang, 40 cm breit, 55 cm hoch), um es bis 5 cm unter den oberen Rand zu füllen? Zeichne ein Schrägbild des Aquariums in einem sinnvollen Maßstab.

11 Rauminhalt eines Quaders

Wie ändert sich der Rauminhalt eines Quaders, wenn man
a) die Länge verdoppelt,
b) die Länge und die Breite verdoppelt,
c) die Länge, die Breite und die Höhe verdoppelt?

Sichern und Vernetzen –
Vermischte Aufgaben zu Kapiteln 4

Trainieren

1 Schrägbilder von Dächern

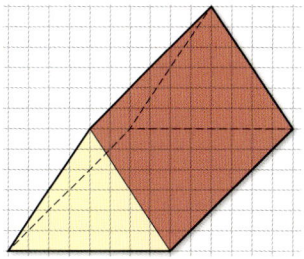

a) Zeichne das Schrägbild in dein Heft und ergänze es
   zu einem vollständigen Haus.
   Das karierte Papier ist dabei sehr nützlich.
   Welche Dachform erkennst du?
b) Zeichne das Schrägbild eines Hauses mit einem
   Walmdach.

2 Netze von Körpern

Zeichne ein Netz der Körper und beschrifte die einzelnen Flächen mit den im Bild angegebenen Buchstaben.

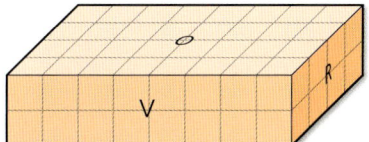   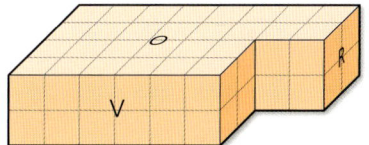

3 Quader

Berechne den Rauminhalt und den Oberflächeninhalt eines Quaders mit der Breite
3 m, der länge 40 dm und der Höhe 2000 mm.

4 Umwandeln

Schreibe in der nächstgrößeren Maßeinheit. Gib jeweils die Länge, Breite und Höhe
eines möglichen Quaders mit den gegebenen Angaben an.

a) $24\,000\ mm^2$ b) $20\,000\ cm^3$ c) $5000\ dm^3$ d) $11\,000\ dm^3$

5 Ordnen

Ordne jeweils der Größe nach.

a) $23\ m^3$; $2300\ dm^3$; $230\,000\ cm^3$
b) $1500\ dm^3$; $20\ m^3$; $1\,050\,000\ cm^3$
c) $2\ ℓ$; $0,1\ hℓ$; $3000\ mℓ$
d) $42\ dm^3$; $13\ ℓ$; $4000\ cm^3$

6 Wahr oder falsch?

a) $4\ cm^3 = 4\ cℓ$ b) $3000\ mm^3 = 3\ cm^3$
c) $5\ dm^3 = 5\ ℓ$ d) $1\ m^3 = 1\,000\,000\ cm^3$
e) $700\ ℓ = 7\ hℓ$ f) $4000\ dm^3 = 4\,000\,000\ m^3$

7 Flaschen

a) Wie viele 0,75-Liter-Flaschen kann man mit 10 Liter Apfelsaft füllen?
b) Reichen 12 Liter für das Füllen von 20 Flaschen mit der Füllmenge 0,75 Liter?

8 Würfel

a) Berechne den Rauminhalt und den Oberflächeninhalt eines 3 m breiten Würfels.
b) Bestimme die Höhe eines Würfels mit dem Rauminhalt $V = 1\ m^3$

Verstehen

9 Netze
Welches Netz passt?

a) 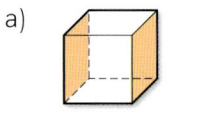   A 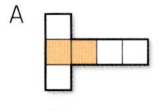   B 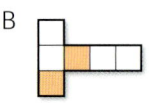   C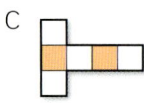

b) 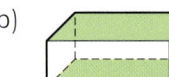   A 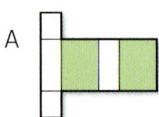   B    C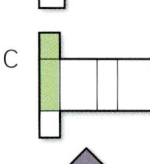

c)   A 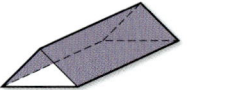   B 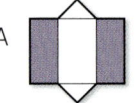   C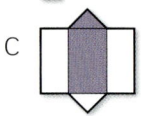

10 Umrechnungszahlen
Erkläre, warum man bei Flächeninhalten und Rauminhalten unterschiedliche Umrechnungszahlen hat. Gib ein Beispiel an, wo du bei der Berechnung die Umrechnungszahlen benötigst.

11 Umrechnung von Kubikmeter in Kubikzentimeter
Wie viele Kubikzentimeter hat ein Kubikmeter? Schätze.

I	II	III	IV	V
$100\ cm^3$	$1000\ cm^3$	$10\,000\ cm^3$	$1\,000\,000\ cm^3$	$1\,000\,000\,000\ cm^3$

12 Würfel – Was passiert, wenn...
Wie verändert sich der Rauminhalt und der Oberflächeninhalt eines Würfels, wenn man seine Seitenlängen verdoppelt.

Anwenden

13 Kantenmodelle
Aus einem 96 cm langen Rundstab soll ein Kantenmodell
a) eines Würfels,
b) einer quadratischen Pyramide hergestellt werden.
In welche Stücke muss der Rundstab jeweils zerschnitten werden?
Es soll dabei kein Reststück übrigbleiben.

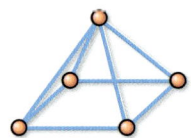

14 Körpernetze
Hast du ein gutes Vorstellungsvermögen?
Dann sage voraus, welche Körper aus den unten abgebildeten Netzen entstehen.
Überprüfe deine Vermutungen, indem du die Netze auf Karopapier überträgst, ausschneidest und faltest.
Beschreibe die Körper.

a) 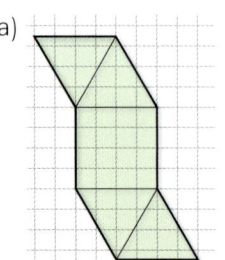   b) 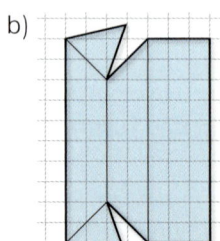   c) 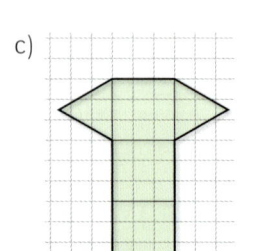   d)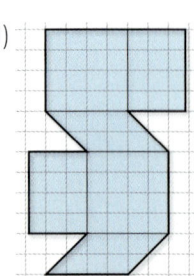

Anwenden

15 Zimmer tapezieren

Frank möchte in seinem Zimmer Wände und
Decke mit Raufaser tapezieren und streichen.
Das Zimmer hat eine quadratische Grundfläche von 16 m² und eine Höhe von 3,20 m.
Es gibt zwei Fenster und eine Tür.
a) Wie viele Tapetenrollen sollte er einkaufen?
b) Welchen Farbeimer sollte er einkaufen?

16 Ladefläche

Taschenrechner

a) Welches Fahrzeug bietet mehr Laderaum?

Laderaum Fahrzeug 1:		Laderaum Fahrzeug 2:	
Länge (mm)	3360	Länge (mm)	4180
Breite (mm)	1808	Breite (mm)	1790
Höhe (mm)	2280	Höhe (mm)	2180
Tragfähigkeit (kg)	1485	Tragfähigkeit (kg)	1500

Problemlösen

b) Der Fahrer möchte möglichst viele Schränke aufein-
mal transportieren. Jeder Schrank ist 2,20 m hoch, 0,50 m tief und 1,10 m breit.
Welches Fahrzeug ist besser geeignet?

17 Grünschnitt

Herr Delfs sammelt Grünschnitt in einem Gartenabfall-
sack mit 90 ℓ Fassungsvermögen. Wenn der Sack voll ist,
entleert er ihn auf dem Anhänger. Später fährt er den
vollen Anhänger auf die Deponie und muss für jeden
angefangenen Kubikmeter 2,80 € bezahlen.

18 Wasserspiel

Magnus baut sich aus quaderförmigen Plastikkisten
ein Wasserspiel. Mit einer Pumpe füllt er die Kisten.
Die Pumpe pumpt pro Minute acht Liter.
a) Wann läuft die erste Kiste über?
b) Wie lange dauert es, bis die letzte Kiste überläuft?

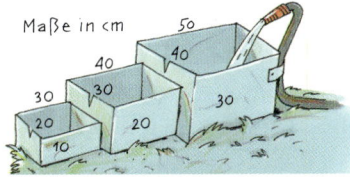

19 Wertvolles Geschenk

Du möchtest ein wertvolles Geschenk in einem Schuhkarton verpacken und dazu den
Karton von innen mit grüner Samtfolie aus-
schlagen. Reicht das Reststück?

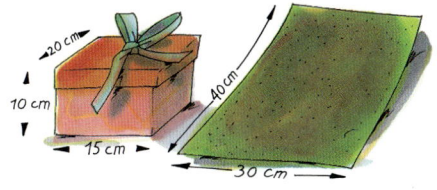

20 Verpackung

Zeige, dass die Kartons den gleichen Rauminhalt haben.
Für welchen Karton benötigst du am wenigsten Verpackungspapier?

Karton 1: 80 cm x 20 cm x 40 cm

Karton 2: 40 cm x 40 cm x 40 cm

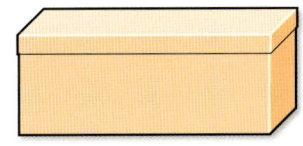

Karton 3: 80 cm x 25 cm x 32 cm

Symmetrie

Symmetrie ist überall. Sie begegnet uns vielfältig in den von Menschen geschaffenen Gegenständen, Bauwerken und Bildern. Auch die Natur steckt voller Symmetrien. Hier ist sie offensichtlich im Bauplan von Pflanzen, Tieren und Menschen schon angelegt, tritt aber selten in der geometrisch perfekten Form auf. Die kleinen Abweichungen zum Beispiel beim Gesicht eines Menschen machen dann häufig den besonderen Reiz aus.

5.1 Symmetrie in Raum und Ebene

Was ist eigentlich Symmetrie und woran kann man sie erkennen? Es gibt ganz verschiedene Symmetrien, z. B. Achsensymmetrie und Drehsymmetrie. Beide kommen sie sowohl in der Ebene als auch im Raum vor.

Wie viele Symmetrien kannst du in der Blüte erkennen?

5.2 Symmetrische Figuren konstruieren

Spiegelsymmetrie kannst du durch Anstellen eines Spiegels leicht überprüfen. Durch Falten und Schneiden kannst du auch symmetrische Figuren entwerfen.
Zum geometrischen Konstruieren von symmetrischen Bildern nutzen wir die Eigenschaften der Symmetrien und bekannte Werkzeuge, das Geodreieck und den Zirkel.

Kannst du den vollständigen Schmetterling konstruieren?

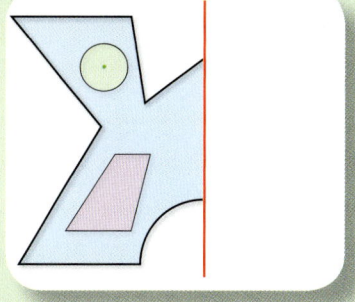

5.3 Raumvorstellung

Beim Basteln hast du bestimmt schon festgestellt, dass es Probleme mit der richtigen Ausführung der Bastelanleitung geben kann. Das liegt unter anderem daran, wie gut dein räumliches Vorstellungsvermögen ausgeprägt ist.

In dem Würfel ist eine Dreieckspyramide versteckt. Kannst du sie erkennen?

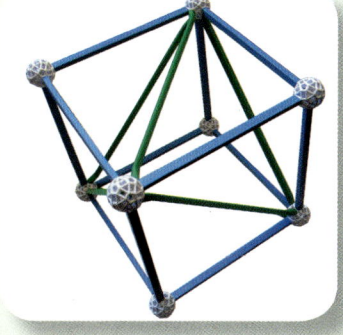

5.1 Symmetrie in Raum und Ebene

Die Welt steckt voller Symmetrie. Bei fast allen Lebewesen kannst du regelmäßige Formen und Muster finden, aber auch in der Kunst, Architektur und Technik gibt es viele Regelmäßigkeiten. Neben der Achsensymmetrie, die du vielleicht schon kennst, wirst du noch weitere Arten von Symmetrie entdecken.

Aufgaben

1 **Ganz schön regelmäßig**

a) Betrachte die Bilder auf dieser Seite und beschreibe Regelmäßigkeiten, die dir auffallen.

Erkunden

b) Welche Bilder weisen die gleiche Art von Regelmäßigkeit auf? Wie kannst du das nachprüfen?

Findest du noch weitere Fotos von regelmäßigen Formen und Mustern?

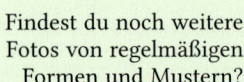

Aufgaben

2 Spielkarten

a) Betrachte die Karten des abgebildeten Kartenspiels. Manche haben zwei gespiegelte Hälften. Andere sehen genau gleich aus, wenn du sie um 180° drehst. Finde heraus, für welche Karten dies zutrifft. Berücksichtige dabei auch die Karten, die in der Abbildung nicht zu sehen sind. Welche Karten haben die meisten Regelmäßigkeiten?

b) Welche Karten kannst du sofort aussortieren, weil die Eigenschaften nicht auf sie zutreffen können? Wie kannst du das begründen?

Bringt eigene Kartenspiele mit und untersucht sie. Unterschiedliche Kartenspiele haben manchmal unterschiedliche Regelmäßigkeiten.

3 Falten

Falte ein Blatt Transparentpapier zu einer Doppelkarte. Zeichne mit einem dicken Filzstift mit wenigen Linien eine Blume wie in der Abbildung. Drehe nun die Karte um und zeichne die Umrisse der Blume auf der Rückseite nach. Falte nun auseinander. Beschreibe, was du siehst.

4 Halbe Geschichten

a) Fast eine Geheimschrift. Kannst du den Text entschlüsseln?

Mit einem Spiegel kannst du das ganz leicht.

b) Schreibe selbst eine Nachricht in dieser „Geheimschrift". Das ist gar nicht so leicht. Man muss sich ganz schön konzentrieren. Außerdem kann man nicht alle Buchstaben benutzen. Überlege zunächst, welche Buchstaben sich eignen.

5 Kapitän Blaubart

Auf dem Schiff von Kapitän Blaubart gibt es Ärger.
Der Maat zum Kapitän:
„Der Schiffsjunge hat den Kurs geändert! Er hat heimlich am Steuer gedreht!"
Darauf brummt der Kapitän zurück: „Quatsch! Das Steuerrad stand vorhin genauso. Ich kann keinen Unterschied sehen."
Was meinst du dazu?

Ob eine Figur symmetrisch ist, kannst du mithilfe eines Spiegels, durch Falten oder durch Drehen überprüfen. Aber auch Körper sind oftmals symmetrisch. Um das zu überprüfen, ist dein räumliches Vorstellungsvermögen gefragt.

Wenn du einen Spiegel auf die Symmetrieachse stellst, kannst du die vollständige Figur sehen. Faltest du an der Symmetrieachse, so überdecken sich beide Hälften vollständig.

Achsensymmetrische Figuren

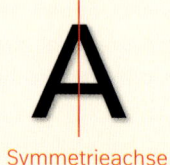

Symmetrieachse

Bei manchen Figuren ist die eine Hälfte das genaue Spiegelbild der anderen. Diese Figuren nennt man **achsensymmetrisch**.

Drehsymmetrische Figuren

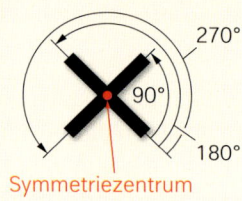

270°
90°
180°
Symmetriezentrum

Manche Figuren kann man um einen Winkel (kleiner als 360°) drehen, und es sieht so aus, als wäre nichts geschehen. Diese Figuren nennt man **drehsymmetrisch**.

Punktsymmetrie ist eine besondere Drehsymmetrie

Punktsymmetrische Figuren

180°
Symmetriezentrum

Dreht man eine ebene Figur um 180° und sieht keine Veränderung, so wird sie **punktsymmetrisch** genannt.

Symmetrie im Raum

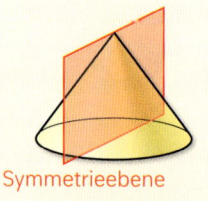

Symmetrieebene

Bei manchen Körpern ist die eine Hälfte das genaue Spiegelbild der anderen. Diese Körper nennt man **spiegelsymmetrische Körper**.

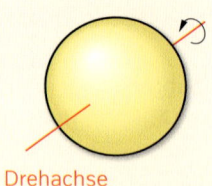

Drehachse

Dreht man Körper um einen Winkel (kleiner als 360°), und es sieht so aus, als wäre nichts geschehen, so nennt man sie **drehsymmetrische Körper**.

A Symmetrien in der Natur

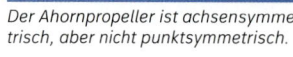

Der Ahornpropeller ist achsensymmetrisch, aber nicht punktsymmetrisch.

Der Eiskristall ist dreh, punkt- und achsensymmetrisch.

Das Blatt ist genau genommen weder dreh- noch achsensymmetrisch.

Beispiele

B Symmetrieachsen

Sind die eingezeichneten Geraden Symmetrieachsen? Mit einem Spiegel kann man dies leicht entscheiden.

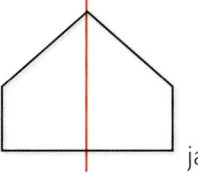 ja 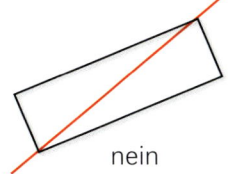 nein 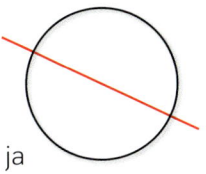 ja

C Symmetrieebenen und Drehachsen

Ein Quader besitzt drei Symmetrieebenen und drei Drehachsen für eine 180° Drehsymmetrie.

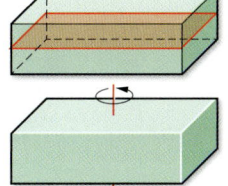 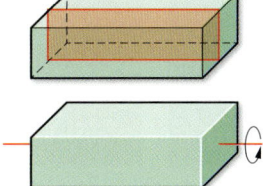 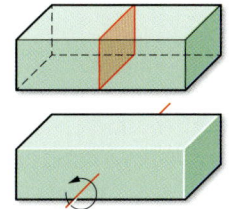

D Drehwinkel

Der Seestern ist drehsymmetrisch. Wo liegt das Symmetriezentrum und um welche Winkel kann man den Seestern drehen, so dass er danach unverändert scheint?

Der Seestern ist drehsymmetrisch zu den Winkeln 72°, 144°, 216° und 288°.

Da keiner der Drehwinkel 180° beträgt, ist der Seestern nicht punktsymmetrisch.

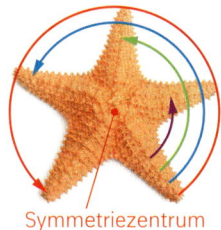

Symmetriezentrum

Übungen

6 Symmetrische Figuren

Zeichne die Figuren ab.

a) Zeichne in jede Figur alle Symmetrieachsen ein.

b) Welche Figuren sind auch drehsymmetrisch? Um welche Winkel kann man die Figur drehen, ohne dass sich das Bild verändert? Zeichne die Symmetriezentren ein.

Nur eine Figur hat keine Symmetrie. Die Anzahl der Symmetrieachsen und Symmetriezentren ergibt 14.

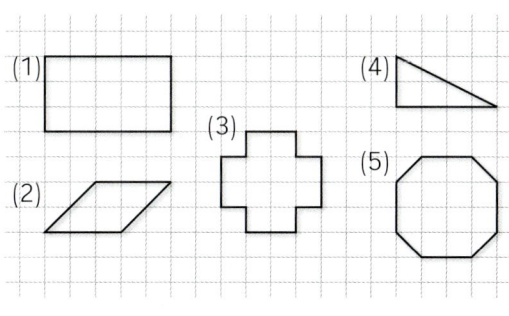

7 Punktsymmetrische Figuren

Welche der folgenden Figuren sind punktsymmetrisch? Übertrage sie in dein Heft und zeichne das Symmetriezentrum ein.

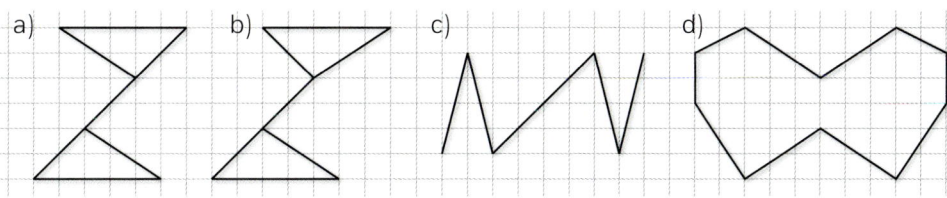

Übungen

8 Unsymmetrisches wird symmetrisch

Übertrage die Figur in dein Heft und ergänze sie dann
so, dass folgende Symmetrien entstehen:
a) spiegelsymmetrisch zu genau einer Spiegelachse,
b) spiegelsymmetrisch zu genau zwei Spiegelachsen,
c) punktsymmetrisch und nicht spiegelsymmetrisch,
d) spiegelsymmetrisch und nicht drehsymmetrisch,
e) drehsymmetrisch für die Winkel 90°, 180° und 270°.

9 Symmetrie bei Firmenlogos

a) Zeichne die abgebildeten Logos in dein Heft. Zeichne alle Symmetrieachsen ein.
   Welche Logos sind dreh- oder punktsymmetrisch? Zeichne die Symmetriezentren ein.
   Kennst du noch andere symmetrische Autologos?

Erkunden

b) Sammle aus Zeitschriften möglichst viele verschiedene Logos. Klebe sie in dein Heft
   oder zeichne sie ab und gib alle Symmetrien an.

10 Symmetrie in regelmäßigen Figuren

Beim Zeichnen eines gleichseitigen Dreiecks kann der Zirkel helfen.

a) Malte: „Ein gleichseitiges Dreieck ist ganz schön symmetrisch. Ich habe 3 Symmetrieachsen und 2 Drehwinkel gefunden."
   Zeichne ein gleichseitiges Dreieck und trage alle Symmetrieachsen und das Symmetriezentrum ein. Gib beide Drehwinkel an.
b) Teresa: „Ein Quadrat ist ein regelmäßiges gleichseitiges Viereck. Das hat mehr Symmetrieachsen und Drehwinkel als dein Dreieck."
   Zeichne ein Quadrat und finde durch Einzeichnen heraus, wie viele Symmetrieachsen
   und Drehwinkel es gibt.
c) Kai: „Wenn ich mir euer regelmäßiges Dreieck und Viereck anschaue, kann ich mir
   schon denken, wie viele Symmetrieachsen und Drehwinkel ein regelmäßiges Fünfeck,
   Sechseck oder sogar Hunderteck hat."
   Was meint Kai?
d) Finja: „Bei einem Kreis sehe ich zwar keine Ecken, aber ich glaube ich weiß jetzt, wie
   viele Symmetrieachsen und Drehwinkel er hat … ."
   Welche Vermutung hat Finja?

11 Symmetrie im gleichschenkligen Dreieck

Ein Dreieck mit zwei gleich langen Seiten heißt gleichschenkliges Dreieck.

a) Wie viele Symmetrieachsen hat ein gleichschenkliges
   Dreieck?
   Zeichne ein gleichschenkliges Dreieck und trage alle
   Symmetrieachsen ein.
b) Begründe den folgenden Basiswinkelsatz:

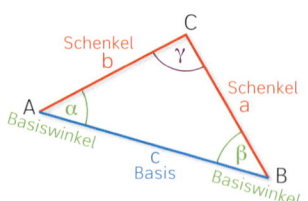

> Im gleichschenkligen Dreieck sind die Basiswinkel gleich groß.

c) Ist ein gleichschenkliges Dreieck auch drehsymmetrisch?

↘ Symmetrie des Kreises

Jede Sehne durch den Kreismittelpunkt (Durchmesser) ist eine Symmetrieachse. Der Kreis ist deshalb eine unendlich oft **achsensymmetrische Figur**.

Der Kreismittelpunkt ist Symmetriezentrum zu jedem beliebigen Drehwinkel. Der Kreis ist deshalb eine **drehsymmetrische Figur** mit unendlich vielen Drehwinkeln.

Außerdem ist der Kreis eine **punktsymmetrische Figur** zum Kreismittelpunkt.

Übungen

12 Kleine Änderung, große Wirkung

Die folgenden Figuren sind „Verwandte" des Kreises. Die kleinen Unterschiede haben auch Einfluss auf die Symmetrieeigenschaften. Gib jeweils alle Symmetrien an.

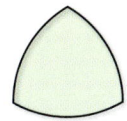

Elipse   „Ei"   Ring   Halbkreis   Reuleaux-Dreieck

13 Körper

Untersuche die Körper Würfel, Quader, Pyramide, Zylinder, Kegel, Kugel auf Symmetrie. Versuche, jeweils möglichst viele Symmetrieebenen und Drehachsen zu finden. Skizziere die Körper dazu möglichst genau als Schrägbilder in deinem Heft. Zeichne dann Symmetrieachsen und Symmetrieebenen ein.

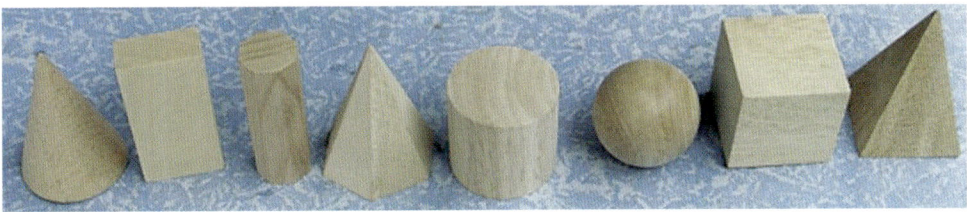

14 Dächer

Welches der abgebildeten Dächer weist die meisten Symmetrieebenen auf?

Kennst du noch die Namen von verschiedenen Dachformen?

Übungen

15 Würfelhäuser

Ergänze die folgenden Würfelhäuser jeweils zu einem spiegelsymmetrischen Gebäude. Zeichne die Schrägbilder. Sind die spiegelsymmetrischen Gebäude auch drehsymmetrisch? Zeichne alle möglichen Drehachsen ein.

(1) 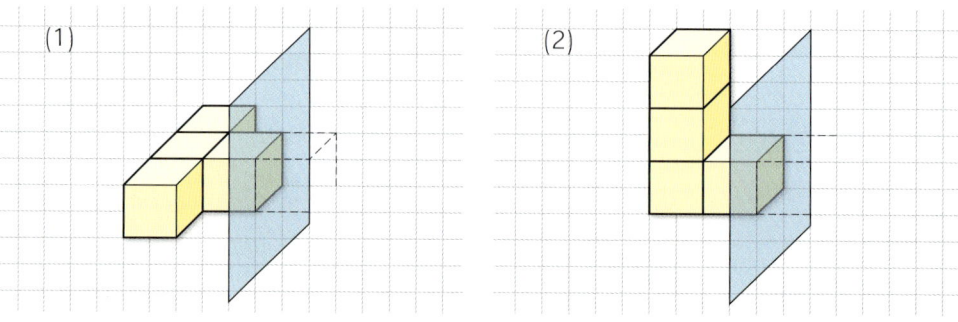 (2)

16 Symmetrie in der Kunst

Welche Symmetrien kannst du in den Abbildungen entdecken? Bestimme die Symmetrieachsen und Symmetriezentren.

a) Kachel

b) Muster eines Bildes von JENSEN, 1966

c) Indianische Korbflechterei

Kopfübungen

1. Wie groß ist der Anteil der farbigen Fläche an der Gesamtfläche?

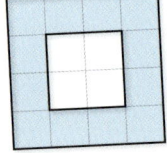

2. Welche besonderen Vierecke können im Kreuzungsbereich der beiden Folienstreifen entstehen?

3. Entscheide, welche Einheit zu der Angabe passt:
   „Die geschätzte Dauer einer Autofahrt von Düsseldorf nach Berlin".

4. Welches Rechenzeichen gehört in das Kästchen, damit die Rechnung stimmt?
   a) $18 : 9 \blacksquare 8 : 4 = 0$ b) $14 \blacksquare 0 = 0$ c) $22 \blacksquare 22 = 1$

5. Entscheide, um welche Flächenform es sich handelt: Jedes Prisma hat mehrere davon.

6. Welche Antwort trifft deiner Meinung nach zu: Die Schülerinnen und Schüler treffen sich in den Pausen am häufigsten mit ...
   ① Eltern   ② Lehrern   ③ Schülerinnen und Schülern.

7. Jonas löst jeden Abend eine Knobelaufgabe, seitdem er 9 Jahre alt wurde. Wie alt wird er ungefähr sein, wenn er 1000 Knobelaufgaben gelöst hat?

Aufgaben

17 Werbung in der Pfütze

In Kopenhagen hatte Mikkel Møller eine kreative Werbeidee für eine Indoor-Skaterbahn.

ISI NIE ZU NASS ZUM SKATEN
UNSERE INDOOR SKATEBAHN

UNSERE INDOOR SKATEBAHN
IST NIE ZU NASS ZUM SKATEN

a) Betrachte die Schrift und ihre Spiegelung einen Augenblick.
   Welche Buchstaben haben sich (nicht) verändert? Begründe.
b) Beschreibe, was mit der Reihenfolge der Wörter geschehen ist.
c) Notiere in Großbuchstaben deinen Namen so, dass er als Spiegelung normal lesbar ist.
d) Wettbewerb: wer schafft es, Botschaften ganz rasch in Spiegelschrift zu notieren.
   SCHWIMMEN ERLAUBT – ANGELN VERBOTEN – ELTERN HAFTEN FÜR IHRE KINDER

18 Verrückte Portraits mit dem Handy

Egal ob Notebooks, Tablets oder Smartphones – überall ist eine Kamera eingebaut, mit der man auch lustige Bilder von sich selbst aufnehmen kann. Die passende Software, um mit diesen Bildern tolle Spiegelungen zu erzeugen, gibt es gratis dazu.

a) Erzeugt selbst Bilder, bei denen ihr die obere Hälfte eures Kopfes spiegelt. Wer ist noch gut zu erkennen? Wo verläuft die Spiegelachse?
b) Betrachte das Bild des berühmten Fußballers. Erkennst du das Originalbild? Wie wurden die beiden anderen erzeugt? Probiere mit einem Taschenspiegel aus.

Symmetrie in der Natur

„Auf der Erde ging das Leben wohl von der Kugelsymmetrie aus und verzweigte sich dann in zwei Richtungen: Die Pflanzenwelt mit kegelähnlicher Symmetrie und die Tierwelt mit bilateraler Symmetrie." (aus: „Das gespiegelte Universum" von M. GARDNER) Die unterschiedlichen Symmetrieformen in Tier- und Pflanzenwelt lassen sich durch die unterschiedlichen Lebensweisen erklären. Pflanzen bewegen sich nicht. Deshalb sind die Richtungen vorne und hinten für Pflanzen nicht von Bedeutung. Lediglich die Unterscheidung oben und unten ist

wichtig. Pflanzen besitzen deshalb meistens eine zum Erdboden senkrechte Drehachse. Neben der Symmetrie der Pflanzen selbst findet man im Pflanzenreich zahlreiche charakteristische Symmetrien bei Blüten, Früchten, Blättern und Zweigen. Im Tierreich ist Drehsymmetrie selten zu finden. Es gibt lediglich die fünfstrahlige Drehsymmetrie bei den Stachelhäutern, Meeresbewohner, zu denen die Seesterne und die Seeigel gehören. Für alle anderen Tiere ist die Orientierung im Raum sehr wichtig. Die Richtungen vorne und hinten sind deshalb von zentraler Bedeutung. Dies ist mit der Drehsymmetrie nicht vereinbar. Da die Tiere außerdem der Schwerkraft unterliegen, sind auch die Richtungen oben und unten von Bedeutung. Aus diesem Grund ist für die meisten Tiere die bilaterale Symmetrie charakteristisch, d.h. eine Spiegelsymmetrie, bei der eine Spiegelebene das Tier in eine rechte und linke Hälfte „teilt".

Aufgaben

19 Symmetrie bei Blüten

In der Welt der Blüten ist eine enorme Vielfalt an Symmetrien zu beobachten. Am weitesten verbreitet ist die fünfzählige Radiärsymmetrie. Biologen unterscheiden bei Blüten vier Symmetrietypen:
1. radiärsymmetrische (drehsymmetrische) Blüten
2. disymmetrische Blüten (Blüten mit zwei Symmetrieebenen)
3. monosymmetrische Blüten (Blüten mit einer Symmetrieebene)
4. asymmetrische Blüten (kommen äußerst selten vor)

Schöllkraut — Immergrün — Flammendes Herz — Ehrenpreis

a) Untersuche die abgebildeten Blüten auf Symmetrien. Skizziere sie dazu in dein Heft und zeichne alle Symmetrieachsen und Drehwinkel ein. Wo würde der Biologe die Blüten einordnen?

Phlox — Hornveilchen

Erkunden b) Suche im Garten, im Wald oder auf der Wiese nach Blüten. Welche Symmetrien findest du? Welche Symmetrien sind am häufigsten? Versuche, die Blüten zu skizzieren oder zu fotografieren und die Symmetrien einzuzeichnen. Vielleicht kann dein Biologielehrer ja bei der Bestimmung der Pflanzen helfen.

Projekt Symmetrische Muster falten und schneiden

Wenn man quadratisches Papier mehrmals faltet und dann verschiedene
Formen ausschneidet, entstehen symmetrische Muster. Mit etwas Fantasie findest
du bestimmt viele originale Muster.
Aber wie steht es mit der Umkehrung?
Schaffst du es, ein vorgegebenes Muster
nachzuschneiden und dein Vorgehen zu
beschreiben? Das soll Ziel dieses Projekts
sein.

Vorbereitung Du benötigst dazu quadratisches Papier
(z. B. farbiges Origamipapier aus dem
Bastelladen) und eine Schere.

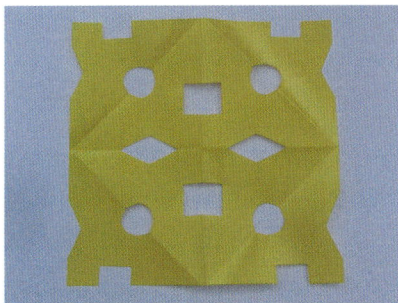

Sammle zuerst Erfahrungen im Falten und
Schneiden. Was passiert, wenn du im ge-
falteten Papier Ecken abschneidest? Was
entsteht beim Einschneiden von Figuren?
Welchen Einfluss hat die Art der Faltung
auf dein Muster? Deine Kenntnisse über
Spiegel- und Drehsymmetrie helfen dir
beim Erforschen der Muster.

Projektarbeit Erzeuge eines der abgebildeten Muster selbst. Beschreibe danach genau, wie du
vorgegangen bist. Verwende bei deiner Beschreibung auch Skizzen.

Können deine Mitschülerinnen und Mitschüler deine Lösung anhand deiner Beschreibung ohne Schwierigkeiten nachschneiden? Probiert es aus.

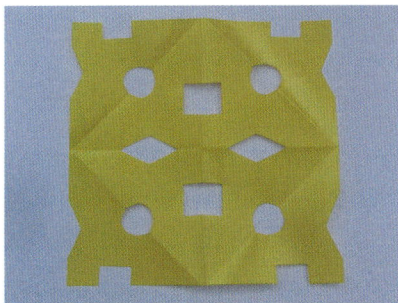

Ausstellung Denke dir selbst ein Muster aus und verfasse wieder eine Beschreibung. Suche dir nun
eine Partnerin oder einen Partner und probiert eure Anleitungen aus. Verändert sie so,
dass jeder aus der Klasse sie nachschneiden kann.
Führt nun eine kleine Ausstellung eurer Projektergebnisse durch, in der die Muster mit
den passenden Beschreibungen zu sehen sind. Versucht einige Muster nach der zugehörigen Anleitung auszuschneiden.

5.2   Symmetrische Figuren konstruieren

Viele Gegenstände und Muster um uns herum sind symmetrisch. Durch Falten und Schneiden kannst du achsensymmetrische Figuren aus der „halben" Figur erzeugen. Aber kannst du sie auch mithilfe deiner Zeichengeräte konstruieren? Weißt du, wozu Spiegelschrift nützlich sein kann? Und was haben eigentlich Billard und Minigolf mit Achsenspiegelung zu tun?

Aufgaben

1 **Richtig herum oder auf dem Kopf?**

a) Betrachte das Foto genau und beschreibe, was du siehst. Drehe das Buch auf den Kopf. Was ändert sich?

b) Maler markieren sich auf ihrer Leinwand Hilfspunkte und Hilfslinien, bevor sie mit der Farbe loslegen. Nachdem Maler Klecks das „Taj Mahal" (sprich: „Tadsch Mahal", ein indisches Grabmal) abgemalt hat, will er nun das Spiegelbild auf dem Wasser malen. Kann er sich vorher günstige Hilfspunkte und Hilfslinien markieren?
Zeichne das angefangene Gemälde ab so gut du kannst. Es sollte mindestens ein Viertel deiner Heftseite bedecken. Ergänze Hilfspunkte und Hilfslinien, die dir helfen, das Spiegelbild zu zeichnen. Benutze dazu dein Geodreieck. Vervollständige dann das Gemälde und gestalte es farbig.

2 **Eigene Spielkarten**

Spielkarten kannst du selbst erstellen. Dazu gehört ein wenig Fantasie. Ein Muster siehst du rechts.
Zeichne die Karte ab und ergänze sie so, dass sie punktsymmetrisch ist. Warum ist es sinnvoll, Spielkarten punktsymmetrisch zu gestalten? Wenn ihr euch in der Klasse zusammenschließt, könnt ihr sogar ein ganzes Kartenspiel herstellen.

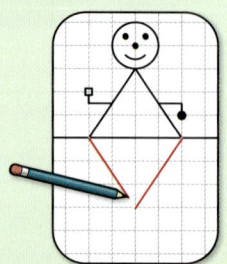

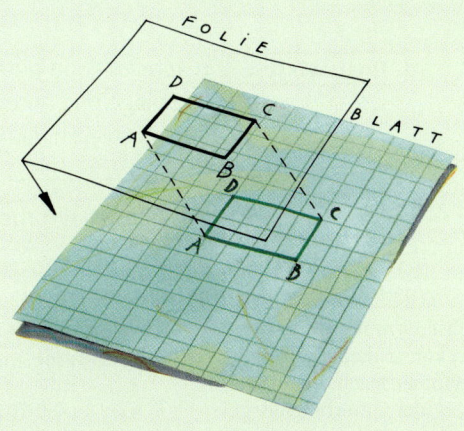

Aufgaben   **3**   Experimentieren und Konstruieren:
Rechtecke drehen

Tipp

*Zeichne ein Rechteck von 4 cm × 2 cm in
die Mitte eines karierten Blattes in dein Heft.
Zeichne nun das gleiche Rechteck auf eine
durchsichtige Folie (ungefähr 8 cm × 8 cm).
Beschrifte bei beiden Rechtecken die Ecken
A, B, C und D wie in der Abbildung. Lege
die Folie nun auf das Papier, so dass die
Rechtecke genau zur Deckung kommen.*

a) Stecke eine Stecknadel in die Mitte des
Folienrechtecks und drehe die Folie um
90° entgegen dem Uhrzeigersinn. Wo
liegen die Punkte A, B, C, D nach der
Drehung? Auf welchen Bahnkurven bewegen sich die Eckpunkte des Rechtecks?
Beschreibe möglichst genau. Zeichne in
dein Heft und beschrifte die Ecken des
roten Rechtecks. Zeichne die Bahnkurven.

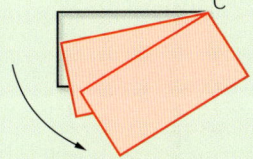

b) Stecke die Stecknadel nun in den Punkt C
und drehe die Folie aus der Ausgangsstel-
lung um 180°. Wie liegen die beiden
Vierecke nun zueinander? Wie lassen sich
die Bahnkurven der Eckpunkte beschreiben? Zeichne ins Heft.

Alle Drehungen
gegen den
Uhrzeigersinn.

c) Das Bild entsteht, wenn du die Nadel im
Punkt Z außerhalb des Rechtecks ein-
stichst und dann um 90° drehst. Kannst
du diese Lage des Rechtecks auch ohne
Folie durch Konstruktion mit dem Zirkel
und dem Geodreieck bestimmen?

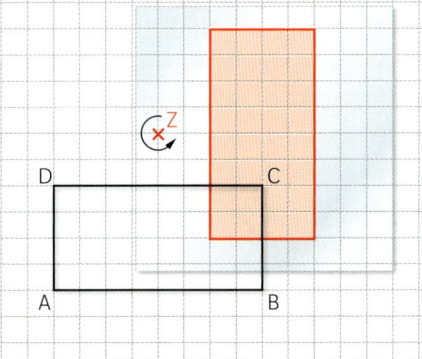

d) Um welchen Drehpunkt und um welchen
Winkel wurde das Rechteck in den folgenden Fällen gedreht? Beantworte zunächst
im Kopf und überprüfe dann mit der Folie oder mit dem Zirkel und dem Geodreieck.

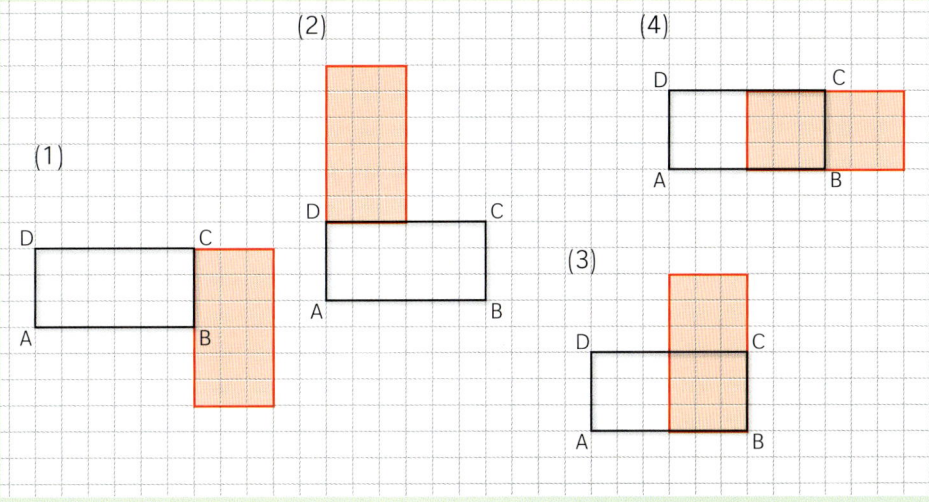

Basiswissen Achsen- und punktsymmetrische Figuren kannst du mithilfe einer Achsenspiegelung (Spiegelung an einer Geraden) oder einer Punktspiegelung (Spiegelung an einem Punkt) konstruieren. Du brauchst dazu ein Geodreieck.

Achsensymmetrische Figuren konstruieren

Auf Kästchenpapier lassen sich besonders einfach achsensymmetrische Figuren konstruieren, wenn die Symmetrieachse auf einer der Gitterlinien liegt.

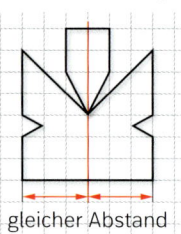

gleicher Abstand

Spiegeln mit dem Geodreieck

1. Lege das Geodreieck mit seiner Mittellinie auf die Symmetrieachse.

2. Wähle einen Ausgangspunkt P und zeichne eine Senkrechte zur Symmetrieachse durch P. Markiere auf der Senkrechten den Bildpunkt P' im gleichen Abstand zur Symmetrieachse wie P.

3. Spiegele alle Eckpunkte und verbinde die Bildpunkte in der gleichen Weise wie die Punkte in der Ausgangsfigur.

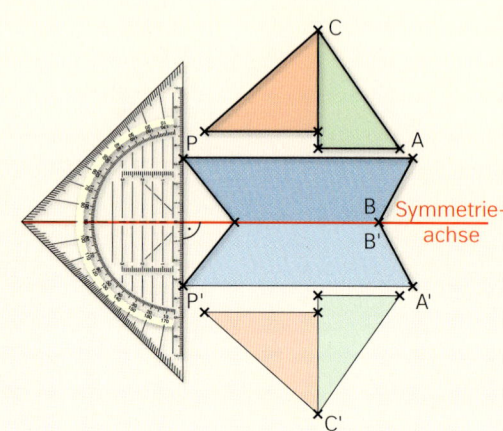

Jeder Punkt auf der Symmetrieachse stimmt mit seinem Bildpunkt überein.

Punktsymmetrische Figuren erzeugen

Auch punktsymmetrische Figuren lassen sich auf Kästchenpapier einfach konstruieren.

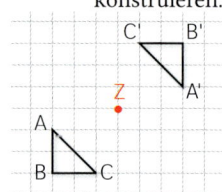

A nach Z: 3 rechts, 1 hoch
Z nach A': 3 rechts, 1 hoch

1. Lege das Geodreieck mit dem Nullpunkt genau auf das Symmetriezentrum Z.

2. Markiere auf der Geraden AZ den Punkt A'. Er hat den gleichen Abstand zum Symmetriezentrum wie A.

3. Spiegle alle Eckpunkte und verbinde die Bildpunkte in der gleichen Weise wie die Punkt in der Ausgangsfigur.

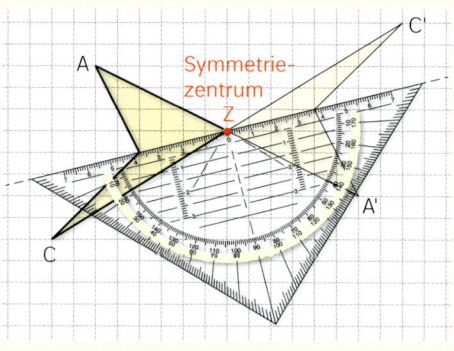

Der Punkt, an dem gespiegelt wird, ist sein eigener Bildpunkt.

Beispiele

A Dreieck an einer Achse spiegeln
Das Dreieck ABC soll an der Achse a gespiegelt werden.

Lösung:
Dazu werden die Punkte A, B und C gespiegelt, die Bildpunkte dann verbunden. Die Seitenlängen und Winkel in Grundfigur und Bildfigur sind gleich.

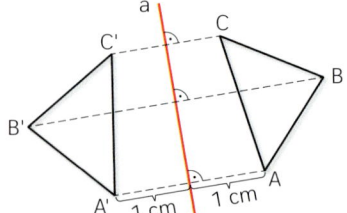

B Dreieck an einem Punkt spiegeln
Das Dreieck soll an dem Punkt P gespiegelt werden.

Lösung:
Dazu werden die Punkte A, B und C gespiegelt, die Bildpunkte dann verbunden. Die Seitenlängen und Winkel in Grundfigur und Bildfigur sind gleich.

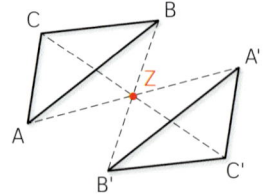

Übungen

4 Spiegelbilder konstruieren 1

Zeichne die Figuren mit den Spiegelachsen in dein Heft und konstruiere das Spiegelbild.

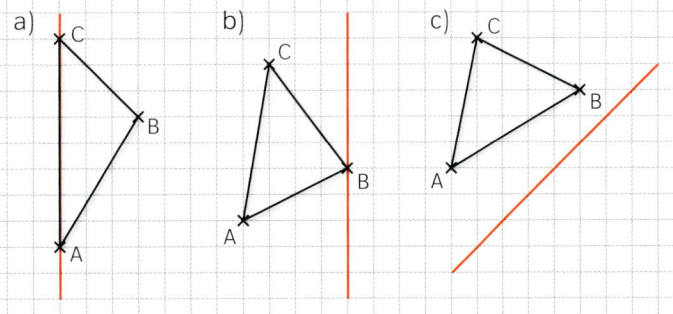

5 Spiegelbilder konstruieren 2

Übertrage die Rechtecke und die Spiegelachsen in dein Heft und konstruiere das Spiegelbild.

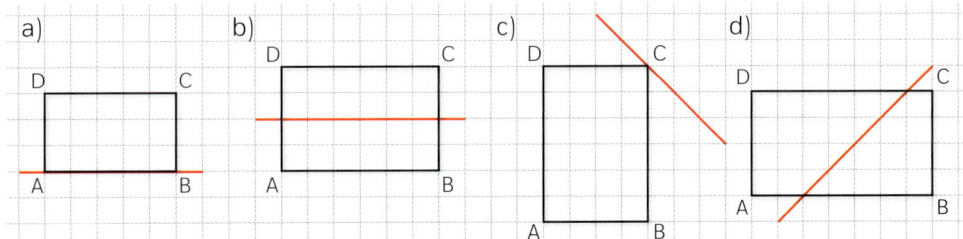

6 Geobrett

Spannt auf einem Geobrett die abgebildete Figur. Legt dann ein zweites Geobrett daneben und spannt das Spiegelbild, das sich nach Spiegelung an der roten Achse ergibt.

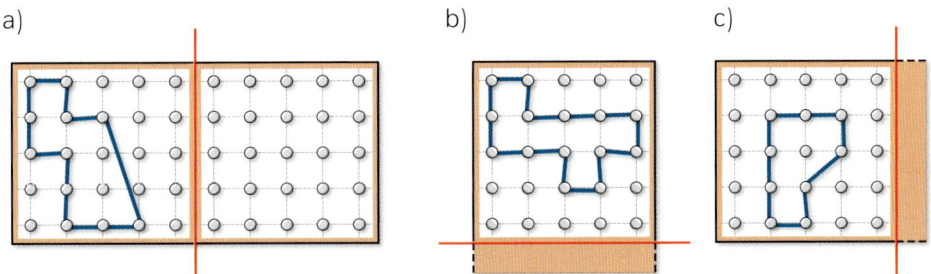

Wenn ihr keine Geobretter zur Verfügung habt, könnt ihr auf Karopapier zeichnen. Die Punkte auf dem Geobrett sind dann die Gitterpunkte.

7 Spiegeln im Koordinatensystem

Spiegele das Dreieck ABC mit A (8|12), B (12|15) und C (9|17)

a) an der Parallelen zur x-Achse durch den Punkt P (0|9);

b) an der Parallelen zur y-Achse durch den Punkt Q (7|0);

c) an der 1. Winkelhalbierenden.

Vergleiche die Koordinaten der Punkte des Grunddreiecks und Bilddreiecks. Fällt dir etwas auf?

Hättest du die Koordinaten der Bildpunkte auch berechnen können?

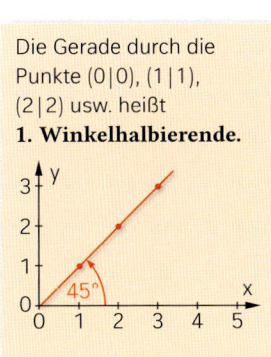

Die Gerade durch die Punkte (0|0), (1|1), (2|2) usw. heißt **1. Winkelhalbierende.**

Übungen

8 Achsensymmetrische Figuren

Übertrage die Zeichnung in dein Heft und spiegele dann an der roten Linie.
Du erhältst eine interessante achsensymmetrische Figur.

Wieso nennt man das rechte Bild „Umspring- oder Kippbild"?

Die gebogenen Linien lassen sich nur mit Augenmaß übertragen. Orientiere dich an den Gitterpunkten.

a)

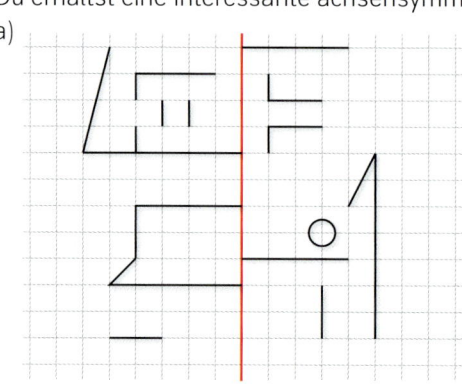

b)

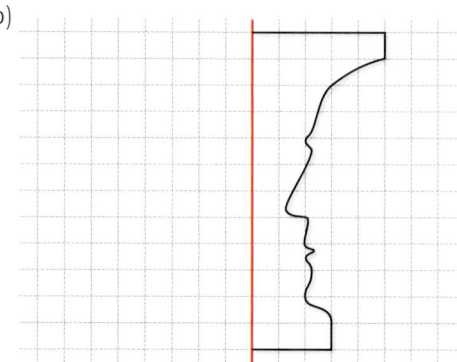

9 Punktsymmetrische Figuren

Zeichne die Figuren in dein Heft. Spiegele sie am Punkt Z, so dass punktsymmetrische Figuren entstehen.

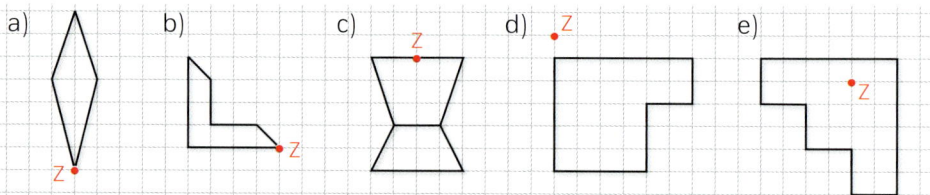

10 Punktsymmetrie im Koordinatensystem

a) Spiegele das Dreieck ABC mit A (1|1), B (4|2) und C (1|3)

① an dem Punkt Z (3|4);   ② am Punkt B.

Notiere die Koordinaten der Bildpunkte. Hättest du die Koordinaten auch voraussagen können?

b) Der Punkt P (3|7) hat bei einer Punktspiegelung den Bildpunkt P' (7|11). Kannst du die Koordinaten des Symmetriezentrums Z angeben?

11 Symmetrische Wörter

Das Wort KOCH hat eine waagerechte Symmetrieachse, denn die obere Hälfte des Wortes ist das genaue Spiegelbild der unteren Hälfte. Das Wort AUTO dagegen hat eine senkrechte Symmetrieachse, wenn man die Buchstaben untereinander schreibt.

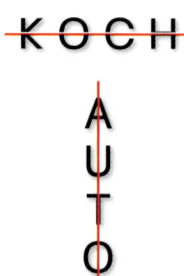

a) Versuche möglichst lange Wörter zu finden, die eine senkrechte oder waagerechte Symmetrieachse besitzen. Gibt es Buchstaben, die sowohl senkrecht als auch waagerecht achsensymmetrisch sind?

b) Untersuche das Alphabet der großen Druckbuchstaben auf Punkt- und Drehsymmetrie. Kannst du punktsymmetrische Worte bilden? Warum ist das Schwimmen nun ausgerechnet montags untersagt?

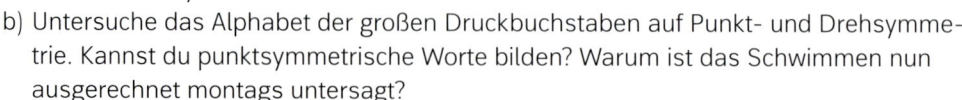

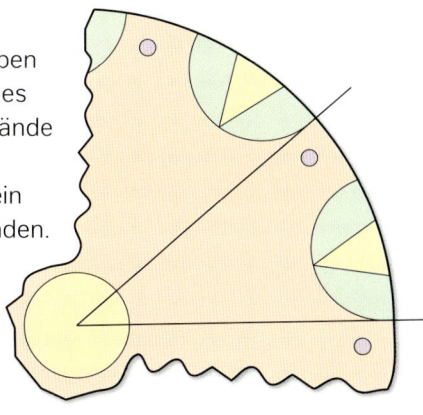

Übungen

12 Ein antikes Bruchstück

In alten Städten findet man beim Ausheben von Baugruben auch heute noch antike Gegenstände. Meistens handelt es sich um Bruchstücke, aus denen in Museen die Gegenstände rekonstruiert werden.

Wie hat wohl der Teller ausgesehen, von dem nur noch ein kleiner Teil übrig ist? Das kannst du ganz leicht herausfinden. Lege ein großes Stück Transparentpapier auf das Bild und zeichne darauf den eingezeichneten Ausschnitt des Tellers ab. Stecke eine Stecknadel in den Mittelpunkt des inneren Kreises. Drehe dann das Transparentpapier um 40° und zeichne das „Dreieck" erneut ab. Fahre so fort, bis der Teller vollständig ist. Klebe ihn dann in dein Heft.

Basiswissen

Figuren kannst du mithilfe eines Zirkels oder Geodreiecks drehen.

Figuren drehen

In der Mathematik wird immer gegen den Uhrzeigersinn, also links herum, gedreht.

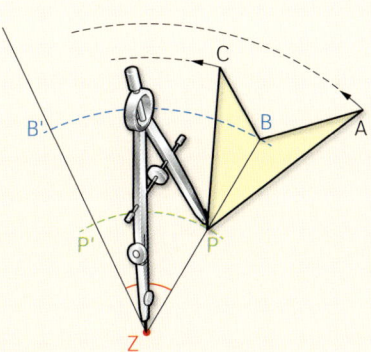

1. Konstruiere zu den Eckpunkten der Grundfigur die Bildpunkte.
   - Verbinde P mit dem Drehzentrum Z.
   - Trage an die Verbindungsstrecke den Drehwinkel α an.
   - Markiere auf dem neuen Schenkel des Winkels den Punkt P' im selben Abstand zum Drehzentrum wie P. Benutze einen Zirkel oder ein Lineal.
2. Verbinde die Bildpunkte entsprechend der Grundfigur.

Eine Drehung wird durch das Drehzentrum und den Drehwinkel beschrieben. Punkt und zugehöriger Bildpunkt haben denselben Abstand zum Drehzentrum Z. Das Drehzentrum ist sein eigener Bildpunkt.

Beispiele

C Dreieck drehen

Das Dreieck ABC soll um 90° um Z gedreht werden.

(1)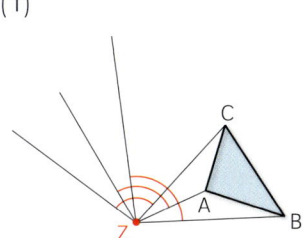

(2)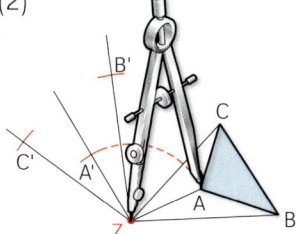

(3)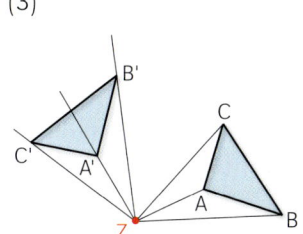

1. Verbinde alle Eckpunkte mit Drehzentrum Z und trage an alle Verbindungslinien den Drehwinkel 90° an.
2. Trage auf den neuen Schenkeln die Bildpunkte ein. Sie haben den gleichen Abstand von Z wie die Ausgangspunkte. Zum Abtragen der Strecke benutzt du den Zirkel oder das Geodreieck.
3. Verbinde die Bildpunkte zum Bilddreieck.

Beispiele

D | Verschiedene Lagen des Drehzentrums

Bei einer Drehung kann das Drehzentrum Z auch auf dem Rand der
Figur (1) oder innerhalb der Figur (2)
liegen.

(1)

(2)

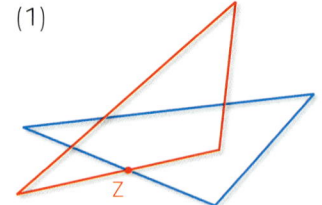

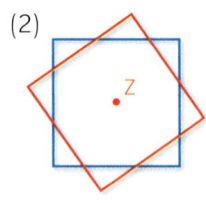

Übungen

13 | Drehung 1

Übertrage die Grundfigur in dein Heft.
Drehe sie dann nacheinander um 90°,
180° und 270° um Z. Zeichne die drei
Bildfiguren.
Welche Gesamtfigur entsteht?

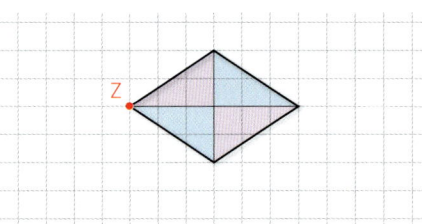

14 | Drehung 2

Übertrage die Linien in dein Heft. Drehe
sie dann nacheinander um 90°, 180° und
270° um Z und zeichne jeweils die Bilder.
Gestalte das entstehende Muster farbig.

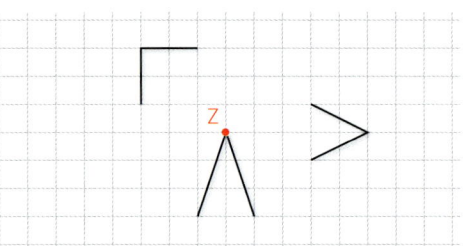

15 | Drehung 3

Übertrage das Rechteck dreimal in dein
Heft. Konstruiere dann das Bildrechteck
nach Drehung
a) um 70° um Z;
b) um 100° um B;
c) um 60° um M.

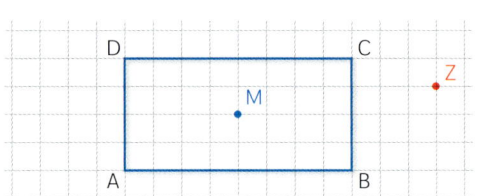

16 | Drehung im Koordinatensystem

Drehe den Punkt P um Z mit dem Winkel α. Bestimme den Bildpunkt P'.
a) Z (0|0), $\alpha = 50°$, P (7|1)
b) Z (3|3), $\alpha = 45°$, P (6,5|6,5)
c) Z (3|4), $\alpha = 125°$, P (2|3)
d) Z (5|2,5), $\alpha = 210°$, P (4|1,5)

17 | Ein Quadrat drehen

Das rote Quadrat ist jeweils das Bild des
grünen Quadrats nach einer Dreung.
Übertrage kästchengenau in dein Heft
und bestimme Drehzentrum und Drehwinkel. Stelle zuerst eine Vermutung auf und
überprüfe dann durch Konstruktion.

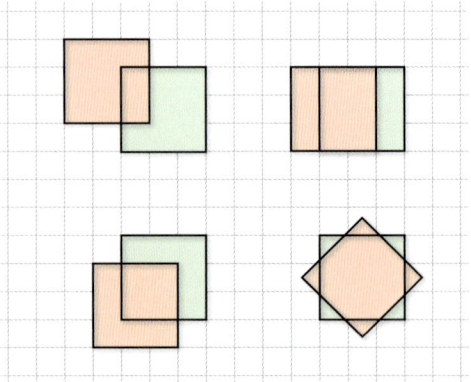

Tipp

*Die Vermutung kannst du
auch durch Probieren mit
einem ausgeschnittenen
Quadrat gewinnen.*

Übungen

18 Spiegelachse, Spiegel- und Drehzentrum gesucht

In den Abbildungen (1), (2) und (3) sind die Spiegelachse s, das Spiegelzentrum S und das Drehzentrum D bei einer Drehung um 90° verloren gegangen. Übertrage die Abbildungen in dein Heft und finde die Achse und die Zentren wieder. Schreibe eine Anleitung, wie man sie mit dem Geodreick konstruieren kann.

(3) ist schwer, hier ein Hinweis: Betrachte das Dreieck DAA'. Was weißt du über die Winkel?

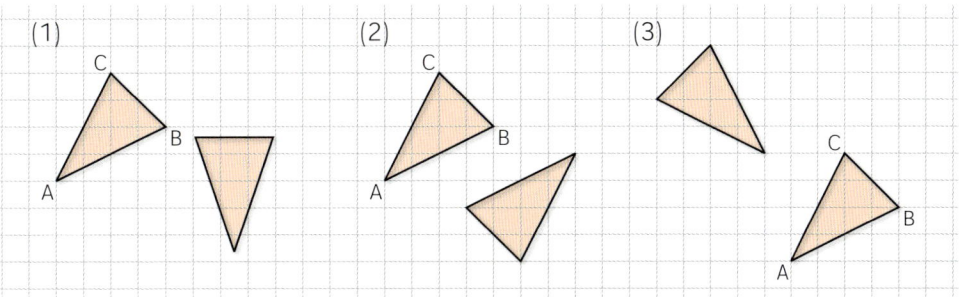

19 Wellen

Fallen Steine oder Wassertropfen auf eine Wasseroberfläche, so breiten sich von diesen Stellen kreisförmige Wellen aus. Diese können sich auch überlagern und gegenseitig durchdringen, wodurch manchmal interessante Muster entstehen.

a) Zeichne zwei kleine Kreuze im Abstand von 1,5 cm. Dies sollen die Orte sein, an denen zwei Wassertropfen auftreffen. Zeichne dann die Wellen ein, die sich im Abstand von jeweils 1 cm um diese Punkte bilden (jeweils mindestens vier Wellenkreise).

b) Die gesamte Wellenfigur aus a) hat zwei Symmetrieachsen. Beschreibe möglichst genau und ausführlich ihre Lage.

c) Betrachte nun die Symmetrieachse, welche nicht durch die Kreuze läuft. Ihre Lage hängt mit den Schnittpunkten der Wellenkreise zusammen. Kannst du diese Beobachtung erklären?

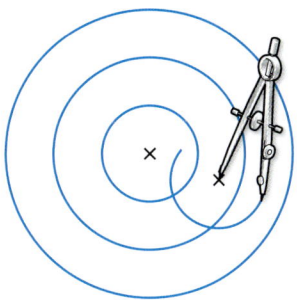

20 Konstruktionsfehler

Kai, Sven und Sina versuchen, mit Zirkel und Lineal eine Symmetrieachse zu den Punkten P und Q zu zeichnen. Doch alle drei haben Probleme. Wo liegen ihre Fehler?

Kai: Sven: Sina:

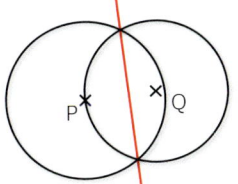
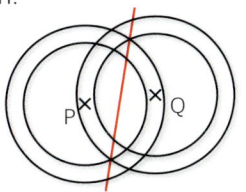
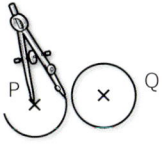

Basiswissen

Mithilfe von Zirkel und Lineal lässt sich die Symmetrieachse zwischen zwei Punkten konstruieren.

Mittelsenkrechte als Symmetrieachse konstruieren

Senkrecht zur Strecke $\overline{PQ}$ und durch ihre Mitte verläuft die **Mittelsenkrechte** zu P und Q.
Die Mittelsenkrechte ist eine Symmetrieachse zu den beiden Punkten P und Q. Die Mittelsenkrechte ist die Menge aller Punkte, die von P und Q gleich weit entfernt sind.

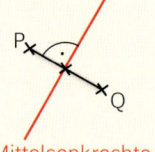

Mittelsenkrechte

Konstruktion der Mittelsenkrechten zweier Punkte

1. Zeichne einen Kreis um P mit einem Radius $r > \frac{1}{2} \cdot \overline{PQ}$.
2. Zeichne einen Kreis um Q mit dem gleichen Radius r.
3. Zeichne eine Gerade durch die beiden Schnittpunkte der Kreise.

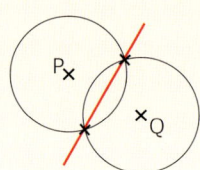

Beispiele

E | **Auf Achsensuche**
Das Dreieck A'B'C' ist durch Spiegelung aus dem Dreieck ABC entstanden. Konstruiere die fehlende Spiegelachse.
Lösung:
Konstruiere eine Mittelsenkrechte zu einem zueinander gehörigen Punktepaar, z.B. A und A'.

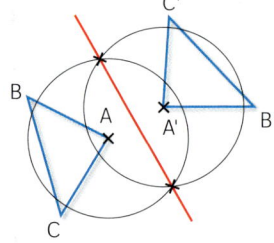

Übungen

21 | **Spiegelachse gesucht**
Das Dreieck A(5|10), B(11|12), C(9|15) wurde gespiegelt. Leider ist die Spiegelachse verschwunden, nur der bereits gespiegelte Punkt A'(4|7) ist bekannt.
Konstruiere zunächst die Spiegelachse mit Zirkel und Lineal. Spiegele dann die übrigen Punkte und vervollständige so das gespiegelte Dreieck.

22 | **Symmetrie und Archäologie**
Vor tausenden von Jahren benutzten Menschen bereits Pfeil und Bogen. Viele der Pfeilspitzen bestanden aus Stein, der kunstvoll bearbeitet wurde. Archäologen finden heute viele dieser Stücke, die verloren wurden oder zerbrachen, bei Ausgrabungen.

a) Die Zeichnung zeigt eine zerbrochene Pfeilspitze. Um das ursprüngliche Aussehen zu rekonstruieren, soll die unbeschädigte Hälfte an der Symmetrieachse gespiegelt werden. Wie kann man diese Achse finden? Welche Probleme gibt es, wenn man die Achse als Mittelsenkrechte konstruieren möchte?
b) Ein Trick kann helfen: Übertrage die Zeichnung ins Heft. Zeichne dann einen Kreis um die Pfeilspitze, der beide Pfeilseiten schneidet. Nutze die beiden Schnittpunkte für eine Mittelsenkrechte. Vervollständige dann die Pfeilspitze durch eine Achsenspiegelung.

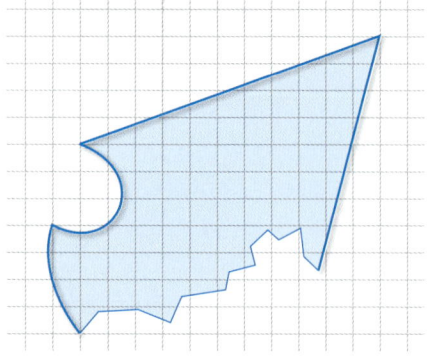

Basiswissen Mithilfe von Zirkel und Lineal lassen sich Winkelhalbierende konstruieren.

Winkelhalbierende als Symmetrieachse konstruieren

Die Symmetrieachse zu einem Winkel α wird als
Winkelhalbierende bezeichnet. Sie teilt α in zwei Hälften.

Konstruktion der Winkelhalbierenden eines Winkels

1. Zeichne einen Kreis um den Scheitelpunkt S des Winkels.
   Der Kreis schneidet die beiden Schenkel des Winkels in
   den Punkten P und Q.
2. Konstruiere die Mittelsenkrechte zu P und Q.

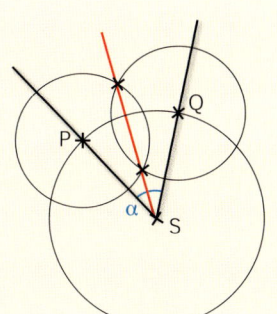

Übungen

23 Symmetrische Geradenkreuzung
Zeichne in dein Heft eine Geradenkreuzung, deren Kreuzungswinkel nicht 90° betragen.
Konstruiere nun mit Zirkel und Lineal alle Symmetrieachsen.

24 Zur Kontrolle: Wenn du bei a) richtig und sorgfältig konstruiert hast, treffen sich die Winkelhalbierenden in einem Punkt.

24 Winkelhalbierende im Dreieck
Zeichne ein beliebiges, nicht zu kleines Dreieck.
a) Konstruiere mit Zirkel und Lineal alle drei Winkelhalbierenden.
b) Sind die Winkelhalbierenden Symmetrieachsen deines Dreiecks? Wie müsste ein Dreieck aussehen, damit eine oder mehrere Winkelhalbierende Symmetrieachsen wären?

Um Achsensymmetrie aufzuspüren, kannst du einen Spiegel als Hilfsmittel benutzen.

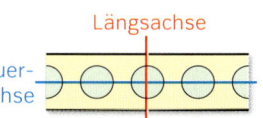

25 Bandornamente 1
a) Untersuche die Ornamente auf Symmetrien. Unterscheide bei der Achsensymmetrie Symmetrie zur Längsachse
   und Symmetrie zur Querachse.
b) Erfinde selbst eine Grundfigur für ein
   Bandornament, das punktsymmetrisch
   aber nicht achsensymmetrisch ist.
   Zeichne es über eine ganze Heftbreite.
c) Gibt es drehsymmetrische Bandornamente, die nicht punktsymmetrisch
   sind?

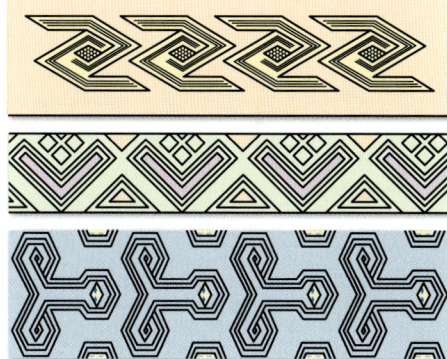

↘ **Verschiebungen**

Besonders einfach ist eine Verschiebung auf Karopapier

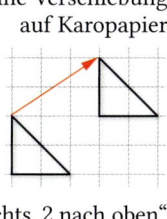

„3 nach rechts, 2 nach oben"

Verschiebungen kann man mithilfe des Geodreiecks konstruieren

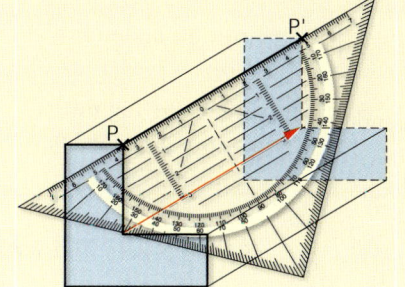

1. Konstruiere zu den Eckpunkten der Grund-
   figur die Bildpunkte:
   ▪ Zeichne durch P eine Parallele zum Ver-
     schiebungspfeil.
   ▪ Markiere auf der Parallelen den Punkt P'
     im Abstand von der Länge des Verschie-
     bungspfeils.
2. Verbinde die Bildpunkte entsprechend der
   Grundfigur.

Übungen

26 Bandornamente 2

Zeichne ein Bandornament aus der Grundfigur in dein Heft. Nutze die ganze Heftbreite. Erfinde selbst eine Grundfigur, gib einen Verschiebungspfeil vor und lasse deine Nachbarin oder deinen Nachbarn daraus ein Bandornament zeichnen.

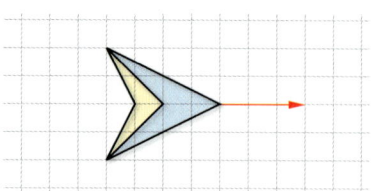

27 Bandornamente 3

Beschreibe, wie die Bandornamente aus Aufgabe 25 mit Verschiebungen konstruiert werden können.

28 Ein Viereck im Koordinatensystem

Trage die Punkte A (2|1), B(6|2), C (7|5) und D (4|5) in ein Koordinatensystem ein und verbinde sie zum Viereck ABCD. Konstruiere das Bildviereck A'B'C'D' mithilfe des Verschiebungspfeils, der folgende Punkte aufeinander abbildet: a) P (3|5) auf P' (1|8), b) Q (9|3) auf Q' (6|0),   c) R (1|3) auf R' (3|3,5),   d) A auf B.

Tipp

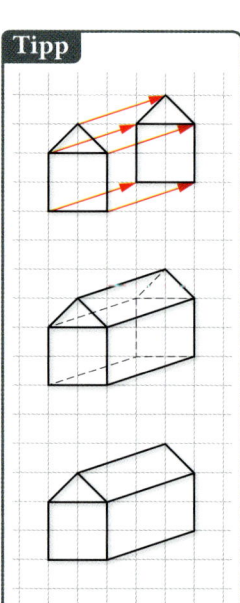

29 Schrägbilder durch Verschiebungen

Die Konstruktion der Verschiebung ist hilfreich beim Zeichnen von Schrägbildern. Zeichne aus den Grundformen Schrägbilder, indem du sie mit dem angegebenen Verschiebungspfeil verschiebst. Überlege dir vorher genau, welche Linien du gestrichelt zeichnen musst oder weglassen kannst. Wie heißen die entstandenen Körper?

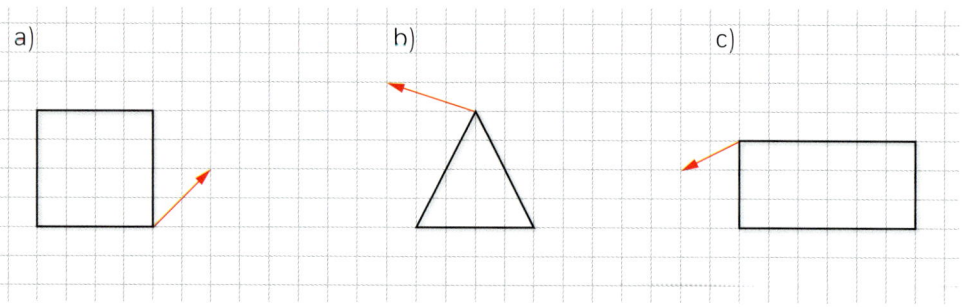

a)   b)   c)

Kopfübungen

1. Rieke erhält einen Lila-Ton, indem sie 2 Dosen roter Farbe und 3 Dosen blauer Farbe mischt. Welchen Anteil macht Blau aus?

2. Wie viele Strecken benötigt man, um das Haus des Nikolaus zu zeichnen?

3. Der Flächeninhalt eines Rechtecks beträgt 10 cm^2. Wie lang können die Seiten dieses Rechtecks sein?

4. Bestimme die Hochzahl: a) $10^{\blacksquare} = 100\,000$ b) $3^{\blacksquare} = 81$

5. Welche geometrischen Körper erkennst du in den beiden Turmdächern?

6. So lange verbringt man durchschnittlich am Tag mit Essen und Trinken: Frankreich 135 min; Türkei 162 min; USA 74 min; Deutschland 105 min; Japan 117 min. Ordne der Größe nach.

7. Eine Sonnenblume wächst jeden Tag um 0,5 cm. Um wie viel cm wächst sie innerhalb von 20 Tagen?

Exkurs

Mathematik und Billard

Sicher hast du schon einmal Billard-Spiele im Fernsehen oder sogar in Wirklichkeit beobachten können. Beim Pool-Billard werden die Kugeln durch Zusammenstöße in die Randlöcher versenkt, beim wettkampfmäßigen Karambolage-Billard geht es um festgelegte Zusammenstöße zwischen drei Kugeln.

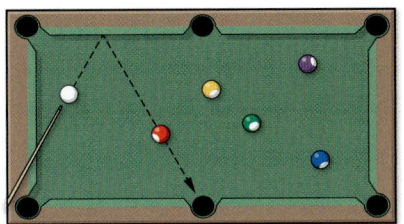 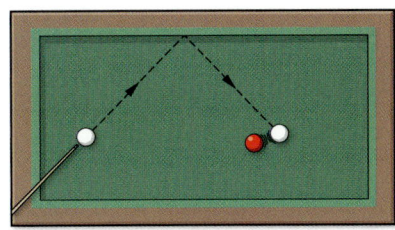

Es gehört viel Geschick und Training dazu, damit die Kugeln auf ausgeklügelten Bahnen mit Zusammenstößen und Abprallen von den Banden das gewünschte Ziel erreichen. Ein Teil des Erfolges beruht auf Mathematik, nämlich der geschickten Anwendung der Achsenspiegelung.

Ein Beispiel: Die weiße Kugel soll über die Bande so gespielt werden, dass sie die rote Kugel trifft. Welchen Punkt auf der Bande soll man anpeilen?

Wir finden den Punkt mithilfe einer Achsenspiegelung:

Wer kann die Regeln für Pool-Billard und Karambolage-Billard beschreiben? Suche im Lexikon oder im Internet.

Beim schrägen Bandenstoß gilt immer: Einfallswinkel gleich Abprallwinkel.

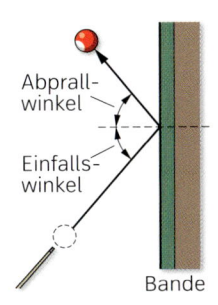

1. Spiegle die Kugel, die getroffen werden soll, an der Bande.
2. Verbinde die weiße Kugel mit der gespiegelten Kugel, der Schnittpunkt dieser Linie mit der Bande ist der Punkt, der angespielt werden muss.

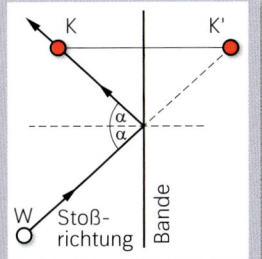

Aufgaben

30 Kleines Billard

Übertrage den Plan in dein Heft, am besten in die Mitte einer Seite. Die weiße Kugel soll über Bande gestoßen werden, so dass sie die rote Kugel trifft. Konstruiere den Anspielpunkt auf einer Bande und zeichne den Weg der Kugel ein. Findest du mehrere Möglichkeiten auf verschiedenen Banden?

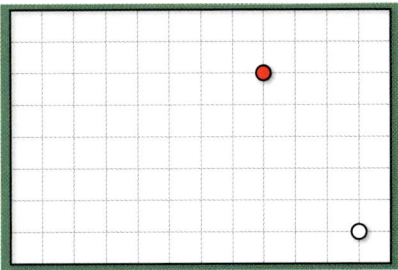

31 Minigolf

Was hat Manuela sich überlegt? Übertrage die Minigolfbahn maßstabsgetreu in dein Heft (Maßstab 1:100). Konstruiere den Abprallpunkt auf einer Bande und zeichne den möglichen Lauf des Minigolfballes ein. Gibt es verschiedene Möglichkeiten? Wie wär's mit einer experimentellen Mathestunde auf dem Minigolfplatz?

Aufgaben

32 Mathematik liegt auf der Straße

Nils sind auf seinem Schulweg einige Plattenmuster aufgefallen.

a) Zeichne die Plattenmuster ab. Beschreibe die Formen.

b) Schau dich selbst draußen um. Kannst du weitere Plattenmuster finden? Mache von diesen eine Skizze.

Parkettierungen

33 Lebendige Parkette

Erzeugt ein Parkett aus den abgebildeten Figuren oder erfindet eigene. Die Vorlagen geben euch Hinweise, wie die Schablone konstruiert werden muss, damit eine lückenlose Parkettierung möglich ist.

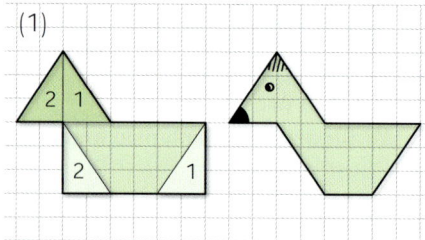

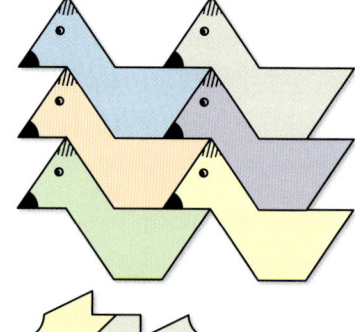

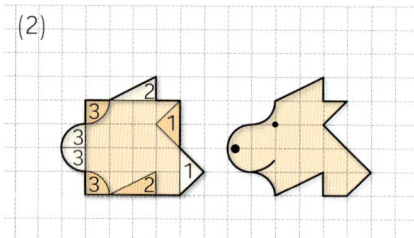

34 Die Buddhas des M. C. Escher

Mauritius Cornelius Escher (1898–1972)

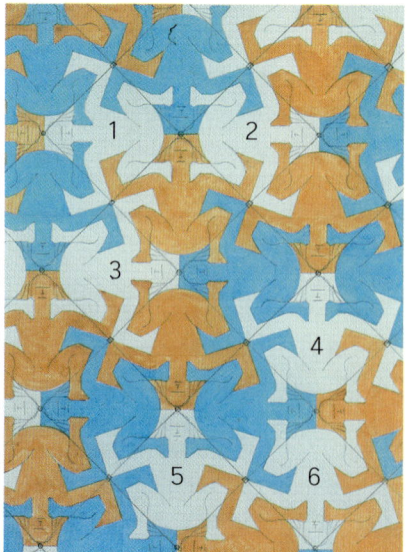

Die Gesetzmäßigkeiten, die den holländischen Künstler M. C. Escher sein ganzes Leben lang am meisten fasziniert haben, waren die der regelmäßigen Flächenaufteilung (Parkettierung). Die Abbildung links ist eine seiner ersten Studien zu diesem Thema und stammt vom Oktober 1936.

a) Beschreibe das Bild. Welche Besonderheiten fallen dir auf? Was haben die einzelnen Buddhas gemeinsam, wie unterscheiden sie sich?

b) Durch welche Bewegung kannst du Buddha 2 aus Buddha 1 erhalten, wie Buddha 3 aus Buddha 1? Kommst du auch mit einer einzigen Bewegung von Buddha 2 zu Buddha 3?

c) Wie kommst du von Buddha 5 zu Buddha 3 (4; 6)? Finde mehrere Möglichkeiten.

Projekt

Spiegelbuch herstellen: Zwei Spiegelkacheln (oder zwei Stücke Spiegelpappe oder Spiegelfolie) an der Rückseite zusammenkleben und die Spiegel senkrecht stellen.

Spiegelkabinett

Ein Spiegelbuch kannst du selbst bauen. Lege verschiedene Gegenstände zwischen die Spiegel. So lässt sich eine Menge entdecken.

Hier einige Anregungen:

A Wie verändert sich die Anzahl der Spiegelbilder bei Vergrößerung (Verkleinerung) des Winkels? Ändert sich die Anzahl der Spiegelbilder, wenn du die Gegenstände austauschst? Was geschieht, wenn du Worte spiegelst?

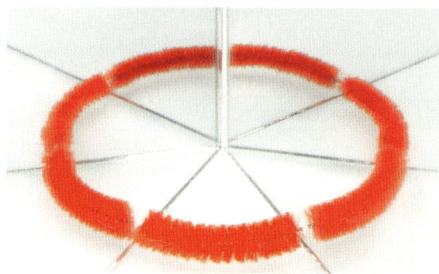

B Welche Muster kannst du mithilfe eines Drahtes (z. B. Pfeifenputzer) erzeugen? Schaffst du einen Kreis?

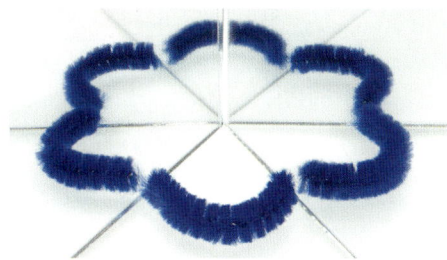

C Mithilfe eines Strohhalmstücks kannst du ein Fünfeck erzeugen. In welchem Winkel musst du dazu die Spiegel aufstellen? Wie musst du die Spiegel stellen, um ein Dreieck (Viereck, Sechseck, Siebeneck usw.) zu erhalten?

Denke dir weitere Experimente aus. Notiere deine Beobachtungen.

D Zwischen dem Winkel, in dem man ein Spiegelbuch aufstellt, und der Anzahl der Spiegelbilder besteht ein Zusammenhang. Überprüfe das mit den Winkeln 45°, 60°, 72°, 90° 120° und 180°. Am besten zeichnest du die Winkel dazu auf ein weißes Blatt Papier. Lege jeweils einen Gegenstand dazwischen und zähle die Anzahl der Spiegelbilder. Lege eine Tabelle an. Erkennst du eine Regel?

Exkurs

Kaleidoskope

Das Wort „Kaleidoskop" stammt aus dem Griechischen. Wörtlich übersetzt bedeutet es „Schönbildseher" (griechisch kalos = schön, eidos = Bild und skopein = sehen).

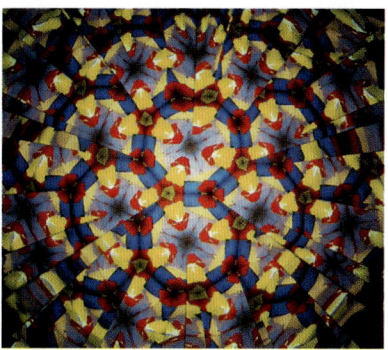

Ursprünglich war ein Kaleidoskop ein Gerät, das von Dekorateuren und Teppichwebern zum Entwerfen von Mustern verwendet wurde. Zu diesem Zweck wurde es 1814 von dem Engländer Brewster erfunden. Neben seinem praktischen Nutzen kam das Kaleidoskop dann aber schnell zur allgemeinen Belustigung in Mode, wo man ihm Namen wie „Augenklavier", „Zierratengucker" oder „optische Belustigung" gab. Bis heute hat das Kaleidoskop nichts von seiner Faszination verloren. Im handlichen Format findet es sich in vielen Kinderzimmern.

5.3　Raumvorstellung

Delfine haben eine bessere Raumvorstellung als Menschen und das hat einen guten Grund: Sie haben ein tägliches Training, denn im Meer bewegen sie sich nicht nur vor und zurück, nach links und rechts, genauso selbstverständlich bewegen sie sich nach oben oder unten. Auch wir Menschen können unsere Raumvorstellung trainieren. Wenn du Figuren in Gedanken spiegelst oder drehst, Körper aus Netzen bastelst und Schrägbilder zeichnest, verbesserst du auch deine Raumvorstellung.

Aufgaben

1　Achsensymmetrische Figuren mit einem Spiegel erzeugen

Du benötigst 12 Kärtchen. Übertrage dazu jedes dargestellte Kärtchen zweimal auf kariertes Papier und schneide sie aus.

    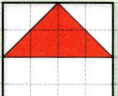 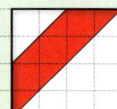

a) Mit zwei Kärtchen und einem Spiegel kannst du die folgende Musterkarte herstellen. Welche Kärtchen musst du nehmen und nebeneinanderlegen?

b) Versuche nun die folgenden Musterkarten mithilfe eines Spiegels und zweier Kärtchen, die dafür geeignet sind, herzustellen.

Musterkarten

c) Kannst du mit den Kärtchen und dem Spiegel selbst neue Musterkarten erzeugen? Zeichne sie auf und tausche sie mit deinen Mitschülerinnen und Mitschülern aus.

Schrägbilder und Netze helfen bei der Veranschaulichung geometrischer Körper.
Durch Drehungen und Spiegelungen kann man viele weitere Eigenschaften der Körper entdecken.

Körper darstellen

Zu jedem Körper gibt es verschiedene Netze.

Körper kannst du …

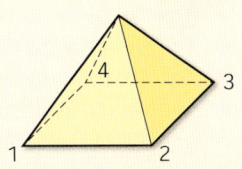

… aus Netzen herstellen.

… als Schrägbild zeichnen.

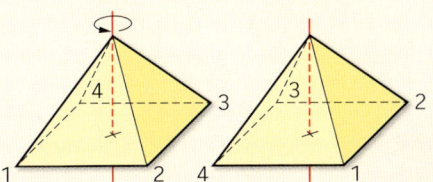

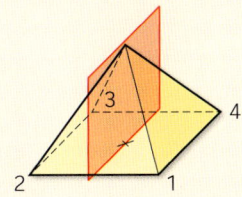

… drehen.

… spiegeln.

Übungen

2 Netz und Schrägbild eines Quaders
Im Basiswissen ist eine Pyramide als Netz- und als Schrägbild dargestellt. Wie sehen die entsprechenden Abbildungen für einen Quader aus? Zeichne in dein Heft.

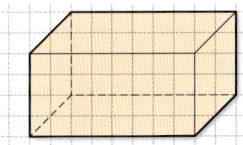

3 Würfeltreppe
a) Aus wie vielen Würfeln ist diese Treppe aufgebaut?
b) Wie viele Würfel kannst du sehen, wenn du in
   Gedanken um die Treppe herum gehst, wie viele sind im
   Innern der Treppe verborgen?
c) Übertrage das Schrägbild der Treppe in dein Heft.

3 Lösungen:
Die richtigen
Lösungen sind dabei:
    78 40 34
  11 12   6

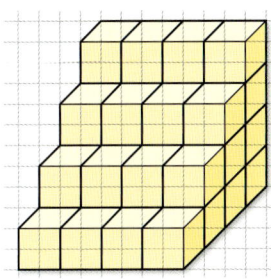

4 Würfeldrehungen
Ein Würfel hat acht Ecken. Wie sehen die beiden Würfel aus, wenn sie aus der Aus-
gangsposition um 90°, 180° oder gar 270° gedreht werden? Zeichne die zugehörigen
Schrägbilder in dein Heft.

Hier lohnt sich der Bau
eines Kantenmodells
aus Zahnstochern und
Knetgummi.

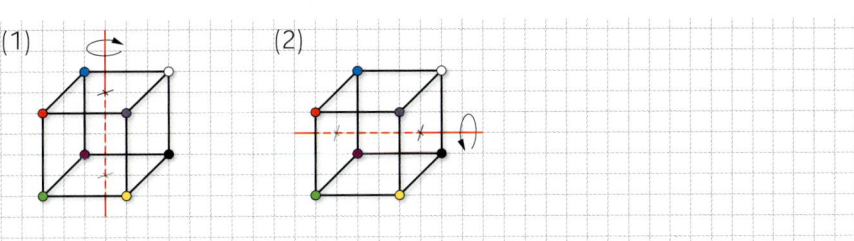

(1)   (2)

Übungen

5 Bausteine

a) Der Baustein wurde um 90° um die rote Achse gedreht. Er soll nun auf die gleiche Weise noch zweimal gedreht werden. Welche Schrägbilder passen dazu? Zeichne sie in dein Heft.

b) Auch der Torbogen wurde um 90° um die rote Achse gedreht. Zeichne die beiden Schrägbilder in dein Heft und setze die Reihe fort. Welches Schrägbild erhältst du, wenn du die letzte Figur deiner Reihe noch einmal um 90° drehst?

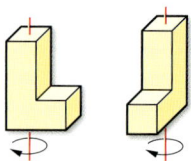

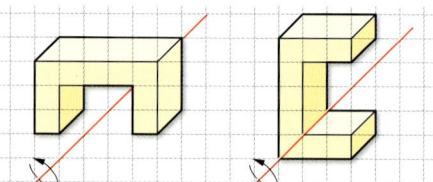

6 Siegertreppchen

Max hat aus vier Würfeln ein Siegertreppchen gebaut. Anschließend dreht und kippt er es in verschiedene Richtungen.

a) Übertrage die drei Ansichten in dein Heft.

b) Finde noch weitere Ansichten der Treppe und zeichne die dazugehörigen Schrägbilder.

Überprüfe deine Ergebnisse durch Nachbauen mit vier Würfeln.

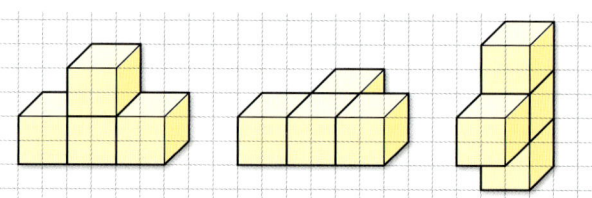

7 Gefärbte Würfel

Sechs gleich gefärbte Würfel sollen aus den Würfelnetzen entstehen. Übertrage die Netze in dein Heft und versuche die richtige Einfärbung zu finden.

Beachte: Es gibt mehrere Möglichkeiten.

Versuche es zuerst im Kopf, schneide anschließend die Netze aus und falte sie zusammen. So kannst du deine Ergebnisse überprüfen.

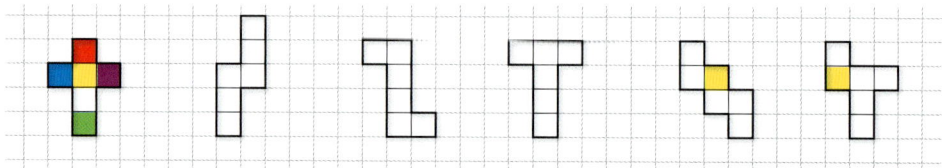

8 Bauklötze haben es in sich

Edda untersucht, welche verschiedenen Formen sie aus vier Würfeln bauen kann. Sie zeichnet dazu die Schrägbilder auf. Einige hat sie schon gefunden, doch sind sie wirklich verschieden?

④ ist nichts Neues, denn ich kann ② um 180° drehen und erhalte den gleichen Würfelkörper.

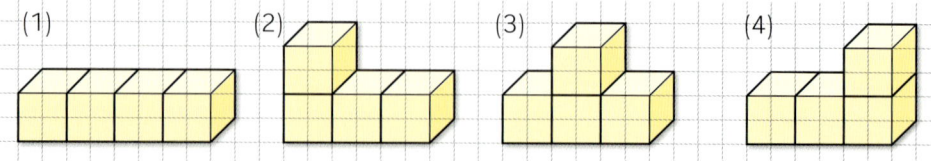

Vergleiche deine Ergebnisse mit den Würfelblöcken in Aufgabe 6.

Übertrage die drei Schrägbilder in dein Heft. Finde die weiteren Formen und zeichne ihre Schrägbilder.

Du kannst mit vier Würfeln überprüfen, ob du tatsächlich neue Zusammenstellungen gefunden hast.

Übungen **9** Würfelnetze

Eva und Raphael haben 18 verschiedene Würfelnetze gesammelt. Laura protestiert:
„Es gibt insgesamt nur 11 verschiedene Würfelnetze, ihr habt aber 18 gefunden!"

Zum Beispiel sind die
Netze 9 und 17 gleich,
ich muss nur spiegeln.

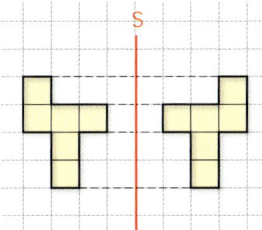

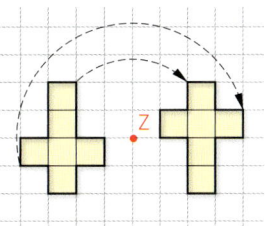

Auch die Netze 6
und 11 sind nicht unter-
schiedlich, sondern nur
gedreht.

Welche weiteren Netze sind doppelt vorhanden? Begründe.

Versuche es zuerst im
Kopf, schneide die Netze
anschließend aus.
Durch Drehen und
Klappen kannst du deine
Ergebnisse überprüfen.

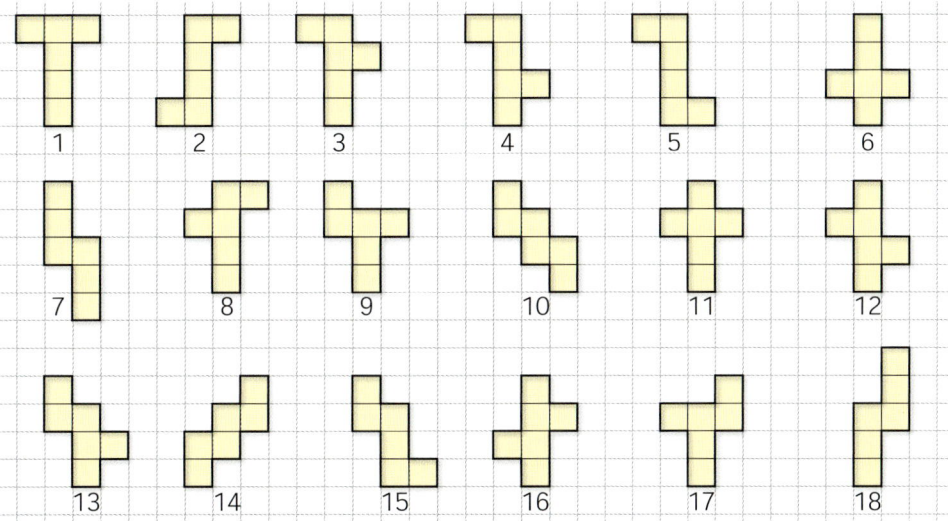

10 Oktaeder im Würfel

Aus 12 Streichhölzern und
sechs Knetkugeln kannst du das
Kantenmodell eines Oktaeders
bauen. Mithilfe eines Würfels
gelingt dir auch ein Schrägbild.

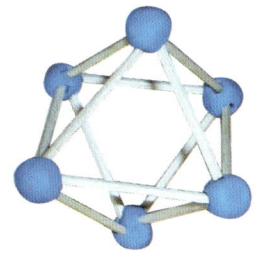

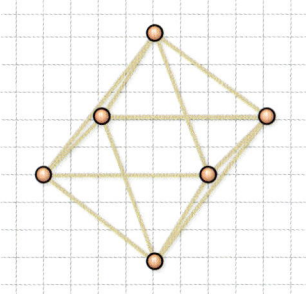

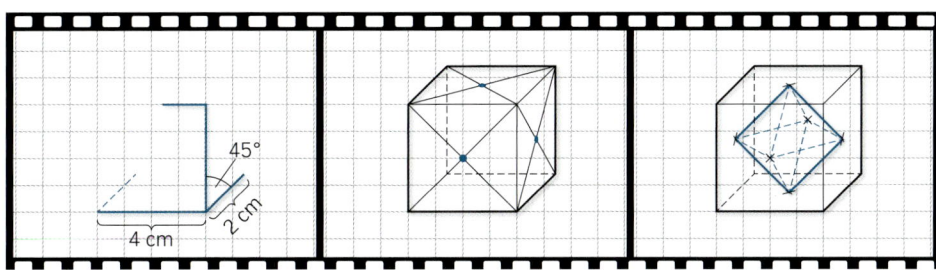

Zeichne das Schrägbild eines Würfels.

Bestimme alle Flächenmittelpunkte des Würfels. Die Diagonalen helfen dir.

*Verbinde jeden Mittelpunkt mit seinen vier Nachbarn.
Fertig ist das Schrägbild.*

Projekt

Der Soma-Würfel – Ein dreidimensionales Puzzle

Dieses berühmte Knobelproblem stammt von dem dänischen Schriftsteller PIET HEIN und hat schon viele Köpfe zum Rauchen gebracht. Was kann man mit diesen sieben Teilen wohl alles zusammensetzen?

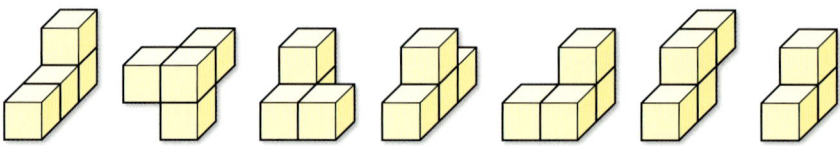

Bau der Puzzleteile

Betrachtet die Teile des Puzzles. Es sind alle „krummen" Möglichkeiten, auf die man drei oder vier Würfel zusammensetzen kann. Stellt zuerst die sieben Puzzleteile aus Würfeln selbst her. Für den Bau könnt ihr Holz- oder Plastikwürfel verwenden. Leim oder Kleber nicht vergessen.

Zum Aufwärmen

Versucht zunächst die folgenden einfachen Körper aus zwei, drei oder vier Puzzleteilen zusammenzubauen. Ihr könnt auch schon selbst Puzzle erfinden.

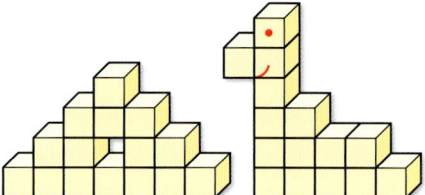

Soma-Würfel

Alle Teile lassen sich zu einem Würfel mit der Kantenlänge 3 zusammenbauen. Mit der Zeichnung und dem Foto haben wir schon Tipps für zwei verschiedene Möglichkeiten verraten. Baue diese nach.

Englische Mathematiker fanden 1961 heraus, dass es 240 verschiedene Möglichkeiten gibt, den Würfel zu bauen.

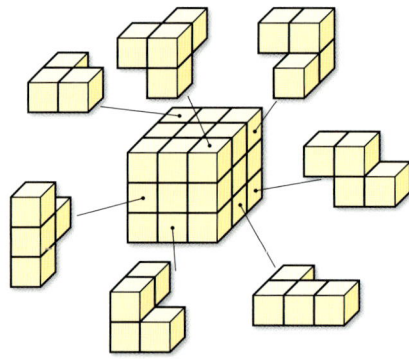

Lösungen sammeln und Baupläne erstellen

Wie viele verschiedene findet ihr? Wie könnt Ihr sicher sein, dass nicht zweimal die gleiche Lösung gefunden wurde?

Mit eurem Wissen über Schrägbilder könnt ihr Baupläne für Soma-Puzzles erstellen. Hier stellen wir euch Puzzles als Anregung vor. Schafft ihr es, sie nachzubauen und einen Bauplan zu zeichnen? Ihr könnt auch eure eigenen Puzzles entwerfen. Viel Spaß dabei.

Stuhl

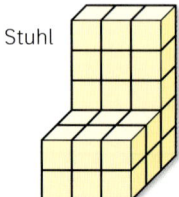

Sofa

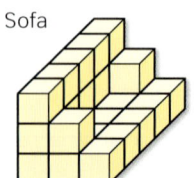

Treppe

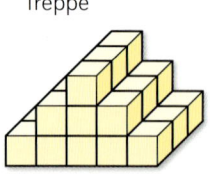

Symmetrische Figuren

Um eine Figur auf Symmetrie zu untersuchen, suche nach:

- Symmetrieachsen
- Symmetriezentrum.

Spiegeln

Du musst immer nur einzelne Punkte von Figuren spiegeln. Anschließend verbindest du die Bildpunkte.

Bei einer **Achsenspiegelung** sind Punkte, die auf der Symmetrieachse liegen, identisch mit ihrem Bildpunkt. Die Symmetrieachse ist stets die **Mittelsenkrechte** von Punkt und Bildpunkt.

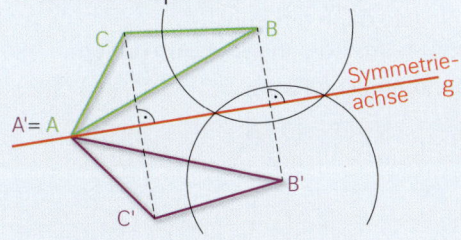

Die eingezeichnete Symmetrieachse ist eine **Winkelhalbierende** des Winkels zwischen AB und A'B'.

Bei einer **Punktspiegelung** ist nur das Symmetriezentrum identisch mit seinem Bildpunkt.

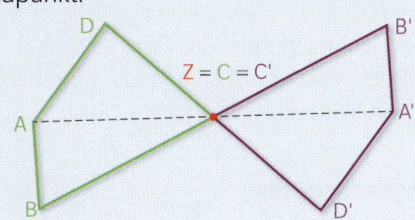

Gleichschenkliges Dreieck

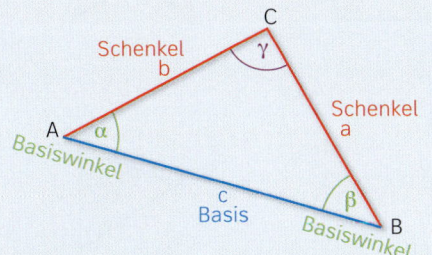

Zwei Seiten sind gleich lang.
Die Basiswinkel sind gleich groß.

Check-up

1 Symmetrie
Untersuche die Muster auf Achsensymmetrie, Punktsymmetrie und Drehsymmetrie. Wenn du die Symmetrieachsen und Symmetriezentren zeichnen möchtest, verwende Transparentpapier.

a) 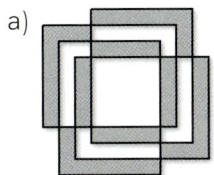 b) 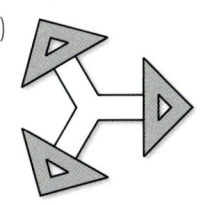 c)

2 Achsensymmetrie
a) Der Buchstabe F wird an der roten Symmetrieachse gespiegelt. Welche Figur entsteht?

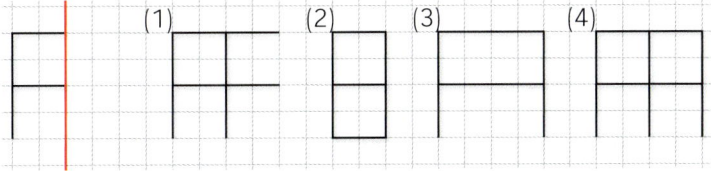

b) Übertrage die Figuren (1) bis (4) auf kariertes Papier und zeichne jeweils alle möglichen Symmetrieachsen ein.

3 Weihnachtsbaum
Jans Versuche, einen symmetrischen Weihnachtsbaum zu zeichnen, sind gescheitert. Nun zeichnet er nur die Hälfte eines Weihnachtsbaums und konstruiert die andere Hälfte mithilfe einer Achsenspiegelung. Versuche es selbst. Verwende dabei unliniertes Papier.

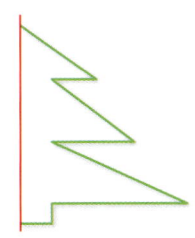

4 Punktsymmetrie
Der Buchstabe F wird am Punkt Z gespiegelt. Welche Figur entsteht?

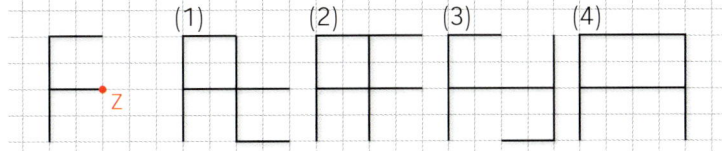

5 Ein Dreieck spiegeln
a) Es sei
  (1) Punkt D der Spiegelpunkt zu A;
  (2) Punkt E der Spiegelpunkt zu B.
  Konstruiere die Spiegelachsen.
b) Spiegele nun das Dreieck ABC an
  (1) C   (2) D   (3) E
  Lies die Koordinaten der Bildpunkte ab. Wie können diese Koordinaten berechnet werden? Beschreibe.
c) Welche besonderen Dreiecke entstehen, wenn du ein Quadrat (ein Rechteck) längs einer Diagonale durchschneidest?

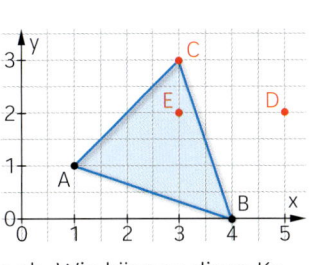

Sichern und Vernetzen –
Vermischte Aufgaben zu Kapitel 5

Trainieren

1 Symmetrische Figuren

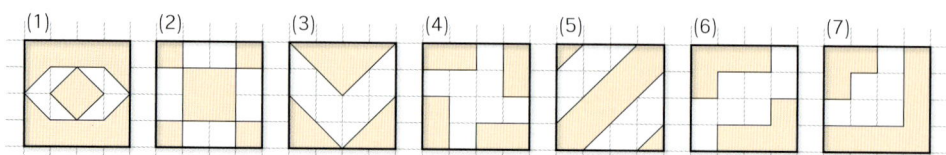

(1) (2) (3) (4) (5) (6) (7)

a) Untersuche die Figuren auf Symmetrie. Zeichne sie dazu in dein Heft und zeichne alle Symmetrieachsen ein. Welche Figuren sind drehsymmetrisch oder punktsymmetrisch? Zeichne das Symmetriezentrum ein und gib die Drehwinkel an.

b) Erfinde selbst Figuren. Lasse sie von deinen Mitschülerinnen und Mitschülern auf Symmetrien untersuchen.

2 Ein Schmetterling

Zeichne den Schmetterling in dein Heft (eventuell mit Transparentpapier) und ergänze ihn durch Achsenspiegelung zu einem vollständigen Schmetterling.

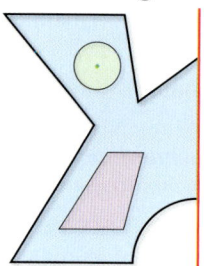

3 Eine Blüte

Übertrage die Zeichnung in dein Heft und spiegele dann am Punkt Z. Du erhältst eine interessante punktsymmetrische Figur.

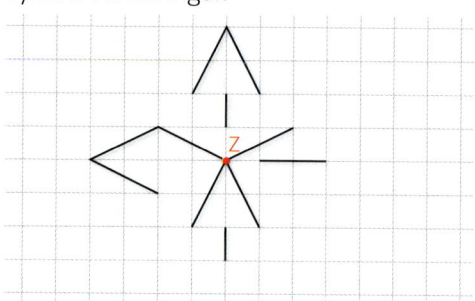

4 Welche Figur wird Drehsieger?

In unserer Umgebung siehst du viele drehsymmetrische Figuren. Um welche Winkel kannst du die Figur um den Punkt Z drehen, damit sie wieder auf sich selbst abgebildet wird? Welche Figur bietet die meisten Möglichkeiten, wird also „Drehsieger"?

(1) 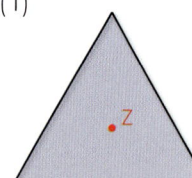   (2) 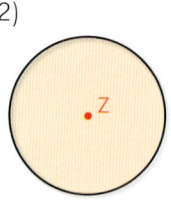   (3) 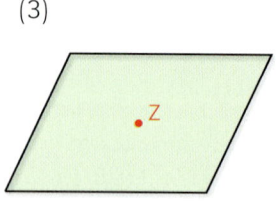   (4)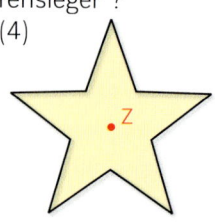

5 Spiegeln und Drehen im Koordinatensystem

a) Drehe das Dreieck ABC um D mit 90°. Lies die Bildpunkte A',B' und C' ab.

b) Spiegele das Bilddreieck A'B'C' an D und lies die Bildpunkte A", B" und C" ab.

Zusatzaufgabe: Durch welche Spiegelung oder Drehung wird das Dreieck A"B"C" in das Dreieck ABC überführt? Findest du eine Begründung?

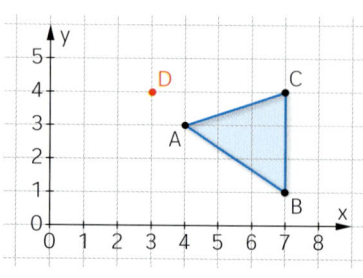

Verstehen

6 Wegbeschreibung

Die nächste Klassenfeier findet bei Frauke statt. Sie wohnt in der Hasengartenstraße 8. Um den Weg zu beschreiben hat sie eine Folie gezeichnet. Dort steht T für Tankstelle und A für Apotheke. Christian notiert:

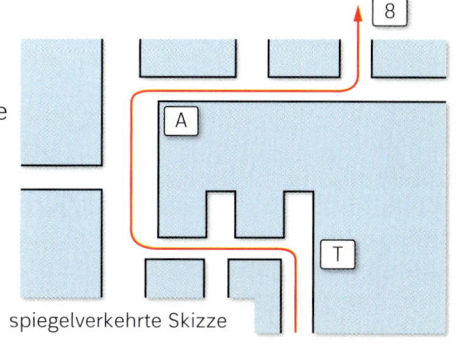

spiegelverkehrte Skizze

> an der Tankstelle links
> 2. Straße rechts
> …

Wie gehen die Notizen von Christian weiter? Auf einmal merkt Frauke, dass sie die Folie spiegelverkehrt aufgelegt hat. Warum hat niemand Fraukes Fehler bemerkt? Kannst du die Wegbeschreibung berichtigen?

7 Spiegeln eines Kreises

a) Wie spiegelt man einen Kreis an einer Geraden? Beschreibe anhand der Skizze.
b) Wo liegt die Spiegelachse, damit Kreis und Bildkreis
   ① keinen gemeinsamen Punkt,
   ② genau einen gemeinsamen Punkt,
   ③ genau zwei gemeinsame Punkte,
   ④ alle Punkte gemeinsam haben.

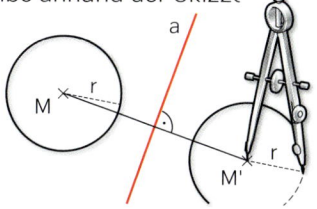

8 Schneckenhäuser

Schau die Schneckenhäuser genau an. In welche Richtung winden sie sich? Betrachte die Schneckenhäuser nun in einem Spiegel. Was stellst du fest?

Anwenden

9 Schmücken? – Kein Problem!

Falte ein Quadrat mehrmals wie in der Abbildung. Schneide dann die orangen Flächen aus, wie du es im Bild siehst. Wenn du es nicht ganz genau so hinbekommst, ist es nicht schlimm. Falte auseinander. Welche Regelmäßigkeiten kannst du entdecken?

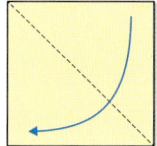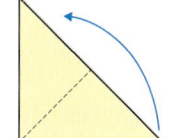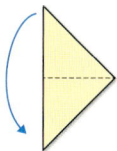

10 Geheimschrift

Marie nimmt in der Schule gerade Achsensymmetrie durch. Das bringt sie auf die Idee für eine neue Geheimschrift.

a) Übertrage die geheimen Worte in dein Heft und ergänze sie so, dass damit Maries Geheimschrift entziffert wird.
b) Leider eignen sich nicht alle Buchstaben für Maries Geheimschrift, sondern nur die großen Druckbuchstaben, die symmetrisch zur Querachse sind. Notiere alle Buchstaben, die man benutzen kann und erfinde selbst Worte in Maries Geheimschrift. Lasse sie von deinem Nachbarn entziffern.
c) Notiere alle großen Druckbuchstaben, die symmetrisch zur Längsachse sind. Kannst du damit auch eine Geheimschrift bilden?

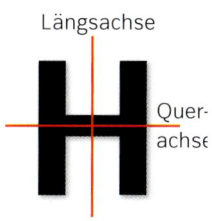

Längsachse

Quer-achse

Rationale Zahlen

Die natürlichen Zahlen sind dir bereits vertraut. Es gibt aber noch weitere Zahlen, denen wir im Alltag begegnen, so z. B. bei der Messung von Temperaturen mit dem Thermometer oder bei negativen Kontoständen.

Der Bereich der natürlichen Zahlen wird um die negativen Zahlen zu den ganzen Zahlen erweitert. Da Brüche und Dezimalzahlen auch ein negatives Vorzeichen haben können, werden die ganzen Zahlen noch um die positiven und negativen Brüche und Dezimalzahlen auf den Bereich der rationalen Zahlen erweitert.

Zwischen den Brüchen liegen auf der Zahlengeraden immer weitere Brüche. Damit gibt es keine Lücken. Kann es trotzdem noch weitere Zahlen geben, obwohl zwischen zwei Brüchen nie eine Lücke entsteht? So viel sei verraten, ja, es gibt noch weitere Zahlen.

6.1 **Negative Zahlen beschreiben Zustände und Änderungen**

Wenn es im Winter friert, zeigt das Thermometer z.B. morgens – 5 °C an. Mittags steigt die Temperatur auf 3 °C, am Abend fällt sie wieder auf – 7 °C.

Wie hat sich die Temperatur geändert?

In der Wüste Sahara herrschen fast täglich enorme Temperaturschwankungen von 30 °C und mehr. Dabei reichen die absoluten Temperaturen von 70 °C an Sommertagen bis – 10 °C in Winternächten.

6.2 **Vom Zahlenstrahl zur Zahlengeraden**

Zur mathematischen Darstellung der rationalen Zahlen wird der Zahlenstrahl zur Zahlengeraden erweitert. Das um 90° gedrehte Thermometer bietet die Vorlage.

Welche Symmetrie erkennst du an der Zahlengeraden?

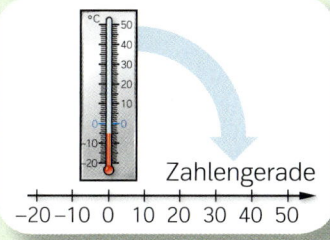

6.3 **Addieren und Subtrahieren mit rationalen Zahlen**

In vielen Situationen, wie etwa bei Schulden oder Temperaturen, hast du bereits ganz selbstverständlich mit negativen Zahlen gerechnet.

Auf dem Kontoauszug hat der Computer für uns addiert und subtrahiert.

6.4 **Multiplizieren und Dividieren mit rationalen Zahlen**

Wie multipliziert man mit rationalen Zahlen? Welches Ergebnis liefert etwa $(-2{,}5) \cdot (-3{,}4)$? Ist das Ergebnis positiv oder negativ?

Welche Regeln stecken hinter den Multiplikationen auf dem Zettel?
Wie könnte man rationale Zahlen dividieren?

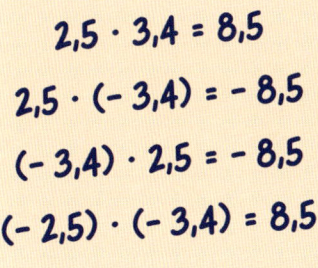

$$2{,}5 \cdot 3{,}4 = 8{,}5$$
$$2{,}5 \cdot (-3{,}4) = -8{,}5$$
$$(-3{,}4) \cdot 2{,}5 = -8{,}5$$
$$(-2{,}5) \cdot (-3{,}4) = 8{,}5$$

6.5 **Verbinden von Rechenarten**

Rechengsetze helfen beim Umgang mit verschiedenen Rechenarten. Manchmal kann man durch sie Rechnungen vereinfachen.

$$3 \cdot 27 + 3 \cdot 3$$
$$= 3 \cdot (27 + 3)$$
$$= 3 \cdot 30$$
$$= 90$$

6.1 Negative Zahlen beschreiben Zustände und Änderungen

Negative Zahlen oder „Minuszahlen" kennst du bereits von der Temperaturskala, z.B. $-5\,°$Celsius. Auch in den Nachrichten, etwa bei Kursverlusten an der Börse, ist von ihnen die Rede. Bei welchen Vorgängen sind negative Zahlen außerdem nützlich? Gibt es noch mehr Situationen, in denen die negativen Zahlen in der Mathematik etwas bewegen?.

Aufgaben

1 **Mit dem Aufzug unterwegs**

Ralf ist zu Besuch in einem mehrstöckigen Gebäude. Er ist neugierig und nutzt den Aufzug, um sich einen ersten Überblick zu verschaffen. Dabei fällt ihm auf, dass es unter dem Erdgeschoss noch drei Stockwerke für eine Tiefgarage gibt.

a) Wie viele Stockwerke hat das Gebäude? Welche Zahl entspricht dem Erdgeschoss?

b) Ralf ist vom 4. Stock aus sechs Stockwerke abwärts gefahren, wo kommt er an?

c) Wie viele Stockwerke muss Ralf aus dem untersten Stock fahren, um in den 2. Stock zu kommen?

d) Ralf meint, an einem Stück neun Stockwerke aufwärts gefahren zu sein. Was meinst du dazu?

e) Von wo bis wo kann Ralf gefahren sein, wenn er vier Stockwerke abwärts gefahren ist?

5
4
3
2
1
0
−1
−2
−3

2 **Ein Klimadiagramm aus Nordschweden**

Suche Karesuando im Atlas und informiere dich über die Stadt.

In der Grafik sind die durchschnittlichen Tages- und Nachttemperaturen in Karesuando in Schweden angegeben.

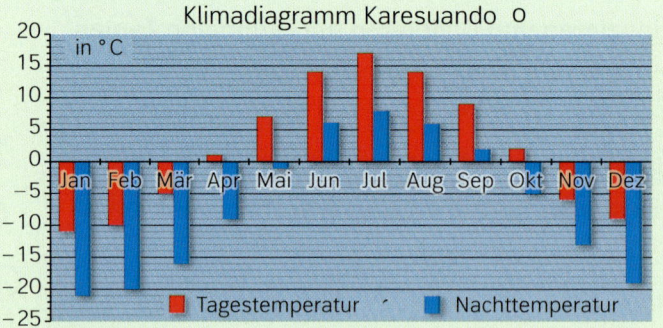

Klimadiagramm Karesuando o

in °C

■ Tagestemperatur   ■ Nachttemperatur

Mon.	Tag	Nacht
Jan	■	■
Feb	■	■
Mär	■	− 16
Apr	■	■
Mai	■	■
Jun	14	■
Jul	■	■
Aug	■	■
Sep	■	■
Okt	■	■
Nov	■	■
Dez	■	■

Temperaturen in ° Celsius

a) Übertrage die Tabelle in dein Heft und fülle sie vollständig aus.

b) Bestimme die Änderung der mittleren Nachttemperatur bzw. Tagestemperatur zwischen

(1) Februar und Juni,   (2) April und September,   (3) Oktober und November.

c) Wie groß ist der Unterschied zwischen der höchsten und niedrigsten mittleren Nachttemperatur im Verlauf des Jahres? Wie groß ist der entsprechende Wert bei den Tagestemperaturen? Wie groß ist der Unterschied zwischen der in Karesuando auftretenden höchsten und niedrigsten monatlichen Durchschnittstemperatur?

Aufgaben

3 Geldbewegungen auf einem Konto

Nach einem Möbelkauf erhält Herr Sander folgenden Kontoauszug:

Schroedelbank			erstellt am	Auszug-Nr.	Blatt
IBAN:DE41500105170123456789			15.10.14	10	1
Kontoinhaber Bernd Sander					
Buchungstag	Wert	Verwendungszweck		Soll	Haben
			Alter Kontostand		252,75
04.10.	04.10.	Möbelhaus Johann, Rechnung 999011		355,00	
			Neuer Kontostand	102,25	

a) Wie kommt es zu den 102,25 € und warum steht das bei „Soll"?

b) Herr Sander zahlt am nächsten Tag 500 € auf das Konto ein und bezahlt einen Schuhkauf über 120 € mit seiner EC-Karte. Erstelle einen neuen Kontoauszug.

Basiswissen

Ob auf dem Thermometer oder in Statistiken, oft erweisen sich negative Zahlen als sehr nützlich.

Negative Zahlen

Negative Zahlen findest du als Beschreibung von **Zuständen** und von **Änderungen**.

- Zustände auf Skalen und Anzeigen
- Änderung auf Skalen und Anzeigen

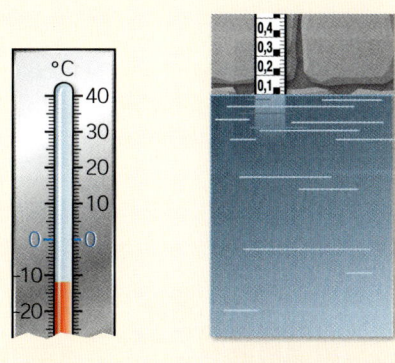

Temperatur: − 12 °C   Wasserstand: +0,1 m

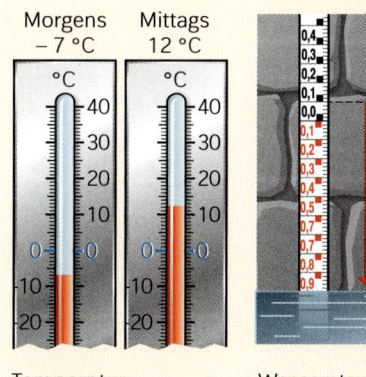

Temperatur-
änderung: +19 °C

Wasserstands-
änderung: − 1 m

- Zustände und Änderung bei grafischen Darstellungen

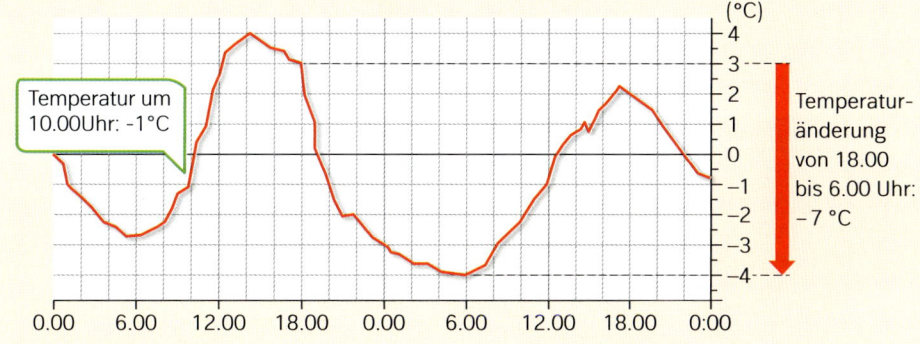

Temperaturverlauf an zwei Tagen in Neustadt

Beispiele   **A** Hochwasser

Nach einer Regenzeit mit anschließendem Hochwasser wird der Wasserstand eines Flusses immer am 15. jeden Monats gemessen. Im Januar war er 1 m über dem Normalstand. Nachdem er im Februar um zwei Meter gesunken war und im März noch einmal um einen halben Meter, setzte im Frühjahr der Regen ein, sodass der Wasserstand im April wieder auf nur noch einen halben Meter unter dem Normalstand stieg. Im Mai stieg er sogar noch um 2 m, ehe er im Juni wieder auf den Normalstand fiel.

a) Trage die Werte in eine Tabelle ein und erstelle eine grafische Darstellung.
b) Welches ist in dem beschriebenen Zeitraum der höchste, welches der niedrigste Wasserstand? Wie hoch ist der Unterschied zwischen diesen beiden Werten?

Lösung: a)

Normalstand = 0

Monat	Wasserstand in m	Änderung
Jan	1	
		– 2
Feb	– 1	
		– 0,5
Mär	– 1,5	
		+ 1
Apr	– 0,5	
		+ 2
Mai	1,5	
		– 1,5
Juni	0	

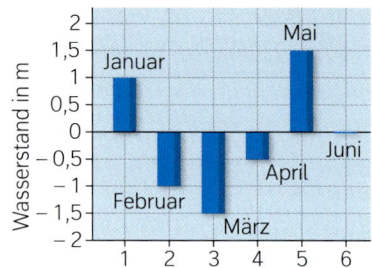

b) Der höchste Wasserstand ist 1,5 m, der niedrigste – 1,5 m. Der Unterschied beträgt 3 m.

B Temperaturen

Erstelle aus dem folgenden Schaubild eine Tabelle für die Temperaturen vom 5. bis zum 10. Januar. Zwischen welchen aufeinander folgenden Tagen unterschieden sich die Temperaturen am stärksten? Wie groß war diese Temperaturänderung?

Lösung:

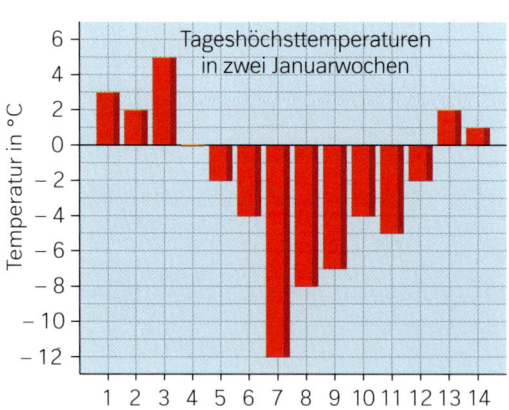

Tag	Temperatur in °C
5.	– 2
6.	– 4
7.	– 12
8.	– 8
9.	– 7
10.	– 4

Die Temperatur fiel am stärksten vom 6. zum 7. Januar. Die Temperaturänderung betrug – 8 °C.

Übungen   **4** Negative Zahlen gibt es überall

a) Nachmittags waren es noch 5 °C, zum Abend hin nahm die Temperatur um 9 °C ab.
Wie kalt war es am Abend?

b) Nachdem es am Morgen noch – 4 °C waren, zeigte das Thermometer am Mittag schon 10 °C an.
Wie groß war die Temperaturänderung?

c) Ein Taucher taucht zunächst zu einem Felsen in 8 m Tiefe und von da aus noch zu einer Höhle in 25 m Tiefe.
Wie viel Meter liegt die Höhle tiefer als der Felsen?

d) Ein U-Boot befindet sich auf Tauchfahrt in 275 m Tiefe. Das Sehrohr des Bootes kann 6 m ausgefahren werden. Wie viel Meter muss das U-Boot aufsteigen, damit das Sehrohr 2 m über die Wasseroberfläche hinausragt?

Übungen **5** Ein Tag im Winter

Brrr, war das heute Morgen um 7.00 Uhr wieder kalt, als ich aufstehen musste, – 5 °C. Das Thermometer an der Apotheke auf dem Schulweg zeigte um 7.45 Uhr immer noch – 3 °C an, auf den Straßen war Rauhreif und es war ganz schön glatt. In der großen Pause um 9.30 Uhr war der Schulhof allerdings schon nass, es war nun 5 °C wärmer geworden. Als ich um 14.00 Uhr zu Hause ankam, schien die Sonne und das Thermometer zeigte 8 °C. Nach den Hausaufgaben fuhr ich noch um 16.00 Uhr für zwei Stunden zum Fußballtraining. Auf dem Rückweg merkte ich, dass die Straßen schon wieder anfingen zu gefrieren, es war jetzt sicher wieder mindestens 1 °C unter Null. Beim Abendessen hörte ich im Radio, wie der Nachrichtensprecher ankündigte, dass es in der Nacht bis 7 °C unter Null kalt werden sollte.

Tipp

Vergleiche Beispiel A.

Erstelle zu dem Bericht eine Tabelle mit Uhrzeit, Temperatur und Temperaturänderung sowie eine Grafik (x-Achse: Uhrzeit, y-Achse: Temperatur).
Wie groß ist der Unterschied zwischen der höchsten und niedrigsten Temperatur an diesem Tag?

Partnerarbeit **6** Spielstände bei einem Kartenspiel

Bei einem Kartenspiel hat Paul einen Punktestand von 36 Punkten. Nach dem nächsten Spiel hat er – 12 Punkte. Wie viele Punkte hat er in diesem Spiel verloren?
Im nächsten Spiel gewinnt er 30 Punkte.
a) Übertrage die Tabelle und fülle sie so weit wie möglich aus.
b) Denke dir ein Spielergebnis aus, mit dem Paul im dritten Spiel gewinnt oder verliert, dein Partner bestimmt dann den Spielstand. Wechselt danach die Rolle.
Denke dir auch einmal einen Spielstand aus, zu dem der Partner das Spielergebnis finden muss. Tragt alle Werte in die Tabelle ein.

Spiel Nr.	Spielstand	Spielergebnis (Änderung)
1	36	
2	– 12	■
3	■	+30
4	■	
5	■	
6	■	
7	■	

7 Ein Tag auf dem Mars

Ein Tag auf dem Mars dauert ca. 24 Stunden und 40 Minuten. Der Graph zeigt den Temperaturverlauf eines Tages auf der Marsoberfläche.
a) Erstelle eine Tabelle mit Uhrzeit und Temperatur. Gib jeweils von Zeile zu Zeile die Temperaturänderung an.
b) In welcher Stunde gab es den größten Temperaturanstieg, wann den stärksten Rückgang?

Uhrzeit	Temperatur	Temperaturänderung
00.00	– 73 °C	+2 °C
01.00	– 71 °C	– 1 °C
02.00	– 72 °C	

Atmosphäre und Klima

Da die dünne Marsatmosphäre nur wenig Sonnenwärme speichern kann, sind die Temperaturunterschiede auf der Oberfläche sehr groß. Die Temperaturen erreichen in Äquatornähe etwa 20 °C am Tag und sinken bis auf –85 °C in der Nacht. Die mittlere Temperatur des Planeten liegt bei etwa –55 °C. *Quelle: Wikipedia, Mars (Planet)*

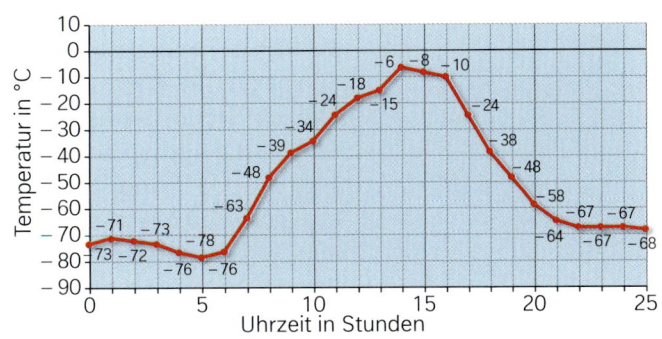

Übungen

8 | Temperaturen auf Himmelskörpern

In der Tabelle kannst du sehen, wie ungemütlich es auf anderen Himmelskörpern sein kann.

a) Trage auf einer senkrechten Skala (1 cm entspricht 50 °C) die Temperaturen ein. Runde, falls nötig.

Himmelskörper	Höchsttemperatur	Tiefsttemperatur
Erde	+58 °C	−89 °C
Mond	+130 °C	−160 °C
Merkur	+427 °C	−173 °C
Mars	+27 °C	−133 °C

b) Um wie viel °C unterscheiden sich Höchst- und Tiefsttemperatur eines Himmelskörpers? Welche Spanne ist am größten, welche am kleinsten?

c) Wie unterscheiden sich die Tiefsttemperaturen der Himmelskörper? Lege eine Rangliste an, beginne mit dem kältesten.

Tipp

Runde für das Einzeichnen auf 100 m.

9 | Gipfelhöhen und Meerestiefen

a) Erstelle ein Diagramm, in dem die Daten aus der Tabelle eingetragen werden. Trage auf der senkrechten Achse die Gipfelhöhen und Meerestiefen ein. Achte auf eine geschickte Skala.

b) Bestimme alle Höhenunterschiede.

Mount Everest	8 848 m
Mont Blanc	4 810 m
Zugspitze	2 962 m
Puerto-Rico-Graben	−9 219 m
Kurilengraben	−10 542 m
Marianengraben	−11 034 m

Exkurs

Tiefseeberge (engl. Seamounts) sind unterseeische Vulkane, die sich vom Meeresboden in etwa 1000 m bis 6000 m Wassertiefe erheben, den Meeresspiegel aber nicht erreichen. Besonders viele Tiefseeberge findet man um die vulkanische Inselkette von Hawaii. Die Abbildung zeigt einen kleinen Ausschnitt des Meeresbodens um die Hauptinsel Hawaii, der dort in ca. 5600 m Tiefe liegt.

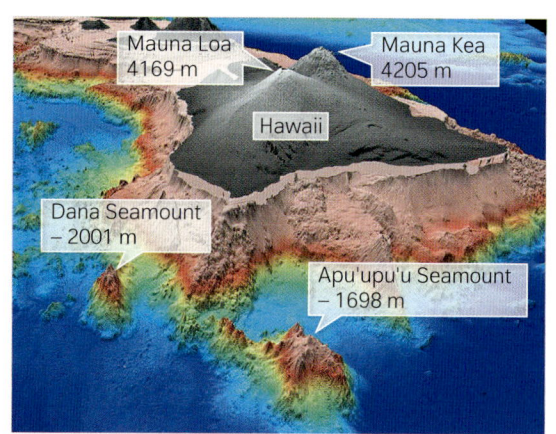

Mauna Loa 4169 m
Mauna Kea 4205 m
Hawaii
Dana Seamount − 2001 m
Apu'upu'u Seamount − 1698 m

10 | Tiefseeberge und der höchste Berg

a) Welches ist der höhere der beiden Tiefseeberge? Wie groß ist ihr Höhenunterschied?

b) Um wie viel Meter ist der Mauna Loa höher als der Dana Seamount?

c) Wie hoch ist der Apu'upu'u Seamount, gemessen vom Meeresboden in etwa 5600 m Tiefe? Vergleiche diese Höhe mit der des höchsten Berges in Deutschland, der Zugspitze (2962 m).

d) Der Cross Seamount (nicht im Bild) westlich von Hawaii ist noch 1448 m höher als der Apu'upu'u Seamount, und damit der höchste Tiefseeberg der Umgebung. Wie tief liegt seine Spitze unter dem Meeresspiegel?

e) Ben hat im Unterricht gelernt, dass der Mount Everest mit 8848 m der höchste Berg der Erde sei. „Das hängt davon ab, von wo du misst", erwidert Sandra. „Gemessen ab dem Meeresspiegel hast du recht, aber der Mauna Kea auf Hawaii erhebt sich direkt vom Meeresboden in etwa 5600 m Tiefe ..."

Mount Everest
Mauna Kea
Meeresspiegel
Meeresboden

Exkurs

Negative Zahlen und Kontoauszüge
Auf einem Kontoauszug sind alle Einnahmen („Haben") und Ausgaben („Soll")
zu sehen. „Soll" kann beispielsweise
eine Abbuchung von einem Geschäft
nach einem Einkauf sein. „Haben" steht
beispielsweise für den Erhalt eines Geld-
geschenks als Überweisung. Der Kon-

saldo (italienisch): fest

tostand heißt in der Sprache der Banken „Saldo" und steht für die Differenz zwischen
Soll und Haben. Ist der aktuelle Kontostand im Haben, so ist noch Geld auf dem Konto,
befindet er sich allerdings im Soll, so ist das Konto überzogen und man hat Schulden.
„Soll" und „Haben" werden häufig durch unterschiedliche Farben gekennzeichnet.

Schroedelbank			erstellt am	Auszug-Nr.	Blatt
IBAN:DE41500105170123456789			06.04.12	1	1
Kontoinhaber Max Mustermann					
Datum	Verwendungszweck	Wert	SALDO ALT	442,28 H	
17.03.	Rechnung Kabelcom	17.03.		14,55 S	
05.04.	Miete Fam. Köhler	07.04		288,15 H	
			SALDO NEU	715,88 H	

Übungen

11 Kontoauszug 1

Auf dem Girokonto sind noch 705 € Guthaben. Wie lautet der Kontostand nach
folgenden Buchungen?

Datum	Verwendungszweck	Wert	Betrag
25.02.	Telefonrechnung 121276	26.02.	82,00 S
27.02.	Autoreparatur Meisterbetrieb	28.02.	823,00 S

12 Kontoauszug 2

Schroedelbank			erstellt am	Auszug-Nr.	Blatt
IBAN:DE41500105170123456789			04.03.12	1	1
Kontoinhaber Ursula/Hans Schüssel					
Datum	Verwendungszweck	Wert	SALDO ALT	967,00 H	
27.02.	GEIER GmbH & CO.KG	28.02.		834,00 S	
28.02.	Lohnüberweisung	01.03.		1672,30 H	
02.03.	Geldautomat	01.03.		200,00 S	
02.03.	Tante Gerti	03.03.		40,00 H	
02.03.	Wohnparadies Rechn.	03.03.		499,00 S	
	Nr.3724 Vielen Dank!				
			SALDO NEU	???,?? ?	

Betrachte den Kontoauszug der Familie
Schüssel.

a) Wie viel Euro hatte Familie Schüssel,
wie viel hat sie insgesamt ausgegeben, wie viel Geld kam in dieser Zeit
dazu?

b) Wie könnte man Ausgaben und
Einnahmen noch anders kenntlich
machen?

Kopfübungen

1. Nenne den größten Teiler von 44 und 99.

2. Welche Figuren haben eine Spiegelachse?

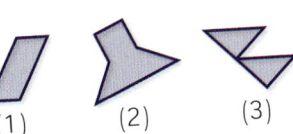
(1)   (2)   (3)   (4)

3. Wandle 10 cm in mm um.

4. Berechne im Kopf: a) $12 - 2 \cdot 4$ b) $(12 - 2) \cdot 4$

5. Welcher geometrische Körper kann gemeint sein?
   „Vier Kanten dieses Körpers treffen sich in einer Ecke."

6. In Karins Freundeskreis spielen 3 von 10 Kindern ein Musikinstrument.
   In Luisas Freundeskreis spielen 6 von 12 Kindern ein Musikinstrument.
   Wo ist der Anteil der musizierenden Kinder größer?

7. Ein Turnverein erhebt folgende Beiträge für jeweils ein Jahr: Erwachsener 90 €,
   Kind 45 €. Bestimme den Beitrag der Familie Elsner (Mutter, Vater, 4 Kinder).

Aufgaben

13 Auf Schatzsuche mit der Sea Wolf

Bei einer Tauchfahrt in einem Unterwasserlabyrinth muss man genau navigieren, damit das Boot nicht an den Felswänden beschädigt wird. Auf der Karte unten siehst du die verschiedenen Phasen der Tauchfahrt.

(4|−3) bedeutet „vom aktuellen Standpunkt aus 4 nach rechts und 3 nach unten"

a) Was geben die Zahlen an den Pfeilen jeweils an?

b) Überprüfe anhand der Karte, ob du auch mit den beiden folgenden Tauchfahrten zum Schatz kommst:

(1) (0|−3), (4|−3), (−3|−5), (−4|1)
(2) (3|0), (0|−9), (−2|−3), (−4|2)

(3|−5) ist hier ein Navigationspfeil und kein Punkt.

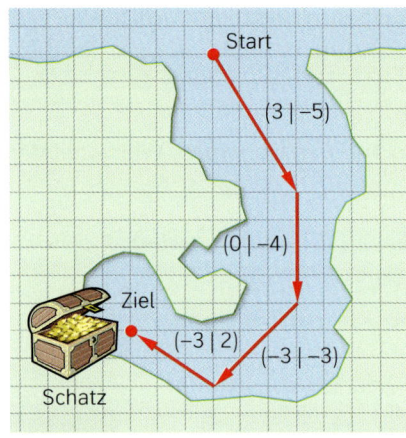

c) Auf die Karte wird ein Koordinatensystem so gelegt, dass der Start im Ursprung ist. Gib die Koordinaten der Zielpunkte der einzelnen Fahrtabschnitte an.

d) Kannst du aus den Zahlen an den Pfeilen die Koordinaten des Zielpunktes ermitteln? Finde anschließend eine weitere Tauchroute, die das Boot zum Schatz führt, und gib die Koordinaten der Zielpunkte der einzelnen Fahrtabschnitte und des Ziels an.

e) Zeichne selbst ein Labyrinth auf kariertes Papier und finde einen Weg hindurch.

Exkurs

Negative Zahlen in den Naturwissenschaften

Dass tiefe Temperaturen durch negative Zahlen ausgedrückt werden können, ist für dich nichts Neues. Die Temperaturskala kann man aber nicht wie die negativen Zahlen beliebig weit unter Null fortsetzen. Es gibt eine tiefste Temperatur, an die sich Wissenschaftler mit aufwendigen Apparaturen immer weiter „herantasten", mit einem einfachen Kühlschrank ist es da nicht getan. Diese Temperatur, auch „absoluter Nullpunkt" genannt, beträgt −273,15 °C. Für ein Experiment, bei dem diese Temperatur fast erreicht wurde, erhielten 1996 drei amerikanische Wissenschaftler den Nobelpreis für Physik. Die tiefste auf der Erde je gemessene und bestätigte Temperatur ist −89,2 °C, gemessen in der Forschungsstation Wostok in der Antarktis.

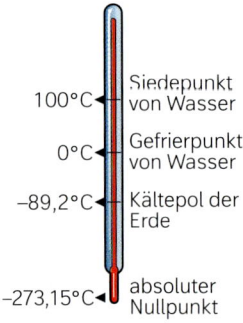

Wie du von der Batterie her weißt, wird auch in der Elektrizitätslehre der Gegensatz negativ-positiv benutzt. Du hast sicher schon gesehen, dass eine Batterie einen Plus- und einen Minuspol besitzt. Es gibt auch negative und positive elektrische Ladung. So ist ein Körper elektrisch neutral, wenn sich in ihm ebenso viele positive wie negative elektrische Ladung befindet.

6.2 Vom Zahlenstrahl zur Zahlengeraden

Welche Zahl ist „größer": – 7 oder +3?
Wie alt wurde der griechische Philosoph Aristoteles und was hat diese Frage mit negativen Zahlen zu tun? Wie kann man negative Zahlen auf einer Zahlengeraden oder in einem Koordinatensystem darstellen? Was ist der „Betrag" einer Zahl?

Aufgaben

1 Von Philosophen und Königen

ARISTOTELES lebte von 384 bis 322 vor Christus, er war Lehrer ALEXANDERS DES GROSSEN, der von 356 bis 323 vor Christus lebte.
a) Zeichne eine Zeitachse, in die du die Lebensdaten der beiden Männer eintragen kannst. Wie alt wurden sie jeweils?
b) PLATON, ein anderer großer Philosoph, lebte von 427 bis 348 vor Christus. Konnte er ARISTOTELES kennen? Wie alt wurde Platon?

ARISTOTELES

2 Wir erweitern den Zahlenstrahl

Für diese Aufgabe benötigst du einen Spiegel. Wenn du ihn direkt auf der Spiegelachse aufsetzt, erkennst du das Spiegelbild des Zahlenstrahls.
Der Spiegel hilft dir auch beim Lesen der Arbeitsaufträge.

Spiegelzahl

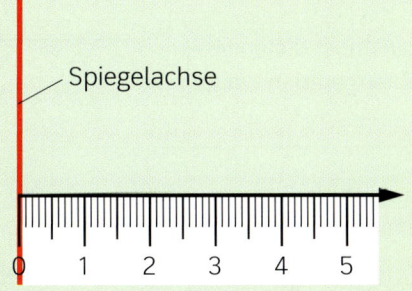

Spiegelachse

0 1 2 3 4 5

a) Beschreibe, wie sich die Reihenfolge der Zahlen im Spiegelbild verändert hat.
b) Gibt es Zahlen, die kein Spiegelbild besitzen? Begründe.
c) Was ist mit den Abständen zwischen den Zahlen geschehen?

d) Warum haben sich in der Mathematik andere Bezeichnungen als 1, 2, 3, 4 … für die „Spiegelzahlen" durchgesetzt? Welche Bezeichnungen werden benutzt?

3 Warum reicht der Zahlenstrahl nicht aus?

Übertrage die Tabelle in dein Heft und ergänze die Lücken.

Minuend	3,5	3	2,5	2	1,5	1	0,5	0
Differenz	1,5	1	0,5	■	■	■	■	■

Stelle dazu jede Subtraktion auch am Zahlenstrahl dar.
Ab welcher Stelle ergeben sich Schwierigkeiten und wie kann man sie lösen?

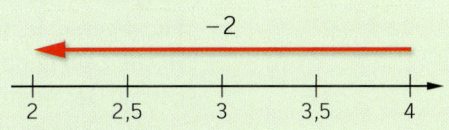

– 2

2 2,5 3 3,5 4

Basiswissen Für bestimmte Änderungen reicht der Zahlenstrahl nicht aus. Um die Zahlen in gewohnter Weise darzustellen, müssen wir den Zahlenstrahl erweitern.
Alles, was du bisher über die Zahlen gelernt hast, behält seine Gültigkeit. Es kommt nur einiges Neue dazu.

Zahlengerade

Der **Zahlenstrahl** wird zu einer **Zahlengeraden** erweitert.

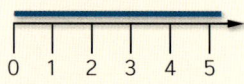 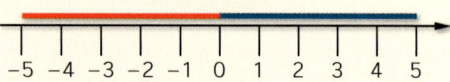

Menge der natürlichen Zahlen
$\mathbb{N} = \{0, 1, 2, 3, 4, ...\}$

Menge der ganzen Zahlen
$\mathbb{Z} = \{..., -4, -3, -2, -1, 0, 1, 2, 3, 4, ...\}$

Auf der Zahlengeraden gibt es neben den ganzen Zahlen sowohl im positiven Bereich als auch im negativen Bereich die Dezimalzahlen und die Brüche.

Die Menge der **rationalen Zahlen** ist die Menge aller jetzt vorhandenen Zahlen (also die positiven oder negativen und die Null). Die Menge der rationalen Zahlen wird mit $\mathbb{Q}$ bezeichnet.

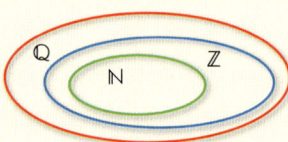

Ordnung

Von zwei rationalen Zahlen ist diejenige kleiner, die auf der Zahlengeraden weiter links steht.

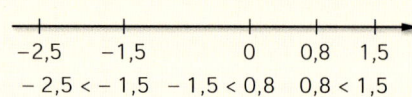

$-2{,}5 < -1{,}5 \quad -1{,}5 < 0{,}8 \quad 0{,}8 < 1{,}5$

Beispiele

A Zahlen auf der Zahlengeraden
Welche Zahlen sind markiert?

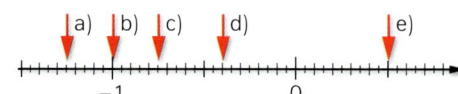

Lösung:
a) $-1{,}25$ b) -1
c) $-0{,}75$ d) $-0{,}4$
e) $0{,}5$

B Zahlen auf der Zahlengeraden markieren
Zeichne einen passenden Ausschnitt einer Zahlengeraden und trage ein:
$-12 \quad -8 \quad 2 \quad -9 \quad 1$
Lösung:

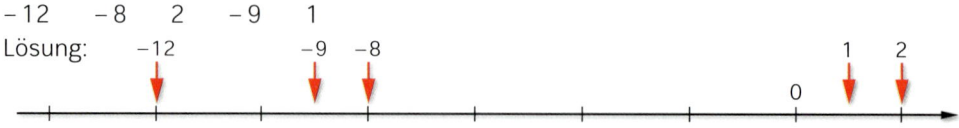

C Zahl zwischen zwei Zahlen
M liegt genau in der Mitte zwischen S und T.
Welche Zahl gehört zu M?

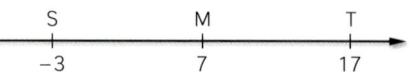

Lösung: Der Abstand zwischen S und T beträgt 20. M liegt also 10 Einheiten rechts von S und 10 Einheiten links von T. M liegt bei 7.

Übungen

4 Zahlen auf der Zahlengeraden ablesen

Übertrage die Zahlengerade in dein Heft. Achte dabei auf die Einteilung. Gib anschließend an, auf welche Zahlen die Pfeile jeweils deuten.

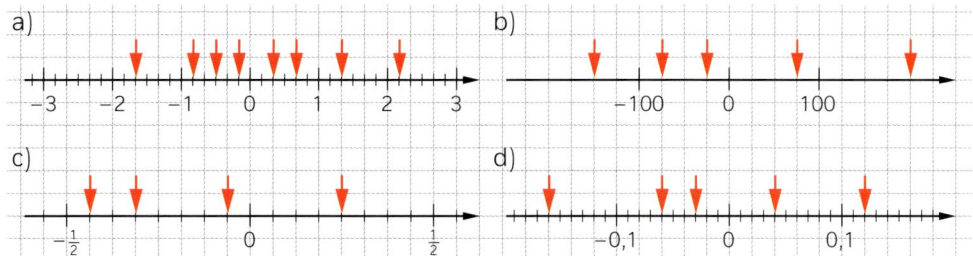

5 Zahlen auf der Zahlengeraden markieren

Zeichne jeweils den passenden Ausschnitt einer Zahlengeraden und trage ein.

a) $-0,5$ $0,2$ $-0,05$ $-0,1$ $-0,15$ b) -1 $-1,5$ $-0,5$ 2 $-0,25$

c) $-\frac{1}{2}$ $-\frac{1}{4}$ $\frac{3}{4}$ $-\frac{3}{2}$ $\frac{1}{8}$ d) -10 -1 $-9,9$ $-0,1$ $-0,9$

6 Ordnen

Ordne die Zahlen der Größe nach. Beginne jeweils mit der kleinsten Zahl.

a) 7 -3 -2 $2,5$ $-2,1$ $-2,01$ b) $-\frac{2}{5}$ $0,6$ $-0,1$ $\frac{3}{8}$ $-\frac{9}{10}$ $0,4$

c) $-\frac{7}{100}$ $0,09$ $-0,1$ $-\frac{9}{125}$ $-0,19$ $-\frac{3}{100}$ d) $\frac{55}{100}$ $\frac{7}{10}$ $-\frac{1}{2}$ $-\frac{2}{3}$ $\frac{2}{5}$ $-\frac{1}{20}$

7 Suche drei Zahlen, …

a) die zwischen 5 und 10 liegen.   b) die zwischen $-9,5$ und $-4,1$ liegen.

c) die zwischen $-\frac{2}{3}$ und $\frac{1}{5}$ liegen.   d) die kleiner als -4 sind.

8 Rätselhaftes an der Zahlengeraden

Bei manchen Aufgaben hilft es dir, eine Zahlengerade zu zeichnen und daran zu probieren. Manchmal klappt es auch mit „scharfem Hinsehen".

Die mittleren Zahlen liegen jeweils genau in der Mitte zwischen den beiden weiteren Zahlen.

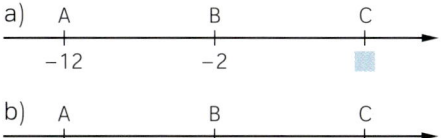

9 Vorgänger und Nachfolger

a) Gib den Vorgänger und den Nachfolger von -5 an.

b) Von welcher Zahl ist -10 der Vorgänger?

c) Von welcher Zahl ist -16 der Nachfolger?

Für ganze Zahlen gilt:

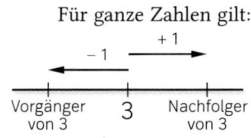

10 Wahr oder falsch?

Welche der folgenden Aussagen sind richtig, welche falsch? Begründe. Bei den falschen Aussagen reicht zur Begründung ein Gegenbeispiel.

a) -2 ist eine ganze Zahl, aber keine natürliche Zahl.

b) Jede natürliche Zahl ist auch eine ganze Zahl.

c) Zwischen zwei ganzen Zahlen liegt immer eine weitere ganze Zahl.

d) Auf der Zahlengeraden gibt es zwei Zahlen, die die Entfernung 2 von der 0 haben.

e) Ist $a > b$, so ist die Spiegelzahl von a kleiner als die Spiegelzahl von b.

f) Es gibt keine ganze Zahl, die gleich ihrer Spiegelzahl ist.

Übungen

11 Ausbau des Koordinatensystems
Das Koordinatensystem, das du bisher kennst, ist
grau unterlegt. Man kann es mithilfe der negativen
Zahlen nach links und unten erweitern.
a) Gehe den Weg in Pfeilrichtung lang und gib die
Koordinaten der eingezeichneten Punkte an.
b) Beschreibe, wo jeweils die Punkte liegen:

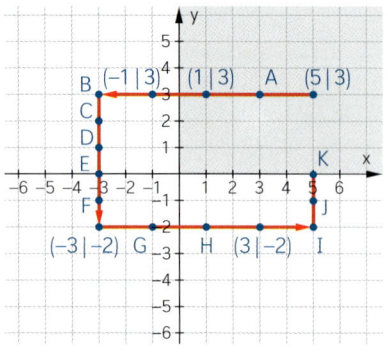

	x-Koordinate	y-Koordinate
1)	negativ	positiv
2)	positiv	negativ
3)	negativ	negativ

Koordinatensystem

Mit positiven und negativen Zahlen sowie der Null
können alle Punkte in der Ebene mithilfe eines Koordinatensystems gekennzeichnet werden.
Die Koordinatenachsen unterteilen die Ebene in vier
Quadranten, die von rechts oben („positiver Quad-
rant") gegen den Uhrzeigersinn nummeriert werden.
Der Punkt $(0|0)$ heißt **Ursprung** und wird oft mit O
bezeichnet.

*Bei den Koordinaten
ist es wie im Alphabet:
Zuerst kommt x, dann y.*

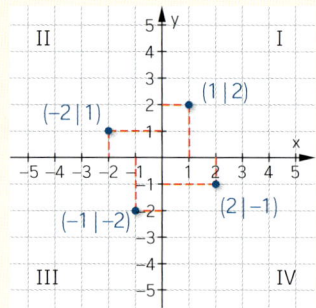

Beispiele

D Punkte im Koordinatensystem
a) Trage die folgenden Punkte in das Koordinatensystem
ein: A $(1|-1,5)$, B $(1,5|-0,5)$, C $(-1,5|-1,5)$, D $(-1,5|1)$.
b) Lies die Koordinaten der Punkte E, F und G ab.
Lösung: Die Punkte E, F und G haben die Koordinaten
E $(-1,5|2)$, F $(-2|\ 1)$, G $(2,5|-1,5)$.

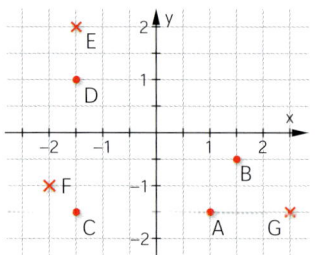
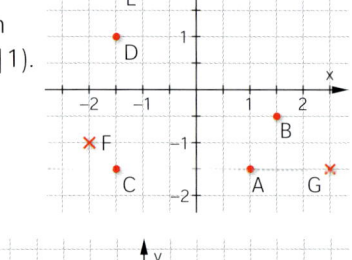

Übungen

12 Der Clown im Koordinatenkreuz
a) Übertrage das Koordinatenkreuz mit dem halben
Clowngesicht in dein Heft. Beschrifte anschließend alle Punkte mit den zugehörigen Koordinaten. Für das Ohr ist ein Punkt schon vorgemacht.
b) Ergänze nun dein Punktemuster zu einem vollständigen Clowngesicht. Gib zu jedem Punkt die
Koordinaten an.
c) Vergleiche die Koordinaten des linken und
des rechten Auges, des linken und des rechten
Mundwinkels. Was fällt dir auf?

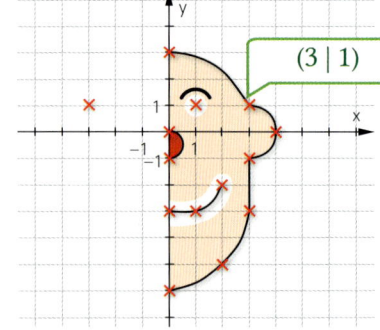

13 Gerade? Quadrat?
Gib zunächst an, in welchem Quadranten die Punkte liegen. Gelingt dir dies, ohne die
Punkte zu zeichnen? Entscheide durch Zeichnen im Koordinatensystem, ob
a) die Punkte A $(-1|-3)$, B $(-0,5|-1)$, C $(0|1)$, D $(0,5|2)$ auf einer Geraden liegen.
b) die Punkte E $(-5|2)$, F $(-3|2)$, G $(2|2)$, H $(-0,5|2)$ auf einer Geraden liegen.
c) die Punkte L $(-2,5|3,5)$, M $(-0,5|1,5)$, N $(-2,5|-0,5)$, P $(-4,5|1,5)$ die Eckpunkte
eines Quadrates sind.

Übungen

14 Entfernungen auf der Zahlengeraden

Die Lage von Zahlen lässt sich auch durch ihre Entfernung zur Null beschreiben.

a) Gib zur Zahl 4 die Zahl an, die gleich weit von der Null entfernt ist.

b) Welche der folgenden Zahlen sind am weitesten von der Null entfernt?
3, −10, 7, −12, −4, 11

c) Ordne die Zahlen nach ihrer Entfernung zur Null: −5, 14, −23, 17, −1, 8, −16, 45, 5.

> ↘ **Betrag**
>
> Mathematiker haben für den Abstand einer ganzen Zahl zur Null den Begriff **Betrag** eingeführt.
>
>
> Abstand zur 0
>
> Der Betrag einer ganzen Zahl gibt an, wie weit sie von der Null entfernt ist.
>
> Abgekürzte Schreibweise „Betrag von −2" : $|-2|$
> Lies: „Der Betrag von −2 ist 2."

15 Beträge

a) Begründe: Der Betrag ist nie negativ.

b) Gib drei Zahlen an, die kleiner als Null sind und deren Betrag größer als 2 ist.
Veranschauliche an der Zahlengeraden.

c) Gibt es Zahlen, die größer als −5 sind, aber einen größeren Betrag als die Zahl −5 haben?

d) Wahr oder falsch? Wenn a < b, dann ist immer $|a| < |b|$.

16 Ordnen nach Beträgen

Ordne die Zahlen nach ihren Beträgen.

$-3 < -2{,}1 < \ldots$
$|-2| < |-2{,}01| < \ldots$

a) −3,2 1,8 6,2 −0,4 4,2 b) 0,6 −1,1 2,4 −3,6 1,8

c) $\frac{1}{2}$ $-\frac{1}{4}$ $\frac{3}{2}$ $-\frac{5}{6}$ $-\frac{5}{2}$ d) 0,8 $-\frac{3}{10}$ −0,1 $\frac{3}{4}$ 1,2

17 Wahr oder falsch

Welche der Aussagen sind wahr?

a) −3 < −2,5; $|-2| < |-1{,}5|$;   −10,5 < 3; $|2| < |-5|$; $|-3{,}1| < 4$

b) $|-3{,}5| < -1{,}5$; $|-5{,}2| < -3{,}5$;   −4,5 < $|3|$; $|-0{,}2| < |0{,}05|$; $|-0{,}1| < 0{,}1$

c) Finde selbst eigene Aussagen und stelle sie deinen Mitschülerinnen und Mitschülern.

Kopfübungen

1. Notiere das Zahlwort im Satz mit Ziffern: „Unser Universum ist ungefähr fünfzehn Milliarden Jahre alt."

2. Die grüne Figur soll mit farbigen Plättchen vollständig ausgelegt werden. Geht das?

3. Welche Volumeneinheit steht üblicherweise auf Getränketüten? Wandle diese Angabe auch in dm³ um.

4. Addiere Zehn zum Produkt der Zahlen Zwei, Drei und Vier.

5. Welchem geometrischen Körper ähnelt das Objekt im Bild?

6. Stelle die folgenden Prozentangaben in einem Kreisdiagramm dar:
25 %; 37 %; 10 %.

7. Eine Euromünze ist 7,50 g schwer. Wie schwer ist ein Sack, gefüllt mit Euromünzen im Wert von insgesamt 1000 €?

Projekt Kennst du die Erde und ihre Nachbarn?

A Höhen- und Tiefenrekorde

Erdteil	Höchster Punkt	Tiefster Punkt
Nordamerika	Mount McKinley, Alaska 6194 m über N.N.	Death Valley, Kalifornien 86 m unter N.N.
Südamerika	■	■

a) Finde ähnliche rekordverdächtige Daten für die anderen Erdteile. Schaue im Atlas nach, wo die Orte liegen, und trage sie auf einer Weltkarte ein.
Wie viele Höhenmeter liegen jeweils zwischen dem tiefsten und dem höchsten Punkt?

b) Finde den höchsten und den tiefsten Punkt der Erde (einschließlich der Ozeane). Was meinst du zu dem Zeitungsartikel?

c) Temperaturrekorde
Finde für die Erdteile die jemals gemessene höchste und niedrigste Temperatur. Stelle deine Ergebnisse so, wie die in Aufgabe a), dar.

> *Houston, 28. März 2004*
> Der höchste Berg auf dem Mars, der Olympus Mons, ist ein sanft abfallender Schildvulkan. Er ist mit 25 km Höhe weit höher als jeder Berg der Erde.

B Die Erde und ihre Nachbarn im All

Die Menschen haben schon mit unbemannten Raumsonden die Planeten unseres Sonnensystems besucht. Die NASA plant eine bemannte Raummission zum Mars.
Die Oberflächentemperatur ist für bemannte als auch unbemannte Raumsonden von besonderer Wichtigkeit.
Welche Temperaturen trifft man auf den Planeten und auf dem Erdmond an? Stelle deine Ergebnisse zusammen und beurteile, auf welchen der Planeten eine bemannte Landung möglich sein könnte.

Ausstellung

6.3 Addieren und Subtrahieren mit rationalen Zahlen

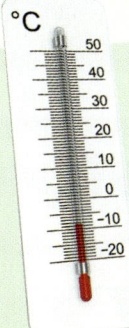

Natürlich weißt du schon, wie man addiert und subtrahiert, und die Gesetze, die du bisher gelernt hast, behalten alle ihre Gültigkeit. Doch jetzt lassen sich auch Aufgaben vom Typ $6 + \blacksquare = 2$ lösen, die bisher Schwierigkeiten bereiteten. Anhand verschiedener Situationen, etwa bei Schulden oder Temperaturen, wirst du sehen, dass man mit negativen Zahlen genauso rechnen kann wie mit positiven. Die Zahlengerade und Pfeilbilder helfen dir, das noch besser zu verstehen.

Aufgaben

1 In drei Schritten zum Ergebnis

Egal, ob es sich um Addition oder Subtraktion ganzer Zahlen handelt – mit der folgenden Methode kannst du das Ergebnis immer selbst herausfinden.

a) Betrachte zunächst das Beispiel und lies die Anleitung zu den Schritten 1 bis 3:

① Stelle dich an den Startpunkt auf der Zahlengerade.

② Das Rechenzeichen gibt die Richtung an, in die du dich drehen musst.
+ positive Richtung
– negative Richtung

③ Nun heißt es marschieren: Bei einer positiven Zahl vorwärts, bei einer negativen Zahl rückwärts.

Tipp

$(-4) + (-2)$
① Startpunkt (-4)
② Drehe dich in die positive Richtung.
③ Gehe 2 Schritte rückwärts.
Ergebnis: (-6)

b) Führe die folgenden Aufgaben selbst an der Zahlengeraden aus. Notiere die Anweisungen und die Ergebnisse.

$(-4) + (-2)$ $3 + (-5)$ $3 - 7$
$1 - (-6)$ $(-4) + 10$ $10 + (-4)$
$(-5) + (-5)$ $(-2) + (-3) - (-8)$

c) Schaffst du es auch schon ohne die Zahlengerade? Probiere es aus.

$(-13) - (-25)$ $8 + (-15)$ $3 - (-17)$
$27 + (-6)$ $-249 + 251$ $13 + (-45) - (-32)$

Aufgaben

Taschengeld	
Tick	35,–
Trick	28,–
Track	19,–

2 Geldgeschäfte in Entenhausen

a) Donald schuldet seinen drei Neffen noch Taschengeld. Von den Stadtwerken erhält er eine Gutschrift von 79 Talern. Kann er damit seine Schulden begleichen?

b) Der Computer der Bank in Entenhausen streikt. Er hat nur einen unvollständigen Ausdruck der Bewegungen auf Dagobert Ducks Konto ausgedruckt. Kannst du die fehlenden Zahlen ergänzen?

Datum	1.4.	2.4.	3.4.	4.4.	5.4.
Alter Kontostand	−14,50	6,00	■	80,12	■
Änderung	■	−52,35	■	−220,60	−67,52
Neuer Kontostand	6,00	■	80,12	■	■

Donald zeichnet und rechnet, um den ersten fehlenden Eintrag herauszufinden:

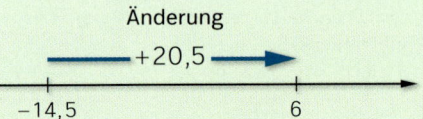

Änderung
+20,5

−14,5   6

Alter Kontostand   Neuer Kontostand

c) Welcher Geldbetrag wurde insgesamt vom 1.4. bis zum 5.4. auf Dagobert Ducks Konto überwiesen, welcher wurde abgebucht?

Rechnung:
$-14{,}50 + 20{,}50 = 6{,}00$

3 Muster erkennen

a)
$4 + \quad 2 = ?$
$4 + \quad 1 = ?$
$4 + \quad 0 = ?$
$4 + (-1) = ?$
$4 + (-2) = ?$
$4 + (-3) = ?$
$4 + (-4) = ?$
$4 + (-5) = ?$

b)
$-2 + \quad 4 = ?$
$-2 + \quad 3 = ?$
$-2 + \quad 2 = ?$
$-2 + \quad 1 = ?$
$-2 + \quad 0 = ?$
$-2 + (-1) = ?$
$-2 + (-2) = ?$
$-2 + (-3) = ?$

c)
$3 - 2 = ?$
$2 - 2 = ?$
$1 - 2 = ?$
$0 - 2 = ?$
$-1 - 2 = ?$
$-2 - 2 = ?$
$-3 - 2 = ?$
$-4 - 2 = ?$

d)
$5 - (+2) = ?$
$5 - (+1) = ?$
$5 - \quad 0 = ?$
$5 - (-1) = ?$
$5 - (-2) = ?$
$5 - (-3) = ?$
$5 - (-4) = ?$
$5 - (-5) = ?$

Berechne und stelle jede Aufgabe an der Zahlengeraden wie in den Beispielen dar.

$-2 + 7 = 5$ $4 + (-7) = -3$

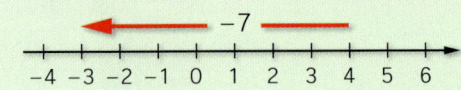

+7   −7

−4 −3 −2 −1 0 1 2 3 4 5 6   −4 −3 −2 −1 0 1 2 3 4 5 6

Erkennst du Regeln für das Addieren und Subtrahieren von positiven und negativen ganzen Zahlen in der Darstellung mit der Zahlengeraden?

4 Warum heißen die Niederlande so?

Die Karte gibt da einen Hinweis.
Wie viel Meter ein Ort über dem Meeresspiegel liegt (ü. NN) oder wie weit unter dem Meeresspiegel (u. NN), sagt dir die geografische Höhe.

a) Zeichne eine senkrechte Skala und trage die holländischen Städte mit ihrer Höhe ein. Überlege dir dazu zuerst einen geschickten Maßstab.

b) Welche Lage ü. NN hat dein Wohnort? Gib den Höhenunterschied zu Rotterdam an.

Niederlande

Nordsee

−0,2
−0,7 Groningen
Sneek
−3,5 Alkmaar
−2 Velsen
−1 Apeldoorn
Amsterdam
−8 Arnheim
Rotterdam −10
−6,6
0,5 Breda
−0,5 Middelburg

$0{,}5 \;\widehat{=}\; 0{,}5$ m ü.NN
$-3{,}5 \;\widehat{=}\; 3{,}5$ m u.NN
Maßstab: 1 : 6 000 000

Basiswissen

Ob bei Temperaturaufzeichnungen, bei Schulden oder Höhenangaben, auch wenn der Zusammenhang klar ist, so fällt das Rechnen mit negativen Zahlen nicht immer leicht. Hier hilft die Vorstellung an der Zahlengerade.

Praktisches zum Rechnen mit rationalen Zahlen

Additionsregel
Gleiche Vorzeichen
Addiere die Beträge.
Setze das gemeinsame Vorzeichen.

Verschiedene Vorzeichen
Subtrahiere die Beträge.
Setze das Vorzeichen der Zahl mit dem größeren Betrag.

Addieren rationaler Zahlen

Addierst du ...
eine positive Zahl, so bewegst du dich auf der Zahlengeraden nach rechts.
$$-3,5 + (+9) = 5,5$$
$$-3,5 + 9 = 5,5$$

Addierst du ...
eine negative Zahl, so bewegst du dich auf der Zahlengeraden nach links.
$$5,2 + (-7,5) = -2,3$$
$$5,2 - 7,5 = -2,3$$

Rechengesetze: Beim Addieren darf man
- die Reihenfolge der Summanden vertauschen (**Kommutativgesetz**)
- die Reihenfolge, in der man addiert, selbst festlegen (**Assoziativgesetz**)

Subtrahieren rationaler Zahlen

Subtrahierst du ...
eine positive Zahl, so bewegst du dich auf der Zahlengeraden nach links.
$$7,5 - (+9) = -1,5$$
$$7,5 - 9 = -1,5$$

Subtrahierst du ...
eine negative Zahl, so bewegst du dich auf der Zahlengeraden nach rechts.
$$2,3 - (-6,9) = 9,2$$
$$2,3 + 6,9 = 9,2$$

Achtung: Beim Subtrahieren gelten das Kommutativgesetz und Assoziativgesetz nicht.

Beispiele

A Zahlengerade

Berechne $-3 - (-5)$ und stelle die Rechnung an der Zahlengeraden dar.
Zur Unterscheidung von Vorzeichen und Rechenzeichen benutzt man Klammern.

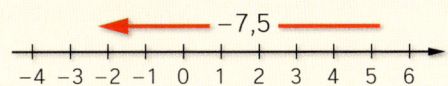
$$-3 - (-5) = 2$$

B Temperaturen

Finde die fehlenden Angaben der Temperaturbeobachtung.

a)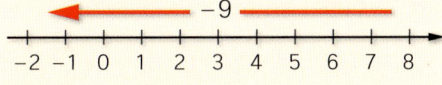
Die Ausgangstemperatur beträgt $-1,5\,°C$, denn
$$-1,5 - 9,5 = -11$$

b)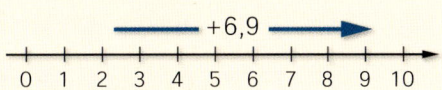
Die Temperaturänderung beträgt $-8,3\,°C$, denn
$$3,6 - 8,3 = -4,7$$

C Kontostand

Betrachte die Buchung auf dem Konto. Schreibe als Additionsaufgabe und bestimme den Endstand. Mache eine Überschlagsrechnung. Runde dazu die Zahlen.

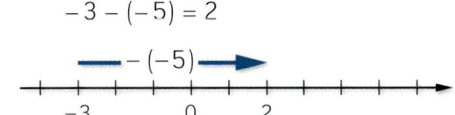

Kontostand	1378,59 €
Buchung	−2045,07 €
Endstand	▪

Überschlagsrechnung: $1400 + (-2000) = -600$
Exakte Rechnung: $1378,59 + (-2045,07) = -666,48$
Der Kontostand beträgt $-666,48\,€$.

Übungen

5 | Training I

Berechne.

a) $8 + (-2)$
   $-3 + 15$
   $25 + (-5)$
   $-55 + (-25)$
   $-60 + (-60)$
   $-20 + (-40)$

b) $-7 + (-4)$
   $-4 + (-7)$
   $-12 - 24$
   $-24 + (-12)$
   $-169 + 144$
   $144 - 169$

c) $205 + (-21)$
   $-830 + 246$
   $1200 - 1389$
   $-415 + (-95)$
   $367 - (-43)$
   $-3800 - 250$

d) $-11 - (-11)$
   $11 - (-11)$
   $11 + (-11)$
   $11 - (+11)$
   $-11 + (-11)$
   $-11 - (+11)$

Tipp

Wenn du unsicher bist, kann dir die Darstellung an der Zahlengeraden helfen.

6 | Achtung Klammern!

Berechne die Klammern zuerst. Vergleiche anschließend die Ergebnisse.
Was fällt dir auf?

a) $(5 + (-17)) - 23$
   $5 + (-17 - 23)$
   $(-17 + 5) - 23$

b) $(-2,2) + (3,7 - (-3,3))$
   $(-2,2 + 3,7) + 3,3$
   $(3,7 + (-2,2)) + 3,3$

c) $\left(-\frac{1}{2} + \frac{1}{4}\right) - \frac{3}{8}$
   $-\frac{1}{2} + \left(\frac{1}{4} - \frac{3}{8}\right)$
   $\left(-\frac{3}{8} - \frac{1}{2}\right) + \frac{1}{4}$

d) Informiere dich noch einmal über das Assoziativ- und das Kommutativgesetz.

↘ **Gegenzahl**

Zu jeder rationalen Zahl a gibt es eine Gegenzahl – a.

z.B. $-(+3) = -3$
$-(-4) = +4$

Die Summe der Zahlen 2 und -2 ergibt 0.
Man nennt -2 die Gegenzahl zu 2 bezüglich der Addition,
bzw. 2 die Gegenzahl zu -2 bezüglich der Addition.
Ein anderes Beispiel für Zahl und Gegenzahl ist 3 und -3, denn $3 + (-3) = 0$.

$$2 + (-2) = 0$$

7 | Rechnen mit rationalen Zahlen

Ergänze jede der Aussagen durch ein Rechenbeispiel.

a) Eigenschaften der Addition rationaler Zahlen
- Die Summe zweier positiver Zahlen ist positiv.
- Die Summe zweier negativer Zahlen ist negativ.
- Die Summe einer positiven und einer negativen Zahl kann positiv, negativ oder 0 sein.
- Die Summe einer rationalen Zahl und 0 ist die betreffende rationale Zahl.

$a - b = a + (-b)$

b) Eigenschaften der Subtraktion rationaler Zahlen
Die Subtraktion einer rationalen Zahl kann als die Addition der Gegenzahl geschrieben werden.
$3,5 - 5,2 = 3,5 + (-5,2) = -1,7$
$8,1 - (-1,9) = 8,1 + 1,9 = 10$
Ergänze zwei weitere Beispiele.

Übungen

$5 - (-3)$

Vorzeichen
Rechenzeichen

8 | Vorzeichen und Rechenzeichen

Übertrage ins Heft und setze die richtigen Vorzeichen und Rechenzeichen ein.

a) ■$15 - ($■$7) = 22$
   ■$46 - (-12,5) = $■$58,5$
   ■$46 - (-12,5) = $■$33,5$
   43■$(-4,5) = $■$38,5$

b) ■$\frac{7}{15} - ($■$\frac{2}{3}) = -\frac{1}{5}$
   ■$2,3 - (-12,5) = $■$14,8$
   $-6,95 + ($■$\frac{11}{20}) = $■$7,5$
   ■$3,25$ ■$(-1,75) = 5$

9 | Viele Lücken

Löse die Aufgaben.

a) $60 - (-61) = $■
   $12 - $■$ = 5$
   $13 + $■$ = -27$

b) $-1,6 + $■$ = 0$
   ■$ + 10,2 = -7,1$
   $-7,5 - $■$ = 15,3$

c) ■$ - (-\frac{1}{4}) = 50$
   $\frac{2}{5} - $■$ = 1,5$
   ■$ + \frac{3}{7} = 0$

Übungen

10 Training II

Vereinfache die Schreibweise, bevor du rechnest.

a) $-9 + (-7)$
$-8 + 20$
$2,5 + (-6)$
$-5,5 + (-2,5)$
$-0,5 + (-0,5)$
$-\frac{1}{2} + \left(-\frac{1}{2}\right)$

b) $3 - 7$
$-8 - 1$
$-2 - (-5)$
$\left(-\frac{2}{3}\right) - \left(-\frac{8}{9}\right)$
$\frac{9}{10} - (-4,5)$
$(-7) - (-7)$

c) $-\frac{9}{10} - \left(+\frac{1}{2}\right)$
$-\frac{1}{5} + (-2,6)$
$1\frac{2}{3} + \left(-3\frac{5}{6}\right)$
$-0,8 - \left(-3\frac{1}{2}\right)$
$-1,25 + \left(-\frac{3}{4}\right)$
$-3,5 - \left(-\frac{2}{5}\right)$

d) $3,2 + \left(-\frac{1}{2}\right) - (+0,9)$
$-4,6 - (-2,3) + (-1,8)$
$-5,2 + (-11)$
$(-2,75) - (-0,75)$
$-\frac{5}{2} - 3,8 + (-3,8)$
$-\frac{7}{10} - 1\frac{3}{5} + \frac{9}{10}$

Die Zahlengerade hilft bei der Bearbeitung der Aufgaben.

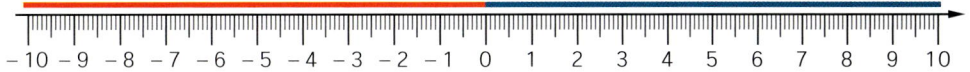

11 Zahlenleine

Wähle immer zwei Zahlen von der Zahlenleine. Welche kannst du wählen, damit

| die Summe möglichst groß wird? | die letzte Ziffer der Summe eine 0 ist? | die Summe dreistellig ist? | die Summe kleiner als −50 ist? |

| die Differenz der Beträge zwischen 0 und 10 liegt? | die Differenz größer als 30 ist? | die Summe −15 ist? | die Differenz zwischen −5 und 5 liegt? |

12 Trainingseinheit

Übertrage die Tabellen in dein Heft und fülle sie aus.

$-2 + (-5) = -7$
$2,7 - 4,6 = -1,9$

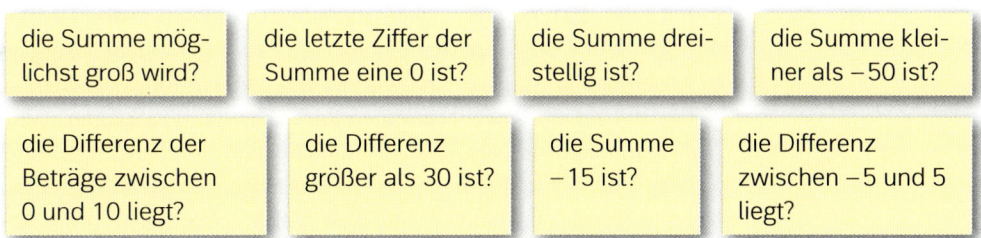

+	−5	3,2	$-\frac{3}{4}$	−10,9
−2	−7	■	■	■
$-\frac{1}{2}$	■	■	■	■
3	■	■	■	■

−	4,6	−8,9	$-\frac{5}{8}$	0,78
2,7	−1,9	■	■	■
$-\frac{3}{5}$	■	■	■	■
−0,13	■	■	■	■

13 Zahlenrätsel

Rechne an der Zahlengeraden rückwärts.

a) Lukas denkt sich eine Zahl. Er addiert 25 und subtrahiert anschließend 17 und erhält schließlich −8. Welche Zahl hat er sich ausgedacht?

b) Violetta subtrahiert von einer Zahl 3 und addiert anschließend 17,5. Als Ergebnis erhält sie 0.

c) Überlege dir selbst ein solches Rätsel und stelle es deiner Banknachbarin oder deinem Banknachbarn.

14 Zahlen als Summe oder Differenz darstellen

Beispiel mit −5:
$-5 = 2 + (-7)$
$= 10 - 15$
$= -20 - (-15)$
$= -1 - 4$

Schreibe die Zahlen aus dem rechten Kasten jeweils als

a) Summe zweier Zahlen mit verschiedenen Vorzeichen.
b) Differenz zweier positiver Zahlen.
c) Differenz zweier negativer Zahlen.
d) Differenz zweier Zahlen mit verschiedenen Vorzeichen.

−5	−19	19
4,5	−7,5	37
$-\frac{1}{2}$	$\frac{1}{2}$	−6,25

Übungen

15 Große Lücken

a) Setze die Zahlen 4, −2, 5 jeweils so in die Kästchen ein, dass du das Ergebnis 11 (−1; −3) erhältst.

b) Welche verschiedenen Ergebnisse erhältst du, wenn du die Zahlen 15, −84, −28 in den Rechenausdruck einsetzt?

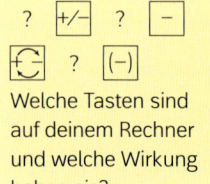

Welche Tasten sind auf deinem Rechner und welche Wirkung haben sie?

16 Taschenrechner Forscheraufgabe

Auf einem Taschenrechner gibt es meist eine Minustaste für das Vorzeichen und eine Minustaste für das Rechenzeichen.

a) Versuche mit einem Taschenrechner (−2) − (−9) und (−7) + (−23) zu lösen.

b) Baue mit den Zahlen 2, 3 und 7 sowie zwei Vorzeichenminus und mindestens einem Rechenzeichenminus verschiedene Aufgaben z. B. −2 − 3 − (−7). Welche liefert das kleinste Ergebnis, welche das größte?

Exkurs

Geschichte der Zahlen und Ziffern

Wie man von Felszeichnungen weiß, benutzten schon die Jäger der Steinzeit 10 000 v. Chr. Zahlen. Sie zählten ihre Beutestücke durch Striche ab, so ähnlich wie wir auch als Kinder an den Fingern zählen lernten. Damit war bereits der Grundstein für die natürlichen Zahlen gelegt.

Unsere Ziffern 1, 2, …, 9 entstanden wohl in den ersten Jahrhunderten n. Chr. in Indien. Sehr früh bedachte man dort jede Zahl mit einem besonderen Zeichen. Da es aber unmöglich ist, jeder Zahl bis zu Millionen ein Extra-Zeichen zu geben, bediente man sich bald eines sandbestreuten Rechenbretts mit „Spalten" (als Stellenangabe) oder man malte einfach „Kringel" in den Sand.

Aus dem „Nichts" in den mittleren Kringeln entstand später das Zeichen 0. Als dann die indischen Zahlzeichen nach Europa kamen, trug die Null den arabischen Namen CIFRA, wovon sich unser Wort Ziffer ableitet. Da die Null als Lückenzeichen aber eigentlich gar keine Ziffer, sondern nulla figura (lateinisch) ist, entstand unser Name „Null".

die Zahl 1003

Zur Kennzeichnung von negativen Zahlen verwendeten die Inder zunächst ein darüber gesetztes Pünktchen. Wie das Vorzeichen „−" entstand, ist leider nicht bekannt.

Kopfübungen

1. Welche der folgenden Zahlen steht auf der Zahlengerade weiter rechts: (1) eine halbe Million oder (2) 600 Tausend?

2. Welche Koordinaten hat der Ursprung eines Koordinatensystems?

3. Es ist 8 Uhr. Wie spät ist es in 100 Minuten?

4. Gib eine Zahl an, die durch 3 und durch 5 teilbar ist und dabei größer als 100 ist.

5. Welcher Körper entsteht aus dem dargestellten Netz?

6. Was ist größer (1) 3 : 5 oder (2) 7 : 12 ?

7. Wie soll der Warnhinweis in einem Skilift fortgesetzt werden: „Maximale Tragkraft: 50 Personen oder ■ " ? (1) 4000 kg (2) 1000 kg (3) 350 kg

Aufgaben

17 Harte Nüsse

Die folgenden Aufgaben stellen dich auf eine harte Probe. Geschicktes Rechnen hilft dir.

a) $-1,11 + (-5\frac{1}{4} - 1,89) - (7,28 - 13,89) + 0,64$

b) $(-3,17 + (-0,57)) + (-6,39) - (-2,18) + (-3\frac{3}{10})$

c) $\left(-\frac{4}{9} + (-5\frac{5}{6})\right) - 2\frac{1}{18} + \frac{4}{3}$

d) $\left(-\frac{2}{3} + 2\frac{1}{3}\right) - \left(2\frac{5}{6} - (-1\frac{1}{6})\right)$

18 Rechenmauern mit Lücken

In den Rechenpyramiden ist zwar die Spitzenzahl angegeben, doch in der Basis fehlt eine Angabe. Übertrage ins Heft und fülle die Lücken, notiere deine Rechnungen. Mache die Probe.

a)
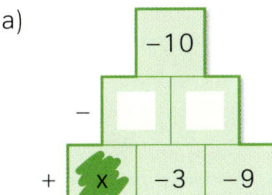

b)
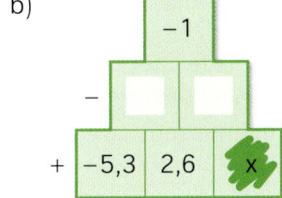

c)
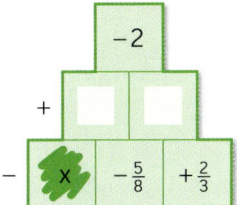

19 Eine ungewöhnliche Zuordnungsvorschrift

Meike hat mit dem grafischen Taschenrechner den Graphen der Funktion x → abs (x) zeichnen lassen.

„abs" ist die englische Abkürzung für „absolute value", was übersetzt Absolutwert bedeutet.

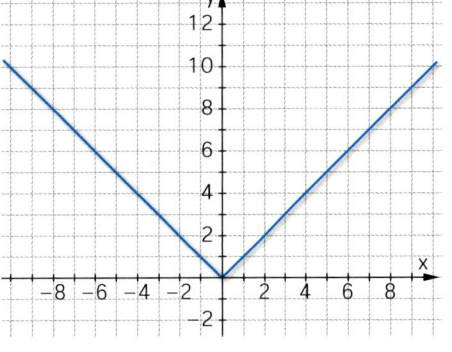

a) Übertrage den Graphen in dein Heft und erstelle mit seiner Hilfe eine Wertetabelle.

x	−10	−9	...	10
abs (x)	10	▓	...	▓

b) Beschreibe, wie der Graph zustande kommt.

c) Kannst du eine Erklärung für den „Knick" im Schaubild angeben?

20 Betragsrätsel

a) Für welche Zahlen x gilt: Subtrahiert man x von 5, so ist der Betrag der Differenz höchstens 2? Finde durch Ausprobieren vier verschiedene Zahlen x.

b) Übertrage die Zahlengerade in dein Heft und zeichne die vier Zahlen, die du in a) gefunden hast, auf der Geraden ein.

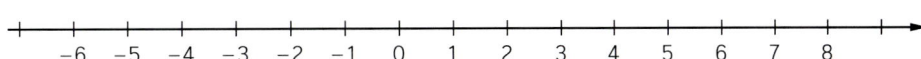

Welche anderen Zahlen würden auch „passen"? Markiere den betreffenden „Bereich" farbig.

≤   kleiner oder gleich

≥   größer oder gleich

c) Erkläre den Zusammenhang des Rätsels zu $|5 - x| \le 2$.

d) Verfahre genauso für $|3 - x| \le 7$ und finde den betreffenden Bereich.

6.4 Multiplizieren und Dividieren mit rationalen Zahlen

Wie multipliziert oder dividiert man mit ganzen Zahlen? Welches Ergebnis liefert $(-3) : (-2)$? Tatsächlich waren die Mathematiker sich lange Zeit uneinig darüber, welches Vorzeichen das Produkt oder der Quotient zweier negativer Zahlen haben sollte. Deshalb geht es neben dem Üben vom Multiplizieren und Dividieren mit ganzen Zahlen auch darum, wie man die Rechenregeln verständlich machen kann.

Aufgaben

1 Zahlpfeile strecken und stauchen

Willst du einen Zahlpfeil z. B. auf das Dreifache verlängern, so kannst du ihn mit der Zahl 3 multiplizieren.

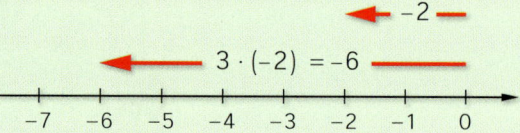

a) Überlege dir mithilfe der Zahlpfeile auch die Ergebnisse folgender Rechnungen und zeichne die zugehörigen Pfeilbilder.

$3 \cdot 4$ \qquad $2 \cdot (-2)$ \qquad $4 \cdot (-3)$ \qquad $1 \cdot (-1)$ \qquad $5 \cdot (-1)$ \qquad $3 \cdot (-6)$

b) Kannst du auch zu $(-2) \cdot 3$ und $(-2) \cdot (-3)$ ein passendes Pfeilbild zeichnen?

2 Muster erkennen

Übertrage in dein Heft und ergänze die Ergebnisse der Multiplikationen. Erkennst du ein Muster? Haben deine Klassenkameraden ein ähnliches Muster entdeckt?

$0,6 \cdot \quad 0,3 \quad = 0,18$	$0,3 \cdot 0,3 \quad = 0,09$	$(-0,2) \cdot \quad 0,3 \ = ??$
$0,6 \cdot \quad 0,2 \quad = 0,12$	$0,2 \cdot 0,3 \quad = 0,06$	$(-0,2) \cdot \quad 0,2 \ = ??$
$0,6 \cdot \quad 0,1 \quad = ??$	$0,1 \cdot 0,3 \quad = ??$	$(-0,2) \cdot \quad 0,1 \ = ??$
$0,6 \cdot \quad 0 \quad = ??$	$0 \quad \cdot 0,3 \quad = ??$	$(-0,2) \cdot \quad 0 \quad = ??$
$0,6 \cdot (-0,1) \ = ??$	$(-0,1) \cdot 0,3 \ = ??$	$(-0,2) \cdot (-0,1) = ??$
$0,6 \cdot (-0,2) \ = ??$	$(-0,2) \cdot 0,3 \ = ??$	$(-0,2) \cdot (-0,2) = ??$
...	...	...

3 Regeln für das Dividieren mit ganzen Zahlen

Die Regeln für die Division sind nicht bekannt, was tun?

a) Ergebnisse erraten und mit der Probe überprüfen $6 : (-2) = \blacksquare$

Mögliche Ergebnisse: 3 oder -3

Probe: $3 \cdot (-2) = -6$

$\quad (-3) \cdot (-2) = 6 \rightarrow$ richtiges Ergebnis: -3

Welche Ergebnisse kommen bei den folgenden Divisionsaufgaben in Frage? Finde die korrekten jeweils Ergebnisse durch die Probe.

$(-3,6) : 3$ \qquad $\left(\frac{3}{4}\right) : \left(-\frac{1}{2}\right)$ \qquad $(-4) : (-0,1)$ \qquad $3 : \frac{1}{4}$

b) Formuliere eine Vorzeichenregel für die Division ganzer Zahlen.

Basiswissen

Rationale Zahlen werden multipliziert, indem man die Zahlen ohne Beachtung der Vorzeichen multipliziert und dann die Vorzeichenregeln anwendet. Dieses Vorgehen gilt auch für das Dividieren mit rationalen Zahlen.

Multiplizieren mit rationalen Zahlen

Faktor · Faktor = Produkt

Das Produkt von zwei rationalen Zahlen ist

- positiv, wenn die beiden Faktoren gleiche Vorzeichen haben.
  Beispiele: $6 \cdot 0{,}3 = 1{,}8$ $\qquad$ $(-0{,}4) \cdot (-7) = 2{,}8$
- negativ, wenn die beiden Faktoren verschiedene Vorzeichen haben.
  Beispiele: $0{,}3 \cdot (-11) = -3{,}3$ $\qquad$ $(-1{,}8) \cdot 2 = -3{,}6$
- Null, wenn mindestens einer der Faktoren Null ist.
  Beispiele: $0{,}7 \cdot 0 = 0$ $\qquad$ $0 \cdot (-5) = 0$

Rechengesetze: Beim Multiplizieren darf man
- die Reihenfolge der Faktoren vertauschen **(Kommutativgesetz)**
- die Reihenfolge, in der man multipliziert, selbst festlegen **(Assoziativgesetz)**

Dividieren mit rationalen Zahlen

Dividend : Divisor = Quotient

Der Quotient ist
- positiv, wenn Dividend und Divisor gleiche Vorzeichen haben.
  Beispiele: $3{,}2 : 8 = 0{,}4$ $\qquad$ $(-6{,}3) : (-9) = 0{,}7$
- negativ, wenn Dividend und Divisor unterschiedliche Vorzeichen haben.
  Beispiele: $5{,}4 : (-3) = -1{,}8$ $\qquad$ $(-30) : 0{,}5 = -60$
- Null, wenn der Dividend Null ist.
  Beispiel: $0 : (-2{,}6) = 0$

Vorsicht:
Die Division durch 0 ist verboten.

Achtung: Beim Dividieren gelten das Kommutativgesetz und Assoziativgesetz nicht.

Beispiele

A Zahlensuche

Bestimme zuerst, welches Vorzeichen das Ergebnis haben muss.

a) $(-2{,}5) \cdot 3$ $\qquad$ b) $28 : (-4)$ $\qquad$ c) $\left(-\frac{1}{2}\right) \cdot \left(-\frac{1}{4}\right)$ $\qquad$ d) $(-1{,}5) : 0{,}3$

Lösung:
a) Das Ergebnis ist negativ: $-7{,}5$ $\qquad$ b) Das Ergebnis ist negativ: -7
c) Das Ergebnis ist positiv: $\frac{1}{8}$ $\qquad$ d) Das Ergebnis ist negativ: -5

B Geschickt rechnen durch Anwenden der Rechengesetze

Berechne: $0{,}5 \cdot (-1{,}7) \cdot (-20)$

Lösung: $0{,}5 \cdot (-1{,}7) \cdot (-20) = 0{,}5 \cdot (-20) \cdot (-1{,}7) = -10 \cdot (-1{,}7) = 17$

Übungen

4 Vorzeichen bestimmen

In jeder der vier Aufgabengruppen I-IV findest du vier Aufgaben. Je zwei sollen ein positives und zwei ein negatives Ergebnis haben. Stimmt das?

I $\quad(-4) \cdot 27$ $\qquad$ $(-11) \cdot (-34)$ $\qquad$ $-0{,}5 \cdot 63{,}2$ $\qquad$ $(-88) : (-11)$
II $\quad 0 : (-1245)$ $\qquad$ $89 \cdot (-0{,}10)$ $\qquad$ $5 \cdot (-0{,}2)$ $\qquad$ $(-4{,}23) \cdot 0$
III $36 : (-8)$ $\qquad$ $(-8{,}5) \cdot (-78)$ $\qquad$ $(-0{,}5) \cdot 9$ $\qquad$ $23 \cdot (-6) \cdot (-45)$
IV $23 \cdot (-8{,}2) \cdot 9$ $\qquad$ $(-18) \cdot \frac{1}{2} \cdot (-22)$ $\qquad$ $\frac{2}{3} \cdot 4{,}1 \cdot 0 \cdot (-16)$ $\qquad$ $\left(-\frac{1}{4}\right) \cdot \left(-\frac{2}{3}\right) \cdot (-1)$

a) Prüfe nach, ob dies gelungen ist.
b) Wenn es nicht gelungen ist, so ergänze fehlende Aufgabenteile.
c) Wie viele Aufgaben haben Null als Ergebnis?

5 Kopfrechnen

Rechne im Kopf. Überlege zuerst, welches Vorzeichen das Ergebnis hat.

a) $(-3) \cdot (-6)$ $(-5) \cdot 6$ $4 \cdot (-2,5)$ $12 \cdot (-4)$ $8 \cdot 9$

b) $42 : (-7)$ $(-63) : (-9)$ $35 : (-3,5)$ $(-50) : (-1)$ $100 : (-0,1)$

6 Lücken

Ergänze die Lücken im Heft.

a) $(-11) \cdot \blacksquare = 121$ b) $\blacksquare \cdot (-5) = -125$ c) $\blacksquare : (-5) = 25$

d) $(-123) \cdot \blacksquare = 1230$ e) $\blacksquare \cdot \blacksquare = 169$ f) $\blacksquare \cdot \blacksquare = -169$

g) $930 : (-3) = \blacksquare$ h) $(-64) : \blacksquare = -8$ i) $64 : \blacksquare = -8$

j) $(-1,2) : \blacksquare = -0,3$ k) $(-11) : \blacksquare = 121$ l) $\blacksquare \cdot \blacksquare = 121$

m) $3,6 : \blacksquare = -9$ n) $(-823) : \blacksquare = -823$ o) $(-13,2) \cdot \blacksquare = 13,2$

7 Auch Brüche können positiv oder negativ sein

a) $\left(+\frac{2}{3}\right) \cdot \left(-\frac{4}{5}\right)$ b) $\left(-\frac{3}{7}\right) \cdot \left(-\frac{21}{27}\right)$

c) $\left(-\frac{3}{2}\right) : \left(-\frac{5}{7}\right)$ d) $\left(-\frac{3}{4}\right) : \left(-\frac{5}{8}\right)$

e) $(-18) : \left(-\frac{6}{7}\right)$ f) $(-48) : \left(-\frac{3}{4}\right)$

g) $\left(-\frac{14}{25}\right) \cdot \left(-\frac{35}{42}\right)$ h) $\left(-\frac{4}{9}\right) : \left(-\frac{5}{9}\right)$

> **Tipp**
>
> **Durch Brüche dividieren**
> *Du dividierst durch einen Bruch, indem du mit dem Kehrwert multiplizierst.*
> $5 : \left(\frac{3}{2}\right) = \left(\frac{5}{1}\right) \cdot \left(\frac{2}{3}\right) = \frac{10}{3} = 3\frac{1}{3}$
> $\left(\frac{2}{3}\right) : \left(\frac{4}{5}\right) = \left(\frac{2}{3}\right) \cdot \left(\frac{5}{4}\right) = \frac{10}{12} = \frac{5}{6}$

8 Fehlende Vorzeichen und Zahlen gesucht

Ergänze die fehlenden Vorzeichen (■) und Zahlen (■) im Heft.

a) $-260 : (\blacksquare 13) = -\blacksquare$ b) $96 : (+\blacksquare) = \blacksquare 16$ c) $\blacksquare 225 : (\ 15) = -\blacksquare$

d) $12 \cdot (\blacksquare 9) = -\blacksquare$ e) $13 \cdot (\blacksquare 14) = -\blacksquare$ f) $81 : (\blacksquare) = -9$

g) $-9 \cdot (\blacksquare) = -81$ h) $(\blacksquare) : 8 = -24$ i) $(\blacksquare) : (\blacksquare) = -27$

j) $(\blacksquare) \cdot (\blacksquare) = -120$ k) $-32,5 : (\blacksquare) = 32,5$ l) $(\blacksquare) : (-6,2) = 0$

9 Vorzeichen gesucht – Taschenrechner

a) Welches Vorzeichen hat das Ergebnis? Überlege zuerst ohne zu rechnen.

b) Runde auf ganze Zahlen und mache einen Überschlag.

c) Bestimme mit dem Taschenrechner die exakten Ergebnisse und vergleiche mit deinem Überschlag.

> $3,8 \cdot (-5,9) \cdot (-10,4)$
>
> $(-5,1) \cdot (2,9) \cdot 6,8 \cdot (-9,6)$
>
> $(-2,1) \cdot (-5,8) \cdot (0,8) \cdot (-3,9) \cdot (-4,7) \cdot (-10,2)$
>
> $13 \cdot (-7,9) \cdot 3,4 \cdot (-3,3) \cdot (-1,5) \cdot 12,2 \cdot (-7,8) \cdot (-6,1)$
>
> $(-7,4) \cdot (-0,9) \cdot 1,2 \cdot (-2) \cdot (-19,8) \cdot 2,9 \cdot (0,5) \cdot (-98)$

10 Potenzen

a) Du kannst auch Potenzen von negativen Zahlen berechnen.

$(-3)^3$ $(-0,5)^2$ $(-1,6)^2$

$(-5)^3$ $\left(-\frac{1}{3}\right)^4$ $(-8)^2$

$(-2)^6$ $(-2)^5$ $(-0,2)^5$

$(-10)^5$ $\left(-\frac{2}{5}\right)^5$ $\left(-\frac{3}{4}\right)^3$

b) [v] Kannst du das Vorzeichen schon bestimmen, wenn du nur die Hochzahl betrachtest? Formuliere eine Regel.

> ↘ Potenzen
>
> Multiplizierst du eine Zahl mehrmals mit sich selbst, so kannst du sie als **Potenz** schreiben.
>
> $2^5 = 2 \cdot 2 \cdot 2 \cdot 2 \cdot 2$
>
> $0,5^5 = 0,5 \cdot 0,5 \cdot 0,5 \cdot 0,5 \cdot 0,5$

Übungen

11 Produkte mit rationalen Zahlen

Zehn rationale Zahlen werden miteinander multipliziert. Welches Vorzeichen hat das Ergebnis, wenn

a) neun Zahlen positiv sind und eine Zahl negativ ist?
b) alle zehn Zahlen negativ sind?
c) alle zehn Zahlen positiv sind?
d) die Hälfte der Zahlen positiv, die andere Hälfte negativ ist?
e) die ersten drei Zahlen negativ und die letzten sieben positiv sind?

12 Durch und Mal mit rationalen Zahlen

Um sich die Vorzeichenregeln der Multiplikation und Division besser merken zu können, möchte sich Benedikt eine Übersicht zeichnen, in der alle Möglichkeiten auftauchen. Leider ist er nicht fertig geworden. Übertrage die Vorzeichentabelle ins Heft und finde jeweils ein Beispiel. Wie sieht die Vorzeichentabelle für die Division aus?

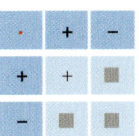

13 Divisionstabelle

Übertrage die Divisionstabelle ins Heft und fülle die Lücken.

a)
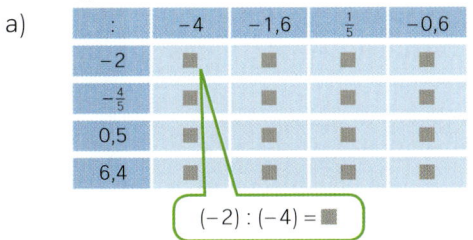

$(-2) : (-4) = $ ■

b)
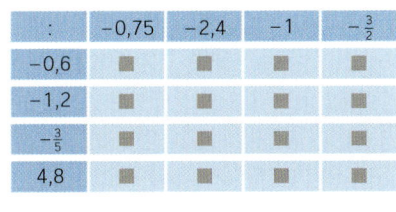

13 Lösungen:
1234 0 81 −15
21 6 −5 −15 −12
−3 4 −2,7

14 Gefährliche Mischung

In den folgenden Aufgaben mit rationalen Zahlen tauchen alle vier Grundrechenarten auf. Löse im Kopf. Beherrschst du die Rechenregeln?

a) $-3 - (-7)$
b) $0 \cdot (-6,25)$
c) $-9 + 4$
d) $(-9)^2$
e) $-3 \cdot (-7)$
f) $-18 : (-3)$
g) $-18 - (-3)$
h) $0,5 + (-3,2)$
i) $-8 + (-7)$
j) $-\frac{1}{2} + (-2,5)$
k) $48 : (-4)$
l) $-1234 \cdot (-1)$

15 Rechenvorteile nutzen

Das Distributivgesetz gilt auch für rationale Zahlen.

Im Beispiel siehst du, wie du mit dem Distributivgesetz, zwei Multiplikationen durch eine einzige ersetzen kannst. Benutze das Distributivgesetz, um die angegebenen Terme geschickt zu berechnen:

> *Beispiel:*
> $(-7) \cdot (-63) + (-7) \cdot 59$
> $= (-7) \cdot [(-63) + 59]$
> $= (-7) \cdot (-4) = 28$

a) $(-3) \cdot (-4) + 7 \cdot (-4)$
b) $99 \cdot (-19) + 99 \cdot 20$
c) $(-6) \cdot (-4) + 7 \cdot (-4)$
d) $(-19) \cdot 104 + (-19) \cdot (-99)$
e) $1,7 \cdot (-3,9) + 1,7 \cdot (-6,1)$
f) $(-0,5) \cdot 8,7 + (-0,5) \cdot 9,3$
g) $\left(-\frac{1}{4}\right) \cdot \frac{7}{5} + \left(-\frac{1}{4}\right) \cdot \left(-\frac{13}{5}\right)$
h) $\left(-\frac{7}{5}\right) \cdot 3 + \left(-\frac{7}{5}\right) \cdot (-2)$
i) $0,1 \cdot (-9,3) + 0,1 \cdot (-0,7)$
j) $2,5 \cdot \left(-\frac{1}{2}\right) + (-1,2) \cdot (-0,5)$

16 Produkt mit vielen Faktoren

Ein Produkt besteht aus einer unbekannten Zahl von Faktoren.
Welche Bedingungen müssen erfüllt sein, damit das Produkt positiv ist?
Wann wird das Produkt negativ?
Schreibe zuerst zu jeder Teilaufgabe ein Beispiel auf.

Übungen

17 Graphen im Koordinatensystem

Übertrage die Wertetabelle in dein Heft und fülle die Lücken. Zeichne die Graphen in ein Koordinatensystem.

	x	−2	−1,5	−1	−0,5	0	0,5	1	1,5	2
a)	4 · x	−8	▪	▪	▪	▪	▪	▪	▪	▪
b)	x · (−4)	▪	▪	▪	2	▪	▪	▪	▪	▪
c)	x · ▪	▪	4,5	▪	▪	0	▪	▪	▪	▪

$$4 \cdot x = 4 \cdot (-2) = -8$$

18 Zahlenrätsel

a) Mit welcher Zahl muss man $-2\frac{1}{4}$ multiplizieren, um 1 zu erhalten?

b) Welche Zahl muss man durch $-\frac{2}{3}$ dividieren, um −1 zu erhalten?

c) Durch welche Zahl muss man 0,8 dividieren, um −1 zu erhalten?

d) Mit welcher Zahl muss man 1,05 multiplizieren, um −2 zu erhalten?

19 Flohmarkt

a) Jonas, Luisa und Clara haben auf dem Flohmarkt Gebasteltes verkauft. Sie haben insgesamt 36 € eingenommen.
Sie mussten aber 20 € Standplatzgebühr bezahlen und hatten für ihr Material 46 € ausgegeben. Sie kommen unzufrieden nach Hause. Der Verlust soll gleichmäßig aufgeteilt werden.

b) Lena und Michael sind deutlich besser gelaunt. Sie haben 46 € in der Kasse. Sie mussten zwar auch 20 € Standgebühr bezahlen, hatten aber nur 12 € Materialkosten.

Kopfübungen

1. In der Dose waren 30 Weihnachtsplätzchen. Bent möchte ein Zehntel aller Plätzchen, Nane ein Sechstel und Lisa ein Drittel. Wer bekommt nach dieser Verteilung die wenigsten Plätzchen?

2. Wahr oder falsch? Von den beiden Punkten A(5|7) und B(3|7) liegt der Punkt A im Koordinatensystem …
   (1) weiter rechts   (2) weiter oben.

3. Was bedeutet der Vorsatz „Kilo" bei den Einheiten wie Kilometer (km), Kilogramm (kg)?

4. Berechne: a) 12 − 4 : 2   b) (12 − 4) : 2

5. Welcher Körper entsteht aus dem dargestellten Netz?

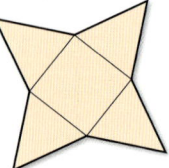

6. Entscheide, ob es sich um ein zufälliges Ereignis handelt:
   a) Die Blätter verfärben sich im Herbst.
   b) Der erste Schnee fällt an einem Wochenende.

7. Wie viele Stunden schläft ein Mensch in einem Jahr?
   Sind es eher
   (1) 1800   (2) 3000 oder   (3) 9000?

Aufgaben

20 „Koordinatengeometrie 1"

Dass man mit Koordinaten rechnen kann, ist nichts Neues. Doch was geschieht, wenn man alle Koordinaten der Eckpunkte einer Figur mit der gleichen Zahl multipliziert?

Für das Dreieck ABC in der Abbildung haben wir schon mal angefangen:

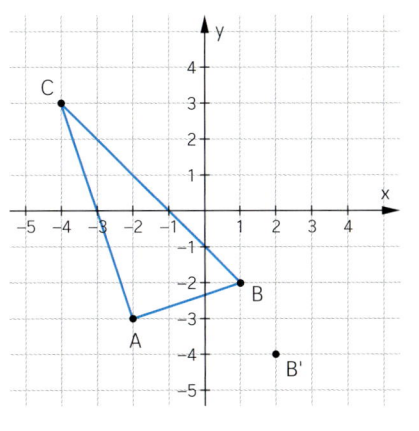

A $(-2|-3)$ A' $(-4|-6)$
B $(1|-2)$ $(\cdot 2)$ B' (■|■)
C $(-4|3)$ C' (■|■)

a) Rechne, zeichne und beschreibe.
b) Wie wirkt sich die Multiplikation mit (-1) auf das Dreieck aus, was geschieht bei der Addition oder Subtraktion?

21 „Koordinatengeometrie 2"

Was geschieht, wenn man die y-Koordinaten aller Punkte jeweils mit -2 multipliziert?
a) Berechne aus A $(2|-4)$, B $(6|1)$ und C $(5|4)$ die neuen Punkte A', B' und C'.
b) Zeichne die beiden Dreiecke ABC und A'B'C' in ein Koordinatensystem und vergleiche.
c) Kannst du dir denken, was geschieht, wenn man die y–Koordinate mit -1 multipliziert? Rechne und zeichne.

22 Temperaturskalen

In den USA wird die Temperatur in Grad Fahrenheit (°F) angegeben. In Europa misst man die Temperatur in Grad Celsius (°C).

a) Bei welcher Temperatur in °C gefriert das Wasser, bei welcher Temperatur kocht es? Welches sind die entsprechenden Temperaturangaben in °F? Du findest die Angaben im Internet, aber auch in jedem Lexikon.

b) Man kann die Temperaturangabe nach der folgenden Regel von °F in °C umrechnen:

- Subtrahiere 32
- Multipliziere das Ergebnis mit 5
- Dividiere das Ergebnis durch 9

Rechne um: 212 °F, 50 °F, 32 °F, 14 °F, -4 °F

50 °F
50 − 32 = 18
18 · 5 = 90
90 : 9 = 10
10 °C

c) Chris aus New York schreibt seinem deutschen Freund: „Bei uns gefriert das Wasser bei positiven Temperaturen." Was meint ihr?

d) Carina macht mit ihren Eltern Urlaub in den Alpen. In der vergangenen Nacht waren es -25 °C. Sie möchte dies per E-Mail ihrer amerikanischen Freundin mitteilen. Sie rechnet die Temperatur nach den folgenden Regeln in °F um:

- Dividiere die Temperaturangabe in °C durch 5
- Multipliziere das Ergebnis mit 9
- Addiere dann 32

Carina rechnet und erhält als Ergebnis -13 °F. Überprüfe.

e) Suche dir eine Stadt in den USA aus. Schaue im Internet bei einer amerikanischen Wetterstation nach (z. B. weather.com), wie die Tagestemperatur ist. Rechne in °C um.

6.5 Verbinden der Rechenarten

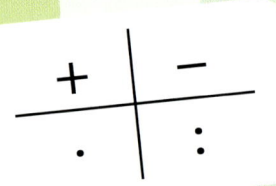

Als du die Brüche kennen gelernt hast, konnten die Rechenregeln für ganze Zahlen ganz einfach auf die Brüche übertragen werden. Bei den rationalen Zahlen ist das auch nicht anders, allerdings musst du bei den negativen Vorzeichen und Rechenzeichen besonders gut aufpassen.

Aufgaben

1 Die Wohngemeinschaft rechnet ab

Alex, Berta und Chrissi haben zusammen eine Wohnung gemietet. Die Abrechnung wird mit einem Mietkonto durchgeführt. Im neuen Jahr hat der Vermieter die Miete von 540 € auf 570 € angehoben.

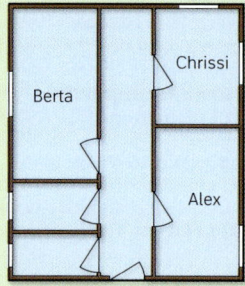

	A	B	C
1	Datum	Vorgang	Betrag
2	30.12.	Alter Kontostand	220,00 €
3	02.01	Einzahlung Alex	180,00 €
4	03.01	Einzahlung Berta	190,00 €
5	07.01	Einzahlung Chrissi	170,00 €
6	15.01	Abbuchung Wohngut GmbH	−570,00 €

Alex berechnet den Kontostand nach einem Jahr:

$$220 + 12 \cdot (180 + 190 + 170) - 12 \cdot 570 =$$
$$220 + 12 \cdot \quad 540 \quad - 12 \cdot 570 = 220 + 6480 - 6840$$
$$= -140$$

a) Erkläre, wie Alex gerechnet hat.

b) Berta und Chrissi haben anders gerechnet, kommen aber zu demselben Ergebnis. Wie könnten Sie vorgegangen sein?

c) Welche Rechnung ist am geschicktesten?

2 Kopfrechnen mit rationalen Zahlen – geht das?

a) Beim Rechnen hast du schon häufig Rechenvorteile ausgenutzt, wenn es schnell oder gar im Kopf gehen sollte.
Wie rechnest du möglichst vorteilhaft

$$37 + 75 + 63 \qquad 25 \cdot 47 \cdot 4 \qquad 36 \cdot 8 \qquad 212 \cdot 5?$$

Welche Rechenregeln hast du angewendet?

b) Rechne möglichst geschickt. Vergleiche dein Ergebnis mit dem Ergebnis, das dir dein Taschenrechner anzeigt, wenn du den Rechenausdruck eingibst.

$$(-122) + 212 + 122 - 100 \qquad (-250) \cdot 125 \cdot 8 \cdot (-4)$$
$$72 - 155 - 72 + 55 \quad (-2) \cdot 95 \cdot 50$$

c) Ergänze die Tabelle. Erläutere, wie man mit dem Distributivgesetz geschickt im Kopf rechnen kann.

A	B	C	D
$8 \cdot (-33)$	$8 \cdot ((-30) + (-3))$	$8 \cdot (-30) + 8 \cdot (-3)$	$-240 + (-24) = -264$
$19 \cdot (-22)$	$19 \cdot ((-20) + (-2))$	$19 \cdot (-20) + 19 \cdot (-2)$	$-380 + (-38) = \blacksquare$
$(-12) \cdot 25$	$(-12) \cdot (20 + 5)$	$\blacksquare$	$\blacksquare$
$7 \cdot (-31)$	$\blacksquare$	$\blacksquare$	$\blacksquare$
$(-6) \cdot 49$	$(-6) \cdot (50 - 1)$	$\blacksquare$	$\blacksquare$
$1\frac{5}{6} \cdot (-3)$	$\blacksquare$	$\blacksquare$	$\blacksquare$

Aufgaben

3 Bundesligaarithmetik

In der Saison 05/06 lag die Frankfurter Eintracht nach dem ersten Spieltag auf dem 16. Platz. Die Tabelle gibt an, wie sich die Tabellenposition von Spieltag zu Spieltag in der Vorrunde verändert hat:

Spieltag	2	3	4	5	6	7	8	9	10	11	12	13	14	15	16	17
Veränderung	−2	6	−3	0	0	−2	−1	2	3	−1	2	0	−1	−1	5	−1

a) Auf welchem Platz lag die Eintracht am Ende der Vorrunde?
   Gib unterschiedliche Strategien zur Berechnung an und vergleiche sie.
b) An welchem Spieltag hatte die Eintracht die beste Platzierung? Welche der
   bei a) gefundenen Strategien kannst du jetzt verwenden?

Basiswissen

Rechenregeln für rationale Zahlen

Auch für die rationalen Zahlen gelten die bisher verwendeten Rechenregeln. Mit diesen Regeln kann man sich beim Rechnen Vorteile verschaffen und Rechenausdrücke vereinfachen.

	Addition	Multiplikation
Kommutativgesetz	$a + b = b + a$	$a \cdot b = b \cdot a$
	$(-80) + 180$	$(-25) \cdot (-4)$
	$= 180 + (-80)$	$= (-4) \cdot (-25)$
	$= 100$	$= 100$
Assoziativgesetz	$(a + b) + c = a + (b + c)$	$(a \cdot b) \cdot c = a \cdot (b \cdot c)$
	$29 + (-18) + 18$	$(-37) \cdot 25 \cdot 4$
	$= 29 + ((-18) + 18)$	$= (-37) \cdot (25 \cdot 4)$
	$= 29$	$= (-37) \cdot 100$
		$= -3700$

Distributivgesetz $a \cdot (b + c) = a \cdot b + a \cdot c$ und $a \cdot (b - c) = a \cdot b - a \cdot c$

$\underbrace{a \cdot (b + c)}$
$= a \cdot b + a \cdot c$

Ausmultiplizieren $\qquad 13 \cdot (-98)$
$= 13 \cdot (2 - 100) = 13 \cdot 2 - 13 \cdot 100$
$= 26 - 1300 = -1274$

$\underbrace{a \cdot (b - c)}$
$= a \cdot b - a \cdot c$

Ausklammern $\qquad 17 \cdot 27 - 17 \cdot 37$
$= 17 \cdot (27 - 37)$
$= 17 \cdot (-10) = -170$

Beispiele

A Kontobewegungen

Auf dem Konto in der nebenstehenden Tabelle waren zu Beginn des Monats 78 €. Berechne den aktuellen Kontostand.

1.2.	1823,00 €
1.2.	− 34,00 €
1.2.	− 36,00 €
3.2.	16,00 €
3.2.	−870,00 €

Lösung:

Hier ist es einfacher, die Abbuchungen und Einzahlungen zusammenzufassen. Dabei verwendet man das Kommutativgesetz und das Assoziativgesetz:

$78 + 1823 - 34 - 36 + 16 - 870$
$= [78 + 1823 + 16] - [+ 34 + 36 + 870]$
$= 1917 \qquad\qquad - 940 \qquad\qquad = 977$

	78	34	
	+1823	+ 36	1917
	+ 16	+ 870	− 940
	1917	940	977

B „Ausdividieren"

Den Term $(-77 + 0,14) : 7$ kannst du durch „ausdividieren" geschickt berechnen:
$(-77 + 0,14) : 7 = -77 : 7 + 0,14 : 7 = -11 + 0,2 = -10,8$

Übungen

4 Rechne vorteilhaft.

a) $-3,9 + 2,3 - 6,1 + 6,7$

b) $-\frac{1}{3} + \frac{3}{5} - \frac{5}{3} + \frac{12}{5}$

c) $-17 \cdot 25 \cdot (-8)$

d) $\frac{12}{5} \cdot \left(-\frac{3}{7}\right) \cdot \frac{5}{6}$

5 Konto

Familie Sparsam lässt die regelmäßigen Ausgaben von einem Konto abbuchen:

Datum	Vorgang	Betrag
	Alter Kontostand	Euro 230,00 +
01.10.	Krankenversicherung	Euro 340,00 –
01.10.	Überweisung	Euro 600,00 +
	Neuer Kontostand	Euro 490,00 +

Krankenversicherung monatlich 340 €

Turnverein vierteljährlich 100 €

Kraftfahrzeugsteuer und Versicherung halbjährlich 520 €

Buchclub alle 2 Monate 20 €

monatliche Überweisung vom Gehaltskonto 600 €

Am Anfang des Jahres waren auf dem Konto 230 €.

a) Berechne den Kontostand am Ende des Jahres.

b) Wie hoch muss die monatliche Überweisung vom Gehaltskonto mindestens sein, damit das Konto am Jahresende nicht im Minus ist?

c) Warum kann das Konto im Laufe des Jahres trotzdem negative Kontostände haben?

6 Termgeschichten erfinden

Berechne den Term und erfinde eine Geschichte dazu.

a) $123 - 12 \cdot (50 + 25) + 12 \cdot 80 - 4 \cdot 30$

b) $\frac{2 + 3,5 + 2 \cdot (-4,5)}{4}$

7 Berechnen

a) $3,5 - 3 \cdot (5 - 3) = \blacksquare$

b) $3,5 - 3 \cdot 5 + 3 \cdot 3 = \blacksquare$

c) $3,5 + 3 \cdot (-5 + 3) = \blacksquare$

d) $(-3,6) \cdot 7 - 1,6 \cdot 7 = \blacksquare$

e) $(-7) \cdot \left(\frac{1}{3} - 1\frac{2}{3}\right) = \blacksquare$

f) $-\frac{1}{2} + \left(-\frac{3}{4}\right) : 6 = \blacksquare$

8 Rechenvorteile nutzen

Im Beispiel siehst du, wie du mit dem Distributivgesetz zwei Multiplikationen durch eine einzige ersetzen kannst. Benutze das Distributivgesetz um die angegebenen Terme geschickt zu berechnen:

Tipp

$(-7) \cdot (-63) + (-7) \cdot 59$
$= (-7) \cdot [(-63) + 59]$
$= (-7) \cdot (-4) = 28$

a) $(-3) \cdot (-4) + 7 \cdot (-4)$

b) $99 \cdot (-19) + 99 \cdot (20)$

c) $(-6) \cdot (-4) + 7 \cdot (-4)$

d) $(-19) \cdot 104 + (-19) \cdot (-99)$

e) $1,7 \cdot (-3,9) + 1,7 \cdot (-6,1)$

f) $(-0,5) \cdot 8,7 + (-0,5) \cdot 9,3$

g) $\left(-\frac{1}{4}\right) \cdot \frac{7}{5} + \left(-\frac{1}{4}\right) \cdot \left(-\frac{13}{5}\right)$

h) $\left(-\frac{7}{5}\right) \cdot 3 + \left(-\frac{7}{5}\right) \cdot (-2)$

i) $0,1 \cdot (-9,3) + 0,1 \cdot (-0,7)$

9 Rechnungen einsparen

Übertrage die Tabelle in dein Heft und fülle sie aus. Wenn du vor dem Rechnen genau überlegst, kannst du dir einige Rechnungen sparen.

a	b	c	a · b	(a · b) · c	b · c	a + b + c	a · (b + c)
–9	2	–5	–18	$\blacksquare$	$\blacksquare$	$\blacksquare$	$\blacksquare$
19	–3	$\blacksquare$	$\blacksquare$	$\blacksquare$	12	$\blacksquare$	$\blacksquare$
–1,8	0,3	2,5	$\blacksquare$	$\blacksquare$	$\blacksquare$	$\blacksquare$	$\blacksquare$
$-\frac{24}{25}$	$\frac{9}{10}$	$-\frac{15}{8}$	$\blacksquare$	$\blacksquare$	$\blacksquare$	$\blacksquare$	$\blacksquare$

Aufgaben

Schmitten
500 m

Jagdhaus
700 m

Reifenberg
550 m   Feldberg
870 m   Oberursel
                        200 m

10 Radrennen

Im Taunus ist ein Radrennen für Bergspezialisten geplant: Vom Start in Oberursel führt der Kurs zunächst zum Jagdhaus. Dann wird die Schleife über Schmitten, Reifenberg und den Feldberg zehn Mal gefahren. Das Ziel ist in Schmitten.

a) Wie viele Höhenmeter überwinden die Fahrer bei diesem Rennen im Aufstieg und bei der Abfahrt? Gib unterschiedliche Rechenwege an.

b) Wie kannst du deine Rechnungen kontrollieren?

11 Rechenmauern

a) Übertrage die Rechenmauern in dein Heft und vervollständige sie.

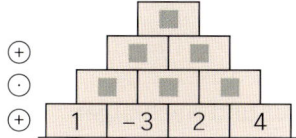

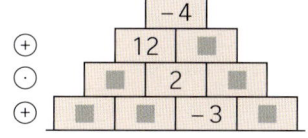

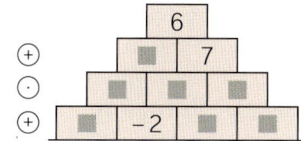

b) Erfinde selbst Rechenmauern mit + und · und fünf Reihen.

c) Welche Lücken kannst du lassen, so dass deine Klassenkameraden die Rechenmauer sicher ausfüllen können?

d) Erzeuge Rechenmauern mit einer Tabellenkalkulation.

12 Verschiebungen

In der Zeichnung wurde der Drache (ABCD) zunächst zweimal mit $(-3|-2)$ und dann zweimal mit $(2,5|-1)$ verschoben.

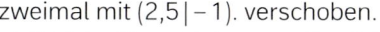

a) Welche Verschiebung ergibt sich insgesamt?

b) Die Summe der beiden Einzelverschiebungen ist $(-3|-2) + (2,5|-1) = (-3 + 2,5|-2 - 1) = (-0,5|-3)$.

Zeichne das Bild des Drachen ein, wenn man ihn um $(-0,5|-3)$ verschiebt und dann das Bild noch einmal um $(-0,5|-3)$ verschiebt.

Vergleiche die beiden Ergebnisse.

c) Verdeutliche die Koordinatenrechnung
$3 \cdot (1|-2) + 3 \cdot (-2|-1) = 3 \cdot [(1|-2)+(-2|-1)]$.

Zeichne dazu die verschobenen Bilder des Drachen in ein Koordinatensystem ein.

d) Begründe, dass das Distributivgesetz auch für Koordinatenrechnungen gilt.

13 Würfelspiel

a) Würfele viermal und schreibe die Zahlen der Reihe nach in die Startfelder des Rechenbaums. Berechne das Endergebnis. Wiederhole dies noch fünf Mal.

b) Jetzt kannst Du wählen, in welches Feld du die erwürfelten Zahlen schreibst. Versuche, möglichst große und möglichst kleine Ergebnisse zu erhalten.

c) Welche Ergebnisse kannst du erhalten, wenn du zweimal „6" und zweimal „1" gewürfelt hast?

d) Welche Ergebnisse kann man überhaupt erreichen?

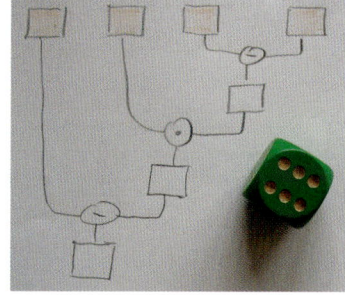

Rationale Zahlen

Zahlengerade

Rationale Zahlen

Die Menge der rationalen Zahlen ist die Menge aller jetzt vorhandenen Zahlen (also die positiven und negativen und die Null). Die Menge der rationalen Zahlen wird mit $\mathbb{Q}$ bezeichnet.

Ganze Zahlen

Menge der ganzen Zahlen:
$\mathbb{Z} = \{..., -4, -3, -2, -1, 0, 1, 2, 3, 4, ...\}$

Natürliche Zahlen

Menge der natürlichen Zahlen
$\mathbb{N} = \{0, 1, 2, 3, ... \}$

Mengendiagramm

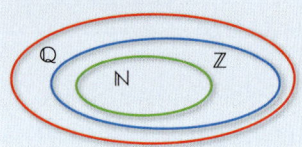

Ordnung auf der Zahlengeraden

Von zwei Zahlen ist diejenige kleiner, die auf der Zahlengeraden weiter links liegt.

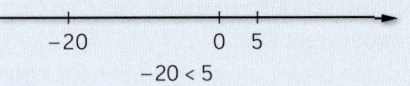

$-20 < 5$

Betrag

Der Betrag einer rationalen Zahl gibt an, wie weit sie von der Null entfernt ist.
$\left|-\frac{3}{2}\right| = \frac{3}{2}$ Lies: „Der Betrag von $-\frac{3}{2}$ ist $\frac{3}{2}$."

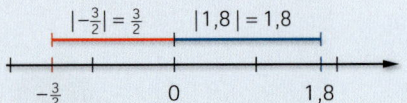

Check-up

1 Zahlengerade
Zeichne jeweils eine Zahlengerade mit einer geeigneten Einteilung und markiere die Zahlen auf der Zahlengeraden.
a) $-2,5$; 0; $-4,3$; $3,8$; 4 b) -20; -24; -60; -75; -100
c) $-0,2$; $0,05$; $0,1$; $0,25$; $-0,4$ d) -1000; -250; 500; 750; -500

2 Ordnen
Ordne nach der Größe, beginne mit der kleinsten Zahl.
a) $-3,2$; $-\frac{3}{2}$; 2; $-0,4$; $-0,35$ b) $7,89$; $-8,79$; $0,79$; $-0,87$; $-5,86$
c) -100; -10; 100; $-0,1$; $\frac{1}{10}$ d) $-3,4$; $-3,45$; $0,345$; $-0,345$; $-3,5$

3 Vorgänger und Nachfolger
a) Gib den Vorgänger und den Nachfolger von -5 an.
b) Von welcher Zahl ist -10 der Vorgänger?
c) Von welcher Zahl ist -16 der Nachfolger?

4 Mitte gesucht
Welche Zahl liegt auf der Zahlengeraden in der Mitte zwischen ...
a) -7 und 2 b) $-4,9$ und $-0,9$
c) $-0,02$ und $0,02$ d) $-\frac{1}{2}$ und $\frac{1}{3}$

5 Eigene Beispiele zum Addieren und Subtrahieren
In der Übersicht findest du die Regeln zum Addieren und Subtrahieren rationaler Zahlen. Schreibe für jeden Fall ein Beispiel auf und zeichne das Pfeilbild an der Zahlengeraden.

6 Training
Berechne. Achte dabei auf Brüche und Dezimalzahlen.

a)

	$-3,2$	$-11,5$	$\frac{4}{5}$
$5,4$	■	■	■
$-\frac{1}{2}$	■	■	■

b)

$-$	-14	$10,3$	$-2,5$
13	■	■	■
$-\frac{3}{4}$	■	■	■

7 Kontoführung
Runde und mache zuerst einen Überschlag. Berechne dann die fehlenden Kontostände und Buchungen.

Alter Kontostand	$-493,67$	$-701,32$	■	$1109,62$
Buchung	$-162,33$	■	$-243,27$	■
Neuer Kontostand	■	$-12,05$	$876,82$	$-2170,98$

8 Buchungen auf dem Konto
Auf Jans Konto sind zu Beginn $143,94$ €. Nun werden nacheinander folgende Buchungen ausgeführt.
1. Abhebung $180,45$ €   2. Einzahlung $52,07$ €
3. Einzahlung $60,68$ €   4. Abbuchung $90,98$ €
Bestimme den aktuellen Kontostand nach jeder Buchung.

Check-up

Addieren, subtrahieren rationaler Zahlen

Addierst du …

… eine positive Zahl, so bewegst du dich nach rechts, z. B. $-3,5 + (+9) = -3,5 + 9 = 5,5$

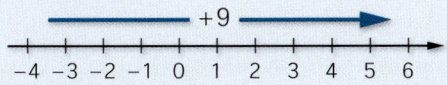

… eine negative Zahl, so bewegst du dich nach links, z. B. $5,2 + (-7,5) = 5,2 - 7,5 = -2,3$

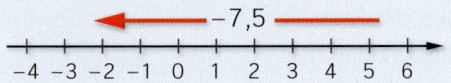

Subtrahierst du …

… eine positive Zahl, so bewegst du dich nach links, z. B. $7,5 - (+9) = 7,5 - 9 = -1,5$

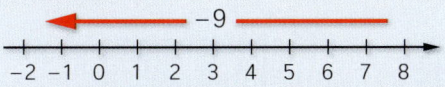

… eine negative Zahl, so bewegst du dich nach rechts, z. B. $2,3 - (-6,9) = 2,3 + 6,9 = 9,2$

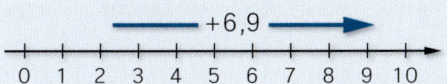

Multiplizieren rationaler Zahlen

Das Produkt von zwei rationalen Zahlen ist
- positiv, wenn beide Zahlen positiv oder beide Zahlen negativ sind, z. B.
  $(-4) \cdot (-7) = 28$ $6,4 \cdot 0,5 = 3,2$
- negativ, wenn eine der beiden Zahlen negativ und die andere positiv ist, z. B.
  $3 \cdot (-11) = -33$ $(-15) \cdot 0,4 = -6$
- Null, wenn mindestens einer der Faktoren Null ist, z. B. $0 \cdot (-7) = 0$.

Dividieren rationaler Zahlen

Der Quotient ist
- positiv, wenn Dividend und Divisor gleiche Vorzeichen haben, z. B.
  $32 : 8 = 4$ $(-63) : (-9) = 7$
- negativ, wenn Dividend und Divisor unterschiedliche Vorzeichen haben, z. B.
  $54 : (-3) = -18$ $(-30) : 5 = -6$
- Null, wenn der Dividend Null ist.
- Die Division durch 0 ist verboten.

---

9 Lücken füllen
a) $15 \cdot \blacksquare = -60$ b) $\blacksquare \cdot (-4) = 16$ c) $\blacksquare \cdot (-1) = -99$
d) $\blacksquare \cdot 0 = 0$ e) $20 \cdot \blacksquare = -1000$ f) $(-5) \cdot (-25) = \blacksquare$

10 Kopfrechnen mit ganzen Zahlen
a) $(-5) \cdot 6$ b) $(-7) \cdot (-7)$ c) $11 \cdot (-1)$
d) $0 \cdot (-1000)$ e) $17 \cdot 4$ f) $(-1) \cdot (-1)$

11 Training
Berechne. Achte dabei auf Brüche und Dezimalzahlen.

a)

$\cdot$	-2	81	$-\frac{1}{2}$
$-\frac{2}{3}$	$\blacksquare$	$\blacksquare$	$\blacksquare$
-5	$\blacksquare$	$\blacksquare$	$\blacksquare$
$0,3$	$\blacksquare$	$\blacksquare$	$\blacksquare$

b)

$:$	$-\frac{1}{3}$	10	-4
$\frac{1}{2}$	$\blacksquare$	$\blacksquare$	$\blacksquare$
$-2,4$	$\blacksquare$	$\blacksquare$	$\blacksquare$
60	$\blacksquare$	$\blacksquare$	$\blacksquare$

12 Potenzen
Entscheide, ob die Potenzen positiv oder negativ sind und berechne sie.
a) $(-2)^3$ $(-3)^2$ $(-3)^4$ $(-1)^6$ $(-2)^5$ $(-3)^1$
b) $(-1,1)^4$ $(-0,1)^3$ $(-3,5)^2$ $\left(-\frac{3}{4}\right)^3$ $\left(-\frac{2}{5}\right)^2$ $(-2,01)^2$

13 Richtig oder falsch?
Rechne nach.
a) $\left(-\frac{1}{8}\right) \cdot (-7) + (-0,6) = 0,275$ b) $(-3) \cdot (-3)^3 = (-9)^2$
c) $\left(-\frac{1}{2}\right) \cdot \left(-\frac{1}{5}\right) + (-0,1) \cdot (-1) = -0,2$ d) $-\frac{1}{4} + \frac{1}{8} + 0,125 = 0$

14 Kopfrechnen
Bestimme erst das Vorzeichen.
a) $96 : (-12)$ $(-36) : (-3)$ $(-64) : 4$ $84 : (-6)$
b) $(-52) : (-4)$ $(-11) : 11$ $(-0,1) : (-10)$ $-1,2 : (-1,2)$
c) $10 : (-20)$ $(-0,9) : 3$ $(-48) : (-1)$ $(-1) : (-1)$

15 Quotienten
Berechne.
a) $-18 : \frac{3}{7}$ b) $-\frac{7}{15} : 0,2$ c) $-0,8 : (-4)$
d) $-5 : \frac{10}{12}$ e) $-\frac{7}{8} : (-0,125)$ f) $0,2 : \left(-\frac{1}{5}\right)$
g) $-0,4 : 1,8$ h) $-\frac{5}{9} : 0,\overline{2}$ i) $1,2 : \frac{1}{10}$

16 Rechenvorteile nutzen
a) $-0,125 \cdot 1,2 - 0,875 \cdot 1,2$ b) $1,5 \cdot 4 + 1,5 \cdot (-8)$
c) $5,25 : (-4) + 4,75 : (-4)$ d) $-\frac{9}{7} : 5 - \left(-\frac{2}{7}\right) : 5$

17 Produkt mit drei Faktoren
Welche Bedingungen müssen erfüllt sein, damit das Produkt aus drei Faktoren positiv ist? Schreibe Beispiele auf.

Sichern und Vernetzen –
Vermischte Aufgaben zu Kapitel 6

Trainieren

1 Zahlen auf der Zahlengeraden markieren

Zeichne einen passenden Ausschnitt einer Zahlengerade und trage ein:

$-\frac{2}{3}$ -1 $-0,5$ $\frac{1}{5}$ $1,2$ $-0,8$ $1\frac{1}{2}$ $-1,6$

2 Vergleich

Vergleiche die Zahlen miteinander <, >

a) $\frac{2}{5}$ und $-\frac{3}{5}$ b) $-1,2$ und $-\frac{1}{2}$ c) $-1,5$ und $\frac{4}{3}$ d) $\frac{3}{4}$ und $\frac{2}{3}$

e) $-1,1$ und $-\frac{6}{5}$ f) $4,05$ und $4,1$ g) $-2,3$ und $-3,2$ h) $-0,1$ und $-0,01$

3 Ordnen

Ordne die Zahlen der Größe nach. Beginne mit der kleinsten.

$-3,75$ $-3,8$ $-4,05$ $0,02$ $-0,5$ $-1\frac{2}{3}$ $\frac{4}{3}$ $\frac{1}{2}$

4 Magische Quadrate

Übertrage die Quadrate in dein Heft. Fülle die Felder so aus, dass die Summe der Zahlen in Spalten, Zeilen und Diagonalen gleich ist.

a) 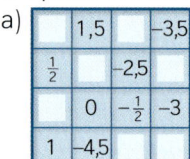   b) 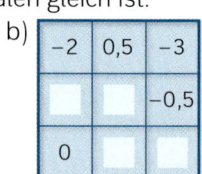   c)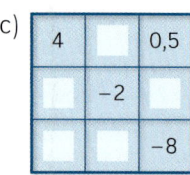

5 Koordinatensystem

a) Zeichne in ein Koordinatensystem das Viereck ABCD mit A $(1,5|-1)$, B $(1,5|1)$, C $(-0,5|1)$ und D $(-0,5|-1)$.

b) Bestimme den Umfang und den Flächeninhalt des Vierecks.

c) Drehe das Viereck um den Ursprung um 90° gegen den Uhrzeigersinn. Welche Koordinaten hat das gedrehte Viereck?

6 Kontobewegungen

Bestimme jeweils den aktuellen Kontostand nach jeder Buchung:

Kontostand 70,23 €. Nun werden nacheinander folgende Buchungen ausgeführt.

1. Abhebung   34,09 €   2. Abhebung   38,64 €

3. Einzahlung   15,79 €   4. Abbuchung   24,17 €

Bestimme den aktuellen Kontostand nach jeder Buchung.

7 Viele Faktoren

Bestimme die Ergebnisse.

a) $11 \cdot (-4) \cdot (-3)$ b) $(-9) \cdot 6 \cdot 8$

c) $7 \cdot (-2) \cdot 3 \cdot (-10)$ d) $(-4) \cdot 7 \cdot (-3,5) \cdot (-2)$

e) $\left(-\frac{2}{3}\right) \cdot \left(-\frac{1}{2}\right) \cdot \left(-\frac{4}{5}\right)$ f) $(-1,2) \cdot (-0,5) \cdot (-4) \cdot (-5)$

g) $\frac{1}{7} \cdot (-63) \cdot \frac{5}{9} \cdot (-81)$ h) $\left(-\frac{6}{13}\right) \cdot \left(-\frac{2}{5}\right) \cdot (-65) \cdot \left(-\frac{1}{12}\right)$

i) $\frac{3}{8} \cdot \left(-\frac{1}{3}\right) \cdot (-4)$ j) $(-9) \cdot \left(-\frac{4}{3}\right) \cdot \left(-\frac{1}{6}\right) \cdot 5$

8 Berechnen

a) $0,56 - 0,3 + 0,73$ b) $7,8 + 0,421 - 0,72$ c) $-3,7 - 0,06 \cdot 3,6$

d) $0,63 \cdot 0,25 - 0,71$ e) $0,1175 : (-0,047) + 1,9$ f) $6,5 + 18,63 : (-0,405)$

9 Kopfrechnen

a) $(-4) \cdot (-3) \cdot 16$

b) $(-5)^2 \cdot (-4)$

c) $(-5) \cdot 3 \cdot 17$

d) $(-3)^3 \cdot 2 \cdot (-5)$

e) $100 : (-4) : (-5)$

f) $-64 : (-2) : 8$

10 Training

Übertrage die Tabelle in dein Heft und fülle sie aus. Wenn du vor dem Rechnen genau überlegst, kannst du dir einige Rechnungen ersparen.

a	b	c	a · b	(a · b) · c	b · c	a + b + c	a · (b + c)
−9	2	−5	−18	▦	▦	▦	▦
19	−3	▦	▦	▦	12	▦	▦
−1,8	0,3	2,5	▦	▦	▦	▦	▦
$-\frac{24}{25}$	$\frac{9}{10}$	$-\frac{15}{8}$	▦	▦	▦	▦	▦

11 Wahre Aussagen

Prüfe, ob die Aussagen wahr sind.

a) $-4 \cdot (2{,}7) \cdot (-0{,}1) > 2$

b) $5{,}2 : (-1{,}2) \cdot 2{,}1 < -10$

c) $-2{,}3 + 3{,}5 \cdot (-2) > 1$

d) $3 \cdot (-0{,}01) + 4{,}1 > 4$

Verstehen

12 Erklären

Erkläre kurz mit eigenen Worten, Bildern oder Beispielen.

a) Was versteht man unter dem Betrag einer rationalen Zahl?

b) Die Subtraktion einer negativen Zahl führt auf der Zahlengeraden nach rechts.

c) Der Quotient ist positiv, wenn Dividend und Divisor das gleiche Vorzeichen haben.

13 Großer Aufwand?

Multipliziere alle ganzen Zahlen von einschließlich −50 bis einschließlich 50.

14 Wahr oder falsch?

a) Die Summe zweier negativer Zahlen ist immer positiv.

b) Der Quotient zweier negativer Zahlen ist immer positiv.

c) Der Betrag von −3,5 ist größer als 1.

15 Rationale Zahlen gesucht

a) Kannst du rationale Zahlen finden für die $a - b = b - a$ ist?

b) Gib rationale Zahlen an, für die nicht gilt: $a - (b - c) = (a - b) - c$

c) Finde ein Beispiel so, dass $a : b = b : a$ ist.

16 „Minus mal Minus ergibt Plus"

Finde Beispiele, die zu diesem Spruch passen.

Anwenden

17 Schulden bei der Museumsnacht

27 Schüler und Schülerinnen der 7 b haben bei ihrer Lehrerin noch nicht die 3,50 € Schulden für den Museumseintritt beglichen.

a) Wie viel Euro Schulden haben alle zusammen bei der Lehrerin?

b) Notiere eine Multiplikationsaufgabe, in der du die Schulden als negative Zahl schreibst.

Bei einem Fisch nimmt der Kopf ein Drittel und der Schwanz ein Viertel seines Gewichtes ein, das Mittelstück wiegt 10 Pfund. Wieviel wiegt der Fisch?
Aus dem Rechenbuch des Abu Zacharjia el Hassar

Von einem Schwarm Bienen lässt sich ein Fünftel auf einer Kadamablüte, ein Drittel auf einer Silindhablume nieder. Der dreifache Unterschied der beiden Zahlen flog nach den Blüten einer Kutaja. Eine Biene blieb übrig, welche in der Luft hin und her schwebte, gleichzeitig angezogen durch den lieblichen Duft einer Jasmine und eines Pandanus. Sage mir nun die Anzahl der Bienen.
Aus dem Rechenbuch des Inders Bhaskara (ca.1150 n.Chr.)

Terme, Gleichungen, Ungleichungen

Schon immer haben Menschen sich mit mathematischen Knobelaufgaben beschäftigt. Kennst du auch welche? Was muss man tun, um solche Aufgaben zu knacken? Man kann probieren, also einfach sich eine Lösung ausdenken und schauen, ob es stimmt. Das ist aber sehr mühselig und dauert sehr lange. Erfolgreich ist man auch nicht immer. Einfacher lassen sich Lösungen finden, wenn es gelingt, die Probleme in Gleichungen mit Unbekannten (Variablen) zu fassen. Wenn man diese Gleichungen dann löst, gelingt auch eine Lösung des Problems.

7.1 Terme aufstellen und vereinfachen

Die Figur hat eine variable Breite x. Wie groß ist die Fläche dieser Figur? T_1, T_2 und T_3 sind drei Antworten auf diese Frage. Die Richtigkeit der Antworten kannst du geometrisch an der Figur überprüfen. Die Gleichwertigkeit von Termen kann man aber auch durch Umformungen zeigen.

Sind die drei Terme korrekt?

$T_1 = 10 \cdot x - 8$
$T_2 = 6 \cdot x + 4 \cdot (x - 2)$
$T_3 = 12 + 10 \cdot (x - 2)$

7.2 Gleichungen aufstellen und lösen

Wie kommt die Mathematik in die Sache? Ein wichtiger erster Schritt ist es, Informationen so aus dem Text zu sammeln, dass man Terme und Gleichungen aufstellen kann. Die Gleichungen kannst du dann durch vielfältiges Probieren lösen.

Wie viele Schüler sind in der Klasse?
Findest du durch Probieren die Lösungen zu den Knobelaufgaben der Übersichtsseite?

Wie kommen die Schülerinnen und Schüler einer Klasse zur Schule? Eine Umfrage ergibt: Die Hälfte kommt mit dem Schulbus, ein Drittel mit dem Fahrrad und 5 Schülerinnen und Schüler zu Fuß.

7.3 Gleichungen lösen mit Äquivalenzumformungen

Anstatt zu probieren, kann man auch durch Umformungen nach festen Regeln Gleichungen lösen und so die exakten Lösungen finden.

Kannst du in der Abbildung das Umformungsverfahren erkennen?

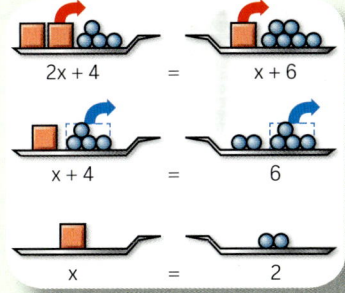

$2x + 4 = x + 6$
$x + 4 = 6$
$x = 2$

7.4 Ungleichungen lösen

In manchen Situationen geht es darum, Terme miteinander zu vergleichen – für welche Werte ist ein Term kleiner bzw. größer als der andere. Die dabei entstehenden Ungleichungen kannst du durch Probieren oder wie bei Gleichungen durch systematische Umformungen lösen.

Findest du heraus, wie viele der Kisten in dem Aufzug gleichzeitig transportiert werden dürfen?

Lastenaufzug
höchstens 200 kg

35 kg
35 kg
35 kg

7.1 Terme aufstellen und vereinfachen

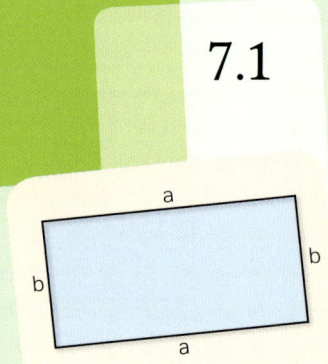

Du hast bereits mit Termen gearbeitet. In der Geometrie werden Formeln durch Terme angegeben, etwa der Umfang eines Rechtecks durch 2a + 2b oder durch $2 \cdot (a + b)$. In diesem Abschnitt wird nun das Aufstellen und Vereinfachen von Termen etwas genauer betrachtet. Dabei werden wir auf die bereits vertrauten Rechenregeln mit Zahlen zurückgreifen.

Aufgaben

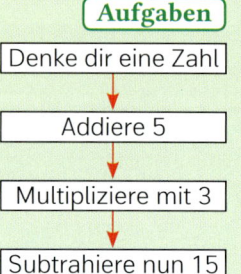

Denke dir eine Zahl
↓
Addiere 5
↓
Multipliziere mit 3
↓
Subtrahiere nun 15

1 Zahlenraten

Beim Kopfrechentraining greift die Mathematiklehrerin gerne auf das Zahlenraten zurück. Sie stellt die nebenstehende „Kettenaufgabe". Dann lässt sie sich von verschiedenen Schülern jeweils deren Ergebnis nennen und teilt jedem sofort die gedachte Zahl mit. Wie ist das möglich? Verrät der Term uns das Geheimnis?

Denke dir eine Zahl	Addiere 5	Multipliziere mit 3	Subtrahiere 15
x	x + 5	$(x + 5) \cdot 3$	$(x + 5) \cdot 3 - 15$

Der Term in der letzten Spalte sieht recht kompliziert aus. Vielleicht hilft eine Tabelle.
a) Vervollständige die Tabelle in deinem Heft:

x	x + 5	$(x + 5) \cdot 3$	$(x + 5) \cdot 3 - 15$
2	7	21	6
5	■	■	■
27	■	■	■
2,4	■	■	■
−2	■	■	■

b) Vergleiche nun das Ergebnis in der letzten Spalte jeweils mit der gedachten Zahl. Welcher Zusammenhang besteht zwischen der gedachten Zahl und dem Ergebnis in der letzten Spalte? Kann man dies dem komplizierten Term bereits ansehen?

2 Bekannte Gesetze in neuem Kleid

Beim Rechnen mit Zahlen hast du verschiedene Rechengesetze kennen gelernt.

a) Ordne den aufgeführten Rechengesetzen jeweils die passenden Namen zu.
(1) $a + b = b + a$
(2) $(a + b) \cdot c = a \cdot c + b \cdot c$
(3) $(a \cdot b) \cdot c = a \cdot (b \cdot c)$
(4) $a \cdot b = b \cdot a$
(5) $a \cdot (b + c) = a \cdot b + a \cdot c$
(6) $a + (b + c) = (a + b) + c$
Schreibe für jedes Gesetz ein Zahlenbeispiel auf.

> **Kommutativgesetz**
> (Vertauschungsgesetz)
>
> **Assoziativgesetz**
> (Verbindungsgesetz)
>
> **Distributivgesetz**
> (Verteilungsgesetz)

b) Die Rechengesetze gelten auch bei Rechenausdrücken mit Variablen (Terme), mit ihrer Hilfe lassen sich Terme in „gleichwertige" Terme umformen. Gib bei den folgenden Umformungen von Termen jeweils an, welches Gesetz angewendet wurde.
(1) $2 \cdot x + 7 = 7 + 2 \cdot x$
(2) $5 \cdot (x + 2) = 5 \cdot x + 10$
(3) $7 + (1 + x) = 8 + x$
(4) $(b + 5) \cdot 7 = 7 \cdot (b + 5)$
(5) $2 \cdot a + (a + 4) = 3a + 4$
(6) $3 \cdot x + 6 = 3 \cdot (x + 2)$
(7) $2 \cdot (a + b) = 2 \cdot (b + a)$
(8) $(8x + 4) : 2 = 4x + 2$

Aufgaben

3 Eine Fläche – vier Terme

Die Schüler der Klasse 7 b sollen einen Term A (x) zur Berechnung der Fläche angeben. Nicole, Mathias, Oskar und Theresa schreiben ihre Ergebnisse an die Tafel.

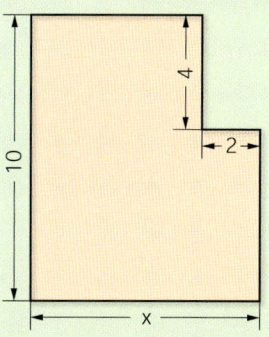

Nicole: $10 \cdot (x - 2) + 6 \cdot 2$
Mathias: $10 \cdot x - 2 \cdot 4$
Oskar $6 \cdot x + 4 \cdot (x - 2)$
Theresa: $6 \cdot (x - 2) + 6 \cdot 2 + 4 \cdot (x - 2)$

a) Zur Begründung haben sie jeweils eine Skizze auf eine Folie gezeichnet. Leider stehen nicht mehr die Namen darauf. Welche Folie gehört zu welchem Term? Ordne richtig zu.

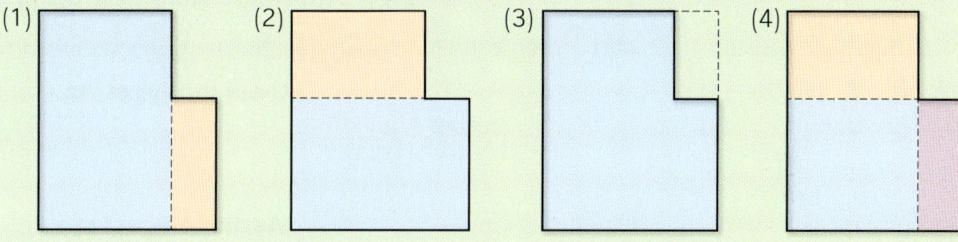

Gleichwertige Terme in verschiedener Gestalt

b) Offensichtlich beschreiben alle Terme den gesuchten Flächeninhalt richtig, obwohl sie so verschieden aussehen. Überprüfe dies, indem du in jedem Term für x den Wert 12 (8; 10) einsetzt.

c) Welcher Term ist deiner Meinung nach der einfachste? Wie kannst du die anderen Terme durch „Rechnen" vereinfachen? Denke dabei an die Rechengesetze, die du bei den Zahlen kennen gelernt hast.

4 Terme haben einen Namen.

a + b ist eine	**a − b** ist eine	**a · b** ist ein	**a : b** ist ein
Summe	**Differenz**	**Produkt**	**Quotient**

Rechenbaum

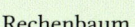

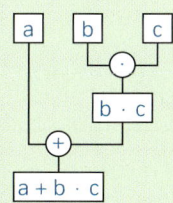

Doch welchen Namen hat der Term a + b · c?
Rechenbäume helfen beim Finden eines Namens für einen Term.
Hier hilft eine einfache Regel:

Die Rechenoperation, die zuletzt ausgeführt wird, gibt dem Term den Namen.

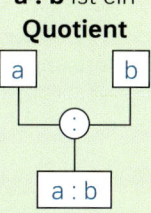

Demnach ist a + b · c eine Summe (Punktrechnung geht vor Strichrechnung).

a) Übertrage den Term jeweils in einen Rechenbaum und gib dem Term seinen Namen.

(1) $a \cdot (b + c)$ (2) $a \cdot b - c \cdot d$

(3) $\frac{(x + y)}{z}$ (4) $\frac{a}{c + b \cdot d}$

b) Berechne den jeweiligen Wert der Terme aus a) durch Einsetzen:

$a = 0{,}5$ $b = -2$ $c = 4$ $d = 3$

$x = 13$ $y = 7$ $z = 10$

Basiswissen

Terme treten in vielen Situationen auf, die mathematisch bearbeitet werden.

Terme und Gesetze

1. Die Berechnung des Umfangs eines Rechtecks mit den Seitenlängen a und b kann mithilfe verschiedener Terme beschrieben werden:

$$a + b + a + b \quad \text{oder} \quad 2 \cdot a + 2 \cdot b \quad \text{oder} \quad 2 \cdot (a + b)$$

Einsetzen in Terme

Wenn man für die Variablen a und b Zahlen einsetzt, so erhält man mit jedem dieser Terme den gleichen Wert.

Gleichwertige Terme

Man nennt solche Terme **gleichwertig** und schreibt:

$$a + b + a + b = 2 \cdot a + 2 \cdot b = 2 \cdot (a + b)$$

Rechnen mit Termen

2. Mit Termen kann man nach den gleichen Gesetzen rechnen wie mit Zahlen.

Kommutativgesetz

bei der Addition	bei der Multiplikation
$a + b = b + a$	$a \cdot b = b \cdot a$

Assoziativgesetz

bei der Addition	bei der Multiplikation
$(a + b) + c = a + (b + c)$	$(a \cdot b) \cdot c = a \cdot (b \cdot c)$

Distributivgesetz

$a \cdot (b + c) = a \cdot b + a \cdot c$	$a \cdot (b - c) = a \cdot b - a \cdot c$
$\frac{b+c}{a} = \frac{b}{a} + \frac{c}{a} \quad (a \neq 0)$	$\frac{b-c}{a} = \frac{b}{a} - \frac{c}{a} \quad (a \neq 0)$

Termumformungen

Durch Anwenden dieser Rechengesetze können Terme in gleichwertige Terme umgeformt werden.

Ziel der Termumformungen

Ziel der Umformungen kann sein:
- Terme als gleichwertig zu erkennen
- einen möglichst einfachen Term zu erhalten
- mit dem Term eine bestimmte Eigenschaft zu erkennen oder zu begründen

Beispiele

A Terme für den Flächeninhalt einer Figur

Leni, Claas und Niklas haben Terme für den Flächeninhalt der Figur gefunden. Zeige durch Einsetzen eines Wertes für x, dass nicht alle Terme gleichwertig sind. Welche Terme sind gleichwertig? Begründe deine Entscheidung geometrisch mithilfe der Figur.

Leni:
$40 - 2x$
Claas:
$8 \cdot 3 + 2 \cdot (5 + x)$
Niklas:
$5 \cdot (8 - x) + 3 \cdot x$

Lösung: x = 1: Leni: $40 - 2 \cdot 1 = 38$,

Claas: $24 + 2 \cdot (5 + 1) = 36$,

Niklas: $5 \cdot (8 - 1) + 3 \cdot 1 = 38$

Der Term von Claas ist nicht gleichwertig mit dem von Leni und Niklas. Die Terme von Leni und Niklas sind gleichwertig, weil sie die gleiche Fläche auf unterschiedliche Weise berechnen. Begründung: Lenis Term: „Gesamtes Rechteck minus kleines Rechteck links unten." Niklas Term: „Rechteck oben plus kleines Rechteck unten." Der Term von Claas passt nicht zur Fläche der Figur, weil $2 \cdot (5 + x)$ nicht zu dem linken Rechteck passt.

$\boxed{\text{Beispiele}}$ $\boxed{\text{B}}$ Umformen mithilfe von Gesetzen

Forme mithilfe des angegebenen Rechengesetzes in einen gleichwertigen Term um.

Kommutativgesetz: a) $1 + 8x = \blacksquare$ b) $x \cdot 3 = \blacksquare$

Assoziativgesetz: c) $4 + (3 + y) = \blacksquare$ d) $0,5 \cdot (6 \cdot z) = \blacksquare$

Distributivgesetz: e) $5 \cdot (b + 2) = \blacksquare$ f) $(2 + 3a) \cdot b = \blacksquare$

Lösung:

a) $1 + 8x = 8x + 1$ b) $x \cdot 3 = 3 \cdot x$

c) $4 + (3 + y) = (4 + 3) + y = 7 + y$ d) $0,5 \cdot (6 \cdot z) = (0,5 \cdot 6) \cdot z = 3 \cdot z$

e) $5 \cdot (b + 2) = 5 \cdot b + 5 \cdot 2 = 5b + 10$ f) $(2 + 3a) \cdot b = 2b + 3ab$

$\boxed{\text{Übungen}}$ $\boxed{5}$ Begründen mit Gesetzen

$\boxed{5}$ Lösung:

Drei Paare
sind nicht
gleichwertig

Gib an, welche der folgenden Paare von Termen gleichwertig sind. Begründe mithilfe der Gesetze.

a) $2x + 5$ und $5 + 2x$ b) $x - 7$ und $7 - x$

c) $2x + 3x$ und $5x$ d) $6x - 6$ und 6

e) $3 \cdot (4x)$ und $12x$ f) $9 \cdot (1 + x)$ und $9 + x$

g) $2x + (1 - x)$ und $x + 1$ h) $3 \cdot (x - 5)$ und $3x - 15$

i) $2,3 + (1 + x)$ und $3,3 + x$ j) $\frac{8x + 4}{4}$ und $2x + 1$

$\boxed{6}$ Namen

Welchen Namen haben die Terme? Zeichne zu jedem Term einen Rechenbaum.

a) $x + 3 \cdot 9$ b) $2 + 4 \cdot x$ c) $(3 - x) \cdot 5$

d) $(3 - x) \cdot 5 + x$ e) $5 : x + x \cdot 2$ f) $3 - x \cdot 4 - y$

Der Rechenbaum zu e)

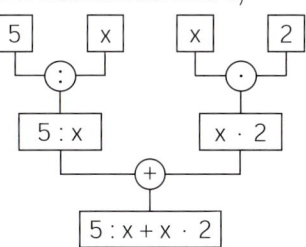

$\boxed{7}$ Geschichten zum Distributivgesetz

Kristin will zu ihrem Geburtstag Süßigkeiten für ihre Mitschülerinnen und Mitschüler in die Schule mitbringen.

Wenn ich für jeden einen Riegel kaufe, kostet das $0,3 \cdot x$ €. Wenn ich dann noch für jeden eine Waffel dazu kaufe, kommt ein Betrag von $\blacksquare$ Euro hinzu.

Ein Riegel und eine Waffel kosten zusammen $0,3$ € $+ 0,2$ €. Dann muss ich insgesamt $\blacksquare$ Euro bezahlen.

$\boxed{8}$ Weitere Geschichten zum Distributivgesetz

Die Klasse 7b hat von dem Geld, das für die Klassenfahrt eingesammelt worden ist, noch einen Betrag übrig behalten. Nun haben sie beschlossen, gemeinsam ins Kino zu gehen. Die meisten Kinder warten schon vor dem Kino, aber einige sind immer noch nicht angekommen. Schließlich entscheidet die Klassenkassenführerin, die Eintrittskarten schon einmal für die Anwesenden zu kaufen. Die Geschichte geht auf zwei verschiedene Arten zu Ende:

1. Gerade ist sie an der Kasse angekommen, da kommen auch die fehlenden Kinder an, und die Karten können alle zusammen gekauft werden.

2. Gerade hat sie den ersten Teil der Karten gekauft, da kommen die fehlenden Kinder an, und sie muss noch einmal zur Kasse gehen.

Wie passen die Terme $x \cdot y + x \cdot z$ und $x \cdot (y + z)$ zu den beiden Versionen der Geschichte.

Was bezeichnen die Variablen x, y und z?

9 Volumenänderung eines Quaders
Wie verändert sich das Volumen des Quaders, wenn man
die Seiten a und b verdoppelt und die Höhe c verdreifacht?
Begründe, dass die drei Terme

$2a \cdot 2b \cdot 3c$ $(2 \cdot 2 \cdot 3) \cdot (abc)$ $12\,abc$

das Volumen des vergrößerten Quaders beschreiben.
Beantworte die Frage.

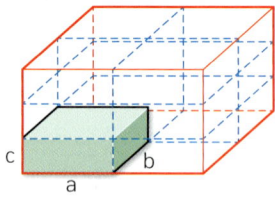

10 Term für einen Dreiecksumfang
Finde einen möglichst einfachen Term $U(x)$ zur Berechnung
des Umfangs des Dreiecks. Überprüfe den Term durch Ausfüllen der Tabelle.

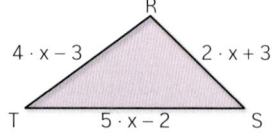

x	$\overline{TR}$ $4x-3$	$\overline{TS}$ $5x-2$	$\overline{SR}$ $2x+3$	Summe der drei Seitenlängen	Term für den Umfang $U(x) =$ ▬
1	$4 \cdot 1 - 3 = 1$	$5 \cdot 1 - 2 = 3$	$2 \cdot 1 + 3 = 5$	$1 + 3 + 5 = 9$	■
2	■	■	■	■	■
2,5	■	■	■	■	■
5	■	■	■	■	■

Basiswissen Durch Ordnen und Zusammenfassen von Termen kann man Terme übersichtlicher machen.

Ordnen und Zusammenfassen von Termen

1. In Produkten mit mehreren Faktoren darf man beliebig vertauschen, klammern und mit Potenzschreibweise vereinfachen.

   $(2 \cdot x) \cdot (5 \cdot x) \cdot y = 2 \cdot 5 \cdot x \cdot x \cdot y = 10 x^2 y$

2. Bei der Addition von Termen können gleichartige Terme zusammengefasst werden.

   $3 \cdot x + 5 + x + 3 = 3x + x + 5 + 3 = 4x + 8$

Gleichartige Terme stimmen in allem bis auf den konstanten Faktor überein.
Beispiel: $4a^2b$ und $8a^2b$ Gegenbeispiel: $4ab$, $8a^2b$ und $8ab^2$

Verabredungen:
- Reihenfolge der Faktoren alphabetisch
- $4ab$ ist die abgekürzte Schreibweise für $4 \cdot a \cdot b$
- Malpunkte dürfen weggelassen werden, wenn es nicht missverständlich ist.
Es gilt: $1 \cdot a = a$.

Beispiele **C** Vereinfachen eines Produkts
Vereinfache das Produkt.

$3 \cdot (x \cdot 4) \quad = \quad 3 \cdot (4 \cdot x) \quad = \quad (3 \cdot 4) \cdot x = 12x$
        Kommutativgesetz   *Assoziativgesetz*

E Terme vereinfachen – immer möglich?

$T_1 = 2x + 7 + 2y + 8x - 4x - 5y + 3$ $T_2 = 3x + 5y + 2xy - 3$

Lösung: Lösung:

$T_1 = 2x + 7 + 2y + 8x - 4x - 5y + 3$ T_2 kann nicht vereinfacht werden, weil es
$\quad = 2x + 8x - 4x + 2y - 5y + 7 + 3$ keine gleichartigen Terme gibt.
$\quad = 6x - 3y + 10$

Übungen

10 Lösungen:

3 Ergebnisse:
$18x^3y^2$; $2x^2y^2$;
$-x^2y$

12 Lösungen:

c) Ergebnisse:
$3a + 9b$;
$x + 8$; $x + 2y$;
$2a + b$; $5b - 5a$

11 Vereinfachen

Vereinfache die Produkte.

a) $3a \cdot 12b$
b) $5x \cdot 0,2y$
c) $24x \cdot \frac{1}{2}y \cdot \frac{1}{6}xy$
d) $3a \cdot (-6) \cdot b$
e) $(-7x) \cdot (-3y)$
f) $\frac{1}{2}x \cdot (-2yx)$
g) $3xy \cdot (-3xy) \cdot (-2x)$
h) $4xy \cdot 0,5x \cdot 0,5y$

12 Erklären mit Bild

Erkläre an dem Bild.
$3x \cdot 2y = 6xy$.

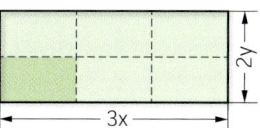

13 Einfache Terme erzeugen

a) $3a + 7a$
$12y - 3y$
$1,5b + 7,5b$
$3x + 5x - 2x$
$0,24t + 1,76t - 1,6t$

b) $5x + 2 - 3x$
$0,5 + 1,5x + x + 3$
$3 + 5y + 3y + 5$
$2a - 1 + (1 - a)$
$15 \cdot (4a) + 12 - 48a$

c) $a + b + a$
$2a + 3b + a + 6b$
$2x - y + 3y - x$
$x + 1 + x + 3 + 4 - x$
$2,3b - 1,2a + 2,7b - 3,8a$

14 Lücken füllen

a) $26a + \blacksquare - 18a = 10a$
b) $4ab - 2\blacksquare + 3ac - \blacksquare = ab + ac$
c) $4x^2 - 3\blacksquare = x^2$
d) $2ab + \blacksquare b - \blacksquare = 5b$
e) $7xy - 2x\blacksquare + \blacksquare xy + \blacksquare = 10xy + 5xz$

15 Fehler finden

a) $4a + 3b + 2b = 9ab$
b) $12xy - 6xz = 6yz$
c) $0,5ab - 0,2a - 0,2b = 0,1ab$

16 Einer passt nicht

a) In vielen Intelligenztests müssen geometrische Muster erkannt werden. Die folgenden Figuren sind alle „gleich" bis auf eine. Welche Figur passt nicht?

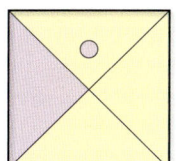 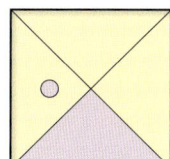 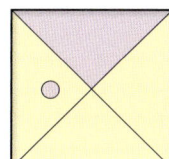 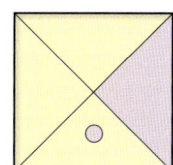 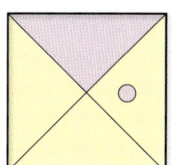

b) Hier ist nun eine solche Frage für Terme.
Die folgenden Terme sind alle „gleich" bis auf einen. Welcher Term passt nicht?

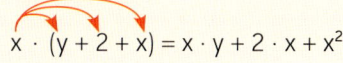

$2 \cdot (x + 1)$ $2x + 2$ $2 \cdot (1 + x)$ $2x + 1$

Wie kannst du deine Antwort begründen?

Basiswissen

Anwenden des Distributivgesetzes: Ausmultiplizieren

Eine Summe wird mit einem Faktor multipliziert: $x \cdot (y + 2 + x)$

Jeder Summand in der Klammer wird mit dem Faktor multipliziert, die entstehenden Produkte werden dann addiert.

$x \cdot (y + 2 + x) = x \cdot y + 2 \cdot x + x^2$

Beispiele

F Einen Term vereinfachen

Vereinfache den Term $5 \cdot (x + 2) + 2 \cdot (x - 5)$.

$5 \cdot (x + 2) + 2 \cdot (x - 5) = 5x + 5 \cdot 2 + 2x - 2 \cdot 5 = 5x + 2x + 10 - 10 = 7x$

Übungen

17 **Ausmultiplizieren**
a) $5 \cdot (6 + 2a)$ b) $7 \cdot (x + 1)$ c) $2 \cdot (4a + 3b)$ d) $(x + 2y) \cdot 3x$
e) $a \cdot (2b + 3c)$ f) $\frac{1}{2} \cdot (4a - 6b)$ g) $(12a + 5b) : 2$ h) $3a \cdot (2a + \frac{1}{6})$

18 **Lücken füllen**
a) $0{,}5 \cdot (\blacksquare x + y) = x + 0{,}5\,y$
b) $12ab - \blacksquare = 3b \cdot (4a - 2)$
c) $\blacksquare \cdot (2u + v) = 6uv + \blacksquare v^2$
d) $c \cdot (\blacksquare + \blacksquare b) = 3ac - abc$

19 **Gleichwertige Terme**
Jeweils zwei Terme sind gleichwertig.

$xy + xz$ $3 \cdot (x - 1)$ $0{,}5y \cdot (x - 4)$

$0{,}5xy - 2y$ $x \cdot (y + z)$ $3x - 3$

20 **Ausmultiplizieren und zusammenfassen**
a) $8 \cdot (x + 5) + 2x$ b) $5a + 3 \cdot (4 + a) - 10$ c) $\frac{2a + 2b}{2} - a$
d) $2 \cdot (x - 7) + 3 \cdot (2 + x)$ e) $3 \cdot (x + 6) + 2 \cdot (x - 9)$ f) $4 + \frac{1}{2} \cdot (6x + 8) - 3x - 5$

21 **Umfänge**
Die folgenden Terme beschreiben jeweils den Umfang eines der Vielecke.
Welcher Term gehört zu welchem Vieleck?

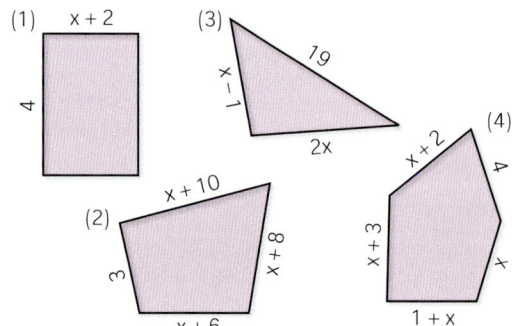

a) $3 \cdot (x + 6)$ b) $3x + 27$
c) $(x + 6) \cdot 2$ d) $12 + 2x$
e) $4x + 10$
g) $3 \cdot (x + 9)$ f) $3x + 18$
h) $(x + 2) \cdot 2 + 2 \cdot 4$

22 **Terme für den Flächeninhalt**
Gib jeweils zwei unterschiedliche Terme für den Flächeninhalt an. Bestätige dann durch passende Umformung, dass die beiden Terme gleichwertig sind.

a) 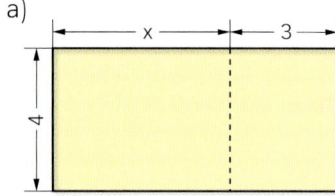   b) 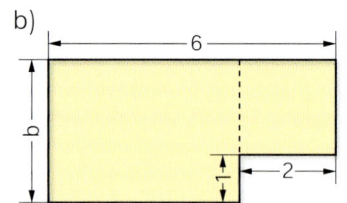   c)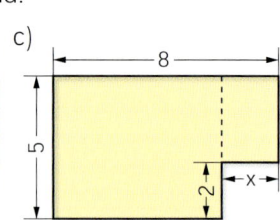

23 **Ein U-Profil**
Gegeben ist ein U-förmiger Körper. Stelle Terme für das Volumen des gesamten Körpers und die Volumina der Teilkörper auf.

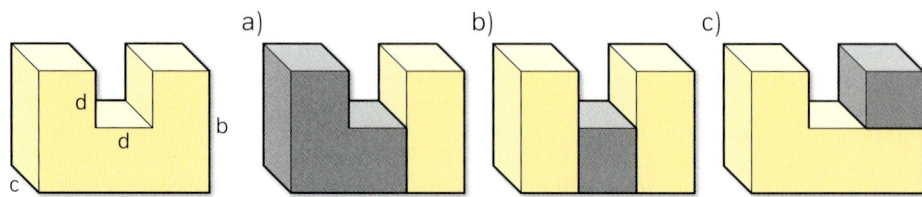

Übungen

24 Ein Zahlentrick – gedachte Zahl erraten

Fülle die Tabelle aus. Welche Vermutung hast du über das jeweilige Ergebnis? Begründe deine Vermutung mithilfe von Termumformungen.

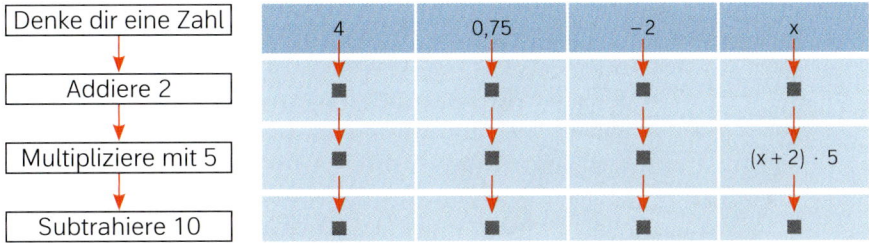

25 Drei Zahlentricks zum Zahlenraten

a) Übersetze die folgenden Zahlentricks in einen Term. Durch Vereinfachen des Terms kannst du den Trick entlarven. Überprüfe durch Einsetzen von Zahlen.

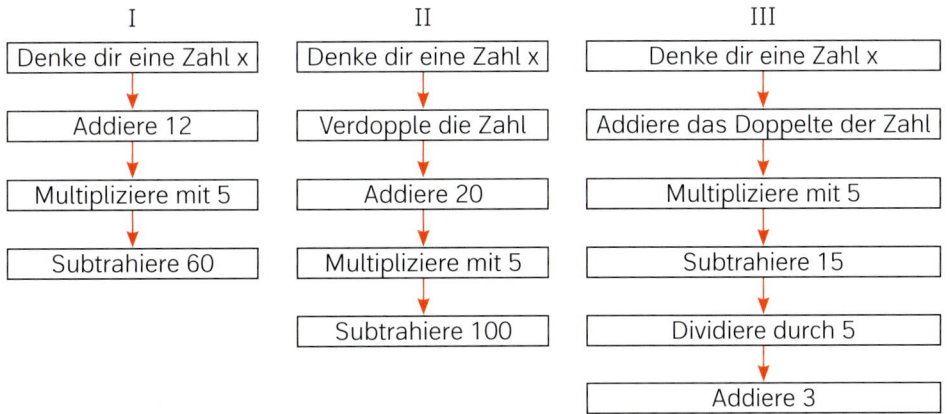

b) Der folgende Term ist das Ergebnis eines Zahlentricks.

$(x \cdot 5 - 20) \cdot 3 + 60$

Schreibe die einzelnen Rechenschritte in der richtigen Reihenfolge. Wie erkennst du an dem Ergebnis die gedachte Zahl? Vereinfache dazu den Term.

c) Erfinde selbst einen Zahlentrick und übersetze ihn in einen Term. Überzeuge dich durch Vereinfachen des Terms, dass der Trick immer funktioniert. Dann probiere den Trick bei deinen Freunden aus.

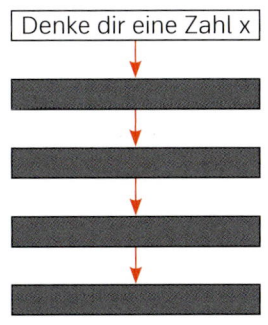

26 Termmauern 1

In jedem Stein der „Termmauer" steht die Summe der Terme der beiden darunter stehenden Steine. Finde einen möglichst einfachen Term für den oberen Stein. Mache eine Probe durch Einsetzen von Zahlen für die Variable x.

a)

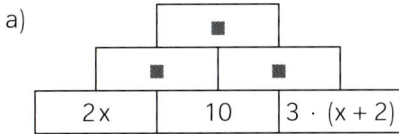

b)

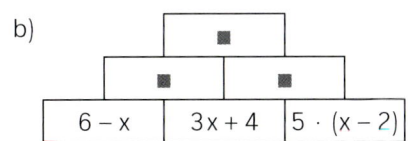

c) Konstruiere selbst eine solche Termmauer und stelle sie deinem Nachbarn als Aufgabe.

Sicherheit im Termumformen erfordert ein bisschen Übung.

Term-Trainer

Schreibe etwa 30 Karteikarten (DIN A7) mit verschiedenen Aufgaben zum Rechnen mit Termen. Schreibe auf die Rückseite jeweils die Lösung, ggf. auch verschiedene mögliche Lösungen. Stelle die Karteikarten gut durchmischt in einen Kasten.

> Tipps zur Erstellung des Term-Trainers:
> Die Karteikarten erstellt ihr am besten in Gruppenarbeit. Dabei wählen wir verschiedene Aufgabenkategorien, die am Rand mit verschiedenfarbigen Streifen gekennzeichnet werden. Für das Training nach längerer Pause ist es sehr nützlich, wenn zu jedem Aufgabentyp noch jeweils zwei „goldene" Karteikarten erstellt werden, bei denen auf der Rückseite der ausführliche Lösungsweg dargestellt ist.

Aufgaben, die du noch nicht sicher lösen kannst, steckst du in den vorderen Teil der Kiste, die anderen nach hinten. Die Aufgaben aus dem vorderen Teil nimmst du dir bei Gelegenheit dann noch einmal vor. Wenn alle Karten im hinteren Teil gelandet sind, bist du fit. Von Zeit zu Zeit (z. B. zur Vorbereitung der Klassenarbeit) kannst du deine Fähigkeiten mit neu durchmischten Karten auffrischen.

Hier sind einige Vorlagen für Karteikarten (ohne die Lösungen). Weitere Aufgaben könnt ihr nach den Mustern der Aufgaben auf den vorangehenden Seiten oder mit eigenen Ideen gewinnen.

> Den Term-Trainer unbedingt aufheben. Er wird später ergänzt und zum weiteren Training wieder benutzt.

Gegebene Terme vereinfachen

$5x + 3x - 8x$	$3x + 4 - 2x + 6$	$3x + 6y + 9x + y - x$
$5 \cdot (a + 2) - 3a$	$3a - 5b + 2 \cdot (a + b)$	$3 \cdot (x + y) + 2 \cdot (x - y) - 5x + 3y$
$3 \cdot (u + 2) + 5 \cdot (2 + u)$	$(4a - 2b) : 2 + (a + b)$	$\frac{1}{2} \cdot (x + 1) + 2(\frac{1}{2}x + \frac{1}{4})$

Terme aufstellen und vereinfachen

Oberfläche $O = \blacksquare$

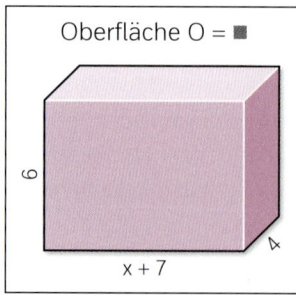

6 · 4 · $(x + 7)$

Zahlentrick $T = \blacksquare$

Denke dir eine Zahl
Addiere 5
Multipliziere mit 4
Addiere 28

Umfang $U = \blacksquare$

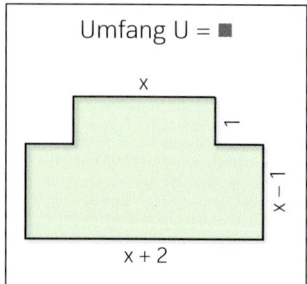

x · 1 · $x - 1$ · $x + 2$

Wo steckt der Fehler?
$3 \cdot (a - b) = 3a - b$

Wo steckt der Fehler?
$9x - 6 - 3x = 3x - 3x = 0$

Wo steckt der Fehler?
$(5 \cdot 3) \cdot x - x = 15$

7.2 Gleichungen aufstellen und lösen

Pferde auf der Koppel.

33 kommen dazu.

Jetzt sind es 4mal soviel wie zuvor!

Gesucht ist die Unbekannte x. In Kriminalfällen stehen Spuren und Zeugenaussagen zur Verfügung. Aus diesen wird durch Kombinieren schließlich der Täter entlarvt. Auch in der Mathematik spielt die „Suche nach der Unbekannten x" eine wichtige Rolle, x steht dabei in der Regel als Platzhalter für Zahlen. Die Spuren und Zeugenaussagen bestehen hier aus Gleichungen. Dabei erfordert das Aufstellen der zu einem Problem passenden Gleichung einiges Nachdenken und Kombinieren. Für das anschließende Lösen der Gleichung gibt es dann verschiedene Verfahren, die sich mit etwas Trainingsaufwand recht sicher beherrschen lassen.

Aufgaben

1 Ein Quader, ein Hauptgewinn und der Atlantik
Eines der folgenden Probleme soll in einer Gruppe mit 3 bis 4 Teilnehmern gelöst werden. Sucht euch eine Aufgabe aus. Schreibt eure Ideen und die Lösungsstrategie möglichst genau auf und stellt diese mit der Lösung der ganzen Klasse vor. Vergleicht eure Lösungswege.

a) Aus einem 2,40 m langen Metalldraht wird ein Kantenmodell eines Quaders hergestellt. Höhe und Breite sind gleich, die Länge ist um 6 cm größer als die Breite. Der Metalldraht wird vollständig aufgebraucht. Gesucht ist die Breite x des Quaders.

b) Xaver, Yvonne und Anton spielen zusammen im Lotto. Sie landen einen Hauptgewinn in Höhe von 235 000 €. Auf Grund einer vorherigen Abmachung erhält Yvonne 15 000 € mehr als Xaver und Anton 25 000 € mehr als Yvonne. Gesucht ist der Betrag x, den Xaver erhält.

2 Ein Zahlenrätsel

Gleichung lösen durch Probieren

Wenn man zu dem Doppelten einer Zahl 5 addiert, ergibt sich genau so viel, wie wenn man von dem Dreifachen der Zahl 2 subtrahiert.

Peter löst das Zahlenrätsel durch Probieren, nachdem er es zunächst in die Gleichung
$$2 \cdot x + 5 = 3 \cdot x - 2$$
übersetzt hat. Die Variable x steht für die unbekannte Zahl.

Begründe den Ansatz und ermittle eine Lösung durch Probieren, indem du für x einige Zahlen einsetzt. Wie viele Versuche hast du gebraucht?

3 Ein Altersrätsel

Gleichung lösen mit Tabelle

Katrin und ihre Mutter haben am gleichen Tag Geburtstag. Als Katrin 13 Jahre alt wird, ist ihre Mutter 33 Jahre alt.
In wie vielen Jahren ist Katrins Mutter doppelt so alt wie ihre Tochter?
Katrin löst das Rätsel mithilfe einer Tabelle:

Anzahl der Jahre x	Alter der Mutter 33 + x	Alter von Katrin 13 + x
1	34	14
2	35	15
3	■	■

a) Fülle die Tabelle so weit aus, bis du die Lösung der Gleichung gefunden hast.
b) Löse das gleiche Problem für dich und deine Mutter (deinen Vater). Gehe dabei einfach davon aus, dass ihr am gleichen Tag Geburtstag habt.

Viele Probleme in der Mathematik führen auf Gleichungen, die sich mit verschiedenen Methoden lösen lassen.

Probleme lösen mit Geichungen

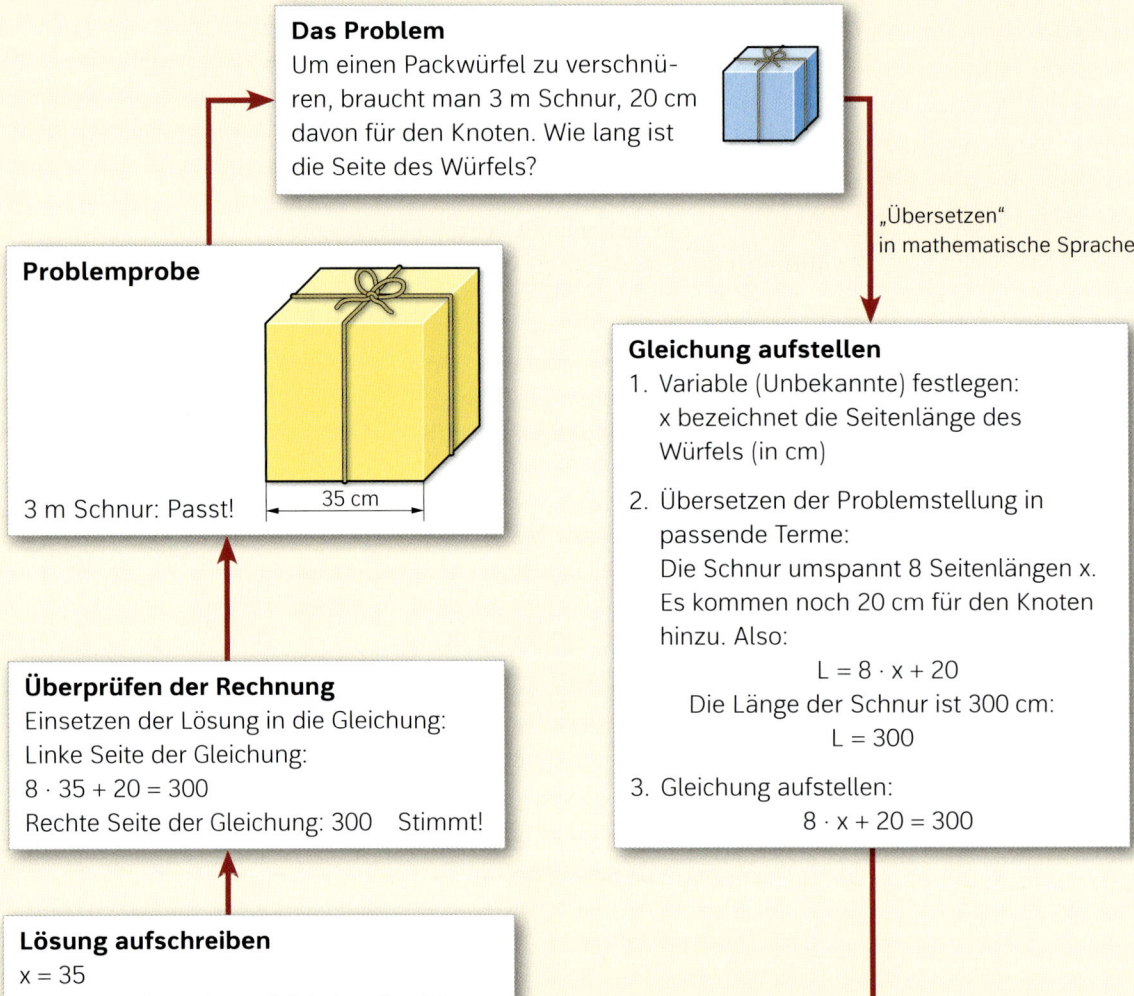

Das Problem
Um einen Packwürfel zu verschnü-ren, braucht man 3 m Schnur, 20 cm davon für den Knoten. Wie lang ist die Seite des Würfels?

„Übersetzen"
in mathematische Sprache

Problemprobe

3 m Schnur: Passt!

35 cm

Gleichung aufstellen
1. Variable (Unbekannte) festlegen:
   x bezeichnet die Seitenlänge des Würfels (in cm)

2. Übersetzen der Problemstellung in passende Terme:
   Die Schnur umspannt 8 Seitenlängen x. Es kommen noch 20 cm für den Knoten hinzu. Also:
   $$L = 8 \cdot x + 20$$
   Die Länge der Schnur ist 300 cm:
   $$L = 300$$

3. Gleichung aufstellen:
   $$8 \cdot x + 20 = 300$$

Überprüfen der Rechnung
Einsetzen der Lösung in die Gleichung:
Linke Seite der Gleichung:
$8 \cdot 35 + 20 = 300$
Rechte Seite der Gleichung: 300   Stimmt!

Lösung aufschreiben
$x = 35$
Die Seitenlänge des Würfels beträgt 35 cm.

Gleichung lösen

Tabelle		Probieren
x	**L**	$8 \cdot 10 + 20 = 100$
5	60	zu klein
10	100	
15	140	$8 \cdot 40 + 20 = 340$
20	180	zu groß
25	220	$8 \cdot 30 + 20 = 260$
30	260	zu klein
35	300	$8 \cdot 35 + 20 = 300$
40	340	passt!

Beispiele

A Klassensprecherwahl

Bei der Klassensprecherwahl verteilen sich die 30 Stimmen auf drei Kandidaten. Sabine erhält 10 Stimmen mehr als Bernard, und Bernard erhält 2 Stimmen weniger als Nicole.

Übersetzen: x sei die Anzahl der Stimmen für Sabine.

Dann erhält Bernard x – 10 Stimmen und Nicole x – 8 Stimmen.

Gleichung aufstellen: x + (x – 10) + (x – 8) = 30

Gleichung lösen durch Probieren: 20 + (20 – 10) + (20 – 8) = 42   zu groß

15 + (15 – 10) + (15 – 8) = 27   zu klein

16 + (16 – 10) + (16 – 8) = 30   passt!

Lösung aufschreiben: x = 16

Einsetzprobe: linke Seite: 16 + (16 – 10) + (16 – 8) = 30

rechte Seite: 30   o. k.

Problemprobe: Sabine erhält 16 Stimmen, Bernard 6 und Nicole 8 Stimmen. Zusammen erhalten die drei 30 Stimmen, Sabine wird Klassensprecherin.

B Ein Zahlenrätsel

Verdoppelt man eine Zahl und addiert 3, so erhält man dasselbe, wie wenn man die Zahl vervierfacht und 7 subtrahiert. Wie heißt die Zahl?

Übersetzen: x ist die gesuchte Zahl

1. Satzteil (*Verdoppelt man …*): $T_1 = 2 \cdot x + 3$

2. Satzteil (*wie wenn man …*): $T_2 = 4 \cdot x - 7$

Gleichung aufstellen: $2 \cdot x + 3 = 4 \cdot x - 7$

Gleichung lösen mit Tabelle

Lösung aufschreiben: x = 5. Die Zahl ist 5.

Probe: linke Seite: 2 · 5 + 3 = 13; rechte Seite: 4 · 5 – 7 = 13

x	T_1	T_2
1	5	–3
2	7	1
3	9	5
4	11	9
5	13	13

C Ein Schwimmbecken

t	h
5	70
10	110
…	…

Das Schwimmbecken einer Badeanstalt soll auf 1,50 m Wassertiefe aufgefüllt werden. Die gegenwärtige Wassertiefe beträgt 30 cm. Wenn die Zuleitung voll aufgedreht ist, hebt sich der Wasserspiegel um 8 cm in der Stunde. Der Füllvorgang ist grafisch dargestellt. Wie lange dauert das Auffüllen?

Übersetzen: t bezeichne die Anzahl der Stunden; h die Wasserhöhe in cm zum Zeitpunkt t.   Dann gilt: $h = 30 + 8 \cdot t$

Gleichung aufstellen: h = 150 oder $30 + 8 \cdot t = 150$

Lösung: t = 15. Nach 15 Stunden ist die Wassertiefe von 1,50 m erreicht.

Probe: Setzte t = 15 in die Gleichung ein: 30 + 8 · 15 = 150

Übungen

4 Drei Gleichungen passen:

x – 15 = 27
2x = 3
$x - \frac{1}{3} = 9$
7x + 3 = 24
$x - \frac{1}{3}x = 9$
n + n + 1 = 17
5 + x = 60

4 Vom Text zur Gleichung – Training

Das Übersetzen des Textes in eine Gleichung ist der schwierigste Schritt. Hier kann es trainiert werden. Stelle jeweils eine Gleichung auf und löse durch Probieren.

a) Das Fünffache einer Zahl ist 60.

b) Die Hälfte einer Zahl ist 3.

c) Eine Zahl, vermehrt um 10, ergibt 23.

d) Eine Zahl, vermindert um 15, ergibt 27.

e) Die Differenz einer Zahl mit einem Drittel der Zahl ist 9.

f) Das Produkt einer Zahl mit 7 wird um 3 vermehrt, das ergibt 24.

5 Leerstellen ausfüllen und Gleichungen lösen durch Ausprobieren

a) Monika ist m Jahre alt, ihre Mutter ist dreimal so alt. Sie ist ■ Jahre alt. Zusammen sind sie 60 Jahre alt.

b) In der Klasse 6a sind x Schüler, in der 6b sind 2 Schüler mehr als in der 6a, d. h. ■ Schüler. In der 6c sind 5 Schüler mehr als in der 6a, also ■ Schüler. In den drei Klassen zusammen sind 91 Schüler.

Übungen

6 Passende Geschichten finden

Welche Geschichte passt zu der Gleichung 1,80 x + 1 = 10 ? Nicht alle passen.

a) Suche die passenden Geschichten aus.

| Anna kauft Hefte für 1,80 € das Stück und einen Stift für 1,– €. Sie zahlt 10,– €. | Bei *Wurst-Express* kostet jede Currywurst 1,80 €. Für das Anliefern muss man 1,– € bezahlen. Die Lieferung kostet insgesamt 10,– €. Was wurde bestellt? | Paul kauft sich Sticker für sein Album. Jede Packung kostet 1,80 €. Weil er Stammkunde ist, bekommt er noch einen Sticker geschenkt. Paul bezahlt 10,– €. |

b) Denke dir eine Gleichung aus und erfinde dazu eine Geschichte.

7 Bilder helfen beim Übersetzen in eine Gleichung

a) Ein gleichschenkliges Dreieck hat einen Umfang von 24 cm. Welche Länge hat die Basis, wenn jeder Schenkel um 3 cm länger ist als die Basis?

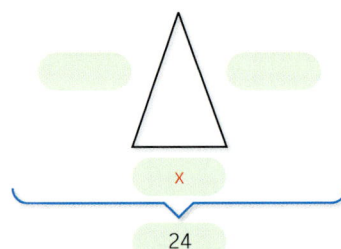

b) Die Schülerinnen der Klasse 7 b haben eine Umfrage über den Schulweg erhoben. Die Hälfte der Klasse fährt mit dem Schulbus, ein Drittel mit dem Fahrrad, und die übrigen fünf kommen zu Fuß. Wie viele Schüler sind in der Klasse?

5

x

8 Rätsel: Alter von Geschwistern, eine Schachtel, Dosen und eine Rechnung

a) Moritz ist heute doppelt so alt wie seine Schwester Jutta. In 8 Jahren werden sie zusammen 40 Jahre alt sein. Wie alt ist Moritz heute, wie alt ist Jutta?

Alter von Jutta heute:	x
Jutta in 8 Jahren:	■
Moritz heute:	2 x
Moritz in 8 Jahren:	■

b) Wie breit ist die Schachtel?
Um diese Schachtel wie auf dem Bild zu verkleben, braucht man 3,18 m Klebeband.

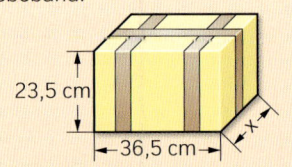

23,5 cm
←36,5 cm→
x

c) Wie schwer ist eine Dose?

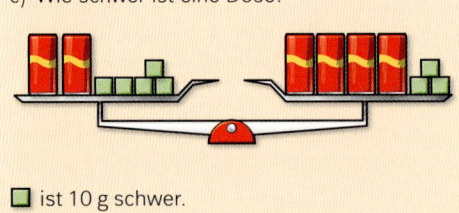

▢ ist 10 g schwer.

d) Eine unvollständige Rechnung

Frucht	Menge	Preis/kg	Kosten
Orangen	3 kg	0,85 €	......
Äpfel	4 kg	x €	......
Kirschen	2 kg	1,36 €	......
Total			9,67 €

Vervollständige die Tabelle und rechne.

9 Ein Dreieck, ein Basketballspiel und eine Pflanze

| In den letzten drei Basketballspielen hat Kristin sechs Körbe mehr erzielt als Nora, und Nora doppelt so viele wie Rebecca. Zusammen haben sie insgesamt 56 Körbe erzielt. Wie viele Körbe hat jede erzielt? | Eine Pflanze in einem schönen Keramiktopf kostet 12,50 €. Die Pflanze ist 2,– € teurer als der Topf. Wie viel kostet die Pflanze ohne Topf? |

Übungen

10 Wovon kann man ausgehen?

Pferde auf der Koppel.

Besucher auf einer Ausstellung

33 kommen dazu.

Jetzt sind es 4mal soviel wie zuvor!

Ein Drittel geht.

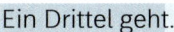

Jetzt sind es noch 26 Besucher!

a) Wie viele Pferde waren ursprünglich auf der Koppel?

b) Wie viele Besucher waren anfangs in der Ausstellung?

c) Entwirf selbst eine Bildergeschichte. Wenn du nicht gerne zeichnest, so beschreibe sie in Worten.

11 Wo steckt der Fehler?

Bei den Lösungen der folgenden Probleme hat sich jeweils ein Fehler eingeschlichen, entweder beim Aufstellen oder beim Lösen der Gleichung. Du kannst ihn sicher finden, wenn du jedes Mal die Einsetzprobe und die Problemprobe machst.

a) Judith besitzt bereits einige DVDs. Im Laufe des Jahres bekommt sie 36 neue dazu, nun hat sie fünfmal so viele wie vorher. Wie viele DVDs hatte sie vorher?

x: Anzahl der DVDs vorher
Gleichung: $x + 36 = 5 \cdot x$
Lösung: $x = 6$
Judith hatte vorher 6 DVDs.

b) Bei einem Dreieck mit dem Umfang 26 cm ist die Seite a halb so lang wie die Seite b, und um 2 Zentimeter kürzer als c. Wie lang ist die Seite a?

x: Länge der Seite a in cm
Gleichung: $x + 2x + (x - 2) = 26$
Lösung: $x = 7$, also a = 7 cm

c) Eine 20 cm lange Kerze brennt gleichmäßig ab, sie wird mit jeder Stunde Brenndauer um 0,4 cm kürzer. Wie viele Stunden dauert es, bis sie nur noch 12 cm lang ist?

x: Brenndauer in Stunden
Gleichung: $0,4 \cdot x - 20 = 12$
Lösung: $x = 80$
Es dauert 80 Stunden.

Kopfübungen

1. Es sind Punkte P (0|−1); Q (2|−1) im Koordinatensystem markiert. Gib zwei weitere Punkte an, so dass ein Quadrat entsteht.

2. Berechne: a) $(3 - 3) : 3 + 3$ b) $3 - 3 : (3 + 3)$ b) $3 : 3 + 3 : 3$

3. Wie viele Kubikzentimeter sind in 1,5 Liter?

4. Gib drei ganze Zahlen an, die auf der Zahlengeraden zwischen −102 und −98 liegen.

5. Ein Spiel-und Sportrasen besteht aus den Gräsersorten Weidelgras (A), Wiesenrispe (B), Horst-Rotschwingel (C) und Kurzausläufer-Rotschwingel (D). Wie groß ist der Anteil von Wiesenrispe? Wie viel kg davon braucht man für 20 kg einer Rasensamen-Mischung?

Aufgaben

Einige historische Aufgaben mit Gleichungen

2. Jahrtausend v. Chr. „Hau-Rechnung" in Ägypten

12 Eine der ältesten Algebraaufgaben

»Haufen sein   Siebentel, sein Ganzes, es macht: 19.«

Dieser kurze Satz (in Hieroglyphen aufgeschrieben), der auf einer dreitausend Jahre alten ägyptischen „Papyrusrolle" entdeckt wurde, stellt nachweislich eine der ersten von Menschen gelösten Algebraaufgaben dar. Das am Anfang des Satzes stehende Zeichen bedeutet Haufen, es steht für unsere heute so bezeichnete Unbekannte x. In der Papyrusrolle ist auch die Lösung $x = 16\frac{5}{8}$ angegeben. In unsere heutige Schreibweise übersetzt lautet die Gleichung:

$x + \frac{1}{7}x = 19$

Überzeuge dich durch die Einsetzprobe von der Richtigkeit der Lösung.

Um 1200 n. Chr. Aus dem Rechenbuch des Inders Bhaskara

13 Rupien und Pferde

Jemand hat 300 Rupien und 6 Pferde. Ein anderer hat 10 Pferde vom gleichen Wert, aber eine Schuld von 100 Rupien. Beide haben dasselbe Vermögen.
Was ist der Wert eines Pferdes?

14 Ein Edelmann und seine Pferde

Aus einem Büchlein „Mathematische Kurzweil" von 1884

54. Ein Edelmann antwortete auf die Frage, wieviel er Pferde im Stalle habe, „wenn ich 3 weniger hätte, so würde die Hälfte um 2 mehr betragen als ein Viertel." Wieviel Pferde hatte der Edelmann?

Exkurs

Über die ägyptische Mathematik

In Ägypten überlieferten Schreiber im Dienste des Staates wissenschaftliche Kenntnisse. Sie wurden dafür eigens an so genannten Schreiberschulen ausgebildet. Von einem solchen Schreiber namens „AHMES" stammt eines der ältesten Dokumente über die ägyptische Mathematik, das Papyrus RHIND (so genannt nach seinem ersten Besitzer ALEXANDER HENRY RHIND, der es 1858 in Luxor erwarb).

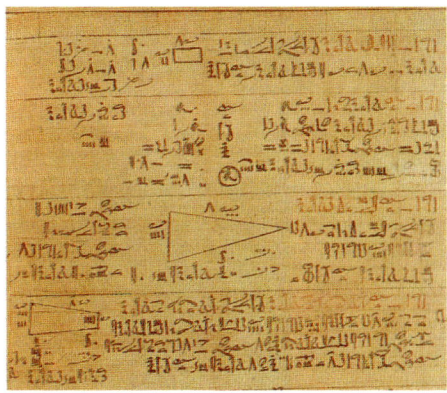

Ein Stück des Papyrus RHIND mit Aufgaben über Dreiecksberechnungen

Papyrus ist eine Pflanze, die in stehenden Gewässern wächst und deren Stiele eine Höhe von 3–6 Metern erreichen. Aus diesem Papyrus wurden dünne Rollen hergestellt, die dann beschrieben werden konnten. Das Papyrus RHIND hat eine Länge von 5,25 m und eine Breite von 33 cm. Es enthält insgesamt 84 mathematische Aufgaben, die sich mit praktischen geometrischen Aufgaben und auch mit einfachen Gleichungen – darunter die oben aufgeführte „Hau-Rechnung" – beschäftigen. Der Schreiber Ahmes beginnt sein Werk mit der Einführung: „Genaues Rechnen. Einführung in die Kenntnis aller existierenden Gegenstände und aller dunklen Geheimnisse."

Rechts die Aufgabe 28 aus dem Papyrus RHIND, die Übersetzung lautet: „$\frac{2}{3}$ hinzu, $\frac{1}{3}$ weg, 10 ist der Rest."

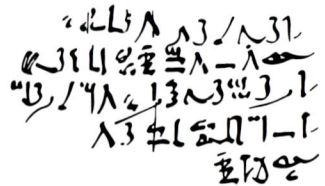

7.3 Gleichungen lösen mit Äquivalenzumformungen

Du hast nun schon einige Übung im Aufstellen und Lösen von Gleichungen. In diesem Lernabschnitt wirst du eine Strategie zum exakten Lösen von Gleichungen kennen lernen. Dabei werden die Gleichungen so lange nach bestimmten Regeln umgeformt, bis man die Lösung ganz einfach ablesen kann. So haben z.B. die Gleichungen $3x + 2 = x + 4$ und $2x = 2$ die gleiche Lösung, aus der zweiten Gleichung kann man die Lösung direkt ablesen.

Aufgaben   **1** Gleichung lösen – zwei Modelle

Waage		**Gleichung**

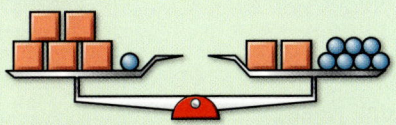

$5x + 1 = 2x + 7$

1. Schritt Entferne zwei Kisten auf jeder Schale.   Subtrahiere $2x$ auf jeder Seite.

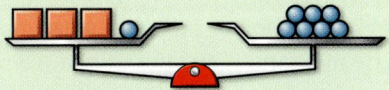

$3x + 1 = 7$

2. Schritt Entferne eine Kugel auf jeder Seite.   Subtrahiere 1 auf jeder Seite.

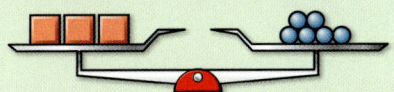

$3x = 6$

3. Schritt Wenn drei Kisten mit sechs Kugeln im   Dividiere jede Seite durch 3.
Gleichgewicht sind, ist eine Kiste mit
2 Kugeln im Gleichgewicht.

$x = 2$

a) Vergleiche die beiden Verfahren in der „Waagespalte" und der „Gleichungsspalte".
   Was entspricht im Waagemodell der Variablen x, was entspricht der Zahl 1?
b) Bestimme auf die gleiche Weise die Lösung der folgenden Gleichung. Schreibe auch
   jeweils die Operationen in beiden Spalten auf.

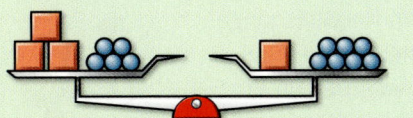

$3x + 5 = x + 7$

c) Bestimme die Lösungen der folgenden Gleichungen nach dem obigen Verfahren.
   Schaffst du dies ohne die Waage?
   $4x + 3 = 2x + 5$ $5x + 2 = 3x + 6$ $x + 7 = 4 + 4x$
   Überprüfe die Lösung durch Einsetzen der Lösung in der Ausgangsgleichung.

Aufgaben

2 Umkehroperationen, ein weiterer Weg zur Lösung einer Gleichung

> Gesucht ist eine Zahl: Wenn man sie mit 5 multipliziert und dann 7 subtrahiert, erhält man 13.

Umkehroperationen auf beide Seiten der Gleichung anwenden

$$5 \cdot x - 7 = 13$$

$+7 \quad\quad 5 \cdot x = 20 \quad\quad +7$

$:5 \quad\quad \dfrac{5 \cdot x}{5} = \dfrac{20}{5} \quad\quad :5$

$$x = 4$$

Probe: $5 \cdot 4 - 7 = 13$

Der Text führt auf die Gleichung $5 \cdot x - 7 = 13$.

Max überlegt: „*Wenn ich die Rechnungen mit der Zahl rückgängig mache, erhalte ich die Lösungszahl, also: $13 + 7 = 20$ und $20 : 5 = 4$. Die gesuchte Zahl ist 4.*"

Die Überlegungen von Max führen auf ein systematisches Verfahren zum Lösen einer Gleichung mithilfe von „Umkehroperationen".

Löse auf dieselbe Art die Gleichungen.
(1) $3x + 4 = 19$ (2) $5x - 7 = 8$
(3) $2x - 4 = x + 3$ (4) $3x + 4 = 9 - 2x$

> **Tipp**
> *Man kann Umkehroperationen auch auf Terme anwenden.*

3 Wenn das Waagemodell versagt
a) Für die Gleichungen
   (1) $2x - 2 = x + 3$ und   (2) $2x + 4 = -x + 7$
   kannst du kein passendes Waagemodell zeichnen. Woran liegt das?
b) Du kannst aber dennoch das Verfahren aus der Spalte „Gleichung" aus Aufgabe 1 zur Lösung anwenden. Schreibe auf, welche Operationen du auf beiden Seiten der Gleichung durchführst und ermittle so die Lösung. Löse die Gleichungen auch mit dem Verfahren aus Aufgabe 2.

4 Überführen in eine einfachere Gleichung
Im Folgenden wird eine Gleichung jeweils in eine einfachere Gleichung mit der gleichen Lösung überführt. Bestätige dies durch die Probe und schreibe jeweils auf, mit welcher Operation diese Umformung erreicht wird.

Ausgangsgleichung	Operation	Einfachere Gleichung
$x + 6 = 10$	Subtrahiere die Zahl 6 auf beiden Seiten.	$x = 4$
$x - 3 = 5$	■	$x = 8$
$\frac{1}{2}x = 3$	■	$x = 6$
$4x = 12$	■	$x = 3$
$2x = x + 1$	■	$x = 1$

5 Gleiche Lösung oder nicht?

$x = 16$ ist auch eine Gleichung. Allerdings eine besonders einfache.

a) Welche der nebenstehenden Gleichungen haben jeweils die gleiche Lösung? Stelle entsprechende Gruppen zusammen.
b) Sortiere die Gleichungen in jeder Gruppe von schwierig zu einfach. Erkennst du einen Zusammenhang zwischen den Gleichungen in jeder Gruppe?

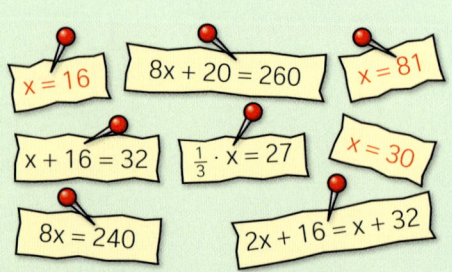

$x = 16$ $8x + 20 = 260$ $x = 81$
$x + 16 = 32$ $\frac{1}{3} \cdot x = 27$ $x = 30$
$8x = 240$ $2x + 16 = x + 32$

Basiswissen Mithilfe von Umformungen können Gleichungen systematisch gelöst werden.

Gleichungen lösen mit Äquivalenzumformungen

Ziel ist es, die gegebene Gleichung durch zulässige Umformungen so zu vereinfachen, dass man die Lösung sofort ablesen kann.

Das Waagemodell oder das Arbeiten mit Umkehroperationen helfen:

- Waagemodell:
  Führe auf beiden Seiten des „=" dieselbe Rechnung durch (die Waage soll immer im Gleichgewicht bleiben), bis auf einer Seite x allein steht und auf der anderen nur Zahlen.

- Umkehroperationen:
  Führe Umkehroperation ($+ \leftrightarrow -$; $\cdot \leftrightarrow :$) auf beiden Seiten des „=" so aus, dass auf einer Seite x schließlich allein steht und auf der anderen nur Zahlen.

Nicht alle Gleichungen lassen sich mit einem Waagemodell veranschaulichen. Deshalb führen wir die Umformungen (Rechenoperationen) direkt an der Gleichung aus.

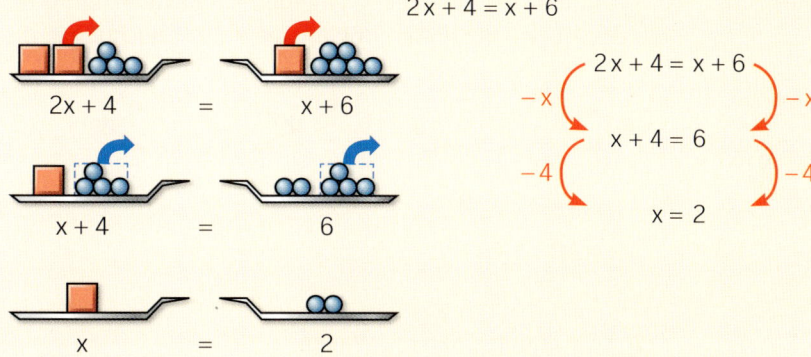

Die Umformungen nennt man **Äquivalenzumformungen**.

Man sagt: $2x + 4 = x + 6$ ist äquivalent zu $x = 2$,

in mathematischer Schreibweise: $2x + 4 = x + 6 \Leftrightarrow x = 2$

Äquivalente Gleichungen haben dieselbe Lösung.

Durch Äquivalenzumformungen kann man eine Gleichung schrittweise umformen, bis man eine äquivalente Gleichung erhält, aus der man die Lösung direkt ablesen kann.

äquivalent: gleichwertig (lat.)

Zwischen zwei äquivalente Gleichungen wird oft das Äquivalenzzeichen „$\Leftrightarrow$" geschrieben

Folgende Operationen sind Äquivalenzumformungen:

- Addieren oder Subtrahieren gleicher Zahlen und Terme auf beiden Seiten der Gleichung
- Multiplizieren und Dividieren beider Seiten der Gleichung mit der gleichen Zahl ($\neq 0$)

Beispiele **A** Gleichung lösen mit Äquivalenzumformungen

Löse die Gleichung $6x + 30 = 12x - 24$ mithilfe von Äquivalenzumformungen.

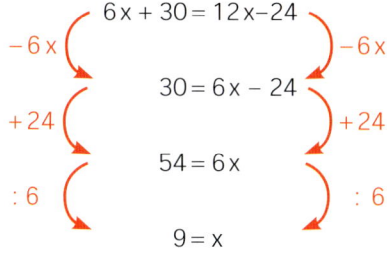

Vertauschen der Seiten:

$x = 9$

Es ist zeit- und platzsparend, wenn wir die Äquivalenzumformung in jedem Schritt jeweils rechts neben der Gleichung hinter einem senkrechten Strich angeben:

$$6x + 30 = 12x - 24 \quad | -6x$$
$$30 = 6x - 24 \quad | +24$$
$$54 = 6x \quad | :6$$
$$9 = x$$
$$x = 9$$

↑

kurz und übersichtlich

Das Vertauschen der Seiten muss nicht vorgenommen werden.

Einsetzprobe mit der Ausgangsgleichung:

linke Seite: $6 \cdot 9 + 30 = 84$

rechte Seite: $12 \cdot 9 - 24 = 84$

Beispiele

B Äquivalente Gleichungen?
Welche der beiden Gleichungspaare sind äquivalent?

(1) $7x = 3x + 12$ (2) $2x = 6$ (3) $5x + 2 = 32$ (4) $2x = 14$

(1)
$$7x = 3x + 12$$
$$-3x \quad 4x = 12 \quad -3x$$
$$: 4 \quad x = 3 \quad : 4$$

(2)
$$2x = 6$$
$$: 2 \quad x = 3 \quad : 2$$

Die beiden Gleichungen sind äquivalent.

Die Gleichung (4) hat die Lösung $x = 7$.

Einsetzprobe bei der Gleichung (3):
linke Seite: $5 \cdot 7 + 2 = 37$
rechte Seite: 32

$x = 7$ ist keine Lösung der Gleichung (3).

Die Gleichungen (3) und (4) sind nicht äquivalent.

Übungen

6 Äquivalente Gleichung gegeben – Äquivalenzumformung gesucht
Gib die Äquivalenzumformung an, die die 1. Gleichung in die 2. Gleichung überführt.

6 Lösungen:
$-7 \quad -x$
$:5 \quad -\frac{1}{2}x \quad \cdot 5$

a)
$$x + 7 = 10$$
$$x = 3$$

b)
$$5x = 28$$
$$x = 5{,}6$$

c)
$$\frac{1}{5}x = -9$$
$$x = -45$$

d) $3x = x + 10 \quad | \blacksquare$
  $2x = 10$

e) $2x = \frac{1}{2}x + 4{,}5 \quad | \blacksquare$
  $1{,}5x = 4{,}5$

f) $3x = 4{,}8 - x \quad | \blacksquare$
  $4x = 4{,}8$

7 Gleichung lösen mit Waage
Übersetze in Gleichungen mit Termen und löse sie mit Äquivalenzumformungen.

a)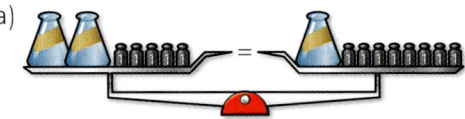

b)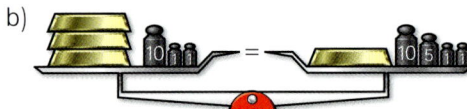

c)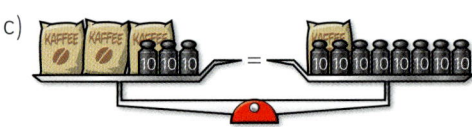

8 Äquivalenzumformung gegeben – äquivalente Gleichung gesucht
Löse die folgenden Gleichungen mithilfe der angegebenen Äquivalenzumformungen.
Überprüfe deine Lösung mit der Einsetzprobe für die Ausgangsgleichung.

a) $5x - 3 = -23 \;|+3$
  $5x = -20 \;| : 5$
  $\blacksquare = \blacksquare$

b) $4x + 9 = 1 \quad |-9$
  $\blacksquare = \blacksquare \quad | : 4$
  $x = -2$

c) $2x - 6 = x - 2 \,|-x$
  $\blacksquare = \blacksquare \quad |+6$
  $\blacksquare = \blacksquare$

d) $2 - x = 6 - 2x \;|+2x$
  $\blacksquare = \blacksquare \qquad |-2$
  $\blacksquare = \blacksquare$

e) $5x + 1 = 4x + 7 \;|-4x$
  $\blacksquare = \blacksquare \qquad |-1$
  $\blacksquare = \blacksquare$

f) $2 - x = 6 - 2x \;|+2x$
  $\blacksquare = \blacksquare \qquad |-2$
  $\blacksquare = \blacksquare$

9 Äquivalent oder nicht?
Welche der folgenden Gleichungspaare sind äquivalent?

a) $42 + x = 49$ $x + 6 = 13$
b) $3x = -3$ $x + 5 = 4$

c) $x - 5 = 13$ $3 + x = 20$
d) $x - 4 = 8$ $x + 4 = 12$

e) $2x - 5 = 3x + 1$ $x + 1 = 5$
f) $x + 1 = 2x + 2$ $x - 2 = x - 1$

Übungen

10 Äquivalente Gleichungen aufschreiben

Schreibe im Folgenden jeweils die äquivalenten Gleichungen auf und löse sie.

a)

$5x - 72 = 28 \quad |+72$

$\boxed{} = \boxed{} \quad |:5$

$\boxed{} = \boxed{}$

b)

$46y - 73 = 21y - 27 \quad |-21y$

$\boxed{} = \boxed{} \quad |+73$

$\boxed{} = \boxed{} \quad |:25$

$\boxed{} = \boxed{}$

c)

$\frac{2}{5}m + 9 = \frac{1}{5}m + 15 \quad |-\frac{1}{5}m$

$\boxed{} = \boxed{} \quad |-9$

$\boxed{} = \boxed{} \quad |\cdot 5$

$\boxed{} = \boxed{}$

11 Training 1

Löse mit Äquivalenzumformungen und mache die Probe.

a) $7x - 2 = 12$

b) $7x - 2x = 12$

c) $7x - 2 = 12x$

d) $3x + 10 = 4 + x$

e) $3x - 10 = 4 + x$

f) $3x - 10 = 4 - x$

g) $5x + 4 = 16 - 7x$

h) $5x - 4 = 7x + 16$

i) $5x + 16 = 4 - 7x$

12 Äquvalenzumformungen rückwärts

Durch die angegebenen Äquivalenzumformungen ist die einfache Gleichung entstanden. Wie sah die Ausgangsgleichung aus?

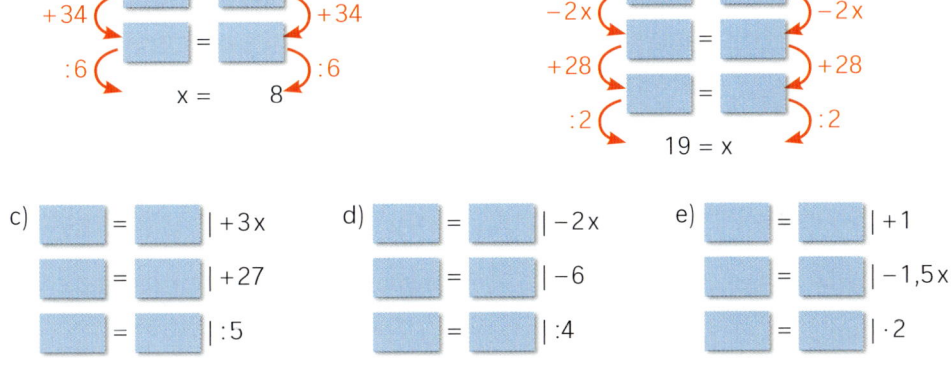

a)

$+34 \quad \boxed{} = \boxed{} \quad +34$

$:6 \quad \boxed{} = \boxed{} \quad :6$

$x = 8$

b)

$-2x \quad \boxed{} = \boxed{} \quad -2x$

$+28 \quad \boxed{} = \boxed{} \quad +28$

$:2 \quad \boxed{} = \boxed{} \quad :2$

$19 = x$

c)

$\boxed{} = \boxed{} \quad |+3x$

$\boxed{} = \boxed{} \quad |+27$

$\boxed{} = \boxed{} \quad |:5$

$x = 9$

d)

$\boxed{} = \boxed{} \quad |-2x$

$\boxed{} = \boxed{} \quad |-6$

$\boxed{} = \boxed{} \quad |:4$

$x = 4,5$

e)

$\boxed{} = \boxed{} \quad |+1$

$\boxed{} = \boxed{} \quad |-1,5x$

$\boxed{} = \boxed{} \quad |\cdot 2$

$x = -6$

13 Wo steckt der Fehler?

Bei drei der folgenden Aufgaben sind dem Gleichungslöser Fehler unterlaufen.
Entlarve diese und bestimme dann die richtige Lösung.

$\frac{1}{2}x + 2 = 5$	$x - 5 = 2x + 4$	$x + 1 = 1 - x$	$3x + 1 = 4x - 2$	$0,75x + 4 = 1,25x$
$\frac{1}{2}x = 3$	$x = 2x + 9$	$2x + 1 = 1$	$1 = x - 2$	$4 = 2x$
$x = \frac{3}{2}$	$-x = 9$	$2x = 0$	$1 = x$	$2 = x$
	$x = -9$	$x = 0$	$x = 1$	$x = 2$

14 Gleichungen bauen

Gib jeweils eine nicht zu einfache Gleichung mit der Lösung

a) 3   b) 5   c) −2   d) $\frac{1}{2}$ e) 2,4 an.

Stelle sie deinem Nachbarn als Aufgabe. Vergewissere dich vorher durch die Probe.

Ein Beispiel zu a):

$2x + 1 = 7$

Tipp

Aufgabe 12 kann dir beim Bauen von Gleichungen helfen.

Übungen

15 Günstige Strategie

Sarah und Lisa lösen die Gleichung $3x - 8 = 12 - x$.

Sarah:

$$3x - 8 = 12 - x \qquad | +x$$
$$4x - 8 = 12 \qquad | -12$$
$$4x - 20 = 0 \qquad | +20$$
$$4x = 20 \qquad | :4$$
$$x = 5$$

Lisa:

$$3x - 8 = 12 - x \qquad | +x$$
$$4x - 8 = 12 \qquad | :4$$
$$4x - 8 = 3 \qquad | +8$$
$$4x = 11 \qquad | :4$$
$$x = \frac{11}{4}$$

a) Überprüfe zunächst durch eine Probe. Finde den Fehler, wenn die Probe nicht aufgeht.

b) Frederike hat in einem Übungsheft „Tricks mit x" eine Strategie zum Lösen von Gleichungen gefunden. Wende die Strategie auf die Gleichung an und versuche, die Aufgabe mit möglichst wenigen Äquivalenzumformungen zu lösen. An welcher Stelle war Sarahs Lösungsweg zu aufwändig?

↘ **Günstige Strategie für das Lösen von Gleichungen mit x**

1. Alle Terme mit x auf eine Seite

2. Alle Terme ohne x auf die andere Seite und zusammenfassen

3. x muss alleine stehen: x = ■

4. Probe

16 Training 2

a) Löse die Gleichungen mithilfe der günstigen Strategie aus Übung 15.

(1) $39 + x = 144 - 2x$ (2) $5 + 5x = -25 - 3x$ (3) $6x - 30 = 110 - 4x$

b) Welche der zulässigen Äquivalenzumformungen brauchst du für die günstige Strategie bei den Schritten 1 und 2, welche beim Schritt 3? Kannst du die Schritte 1 und 2 auch in der umgekehrten Reihenfolge ausführen? Wie ist dies bei den Schritten 2 und 3? Versuche es mit verschiedenen Beispielen.

17 Gleichungen aufstellen bei geometrischen Figuren

Stelle passende Gleichungen auf und bestimme damit die fehlenden Seitenlängen.

Denke bei den Anwendungen an die Einsetz- und die Problemprobe.

a)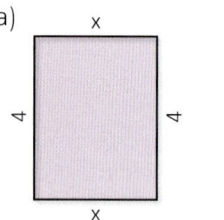

b)

c)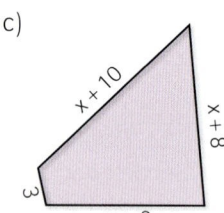

d)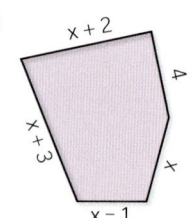

Umfang ist 14 cm   Umfang ist 40 cm   Umfang ist 49 cm   Umfang ist 26 cm

18 Termmauern

Vervollständige die „Zahlenmauer" so, dass in jedem Stein die Summe der beiden darunter stehenden Steine steht. Bestimme dann jeweils x mithilfe der Gleichung.

a)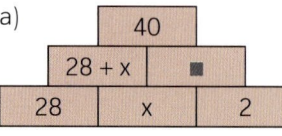

b)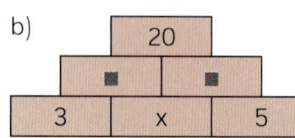

c)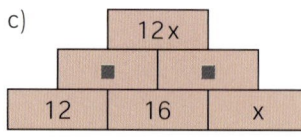

Tomate   Cherry-
tomate

Übungen

19 Zwei Sorten Tomaten – ein einfaches Wachstumsmodell

Frau Flora hat auf ihrem Balkon zwei Sorten von Tomaten gepflanzt. Die gewöhnliche Tomatenpflanze ist jetzt 48 cm hoch und wächst 6 cm pro Woche. Die Cherrytomate ist am selben Tag 24 cm hoch und wächst 8 cm pro Woche. In wie vielen Wochen haben die beiden Tomatenpflanzen die gleiche Höhe?

20 Ein Buch, eine Familie, ein Garten und ein Lastwagen

Tom hat ein Buch von 250 Seiten in 5 Tagen gelesen. An jedem Tag hat er 10 Seiten mehr gelesen als am Vortag. Wie viel Seiten hat er an jedem Tag gelesen?

In einer Familie kamen die drei Kinder im Abstand von jeweils zweieinhalb Jahren zur Welt. Das älteste Kind ist jetzt gerade doppelt so alt wie das jüngste. Wie alt sind die drei Kinder?

Manchmal findet man eine Lösung auch gut ohne Gleichungen. Finde dann auch eine Gleichung, mit der man das Problem lösen kann.

Jeff möchte seinen Garten auf einen Flächeninhalt von 600 m² vergrößern. Bestimme die Verlängerung x mithilfe eines Gleichungsansatzes. Wie kannst du die Aufgabe ohne Gleichung lösen?

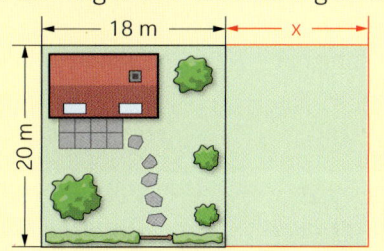

Ein Lastwagen transportiert 50 Tonnen Sand mit zwei Fahrten. Bei der ersten Fahrt ist sein Gesamtgewicht 38 500 kg, bei der zweiten Fahrt 43 500 kg. Wie schwer ist der leere Lastwagen?

x: Leergewicht des LKW

↘ **Termumformungen bei Gleichungen**

Kanchmal sind die Terme in der Gleichung so kompliziert, dass wir nicht gleich mit den Äquivalenzumformungen beginnen können. Wir müssen dann zunächst die Terme auf beiden Seiten der Gleichung in eine günstige Form bringen.

Strategie: Auf jeder Seite der Gleichung löst man eventuelle Klammern auf, sortiert und fasst zusammen.

$$3 \cdot (x + 2) = 4x + 3 - 2x$$
$$3x + 6 = 2x + 3$$
$$x = -3$$

21 Ein Dreieck und ein Quadrat

Bestimme x so, dass das Quadrat und das Dreieck den gleichen Umfang haben. Wie groß sind dann die einzelnen Seitenlängen der Figuren?

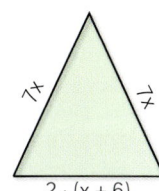

$3 \cdot (x + 2)$ $2 \cdot (x + 6)$

22 Ein Rechteck

a) Ein Rechteck hat die Seitenlängen 4a und 2a + 2. Stelle je einen Term für den Umfang und den Flächeninhalt auf.

b) Beide Seitenlängen werden halbiert. Wie verändern sich Umfang und Flächeninhalt? Begründe sowohl mit einer Skizze als auch mit einem Term.

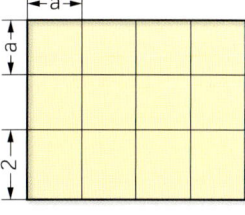

Übungen

23 Zahlen gesucht

a) Die Summe dreier aufeinander folgender natürlicher Zahlen ist 2007.

b) Die Summe von vier aufeinander folgenden natürlichen geraden Zahlen ist 1972.

c) Die Summe dreier aufeinander folgender natürlicher ungerader Zahlen ist 69.

24 Additionsmauern

Für welchen Wert für x ergeben sich im oberen Stein der Mauern die gleichen Zahlen?

a)

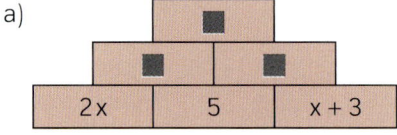
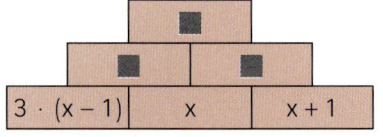

b)

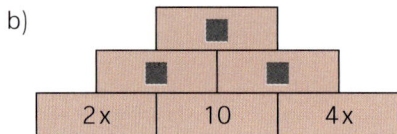
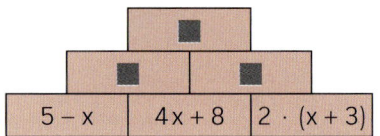

Terme helfen beim Beweisen

25 Beweisen 1

In einem Mathematikwettbewerb steht die Aufgabe:

> Beweise, dass die Summe dreier aufeinanderfolgender natürlicher Zahlen immer durch 3 teilbar ist.

Corinna erhält auf ihre Lösung nur einen Punkt:

$3 + 4 + 5 = 12 = 3 \cdot 4$

$17 + 18 + 19 = 54 = 3 \cdot 18$

$105 + 106 + 107 = 318 = 3 \cdot 106$

Die Summe ist immer durch 3 teilbar.

Yvonne erhält die volle Punktzahl von 4 Punkten:

$n + (n + 1) + (n + 2) = 3 \cdot n + 3$

$3 \cdot n + 3 = 3 \cdot (n + 1)$

$3 \cdot (n + 1)$ *ist durch 3 teilbar, egal, welche natürliche Zahl ich für n einsetze.*

Hältst du die Bewertung für gerecht? Worin unterscheiden sich die beiden Lösungen? Welchen Vorteil bringt hier die Termdarstellung?

26 Beweisen 2

Beweise: Wenn zwei natürliche Zahlen a und b durch 3 teilbar sind, dann ist auch die Summe a + b durch 3 teilbar.

27 Termmauern – Problemlösen

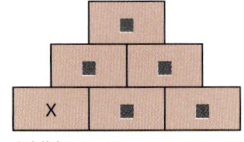

Additionsmauer

In den unteren drei Steinen stehen drei aufeinander folgende natürliche Zahlen. Welcher Term steht an der Spitze? Welche Eigenschaft hat der Spitzenstein? Beim Entdecken dieser Eigenschaft hilft das Bauen mit Zahlen.

Baue eine entsprechende Mauer aus vier Steinen.

28 Termmauern – Partnerarbeit

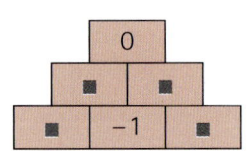

Additionsmauer

a) Warum kannst du mit den zwei Einsetzungen nicht sofort eine Mauer bauen? Finde eine Lösung, indem du für ein Feld eine Zahl einsetzt. Findet so weitere Lösungen.

b) Setze für einen Stein ein x ein und baue die Mauer. Dein Partner setzt in einem anderen Stein ein y ein und baut auch die Mauer. Findet ihr eine Beziehung zwischen x und y?

Kopfübungen

1. Wie viel Kubikzentimeter enthält ein Kubikmeter?

2. Aus einem vollen 3-ℓ-Fass werden 7 Gläser zu $\frac{1}{4}$ ℓ abgefüllt. Wie viel Flüssigkeit bleibt noch in dem Fass?

3. Bestimme die Zahl, die auf der Zahlengeraden in der Mitte zwischen −15 und 13 liegt.

Aufgaben

29 Zwei seltsame Rätsel

Katharina ist ein Fan des berühmten Detektivs Sherlock Holmes. Sie ist begeistert von den scharfsinnigen Kombinationen, mit denen Sherlock Holmes aus Spuren und Indizien schließlich jeden Täter entlarvt. Beim Lösen von Zahlenrätseln übernimmt sie gerne die Rolle des Detektivs, der die große Unbekannte x entlarvt. Sie verkündet stolz: „Wenn ich erst einmal die Gleichung aufgestellt habe, so ist der Fall eindeutig gelöst".

Dann begegnen ihr die folgenden Fälle:

Fall A
Wenn ich eine Zahl verdreifache und dann 7 addiere, so ergibt sich das Gleiche, wie wenn ich das Dreifache der Zahl zu 5 addiere.

Fall B
Wenn ich zu 10 das Fünffache einer Zahl addiere, so ergibt sich das Gleiche, wie wenn ich zu der Zahl zunächst 2 addiere und das Ergebnis dann mit 5 multipliziere.

Die Gleichungen sind schnell aufgestellt:

$3x + 7 = 5 + 3x$

$10 + 5 \cdot x = (x + 2) \cdot 5$

Die Äquivalenzumformungen führen zu seltsamen Ergebnissen:

$3x + 7 = 5 + 3x \quad | -3x$
$7 = 5$

$10 + 5 \cdot x = (x + 2) \cdot 5 \quad | :5$
$2 + x = 2 + x \quad | -x$
$2 = 2$

a) Erkläre die seltsamen Ergebnisse. Was bedeutet dies für die Ausgangsgleichung? Begründe deine Feststellungen mithilfe der Waagemodelle.

b) Löse die Gleichung grafisch und mit Tabellen (vgl. 5.2, Aufgabe 10 und 11).

↘ **Sonderfälle**

Nicht jede Gleichung führt zur eindeutigen Bestimmung der Unbekannten x. Die Äquivalenzumformungen können auf immer wahre Aussagen oder immer falsche Aussagen führen.

	Anzahl der Lösungen	Äquivalenzumformung führt auf
Fall A: Unlösbare Gleichung	keine	Falsche Aussage, z. B. 5 = 7
Fall B: Allgemeingültige Gleichung	unendlich viele	Wahre Aussage, z. B. 2 = 2

30 Allgemeingültig oder Unlösbar

Welche der folgenden Gleichungen sind unlösbar, welche sind allgemeingültig? Woran kannst du dies erkennen? Führe in jedem Fall auch Äquivalenzumformungen durch.

a) $5 - 2x = -2x + 6$ b) $3x - 2 + x = 4x - 2$ c) $3 \cdot (x + 2) = 3x + 6$

Exkurs

Aussagen und Aussageformen

In Intelligenz- und Einstellungstests gibt es verschiedenartige Aufgabenstellungen
wie z.B.:

- *Kreuze an: Pinguine leben am Südpol.*   wahr ☐   falsch ☐
- *Setze passend ein:* ☐ *ist eine Stadt in Italien.*

          Porto   Bologna   Barcelona   Davos

Bei der ersten Aufgabe geht es darum , zwischen wahr und falsch zu unterscheiden.
Bei der zweiten soll aus mehreren Vorschlägen der passende Begriff eingesetzt werden.
In der Mathematik spricht man von einer Aussage bzw. einer Aussageform.

Eine **Aussage** ist ein sprachliches Gebilde oder eine Zahlen-/Zeichenreihe, die entweder wahr oder falsch ist. Wahr bzw. falsch ist der **Wahrheitswert** der Aussage.

Beispiele für Aussagen:

- *Berlin ist die Hauptstadt von Deutschland.*   wahre Aussage
- *Der Wal ist ein Fisch.*   falsche Aussage
- *$3 \cdot 8 + 11 < 40$*   wahre Aussage
- *Jede ungerade Zahl ist eine Primzahl.*   falsche Aussage

Eine **Aussageform** ist ein sprachliches Gebilde (bzw. eine Zahlen-/Zeichenreihe) mit
mindestens einer Variablen, das (die) zu einer Aussage wird, wenn man die Variable
durch ein Element einer Grundmenge G ersetzt.

Beispiele für Aussageformen:

- $2x + 7 = 15$ $G = \mathbb{Q}$
- $a^2 - 5 < 10$ $G = \mathbb{Z}$
- 18 ist teilbar durch n. $G = \mathbb{N}$

Entsteht beim Einsetzen eines Elements der Grundmenge eine wahre Aussage, so
heißt dieses Element **Lösung** der Aussageform. Alle Lösungen fasst man in der
Lösungsmenge $\mathbb{L}$ zusammen.

Beispiele:

- $2x + 7 = 15$ $G = \mathbb{Q}$ nur 4 ist Lösung, also $\mathbb{L} = \{4\}$
- $a^2 - 5 < 10$ $G = \mathbb{Z}$ mehrere Lösungen: $\mathbb{L} = \{-3, -2, -1, 0, 1, 2, 3\}$
- 18 ist teilbar durch n. $G = \mathbb{N}$ $\mathbb{L} = \{1, 2, 3, 6, 9, 18\}$

Wenn kein Element der Grundmenge Lösung ist, dann nennt man die Aussageform
unerfüllbar.
Wenn alle Elemente der Grundmenge Lösungen sind, dann nennt man die Aussageform **allgemeingültig**.

Beispiele:

- $x^2 \geq 0$ mit $G = \mathbb{Q}$ ist allgemeingültig.
- $2x = 3$ ist unerfüllbar, wenn die Grundmenge $G = \mathbb{N}$ ist.
- $2x = 3$ hat die Lösung 1,5, wenn die Grundmenge $G = \mathbb{Q}$ ist.

Aufgaben

31 Aussage, Aussageform oder …

Aussage, Aussageform oder keines von beiden:
a) Der größte gemeinsame Teiler von 24 und 15 ist 6.
b) $8x + 5$
c) $4x + 1 = 3x + 7$
d) $x < x + 1$

7.4 Ungleichungen lösen

$$8x < 10$$

Welcher Taschencomputer ist billiger? Wer von uns beiden ist größer? Im Alltag begegnen uns häufig Fragestellungen, bei denen wir Dinge vergleichen. Gleichungen helfen da nicht weiter. Wir benötigen Ungleichungen. Der Name sagt es schon: Die Dinge sind aus dem Gleichgewicht geraten. Statt eines Gleichheitszeichens verwendet man jetzt die Zeichen <, >, ≤ oder ≥. Eine Ungleichung hat meistens viele Lösungen. Um diese zu finden, werden dir deine Kenntnisse über das Lösen von Gleichungen weiterhelfen.

Aufgaben

1 Pakete und Getränkekisten

a) Erfüllen die Päckchen 1 und 2 die Vorgabe? Welche Maße kannst du für die Höhe H beim 3. Päckchen wählen?

Päckchen in Quaderform

Höchstgewicht: 2000 g

Mindestmaße: 15 cm lang, 11 cm breit, 1 cm hoch

Höchstmaße: L + B + H maximal 90 cm, keine Seite länger als 60 cm

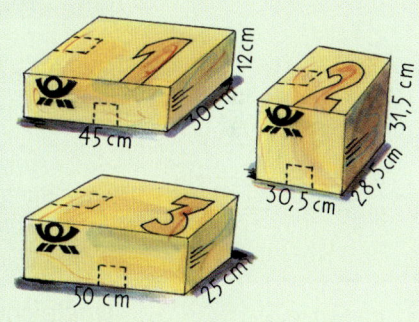

b) Ein Getränkelieferant will Getränkekisten zu einem Festzelt am Waldrand bringen. Der schmale Zufahrtsweg führt unter einer kleinen Brücke durch. Eine Getränkekiste ist 45 cm hoch. Wie viele Kisten kann man höchstens aufeinanderstapeln? Erstelle dazu eine Ungleichung.

2 Ein Preisvergleich

Ein Stromanbieter bietet Strom zu zwei Tarifen an. Der Betrag setzt sich pro Monat aus einem Grundpreis und dem Preis für die verbrauchten Kilowattstunden (kWh) zusammen. Frau Specht überlegt, welcher Tarif für sie am günstigsten ist.

a) Wie viel Euro muss Frau Specht bei beiden Tarifen für 200 kWh bezahlen?
Bei welchem Verbrauch muss sie bei beiden Tarifen den gleichen Preis zahlen?

b) Jetzt die entscheidende Frage: Welcher Tarif ist für Frau Specht bei welchem Verbrauch günstiger?

c) Was haben die Ungleichungen

$0,1\,x + 7 < 0,08\,x + 12,50$

$0,1\,x + 7 > 0,08\,x + 12,50$

mit den Fragen von Frau Specht zu tun?

Tarif 1
Grundpreis 7 €
0,10 € pro kWh.

Tarif 2
Grundpreis 12,50 €
0,08 € pro kWh.

3 Von der Gleichung zur Ungleichung

Es besteht ein Zusammenhang zwischen der Lösung einer Gleichung und den Lösungen der zugehörigen Ungleichung.

$$x - 7 = 19 \quad \text{sowie} \quad x - 7 > 19$$
$$2x + 4 = 16 \quad \text{sowie} \quad 2x + 4 < 16$$

a) Löse die beiden Gleichungen durch Probieren oder Äquivalenzumformungen.

b) Suche Lösungen der entsprechenden Ungleichungen durch Probieren. Gelingt es dir auch mit Äquivalenzumformungen?

4 Vorsicht ist geboten

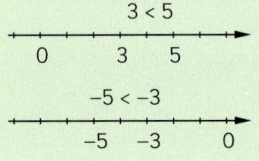

$3 < 5$

$-5 < -3$

Wenn ich auf beiden Seiten der Ungleichung x < 3 die Zahl 2 addiere oder subtrahiere, ändert sich an den Lösungen der Ungleichung nichts.

Kann ich auch auf beiden Seiten mit 2 oder − 2 multiplizieren, ohne dass sich etwas an den Lösungen ändert?

Mithilfe der abgebildeten Zahlengeraden kannst du Sebastians Frage beantworten. Wie sieht es beim Dividieren durch eine positive oder negative Zahl aus?

Basiswissen

Ungleichungen haben meistens viele Lösungen. Beim Lösen von Ungleichungen kannst du probieren und mit Tabellen oder der Zahlengeraden arbeiten. Häufig werden dich aber Äquivalenzumformungen schneller zum Ziel führen.

Ungleichungen

„x kleiner 3" $x < 3$
„x größer 3" $x > 3$
„x kleiner oder gleich 3" $x \leq 3$
„x größer oder gleich 3" $x \geq 3$

Zwei Ungleichungen mit den gleichen Lösungen heißen äquivalent.

$$3x - 4 < 8 \quad \Leftrightarrow \quad x < 4$$

Durch Äquivalenzumformungen kann man eine Ungleichung schrittweise umformen, bis man eine äquivalente Ungleichung erhält, aus der man die Lösungen direkt ablesen kann.

Beim Lösen von Ungleichungen gelten die gleichen Gesetze und Regeln wie beim Lösen von Gleichungen – mit einer wichtigen Ausnahme:

Multipliziert man eine Ungleichung mit einer negativen Zahl oder dividiert man eine Ungleichung durch eine negative Zahl, so muss das Ungleichheitszeichen umgedreht werden.

$$-2x - 4 \leq 8 \quad | + 4$$
$$-2x \leq 12 \quad | : (-2)$$
$$x \geq -6$$

Die Lösungsmenge der Ungleichung $-2x - 4 \leq 8$ ist die Menge aller Zahlen, die größer oder gleich -6 sind. Dafür schreiben wir kurz: $L = \{x \in \mathbb{Q} \mid x \geq -6\}$ und lesen „die Menge aller x aus $\mathbb{Q}$, für die gilt: x größer oder gleich -6".

Beispiele

A Ungleichungen mithilfe von Äquivalenzumformungen lösen

(1)
$$6x - 3 < 4x + 9 \quad | - 4x$$
$$2x - 3 < 9 \quad | + 3$$
$$2x < 12 \quad | : 2$$
$$x < 6$$
$$\mathbb{L} = \{x \in \mathbb{Q} \mid x < 6\}$$

(2)
$$5x + 4 < 7x + 8 \quad | - 7x$$
$$-2x + 4 < 8 \quad | - 4$$
$$-2x < 4 \quad | : (-2)$$
$$x > -2$$
$$\mathbb{L} = \{x \in \mathbb{Q} \mid x > -2\}$$

Übungen

5 Löse im Kopf

a) $x + 5 < 9$ b) $3x \geq 108$ c) $4x - 1 > 6$ d) $3 + z \leq -15$

e) $-5x > 20$ f) $0{,}5a < -10$ g) $2 \leq x - 8$ h) $5 - 2y < 7$

6 Löse mithilfe von Äquivalenzumformungen.

a) $-2x + 10 > 3x$ b) $3x + 5 < 20x + 22$ c) $12 - 4x < -3x + 11$

d) $50 - 6x \leq -27 + 8x$ e) $5 - x > 3(x - 1)$ f) $-2(x + 3) \geq 20$

g) $16x + 4 - 34 - 18x \geq 0$ h) $8x + 0{,}3 + 5x < 1{,}1 + 7x - 0{,}8$

i) $4(2x - 7) - 3x > 5(1 - 2x) - 3$ j) $3(1 - x) - 2(x - 3) < 3(3 - 2x)$

6 Lösungen:

$x > -1$ $x < 2$ $x < 2$
$x > 1$ $x < 0$ $x < 0$
$x \leq -13$ $x > 2$
$x \leq -15$ $x \geq 5{,}5$

7 Wo steckt der Fehler?

Nicht alle Umformungen sind korrekt. Suche die Fehler und korrigiere sie.

(1) $20 - 3x > 8$ $| -20$ (2) $6 \leq 4x + 10$ $| -10$ (3) $-6 - 5x < 19$ $| +6$

     $-3x > -12$ $| : (-3)$ $-4 \geq 4x$ $| : 4$ $5x < 25$ $| : 5$

       $x > 4$ $-1 \geq x$ $x < 5$

8 Hobbyhandwerker

Herr Weise ist Hobbyhandwerker. Er will mit seinem Kombi 6 cm dicke Styroporplatten aus dem Baumarkt holen. Der Kofferraum ist 1,70 m breit. Herr Weise hat schon eine 75 cm breite Kiste im Kofferraum stehen. Er will die Platten daneben hochkant hineinschieben. Wie viele Platten kann er höchstens noch transportieren?

9 Möbeltransport

Patrick wohnt mit seinen Eltern in Koblenz. Die Familie will einige Möbelstücke zur Oma nach Hannover bringen. Dazu muss ein Kleintransporter gemietet werden. Die Verleihfirma verlangt einen Grundpreis von 150 € und pro gefahrenen Kilometer 90 Cent, ein anderes Unternehmen will einen Grundpreis von 90 € und pro gefahrenen Kilometer 1,10 €. Welches Angebot sollte Patricks Familie wählen?

10 Theater

Die Theatergruppe „Vorhang auf" hat für Kostüme und Dekoration ihres neuen Stückes 800 € ausgegeben. Ein begeisterter Theaterfreund beteiligt sich mit 200 €. Mit der nächsten Aufführung möchte die Gruppe den fehlenden Betrag „einspielen" und nach Möglichkeit auch noch Gewinn machen.

a) Geplant ist ein Preis von 4 € pro Eintrittskarte. Wie viele Zuschauer müssen dann mindestens die Vorstellung besuchen, um das Ziel zu erreichen?

b) Wie teuer müsste eine Eintrittskarte sein, wenn nur 80 Zuschauer kommen?

11 Aufgaben erfinden

Es ist gar nicht so leicht, Textaufgaben zu formulieren. Schreibe eine Aufgabe zu der Zeichnung und löse sie.

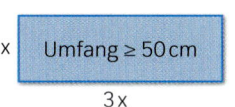

x Umfang ≥ 50 cm

$3x$

12 Rechteckseiten

Die Längen zweier Rechteckseiten unterscheiden sich um 2 cm. Der Umfang des Rechtecks soll höchstens 32 cm sein. Wie breit kann das Rechteck höchstens sein?

13 Für welche Zahlen gilt:

a) Eine Zahl ist größer als ihr Dreifaches.

b) Eine Zahl ist kleiner oder gleich ihrem Dreifachen.

c) Die Hälfte einer Zahl ist kleiner als das um 2 vergrößerte Viertel der Zahl.

Übungen

Tipp

$2x + 3 \geq 4$

$\mathbb{L} = \{1, 2, 3, 4, ...\}$, wenn $G = \mathbb{Z}$

$\mathbb{L} = \{x \in \mathbb{Q} \mid x \geq 0,5\}$, wenn $G = \mathbb{Q}$

14 Auf die Grundmenge kommt es an!

Bestimme die Lösungsmengen der Ungleichungen, wenn die Grundmenge die Menge (1) $\mathbb{N}$,   (2) $\mathbb{Z}$,   (3) $\mathbb{Q}$ ist.

a) $3x < 12$ b) $-2x + 4 \geq 6$ c) $4x - 5 \geq -3$ d) $-12 \leq 6x + 3$

15 Von unmöglichen und allgemeingültigen Ungleichungen

Jana betrachtet ihre Rechnung. „Wo ist das x geblieben? Habe ich etwas falsch gemacht?" Hat sie nicht. Aber was kann sie jetzt über die Lösungsmenge der Ungleichung sagen?

$$x + 2 > x \mid -x \qquad x + 2 < x \mid -x$$
$$2 > 0 \qquad\qquad 2 < 0$$

16 Lösungen:

5 mal $\mathbb{Q}$

4 mal $\{\}$

16 Leere Menge oder die Menge $\mathbb{Q}$?

Welche Ungleichung hat welche Lösungsmenge? Antworte zunächst ohne Rechnung. Kontrolliere mithilfe einer Rechnung.

a) $x - 3 < x$ b) $6x - 3 < 6x + 3$ c) $2x - 5 \geq 2x$

d) $x \leq x$ e) $2x - 1 \geq 2(x - 1)$ f) $3(x + 1) > 3x + 3$

g) $x + 4 < x + 2$ h) $5x + 5 \leq 5(x + 1)$ i) $-4x - 5 > -4x - 3$

17 Ungleichungen mithilfe digitaler Werkzeuge lösen

a) Die Abbildungen zeigen, wie man Ungleichungen mithilfe einer Tabellenkalkulation lösen kann. Erkläre.

$2x - 1 < 4 - 0,5x$

	A	B	C
1	x	2x − 1	4 − 0,5x
2	−2	−5	5
3	−1	−3	4,5
4	0	−1	4
5	1	1	3,5
6	2	3	3
7	3	5	2,5
8	4	7	2
9	5	9	1,5
10	6	11	1
11	7	13	0,5

$\mathbb{L} = \{x \in \mathbb{Q} \mid x < 2\}$

$2x - 1 > 4 + 2x$

	A	B	C
1	x	2x − 1	4 + 2x
2	−2	−5	0
3	−1	−3	2
4	0	−1	4
5	1	1	6
6	2	3	8
7	3	5	10
8	4	7	12
9	5	9	14
10	6	11	16
11	7	13	18

$\mathbb{L} = \{\ \}$

b) Löse genauso.

$3x - 2 < 7$ $6 - 0,5x > 11 - 3x$ $1 - 2x > 4 - x$

$2 - 4x < -4 + x$ $2x - 4 > 3 + 2x$ $2x - 4 > -4 + 2x$

18 Von „doppelten" Ungleichungen

Gesucht sind alle Zahlen, die beide Ungleichungen erfüllen.

Wir markieren die Lösungsmengen beider Ungleichungen auf der Zahlengeraden und lesen die gemeinsamen Lösungen ab.

Wir können die zwei Ungleichungen aber auch durch eine „doppelte" Ungleichung ersetzen und nach den bekannten Regeln umformen:

$2 < x + 4$ **und** $x + 4 < 12$

gemeinsame Lösungen

$2 < x + 4 < 12 \mid -4$

$-2 < \quad x \quad < 8$

Bestimme die Lösungsmenge.

a) $8 > 2x - 6 > 2$ b) $15 > 2x + 1$ und $2x + 1 > 7$ c) $3x + 3 < 9$ und $3x + 3 > 15$

Kannst du Teilaufgabe c) auch ohne Äquivalenzumformung erklären?

Gleichwertige Terme

Der gleiche Flächeninhalt kann durch unterschiedlich aussehende Terme beschrieben werden.

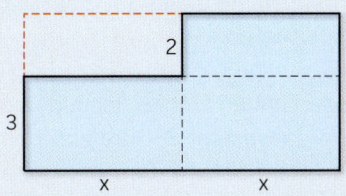

Bei jeder Einsetzung für die Variable x erhalten wir mit jedem Term den gleichen Wert.

x	$x \cdot 3 + x \cdot 5$	$2x \cdot 5 - 2 \cdot x$	$2x \cdot 3 + x \cdot 2$
3	24	24	24
4,5	36	36	36
6	48	48	48

Rechnen mit Termen

Mithilfe von Rechenregeln können wir Terme in gleichwertige Terme umformen. Dabei gelten die gleichen Gesetze wie beim Rechnen mit Zahlen.

Kommutativgesetz	$3x + 5 = 5 + 3x$ $a \cdot 4 = 4 \cdot a$
Assoziativgesetz	$2x + (x - 3) = (2x + x) - 3$ $= 3x - 3$ $3 \cdot (2x) = (3 \cdot 2) \cdot x = 6x$
Distributivgesetz	$5 \cdot (x - 2) = 5x - 10$ $(2a + 4b) : 2 = a + 2b$

Strategien beim Termumformen

Ordnen und Zusammenfassen	$6x - 2 - 3x + 5 = 3x + 3$
Ausmultiplizieren und Zusammenfassen	$3(a + 2) - 5$ $= 3a + 6 - 5 = 3a + 1$
Ordnen	$5x + 2 - 2x + 1$ $= 3x + 3$

Ziele beim Termumformen

- Terme als gleichwertig erkennen
- Terme vereinfachen
- Bestimmte Eigenschaften von Termen erkennen

Check-up

1 Ein Paket
Das Paket wird mit Klebeband gesichert. Welche Terme beschreiben die Länge des benötigten Klebebandes? Zeige, dass diese Terme gleichwertig sind.

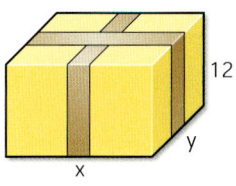

a) $2x + 2y + 4 \cdot 12$ b) $2 \cdot (x + y) + 48$ c) $x + y + 12$
d) $2 \cdot (x + 12) + y$ e) $x + y + 12 + 12 + 12 + 12 + y + x$

2 Gleichwertige Terme
Jeweils zwei Terme sind gleichwertig, finde die Paare.

$3x - x$	$3 \cdot (x + 2) - 2x + 2$	$15 - 5x$
$5 \cdot (x + 3) - 10x$	$2x$	$x + 8$

3 Ein Zahlentrick
Übersetze den Zahlentrick in einen Term. Zeige mithilfe einer Termumformung, dass man für jede gedachte Zahl das Fünffache dieser Zahl als Ergebnis erhält.

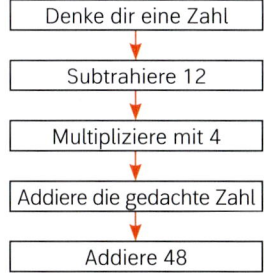

Denke dir eine Zahl
Subtrahiere 12
Multipliziere mit 4
Addiere die gedachte Zahl
Addiere 48

4 Welche Rechengesetze?
Welche Rechengesetze wurden jeweils angewandt?
a) $3 \cdot (3 \cdot x) = 9x$ b) $5 + 2x = 2x + 5$
c) $4 + (x + 2) = 6 + x$ d) $2 \cdot (x + 3) = 2x + 6$
e) $5 \cdot (2x + 1) = 10x + 5$ f) $4x + (2x - 3) = 6x - 3$

5 Welches Rechengesetz wird in dem Bild veranschaulicht?

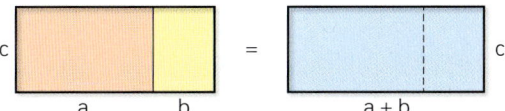

6 Distributivgesetz anwenden
Ausmultiplizieren: a) $9 \cdot (x + 5)$ b) $(6x - 3y) : 3$
Zuerst ausmultiplizieren, dann ordnen und zusammenfassen:
c) $6(a - 5) + 22 + 4a$ d) $2,4 \cdot (x - 5) + 1,6(14 + x)$

7 Terme vereinfachen
a) $4,8x + 2 - 2,4x + 0,4$ b) $3a + 2b - a - b + 2a$
c) $5 \cdot (x - 3) + 4 \cdot (1,5 - x)$ d) $(10x - 8y) : 2 + (6x - 5y)$

8 Ein Quadrat und ein Rechteck
Bestimme x so, dass das Quadrat den gleichen Umfang hat wie das Rechteck. Vergleiche dann die beiden Flächeninhalte.

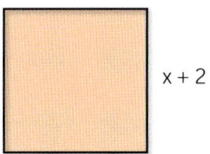

Gleichungen und Terme

Viele Probleme und Zahlenrätsel lassen sich in eine Gleichung übersetzen.

Aufstellen der Gleichung

1. Lege die Unbekannte x fest.
2. Übersetze die Problemstellung in Terme.
3. Welche Terme sind gleich? Stelle die Gleichung auf.

Lösen der Gleichung

Lösen durch Probieren: $5x - 2 = 3x + 10$

Lösen mit Tabelle: $5x - 2 = 3x + 10$

x	1	2	3	...	6
5x − 2	3	8	13	...	28
3x + 10	13	16	19	...	28

Äquivalenzumformungen

Addieren oder Subtrahieren des gleichen Terms

$$5x - 2 = 3x + 10 \quad \big|\, -3x$$
$$2x - 2 = \quad\;\; 10$$

Addieren oder Subtrahieren der gleichen Zahl

$$2x - 2 = \quad\;\; 10 \quad \big|\, +2$$
$$2x = \quad\;\; 12$$

Multiplizieren oder Dividieren mit der gleichen Zahl ($\neq 0$)

$$2x = \quad\;\; 12 \quad \big|\, :2$$
$$x = \quad\;\; 6$$

Ziel ist es, die Gleichung durch zulässige Umformungen auf die Form $x = \blacksquare$ zu bringen.

Probe

Mit der **Einsetzprobe** entlarvst du Fehler beim Umformen, mit der **Problemprobe** Fehler beim Aufstellen der Gleichung.

$5 \cdot 6 - 2 = 28$ und $3 \cdot 6 + 10 = 28$

Check-up

9 Vom Text zur Gleichung

Übersetze die folgenden Texte in eine Gleichung und löse diese.
a) Das Vierfache einer Zahl ist 48.
b) Das Doppelte einer Zahl vermindert um 12 ergibt 10.
c) Die Summe einer Zahl und ihrer Hälfte ergibt 33.

10 Ein Fußballturnier

Beim Fußballturnier der 7. Klassen haben Frauke, Jochen und Sabine zusammen die Hälfte der insgesamt 28 Tore geschossen. Jochen hat 1 Tor weniger als Frauke, Sabine 2 Tore weniger als Jochen erzielt. Wie viele Tore hat jeder der drei erzielt?

11 Mutter und Sohn

Frank und seine Mutter sind zusammen 48 Jahre alt. Die Mutter ist dreimal so alt wie Frank. Welche Gleichung beschreibt diesen Sachverhalt? Wofür steht die Unbekannte x?
a) $x + 3 = 48$ b) $x + 3x = 48$ c) $x + 48 = 3x$
Wie alt ist Frank, wie alt ist seine Mutter?

12 Gleichungen I

Löse die Gleichungen mithilfe von Tabellen und Grafiken.
a) $3x - 9 = 7 + x$ b) $-3(x + 5) = 5x$
c) $3x + 4 = 2(6 - x) + 5x$ d) $4x - 13 = 8 - x$
e) $(x - 5) \cdot (x + 3) = 0$ f) $4 \cdot (3x - 6) = 6 \cdot (2x - 4)$

13 Ein Trapez

Der Umfang des Trapezes ist 34 cm. Stelle eine Gleichung auf und bestimme damit die Seitenlängen. Mache die Probe.

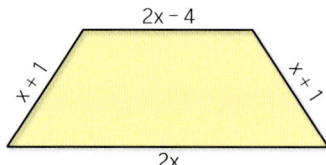

14 Gleichungen II

Löse die Gleichungen mit Äquivalenzumformungen.
a) $4x - 2 = 3x + 6$ b) $24 + (10 - x) = 4x + 12$
c) $4,2 - 2x = 3 \cdot (x + 1,4)$ d) $3x + 6 = 3x - 6$
e) $4 \cdot (x + 3) = 12 + 4x$ f) $3 \cdot (2x - 6) = 3x + 9$

15 Ungleichungen

Löse die Ungleichungen durch Probieren oder Äquivalenzumformungen:
a) $x + 5 < 7$ b) $x - 1 > 2x - 2$
c) $8x - 11 \geq 3x + 14$ d) $30 + x < 40 + 2x$
e) $7x + 11 \leq 8x + 11$ f) $2 \cdot (x + 3) > 3 \cdot (x + 2)$

Sichern und Vernetzen –
Vermischte Aufgaben zu Kapitel 7

Trainieren

1 Gleichungen über Gleichungen

Löse die Gleichungen sowohl grafisch – tabellarisch als auch mithilfe von Äquivalenzumformungen.

a) $3x - 8 = 7$ b) $5 - 4x = 11$ c) $4x - 5 = 13 + 2x$

d) $6x - 10 = 2 \cdot (x + 1)$ e) $3 \cdot (x - 5) = x + 2 \cdot (x + 1)$ f) $\frac{1}{3}x + 4 = \frac{2}{3} + x$

g) $4x = 2 \cdot (3 + 2x) - 6$ h) $6 \cdot (2 - x) = \frac{1}{2}x + 4$ i) $5x + 3(2 + x) = 7$

2 Vom Text zur Gleichung

Stelle jeweils eine Gleichung auf und löse nach einem Verfahren deiner Wahl.

a) Das Vierfache einer Zahl ist 52.

b) Die Hälfte einer Zahl um 2 vermehrt ist das Doppelte der Zahl.

c) Eine Zahl mit dem Doppelten der Zahl addiert, ergibt 30.

d) Wenn man zu einer Zahl 1 addiert und das Ergebnis mit 3 multipliziert, erhält man das Gleiche, wie wenn man die Zahl mit 4 multipliziert und 1 subtrahiert.

3 Ein Dreieck

Der Umfang des Dreiecks ist 20 cm. Stelle eine Gleichung auf und bestimme damit die fehlenden Seitenlängen.

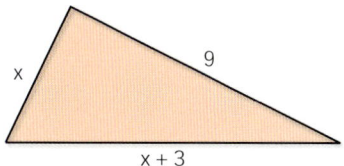

4 Zwei Strecken

Die Strecken $\overline{AB}$ und $\overline{CD}$ sind gleich lang. Stelle eine Gleichung auf und bestimme die Länge der Strecken.

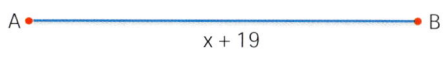

5 Zahlenmauern mit Termen

Im oberen Stein der beiden Zahlenmauern soll die gleiche Zahl stehen. Was muss dann für x eingesetzt werden?

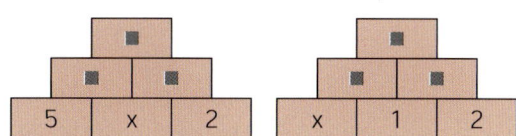

6 Namen von Termen

Welchen Namen haben die Terme („Hauptrechenart")? Zeichne jeweils einen Rechenbaum.

a) $3x - 6y$ b) $7 - 4x + 1$ c) $x : 10 + 6x$ d) $5 \cdot (x + 2) \cdot 4$

7 Terme vereinfachen

Fasse die Terme weitestgehend zusammen.

a) $2 \cdot 4x \cdot 8y$ b) $5x - 4y + 2x + y$ c) $a \cdot (6 - b) + b \cdot (1 + a)$

d) $3 \cdot (x + 4) + 2x - 12$ e) $3 \cdot (a + b) + a \cdot (b - 3)$ f) $\frac{4a - 4b}{2} - 2a$

g) $4 \cdot x \frac{2}{3} x \cdot 3$ h) $(8a - 12b) : 2 + 2b$ i) $6a : 2b - \frac{a}{b}$

j) $\frac{2}{3}a \cdot (3 + \frac{5}{6}a)$ k) $(-a) \cdot (-b) + 3 \cdot (-a)b$ l) $a - b + 2 \cdot (a - b)$

Verstehen

8 Besondere Ungleichungen

Löse die Ungleichungen. Was ist das Besondere? Kannst du die Lösungsmenge sofort durch genaues Hinsehen angeben?

a) $10x + 4 < 10x + 5$

b) $4 - 7x > 3 - 7x$

c) $x^2 \geq 0$

d) $x + x < 2x$

GTR

9 Optische Täuschungen?

a) Daniela versucht, die Gleichung $\frac{2}{3}x - 3 = \frac{5}{8}x + 1$ grafisch mit dem GTR zu lösen und kommt zu dem Ergebnis, dass die Gleichung keine Lösung hat. Paul ist da skeptisch ...

b) Mathias versucht, die Gleichung $2x + 1 = 0,5x + 25$ grafisch zu lösen und wundert sich, weil er den zweiten Graphen nicht findet ...

c) Niko meint, dass man grafisch eigentlich nie genau entscheiden kann, ob eine Gleichung keine Lösung hat. Was meinst du?

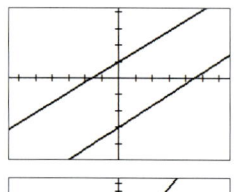

Anwenden

10 Flächen- und Rauminhalte

Wie verändert sich

a) der Flächeninhalt eines Rechtecks mit den Seiten a und b, wenn man beide Seiten verdreifacht (halbiert)?

b) der Rauminhalt eines Quaders mit den Seiten a, b und c, wenn man alle drei Seiten verdoppelt (verdreifacht)?

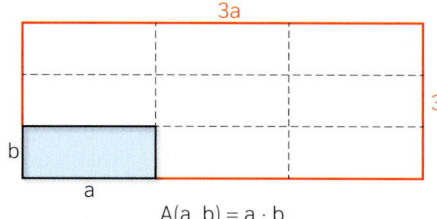

$A(a, b) = a \cdot b$

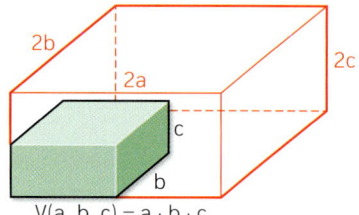

$V(a, b, c) = a \cdot b \cdot c$

Begründe jeweils mithilfe des Bildes und mithilfe der Formel.

11 Zwei Wasserbecken

Zwei Wasserbecken werden gleichzeitig gefüllt. Im Becken 1 befinden sich bereits 300 Liter, und pro Minute fließen 20 Liter hinzu. Im Becken 2 befinden sich erst 100 Liter, aber es fließen pro Minute 30 Liter hinzu. Gibt es einen Zeitpunkt, an dem in beiden Becken die gleiche Menge Wasser ist?

12 Eine Radtour

Tipp

$10\ min = \frac{1}{6}\ h$

Felix und Anton machen eine Radtour. Felix fährt mit einer Geschwindigkeit von 15 km/h los. Anton fährt 10 Minuten später mit der Geschwindigkeit von 18 km/h los. Das Ziel liegt 16 km entfernt.

13 Verteilung eines Buchpreises

Tipp

x: Anzahl Buch1
y: Anzahl Buch2
y = 30 − x

a) Die 30 Gewinner eines Mathe-Wettbewerbes sollen mit jeweils einem Buch ausgezeichnet werden. Es stehen zwei verschiedene Bücher im Wert von 23 € bzw. 18 € zur Auswahl. Wie viele Bücher zu 23 € und wie viele zu 18 € müssen gekauft werden, wenn das Preisgeld von 600 € genau aufgebraucht werden soll?

b) Wie sieht es aus, wenn es bei dem Wettbewerb 31 Gewinner gibt?

Zum Erinnern und Wiederholen

Schneller Zugriff zum Basiswissen
aus den vorhergehenden Jahrgangsbänden

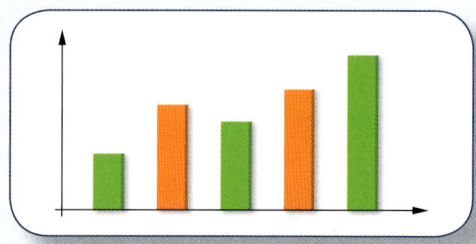

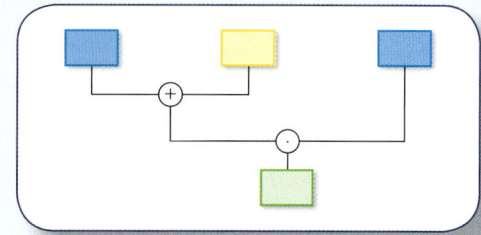

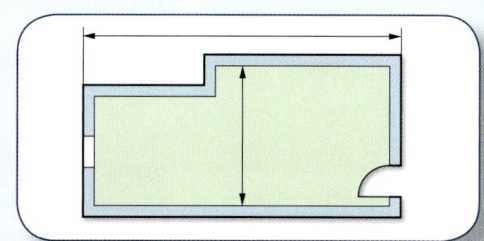

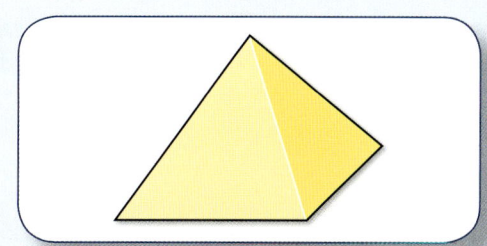

Daten – Diagramme

Daten erheben durch Befragung

Planung

Was interessiert uns? Sportarten für ein Turnier

Fragestellung? *Nenne deine Lieblingssportart für diese Jahreszeit.*

Wer wird befragt? Alle Schülerinnen und Schüler, die bei dem Turnier mitmachen.

Vermutung? Fußball wird wahrscheinlich am häufigsten gewählt.

Auswertung und Darstellung

Strichliste

Sportart		Anzahl
Tischtennis	IIII	5
Badminton	III	3
Laufen	II	2
Fußball	IIII III	8
Schwimmen	IIII I	6
Kampfsport	IIII I	6

Säulendiagramm

Lieblingssportarten der 5a

Balkendiagramm

Lieblingssportarten der 5a

Ergebnis

An der Befragung nahmen 30 Kinder teil. Die Vermutung über Fußball hat sich bestätigt. Neben Fußball gehören Schwimmen, Kampfsport und Tischtennis zu den vier Sportarten, die am häufigsten genannt wurden.

Daten erheben durch Beobachtung oder Versuch

Planung

Was interessiert uns? Unsere Lehrerin meint, das wir sehr lange brauchen, um nach dem Unterricht unsere Schultaschen zu packen und den Arbeitsplatz aufzuräumen. Wie schnell sind wir wirklich?

Was soll gemessen werden? Die Zeit für das Einpacken und Aufräumen.

Vermutung? Einige werden mindestens 5 Minuten brauchen.

Auswertung und Darstellung

Zeit in Minuten	Anzahl der Kinder
1	IIII I
2	IIII IIII
3	IIII
4	IIII IIII
5	
6 und mehr	

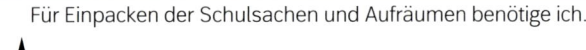
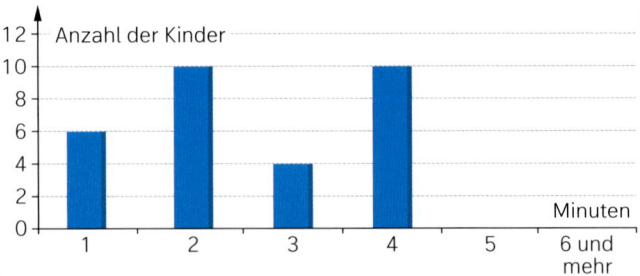
Für Einpacken der Schulsachen und Aufräumen benötige ich…

Ergebnis

In unserer Klasse gab es 16 Schülerinnen und Schüler, die sehr schnell waren und höchstens zwei Minuten für das Packen und das Aufräumen benötigten. Auf der anderen Seite gab es 14 Kinder, die mehr als zwei Minuten brauchten. Unsere Vermutung hat sich aber nicht bestätigt! Wir schaffen es als Klasse sogar in 4 Minuten!

Arithmetik – Schriftliche Rechenverfahren

Schriftliches Addieren

Addieren

Summand			4	9	2	0
Summand	+			8	7	5
Summand	+		6	9	4	2
		1	2	1		
Summe		1	2	7	3	7

Überschlag
4920 + 875 + 6942

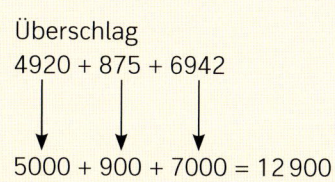

5000 + 900 + 7000 = 12 900

Schriftliches Subtrahieren

Subtrahieren

Minuend		7	3	2	9
Subtrahend	−	2	3	9	8
			1	1	
Differenz		4	9	3	1

Überschlag
7329 − 2398

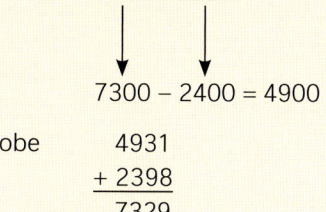

7300 − 2400 = 4900

Probe   4931
       + 2398
         7329

Schriftliches Multiplizieren

Multiplizieren

Faktoren	3	4	1	·	2	7
			6	8	2	
		2	3	8	7	
			1	1		
Produkt		9	2	0	7	

Überschlag
341 · 27

300 · 30 = 9000

Schriftliches Dividieren

Dividieren

Dividend   Divisor   Quotient

```
  3 4 7 4 : 6 = 5 7 9
− 3 0
    4 7
  − 4 2
      5 4
    − 5 4
        0
```

Überschlag
3474 : 6

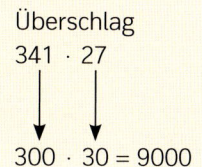

3600 : 6 = 600

Probe   579 · 6
         3474

```
  4 9 6 6 : 1 3 = 3 8 2
− 3 9
    1 0 6
  − 1 0 4
        2 6
      − 2 6
          0
```

Überschlag
4966 : 13

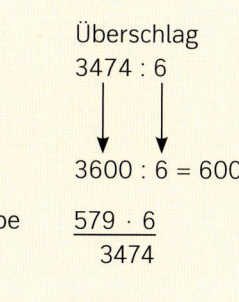

4800 : 12 = 400

Probe   382 · 13
          382
         1146
         4966

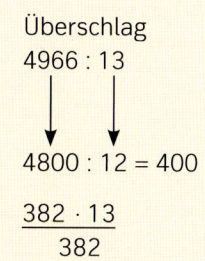

Arithmetik – Regeln und Gesetze

Vorfahrtsregeln beim Rechnen

Beim Berechnen von Rechenausdrücken musst du, wie im Straßenverkehr, Vorfahrtsregeln beachten. Dadurch kannst du manchmal auch Rechenvorteile erlangen und somit geschickt rechnen.

Nur Strichrechnungen

Rechne von links nach rechts, dann machst du nichts falsch.

$$37 - 18 + 12$$
$$= 19 + 12$$
$$= 31$$

Nur Punktrechnungen

Rechne von links nach rechts, dann machst du nichts falsch.

$$36 : 4 \cdot 2$$
$$= 9 \cdot 2$$
$$= 18$$

Punktrechnungen vor Strichrechnungen

Punktrechnungen werden vor Strichrechnungen ausgeführt.

$$13 + 6 \cdot 9$$
$$= 13 + 54$$
$$= 67$$

Klammern zuerst

Was in Klammern steht, wird zuerst berechnet.

$$8 \cdot (25 - 16)$$
$$= 8 \cdot 9$$
$$= 72$$

Nur Strichrechnungen

Nur Punktrechnungen

Punkt- vor Strichrechnung

Klammern zuerst

Rechengesetze

Kommutativgesetz (Vertauschungsgesetz)

Beim Addieren darfst du die Reihenfolge der Summanden vertauschen.
Beim Multiplizieren darfst du die Reihenfolge der Faktoren vertauschen.

$$16 + 23 = 23 + 16$$

$$8 \cdot 24 = 24 \cdot 8$$

Assoziativgesetz (Verbindungsgesetz)

Beim Addieren darfst du die Reihenfolge, in der du addierst, selbst festlegen.

$$37 + 16 + 24$$
$$= 37 + 40$$
$$= 77$$

Beim Multiplizieren darfst du die Reihenfolge, in der du multiplizierst, selbst festlegen.

$$13 \cdot 20 \cdot 5$$
$$= 13 \cdot 100$$
$$= 1300$$

Distributivgesetz (Verteilungsgesetz)

Mit dem Verteilungsgesetz kann man sich Rechenvorteile verschaffen. Du kannst eine Summe mit einer Zahl multiplizieren, indem du jeden Summanden mit der Zahl multiplizierst und die Produkte addierst.

$$(10 + 7) \cdot 6$$
$$= 10 \cdot 6 + 7 \cdot 6$$
$$= 60 + 42$$
$$= 102$$

Es geht auch „umgekehrt".

$$43 \cdot 356 + 57 \cdot 356$$
$$= (43 + 57) \cdot 356$$
$$= 100 \cdot 356$$
$$= 35\,600$$

Kommutativgesetz Vertauschungsgesetz

Assoziativgesetz Verbindungsgesetz

Distributivgesetz Verteilungsgesetz

Arithmetik – Runden, Potenzen, Stellenwertsysteme

Runden

Runden

Manchmal sind Zahlenwerte nicht genau bekannt oder der genaue Wert ist nicht wichtig. Dann werden die Zahlen gerundet. Gerundete Zahlen sind übersichtlicher und man kann sie sich leichter merken. Sie eignen sich gut für Überschlagsrechnungen.

Rundungsregeln

Entscheide zuerst, auf welche Stelle (z. B. Einer, Zehner oder Hunderter) gerundet werden soll. Beachte dann die Ziffer, die danach kommt.
Bei 5, 6, 7, 8, 9 → aufrunden
Bei 0, 1, 2, 3, 4 → abrunden

In einer Statistik findet man, dass Unna 64 948 Einwohner hat.

Runden auf Tausender
$64\,948 \approx 65\,000$
Runden auf Hunderter
$64\,948 \approx 64\,900$

Potenzen

Potenz

2^5 ist eine **Potenz**. Die Hochzahl 5 gibt an, wie oft die Grundzahl 2 als Faktor vorkommt.
Vereinbarung: $2^0 = 1$
Beispiel zur Multiplikation von Potenzen:

$2^5 = 2 \cdot 2 \cdot 2 \cdot 2 \cdot 2 = 32$

$3^2 \cdot 3^4 = (3 \cdot 3) \cdot (3 \cdot 3 \cdot 3 \cdot 3) = 3^6$

Zweier Potenzen:	$2^0 = 1$	$2^1 = 2$	$2^2 = 4$	$2^3 = 8$	$2^4 = 16$	$2^5 = 32$
Dreier Potenzen:	$3^0 = 1$	$3^1 = 3$	$3^2 = 9$	$3^3 = 27$	$3^4 = 81$	$3^5 = 243$
Fünfer Potenzen:	$5^0 = 1$	$5^1 = 5$	$5^2 = 25$	$5^3 = 125$	$5^4 = 625$	$5^5 = 3125$

Zehner Potenzen:
$10^0 = 1 \quad 10^1 = 10 \quad 10^2 = 100 \quad\quad 10^3 = 1000$
$10^4 = 10\,000 \quad 10^5 = 100\,000 \quad 10^6 = 1\,000\,000$
$10^7 = 10\,000\,000 \quad 10^8 = 100\,000\,000 \quad 10^9 = 1\,000\,000\,000$

Stellenwertsysteme

Bei einem **Stellenwertsystem** kommt es nicht nur auf den Wert der Ziffer an, sondern auch darauf, an welcher Stelle die Ziffer steht
Zahlen kann man in verschiedenen Stellenwertsystemen darstellen.

Dezimalsystem

Zehnersystem (Dezimalsystem)
Zahlen im Zehnersystem heißen Dezimalzahlen.
Zahl 101
Lies: „Einhunderteins"

$\cdot 10 \qquad \cdot 10$

	$10 \cdot 10$	10	1
Stellenwert	Hunderter	Zehner	Einer
Zahl	1	0	1

Dualsystem

Zweiersystem (Dualsystem)
Zahlen im Zweiersystem heißen Dualzahlen.
Zahl $(1011)_2$
Lies: „Eins Null Eins Eins"

$\cdot 2 \qquad \cdot 2 \qquad \cdot 2$

	$2 \cdot 2 \cdot 2$	$2 \cdot 2$	2	1
Stellenwert	8er	4er	2er	1er
Zahl	1	0	1	1

Arithmetik – Teilbarkeit und Primzahlen

Teilbarkeitsregeln

Es gibt Regeln, mit denen du Zahlen auf Teilbarkeit prüfen kannst. Dabei unterscheidest du zwischen Endstellenregeln und Quersummenregeln.

Endstellenregeln: Eine Zahl ist ...

- durch 2 teilbar, wenn die letzte Ziffer gerade ist (0, 2, 4, 6 oder 8).
- durch 4 teilbar, wenn die beiden letzten Ziffern eine durch 4 teilbare Zahl bilden.
- durch 5 teilbar, wenn die letzte Ziffer eine 0 oder 5 ist.
- durch 8 teilbar, wenn die letzten drei Ziffern eine durch 8 teilbare Zahl bilden.
- durch 10 teilbar, wenn die letzte Ziffer eine 0 ist.

Quersummenregeln: Eine Zahl ist ...

- durch 3 teilbar, wenn die Quersumme durch 3 teilbar ist.
- durch 9 teilbar, wenn die Quersumme durch 9 teilbar ist.

Zusammengesetzte Regel

- Eine Zahl ist durch 6 teilbar, wenn sie durch 2 und durch 3 teilbar ist.

Primzahlen

Primzahlen

Primzahlen unter 1000

Natürliche Zahlen, die genau zwei Teiler haben, nennt man Primzahlen.

Die ersten Primzahlen sind: 2 3 5 7 11 13 17 ...

2	3	5	7	11	13	17	19	23	29	31	37	41	43	47	53	59	61
67	71	73	79	83	89	97	101	103	107	109	113	127	131	137	139	149	151
157	163	167	173	179	181	191	193	197	199	211	223	227	229	233	239	241	251
257	263	269	271	277	281	283	293	307	311	313	317	331	337	347	349	353	359
367	373	379	383	389	397	401	409	419	421	431	433	439	443	449	457	461	463
467	479	487	491	499	503	509	521	523	541	547	557	563	569	571	577	587	593
599	601	607	613	617	619	631	641	643	647	653	659	661	673	677	683	691	701
709	719	727	733	739	743	751	757	761	769	773	787	797	809	811	821	823	827
829	839	853	857	859	863	877	881	883	887	907	911	919	929	937	941	947	953
967	971	977	983	991	997												

Die 1 ist eine „Ausnahmezahl". Da sie nur einen Teiler hat, zählt man sie nicht zu den Primzahlen.

Primfaktorzerlegung

Die Primfaktorzerlegung ist die Zerlegung jeder Zahl, die nicht Primzahl ist, in ein Produkt von Primzahlen. Es gibt immer nur eine einzige Primfaktorzerlegung. Sie ist die Zerlegung in das Produkt mit den meisten Faktoren.

Bei der Zerlegung von 840 in Primfaktoren führen verschiedene Wege zum Ziel.

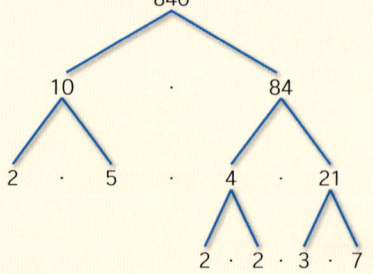
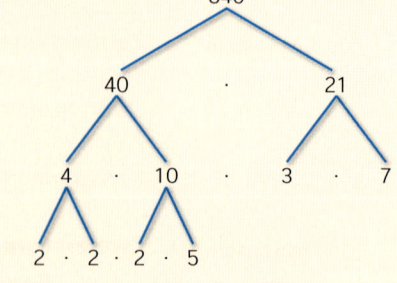

Mit System geht es, indem man systematisch die Primzahlen 2, 3, 5, usw. als Teiler probiert. Häufig treten Primzahlen auch mehrfach als Teiler auf:

$$840 = 2 \cdot 420$$
$$= 2 \cdot 2 \cdot 210$$
$$= 2 \cdot 2 \cdot 2 \cdot 105$$
$$= 2 \cdot 2 \cdot 2 \cdot 3 \cdot 35$$
$$= 2 \cdot 2 \cdot 2 \cdot 3 \cdot 5 \cdot 7$$

Arithmetik – Brüche im Alltag

Brüche

Brüche

Brüche kommen in vielen Sachzusammenhängen vor. Manchmal muss man allerdings genau hinschauen, um sie zu entdecken, z. B. als Maßzahlen, beim Aufteilen, bei Mischungsverhältnissen und beim Maßstab.

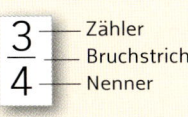

$\dfrac{3}{4}$ — Zähler, Bruchstrich, Nenner

Gemischte Zahl

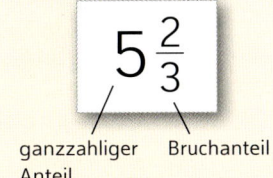

$5\dfrac{2}{3}$

ganzzahliger Anteil / Bruchanteil

Aufteilen

Brüche beim Aufteilen

$\frac{3}{4}$ eines Pfannkuchens

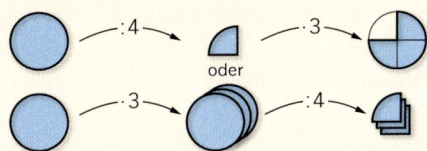

:4 → oder → ·3

·3 → :4

Maßzahlen von Größen

Brüche als Maßzahlen von Größen

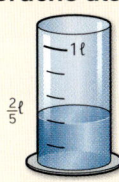

$1\,\ell = 1000\,\text{m}\ell$
$\frac{2}{5}\,\ell = 400\,\text{m}\ell$

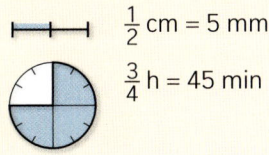

$\frac{1}{2}\,\text{cm} = 5\,\text{mm}$

$\frac{3}{4}\,\text{h} = 45\,\text{min}$

Anzeigen und Skalen

Brüche auf Anzeigen und Skalen

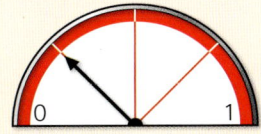

0   1

„Der Tank ist zu $\frac{1}{4}$ gefüllt."

Verhältnisse

Brüche und Verhältnisse

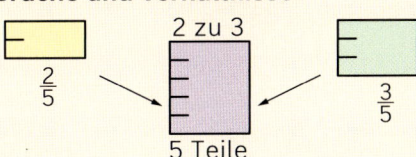

$\frac{2}{5}$ 2 zu 3 $\frac{3}{5}$

5 Teile

Prozentangaben

Prozentangaben stehen für Bruchteile

$\frac{1}{2} = 50\,\%$ $1 = 100\,\%$

$\frac{1}{4} = 25\,\%$ $\frac{1}{10} = 10\,\%$

Größen – Längen, Gewichte, Zeitspannen

Übersicht über die Einheiten der Länge

Längen

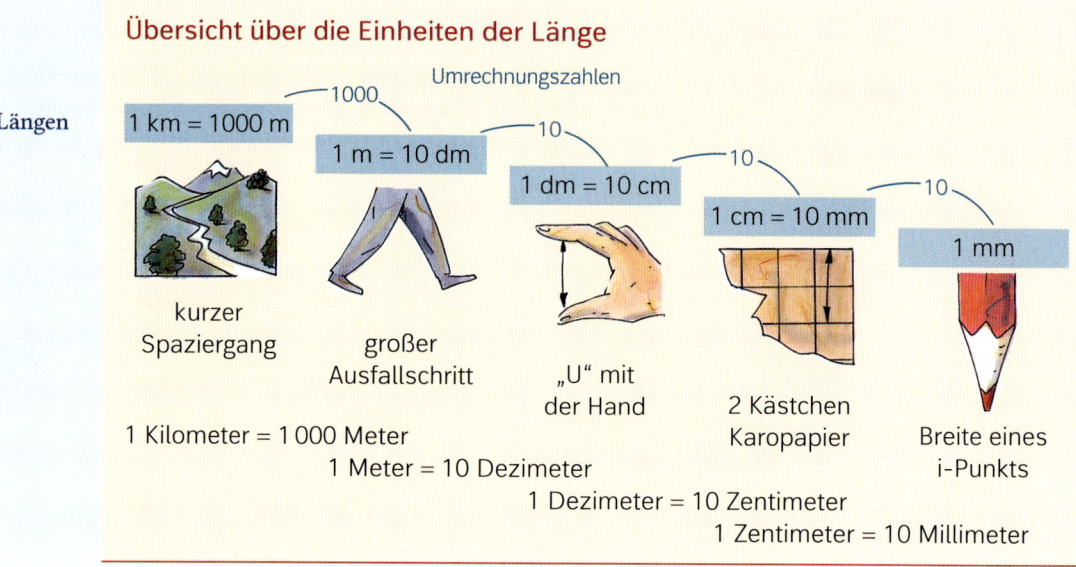

Umrechnungszahlen

1 km = 1000 m — 1000 — 1 m = 10 dm — 10 — 1 dm = 10 cm — 10 — 1 cm = 10 mm — 10 — 1 mm

kurzer Spaziergang — großer Ausfallschritt — „U" mit der Hand — 2 Kästchen Karopapier — Breite eines i-Punkts

1 Kilometer = 1000 Meter
1 Meter = 10 Dezimeter
1 Dezimeter = 10 Zentimeter
1 Zentimeter = 10 Millimeter

Übersicht über die Einheiten des Gewichts

Gewichte

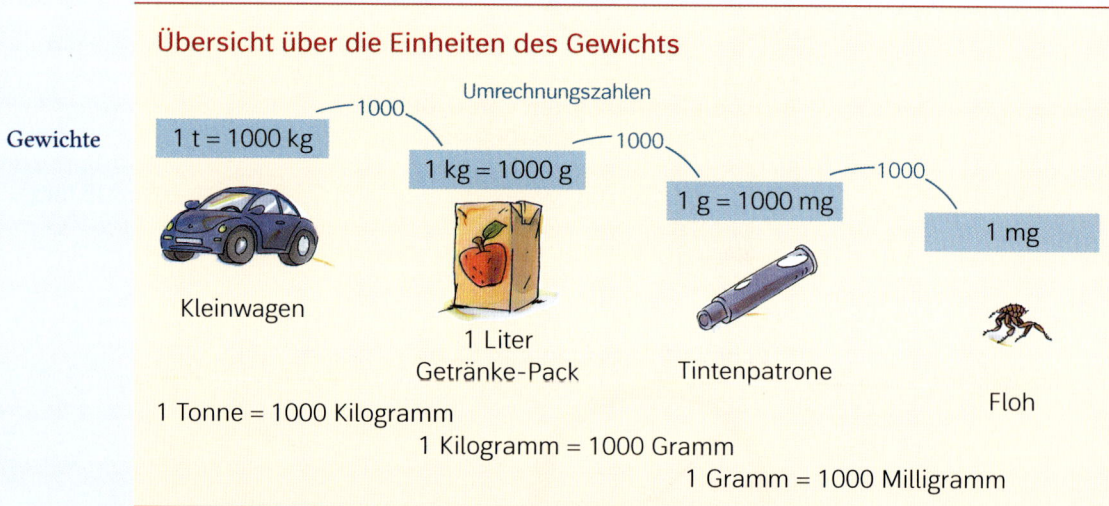

Umrechnungszahlen

1 t = 1000 kg — 1000 — 1 kg = 1000 g — 1000 — 1 g = 1000 mg — 1000 — 1 mg

Kleinwagen — 1 Liter Getränke-Pack — Tintenpatrone — Floh

1 Tonne = 1000 Kilogramm
1 Kilogramm = 1000 Gramm
1 Gramm = 1000 Milligramm

Übersicht über die Einheiten der Zeit

Zeitspannen

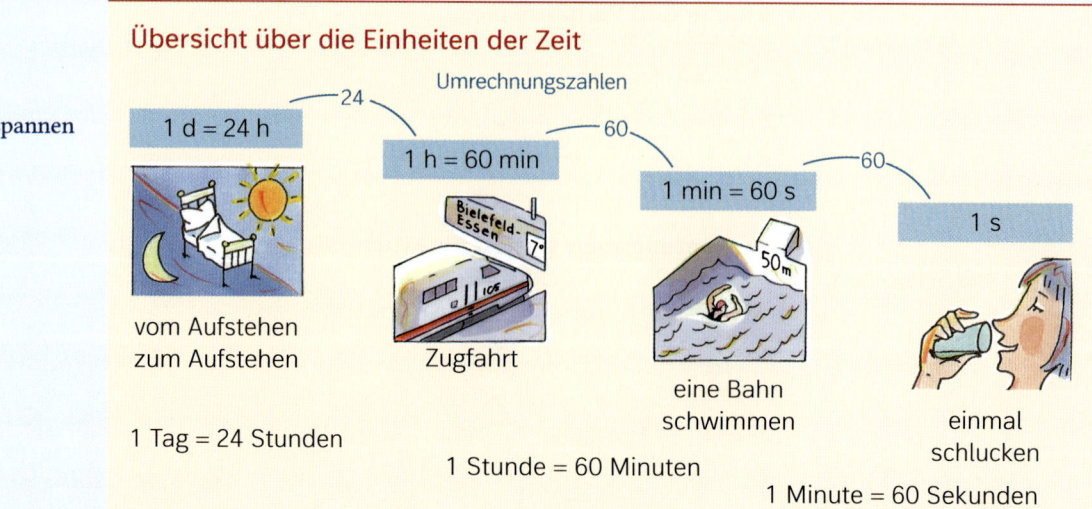

Umrechnungszahlen

1 d = 24 h — 24 — 1 h = 60 min — 60 — 1 min = 60 s — 60 — 1 s

vom Aufstehen zum Aufstehen — Zugfahrt — eine Bahn schwimmen — einmal schlucken

1 Tag = 24 Stunden
1 Stunde = 60 Minuten
1 Minute = 60 Sekunden

Größen – Flächeninhalte, Rauminhalte

Übersicht über die Einheiten von Flächeninhalten

Flächeninhalte

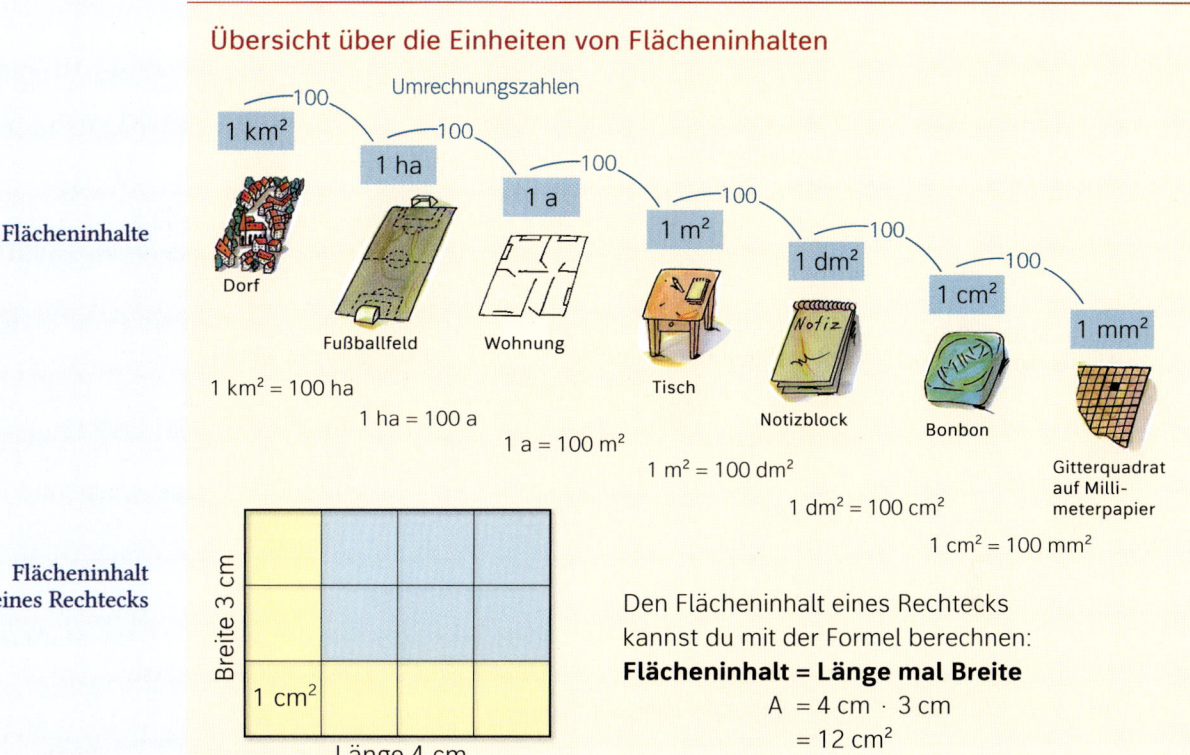

Umrechnungszahlen

1 km² = 100 ha

1 ha = 100 a

1 a = 100 m²

1 m² = 100 dm²

1 dm² = 100 cm²

1 cm² = 100 mm²

Flächeninhalt eines Rechtecks

Breite 3 cm — Länge 4 cm — 1 cm²

Den Flächeninhalt eines Rechtecks kannst du mit der Formel berechnen:

Flächeninhalt = Länge mal Breite

$A = 4\ \text{cm} \cdot 3\ \text{cm}$

$= 12\ \text{cm}^2$

Übersicht über die Einheiten von Rauminhalten

Rauminhalte

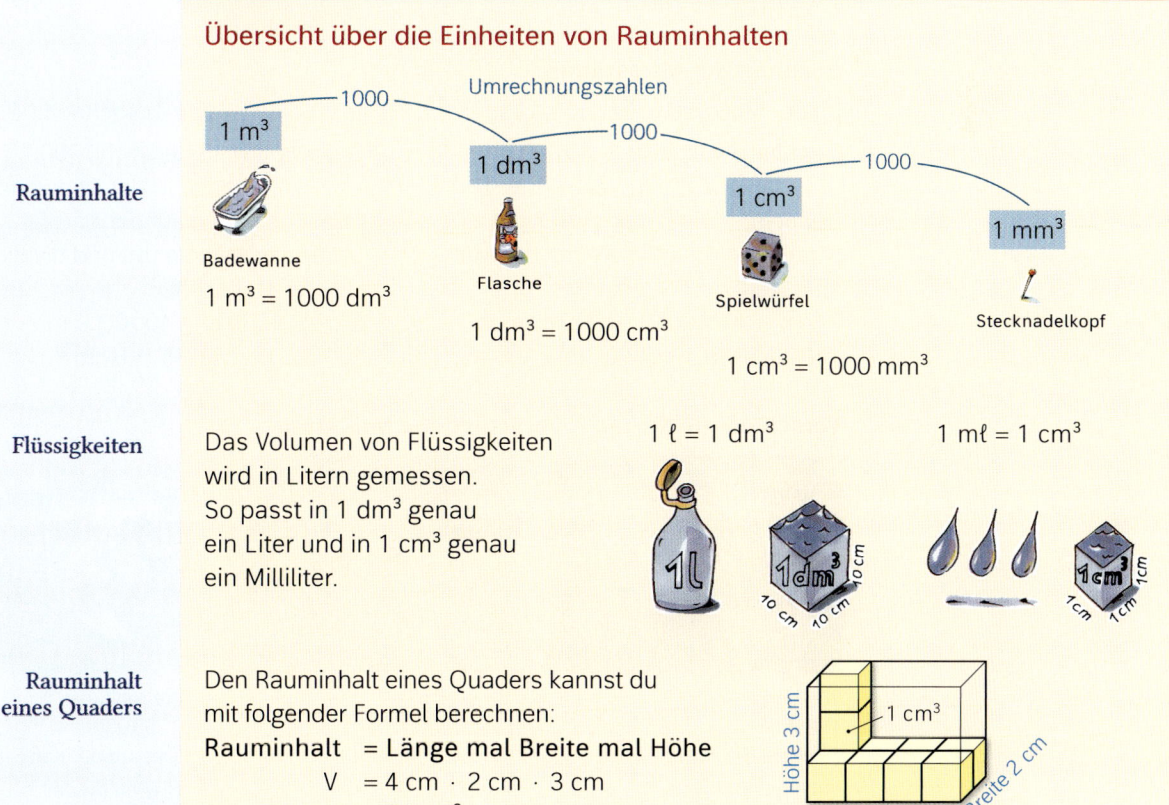

Umrechnungszahlen

1 m³ = 1000 dm³

1 dm³ = 1000 cm³

1 cm³ = 1000 mm³

Flüssigkeiten

Das Volumen von Flüssigkeiten wird in Litern gemessen.
So passt in 1 dm³ genau ein Liter und in 1 cm³ genau ein Milliliter.

1 ℓ = 1 dm³   1 mℓ = 1 cm³

Rauminhalt eines Quaders

Den Rauminhalt eines Quaders kannst du mit folgender Formel berechnen:

Rauminhalt = Länge mal Breite mal Höhe

$V = 4\ \text{cm} \cdot 2\ \text{cm} \cdot 3\ \text{cm}$

$= 24\ \text{cm}^3$

Höhe 3 cm — 1 cm³ — Länge 4 cm — Breite 2 cm

Größen – Problemlösen mit Größen

Probleme lösen mit Größen

**Größen aufteilen
Portionsgrößen**

Um Dinge gerecht aufzuteilen, musst du wissen, wie viel jeder Einzelne bekommt. Achte auf eine günstige Einheit, wenn du Größen aufteilst.

Ein 1,5-kg-Stück Käse soll in vier gleich-große Stücke aufgeteilt werden,

Umwandlung: 1,5 kg = 1500 g
Rechnung: 1500 g : 4 = 375 g
Antwort: Jeder bekommt 375 g Käse.

**Größen aufteilen
Anzahl der Portionen**

Häufig musst du Größen in viele gleich große Portionen aufteilen.
Achte auf eine günstige Einheit.

5 t Reis sollen in Säcken zu 25 kg ab-gepackt werden.

Umwandlung: 5 t = 5000 kg
Rechnung: 5000 kg : 25 kg = 200
Antwort: Man erhält 200 Säcke Reis.

Maßstäbe

Gegenstände werden oft verkleinert oder vergrößert dargestellt. Der **Maßstab** gibt an, wievielmal größer oder kleiner eine Strecke in Wirklichkeit ist.

Maßstab

Der Maßstab 1 : 130 verkleinert das Original.

1 cm im Modell (Bild) entspricht 130 cm in der Wirklichkeit.

Rechnen mit Maßstäben

Ist der Maßstab bekannt, so kannst du die gesuchten Längen berechnen.

Gegeben: Maßstab 1 : 20 000,
             Länge auf der Karte: 7 mm
Gesucht: Länge in der Wirklichkeit
Strategie: Multipliziere mit der Maß-stabszahl und wandle um.
7 mm · 20 000 = 140 000 mm
140 000 mm = 14 000 cm = 140 m

Gegeben: Maßstab 1 : 50 000,
             Länge in der Wirklichkeit: 4 km
Gesucht: Länge auf der Karte
Strategie: Wandle um und dividiere durch die Maßstabszahl.
4 km = 4000 m = 400 000 cm
400 000 cm : 50 000 = 8 cm

Verschiedene Karten – verschiedene Maßstäbe

Wanderkarte
1 : 25 000
1 cm auf der Karte entspricht 0,25 km

Atlaskarte
1 : 3 000 000
1 cm auf der Karte entspricht 30 km.

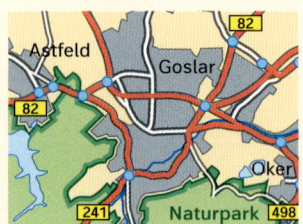

Straßenkarte
1 : 200 000
1 cm auf der Karte entspricht 2 km.

Geometrie – Steckbriefe von Vierecken

Besondere Vierecke

Besondere Vierecke

Bei den Vierecken gibt es viele besondere Formen, die alle einen eigenen Namen haben. Mithilfe der Längen und der Lage von Seiten und Diagonalen lassen sich die verschiedenen Viereckstypen genau beschreiben und kennzeichnen. Man erhält genaue „Steckbriefe" der Vierecke.

Quadrat

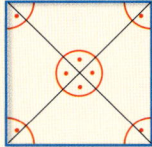

Eigenschaften:
- Alle vier Seiten gleich lang
- Gegenüberliegende Seiten parallel
- Aneinanderstoßende Seiten senkrecht (rechtwinklig) zueinander
- Diagonalen gleich lang und senkrecht zueinander
- Diagonalen halbieren sich

Rechteck

Eigenschaften:
- Gegenüberliegende Seiten gleich lang
- Gegenüberliegende Seiten parallel
- Aneinanderstoßende Seiten senkrecht (rechtwinklig) zueinander
- Diagonalen gleich lang
- Diagonalen halbieren sich

Raute

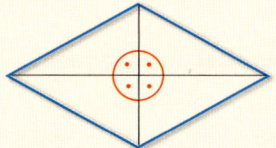

Eigenschaften:
- Alle vier Seiten gleich lang
- Gegenüberliegende Seiten parallel
- Diagonalen senkrecht zueinander
- Diagonalen halbieren sich

Parallelogramm

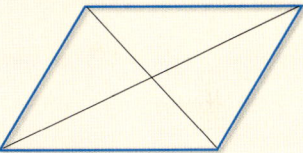

Eigenschaften:
- Gegenüberliegende Seiten gleich lang
- Gegenüberliegende Seiten parallel
- Diagonalen halbieren sich

Drachen

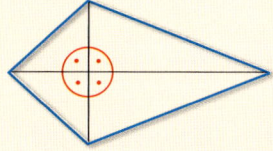

Eigenschaften:
- Zwei Paare gleich langer Seiten (aneinander stoßend)
- Diagonalen senkrecht zueinander
- Eine Diagonale wird halbiert.

Trapez

Eigenschaften:
- Ein Paar gleich langer Seiten (gegenüberliegend)
- Ein Paar paralleler Seiten (gegenüberliegend)
- Diagonalen gleich lang

Geometrie – Grundbegriffe und Konstruktionen

Gerade – Strecke

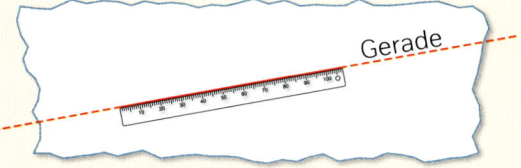

Punkte
Geraden
Strecken

Eine **Gerade** hat keinen Anfangspunkt und keinen Endpunkt.

Eine **Strecke** ist von zwei Punkten begrenzt. Die Länge einer Strecke können wir mit dem Lineal messen.

Bezeichnungen

Punkte bezeichnen wir mit großen Buchstaben A, B, ... P, Q, ...
Geraden bezeichnen wir mit kleinen Buchstaben a, b, ... g, h, ...
Die Gerade durch die Punkte P und Q bezeichnen wir mit PQ.
Die Strecke zwischen den Punkten A und B bezeichnen wir mit $\overline{AB}$.

Parallele Geraden – senkrechte Geraden

Die Geraden g und h stehen **senkrecht** aufeinander:

senkrecht

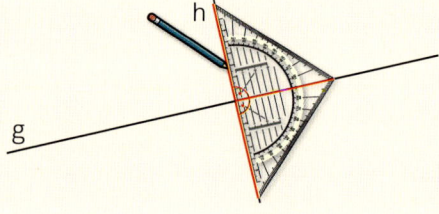
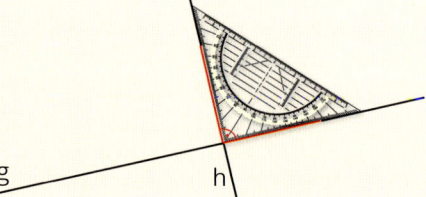

Die Geraden k und l sind **parallel** zueinander:

parallel

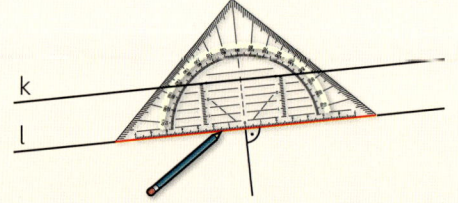
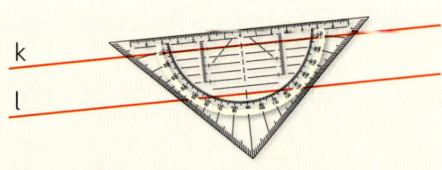

Bezeichnungen

g ist senkrecht zu h: g ⊥ h

a ist parallel zu b: a ∥ b

Wir messen Abstände

Abstände

Abstand zwischen den Punkten A und B:
Miss die Länge der Strecke $\overline{AB}$.

Abstand vom Punkt P zur Geraden g:
Zeichne eine Gerade l durch P, die senkrecht zu g ist. Markiere den Fußpunkt F als Schnittpunkt von l mit g. Miss die Länge der Strecke $\overline{PF}$.

Abstand zweier Parallelen g und h:
Zeichne eine Gerade l, die senkrecht zu g und h ist. Markiere die Schnittpunkte P und Q mit den Parallelen. Miss die Länge der Strecke $\overline{PQ}$.

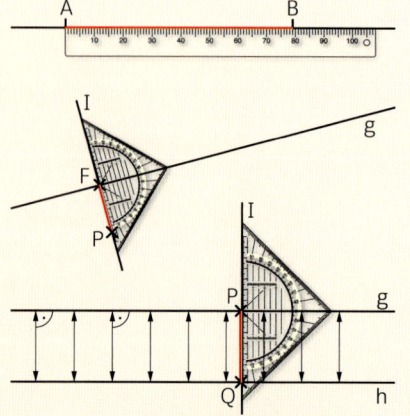

Geometrie – Kreis und Winkel

Kreis und Kugel

Ein Kreis lässt sich mit dem Zirkel genau zeichnen, du musst nur den Mittelpunkt und die Zirkelweite kennen. Auch eine Kugel kann mit nur zwei Angaben genau gekennzeichnet werden. Das Zeichnen ist nicht einfach, da auch das „Schrägbild" nur schwer zu zeichnen ist.

Kreis und Kugel

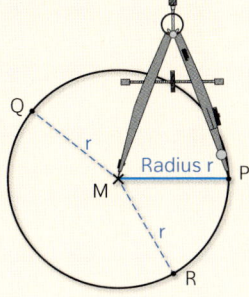

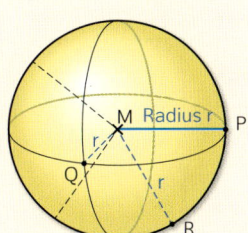

Alle Punkte des Kreises haben vom **Mittelpunkt des Kreises** die gleiche Entfernung.
Diese Entfernung heißt **Radius des Kreises**.

Alle Punkte der Kugeloberfläche haben vom **Mittelpunkt der Kugel** die gleiche Entfernung.
Diese Entfernung heißt **Radius der Kugel**.

Winkel

Winkel

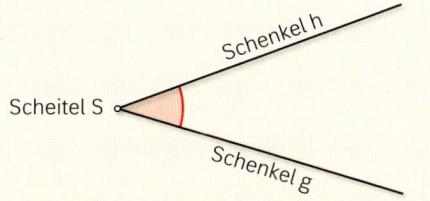

Ein Winkel wird festgelegt durch den **Scheitel S** und die beiden **Schenkel g** und **h**.

Bezeichnungen

Winkel werden mit griechischen Buchstaben bezeichnet:

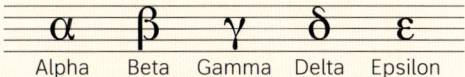

α Alpha β Beta γ Gamma δ Delta ε Epsilon

Winkel werden in Typen eingeteilt

 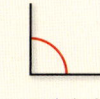 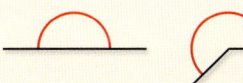 

spitz	rechter Winkel	stumpf	gestreckt	überstumpf	Vollwinkel
$0° < α < 90°$	$α = 90°$	$90° < α < 180°$	$α = 180°$	$180° < α < 360°$	$α = 360°$

Winkel zeichnen und messen

So werden Winkel gezeichnet:

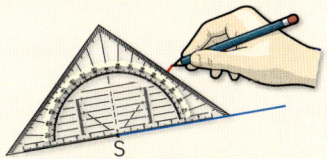

So werden Winkel gemessen:

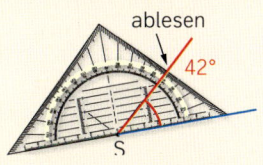

ablesen
42°

Lösungen zu den Check-ups

Lösungen zu Seite 39

1 gefärbt|weiß: a) $\frac{5}{6}$ | $\frac{1}{6}$ b) $\frac{7}{20}$ | $\frac{13}{20}$ c) $2\frac{3}{4}$ | $\frac{1}{4}$
d) $\frac{4}{7}$ | $\frac{3}{7}$ e) $\frac{9}{17}$ | $\frac{8}{17}$ f) $\frac{1}{2}$ | $\frac{1}{2}$

2 a) Kreismodelle

b) Rechteckmodelle

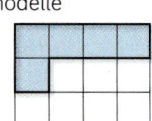 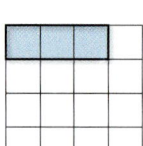

c) Stabmodelle

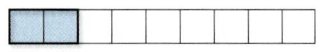

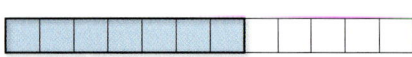

3

20 ℓ	32 km	40 min
1,6 m	44 kg	96 m²
32 m	30 min	45 kg
1,6 cm	1,5 kg	0,05 cm²

4 $\frac{1}{4} = \frac{2}{8} = \frac{5}{20}$ $\frac{1}{2} = \frac{3}{6}$ $\frac{2}{6} = \frac{3}{9}$ $\frac{6}{15} = \frac{2}{5}$

5 $\frac{3}{6} = \frac{1}{2} < \frac{2}{3} < \frac{3}{4} < \frac{4}{5} < \frac{7}{8}$

6

Originallänge	1:200	1:5000	1:10000
100 m	50 cm	2 cm	1 cm
500 m	250 cm	10 cm	5 cm
1 km	500 cm	20 cm	10 cm

7 a) $\frac{1}{4}$ rot, $\frac{3}{4}$ weiß; 1 zu 3 b) $\frac{1}{17}$ Sirup, $\frac{16}{17}$ Wasser; 1 zu 16
c) $\frac{1}{26}$ Öl, $\frac{25}{26}$ Benzin; 1 zu 25

8

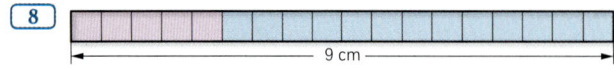
9 cm

Lösungen zu Seite 40

9 a) 1,9 t 12,5 km 60 cm² 8 kg 37,5 kg
    1 m 9 m² 15 min 2,2 km 250 g $\frac{3}{4}$ h
  b) 0,95 t 6,25 km 30 cm² 4 kg 18,75 kg
    0,5 m 4,5 m² $7\frac{1}{2}$ min 1,1 km 125 g
    22 min 30 sek
  c) 0,38 t 2,5 km 12 cm² 1,6 kg 7,5 kg
    0,2 m 1,8 m² 3 min 0,44 km 50 g 9 min

10 a) 20 % b) 75 % c) 30 % d) 100 %
e) 80 % f) 12,5 %

11 a) $\frac{25}{100} = \frac{1}{4}$ b) $\frac{65}{100} = \frac{13}{20}$ c) $\frac{8}{100} = \frac{2}{25}$ d) $\frac{36}{100} = \frac{9}{25}$
e) $\frac{96}{100} = \frac{24}{25}$

12 a) $\frac{6}{16} < \frac{7}{16}$ b) $\frac{81}{90} > \frac{80}{90}$ c) $\frac{77}{33} > \frac{69}{33}$
d) $\frac{4}{5} = \frac{16}{20}$ e) $\frac{1}{4} > \frac{1}{5}$ f) $4\frac{1}{5} < 4\frac{1}{3}$

13 a) $\frac{2}{3} > \frac{2}{5}$ b) $\frac{5}{6} > \frac{4}{6}$ c) $\frac{2}{3} = \frac{6}{9}$ d) $\frac{4}{5} < \frac{5}{6}$ e) $\frac{5}{8} > \frac{3}{5}$

14 a) $52\% = \frac{26}{50} > \frac{51}{100} > 50\%$
b) $\frac{995}{1000} > \frac{99}{100} > 98\% > 95\% > \frac{9}{10}$

15 a) ■ · $\frac{3}{4}$ = 24, 32 · $\frac{3}{4}$ = 24
  32 Schüler sind in der Klasse.
b) 75 % · 24 = $\frac{3}{4}$ · 24 = 18
c) ■ · 24 = 3; $\frac{1}{8}$ · 24 = 3
  $\frac{1}{8}$ = 12,5 %

16 a)

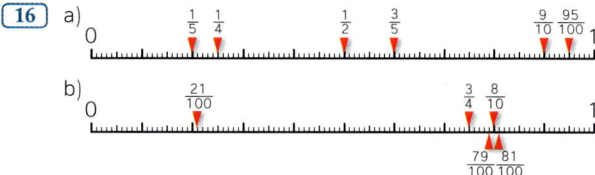

b)

17 a) $\frac{1}{5}$ $\frac{1}{4}$ b) $\frac{2}{5}$ $\frac{1}{2}$
$\frac{4}{20}$ $\frac{5}{20}$ $\frac{4}{10}$ $\frac{5}{10}$
$\frac{8}{40}$ $\frac{9}{40}$ $\frac{10}{40}$ $\frac{8}{20}$ $\frac{9}{20}$ $\frac{10}{20}$

18 $\frac{1}{4}$ $\frac{1}{3}$ $\frac{1}{2}$
$\frac{10}{40}$ $\frac{11}{40}, \frac{12}{40}, ..., \frac{19}{40}$ $\frac{20}{40}$
$\frac{10}{400}$ $\frac{101}{400}, \frac{102}{400}, ..., \frac{199}{400}$ $\frac{200}{400}$

Lösungen zu Seite 73

1 a) $\frac{1}{2}$ b) $\frac{4}{5}$ c) $1\frac{1}{8}$ d) 1 e) $1\frac{1}{3}$ f) $\frac{1}{3}$ g) $\frac{7}{8}$ h) $1\frac{2}{5}$

2 a) $\frac{17}{18}$ b) $\frac{9}{28}$ c) $\frac{37}{60}$ d) $\frac{14}{15}$ e) $\frac{7}{16}$ f) $\frac{13}{24}$
g) $1\frac{5}{12}$ h) $\frac{4}{5}$ i) $\frac{5}{24}$ j) $\frac{17}{24}$ k) $\frac{19}{20}$ l) $1\frac{1}{18}$

3 a) $\frac{3}{10}$ b) $\frac{3}{8}$ c) $\frac{5}{6}$ d) $\frac{5}{10}$

4 $\frac{2}{3} + \frac{2}{7} = \frac{20}{21}$, Annika ist also fast am Ziel.

5 $\frac{2}{3} + \frac{2}{3} = 1\frac{1}{15}$, Leons Eltern haben mehr als ein ganzes
Fahrrad bezahlt.

6 a) $7\frac{11}{12}$ b) $2\frac{1}{18}$ c) $1\frac{5}{8}$ d) $4\frac{5}{9}$ e) $6\frac{2}{9}$

7 a) 20 b) 9 c) $17\frac{1}{2}$ d) $3\frac{4}{17}$ e) $2\frac{1}{2}$

8 a) $\frac{1}{12}$ b) 1 c) $\frac{3}{10}$ d) $\frac{3}{4}$ e) 0
f) $\frac{1}{5}$ g) $\frac{3}{16}$ h) $\frac{1}{2}$ i) $\frac{5}{24}$ j) $\frac{1}{10}$

9 Der Anteil der Cellisten am Symphonieorchester beträgt $\frac{2}{15}$.

10 a) $\frac{7}{3}$ b) $\frac{3}{7}$ c) 5 d) $\frac{1}{6}$ e) $\frac{4}{9}$

Lösungen zu Seite 74

11 a) $\frac{1}{7}$ b) $\frac{1}{16}$ c) $\frac{1}{4}$ d) $1\frac{1}{8}$ e) $\frac{11}{90}$

f) 8 g) 9 h) $2\frac{2}{5}$ i) $1\frac{1}{2}$ j) $1\frac{29}{56}$

12 a) $2\frac{1}{2}$ b) 9 c) $\frac{3}{7}$ d) $1\frac{8}{15}$ e) $\frac{5}{16}$

f) $1\frac{3}{4}$ g) $\frac{1}{2}$ h) $\frac{7}{12}$ i) $8\frac{1}{3}$ j) $\frac{4}{9}$

13 a) $\frac{2}{5}$ b) $\frac{1}{6}$ c) $\frac{1}{8}$ d) $1\frac{7}{25}$

14

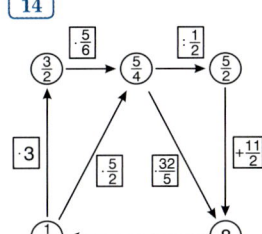 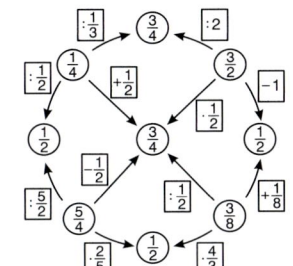

15 $\frac{7}{10} \cdot \frac{1}{3} = \frac{7}{30}$ ist der gesucht Verkleinerungsfaktor.

16 $30 : \frac{1}{2} + 10 = 70$; $30 : (\frac{1}{2} + 10) = 2\frac{6}{7}$

17 a) $\frac{1}{3} \cdot \left(\frac{3}{8} + \frac{1}{4}\right)$ b) $\frac{1}{4} \cdot \frac{1}{2} + \frac{1}{2}$

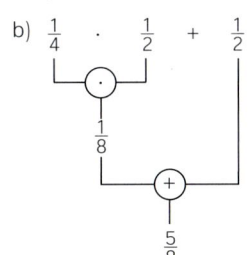

c) $\left(\frac{1}{3} + \frac{1}{6}\right) \cdot \left(\frac{2}{5} + \frac{1}{2}\right)$ d) $4 \cdot \left(\frac{5}{8} - \frac{3}{8}\right)$

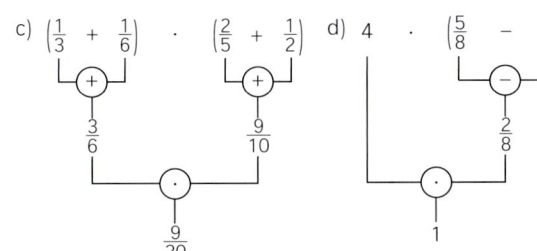

e) $\frac{1}{3} + \frac{8}{9} : 4$ f) $\frac{3}{5} - \frac{1}{4} : \frac{1}{2} + \frac{1}{3}$

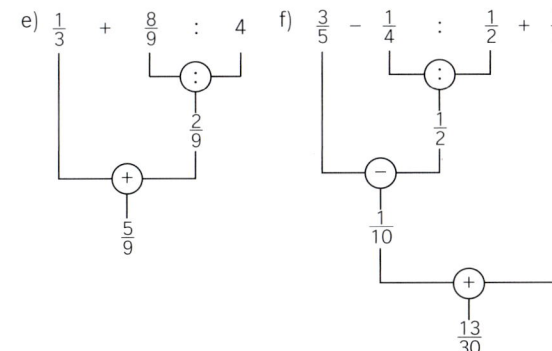

18 a) Klammer zuerst, $\frac{3}{5}$ b) Ausmultipizieren, $\frac{7}{6}$
c) Distributivgesetz, 6

Lösungen zu Seite 108

1 a) 0,1 b) 0,001 c) 0,01 d) 1000 e) 0,00001

2 a) 0,5; 0,75; 0,625; 1,5; 2,25; 0,2; 0,5; 0,7; 1,8
b) 0,32; 0,024; 1,75; 0,65; 0,425; 0,34; 0,012; 0,031; 10,8

3 a) $\frac{1}{5}, \frac{7}{20}, \frac{12}{25}, 1\frac{1}{4}, \frac{3}{4}, 3\frac{2}{5}$ b) $\frac{1}{4}, \frac{9}{10}, 1\frac{3}{4}, 3\frac{1}{4}, 2\frac{1}{4}, \frac{9}{50}$
c) $\frac{3}{8}, \frac{1}{200}, \frac{2}{25}, \frac{4}{5}, \frac{1}{400}, \frac{1}{10}$

4 a) $\frac{51}{10}$; 5,01; $\frac{10}{2}$; $\frac{51}{100}$; $\frac{1}{2}$; 0,051
b) $\frac{895}{100}$; $\frac{99}{100}$; $\frac{9}{10}$; 0,89; 0,88; 0,09

5 0,5; 0,501; 0,502; 0,503; 0,504; 0,505; 0,506; 0,507;
0,508; 0,509; 0,5091; 0,51; In der Mitte liegt 0,505.

6 8,64 + 3,26 = 11,9; 15,3 · 3 = 45,9;
307,75 + 162,15 = 459,9; 21,06 : 5,4 = 3,9;
1245,09 − 617,19 = 627,9; 156,28 + 52,62 = 208,9;
101,1 · 9 = 909,9

7 9,35 cm

8 a) 9,2; 0,95; 4,25 b) 13,3; 2; 5,55
c) 0,55; 0,28; 16 d) 0,9; 1,98; 11

Lösungen zu Seite 109

9 a) 570,52 b) 166,7 c) 126,72 d) 1164,67
e) 150 f) 576,3

10 a) 7,728 b) 4159,25 c) 2,91408 d) 0,1449
e) 50305,38 f) 0,096

11 Ulf hat das größere Zimmer mit 13,6611 m², Johanna hat
ein Zimmer mit 13,3545 m².

12

Bodenbelag	500 € reichen	Kosten
PVC-Belag	ja	155,63 €
Auslegware	nein	547,55 €
Laminat	ja	495,51 €
Parket	nein	808,01 €

13 a) 170; 0,4; 30 b) 20; 2; 4
c) 2; 30; 2 d) 150; 6; 0,2

14 20000 : 2,6 ≈ 7692,3. Das reicht für 7692 Teebeutel.

15 Es sind 26,224 Meilen.

16 a) 3 b) 1 c) 3 d) 2 e) 2 f) 2 g) 3

Lösungen zu Seite 151

1 a) Mögliche Körper: Quader, Würfel, Pyramide, Tetraeder,
Dreiecksprisma, Zylinder, Kegel, Kegelstumpf, Kugel,
Oktaeder
b) Quader (12, 6); Würfel (12, 6); Pyramide (8, 5);
Tetraeder (6, 4); Dreiecksprisma (9, 5); Zylinder (2, 3);
Kegel (1, 2); Kegelstumpf (2, 3); Kugel (0, 1);
Oktaeder (12, 8)
c) Milchtüte, Karton, Konservendose, Zuckerhut,
Blumentopf, Zuckerwürfel, Pylonen, Fußball, uvm.

2 a) Quader oder Würfel
b) Dreieckspyramide oder Tetraeder
c) quadratische Pyramide d) Walmdach e) Zeltdach

3 a) Eschenheimer Turm: Zylinder und Kegel in verschiedenen Größen
Turm der Universität Dresden: Quader und Pyramide
Berliner Fernsehturm: Zylinder und Kugel

4 a) mögliche Beispiele:
Mein Körper hat 12 Kanten, jeweils 4 sind gleich lang. Seine Flächen bestehen aus Rechtecken und es hat sechs davon. (Quader)
Mein Körper hat 12 Kanten, die alle gleich lang sind. Seine Flächen bestehen aus sechs Quadraten. (Würfel)
Mein Körper hat 8 Kanten, von denen jeweils 4 gleich lang sind. Seine Flächen bestehen aus einem Quadrat und 4 Dreiecken. (Pyramide)
Mein Körper hat 9 Kanten, von denen sind drei gleich lang, meine Flächen bestehen aus 3 Rechtecken und drei Dreiecken. (dreieckiges Prisma)
Mein Körper hat als Netz zwei Kreise und ein Rechteck. (Zylinder)
b) Beispiel: Diesen Körper bastele ich aus einem Halbkreis.

Lösungen zu Seite 152

5 a)   b)

6 a) (1) und (3) sind Würfelnetze, die einem Spielwürfel entsprechen, da dort die Summe der gegenüberliegenden Augenzahlen 7 ergibt.

7

Länge	Breite	Höhe	Rauminhalt	Oberflächeninhalt
3 cm	1 cm	4 cm	12 cm³	38 cm²
2 dm	4 cm	5 cm	400 cm³	400 cm²
10 mm	2 cm	5 mm	1 cm³	7 cm²

8 Nein. Es werden 12 m³ Sand benötigt, um die Grube vollständig zu füllen.

9 a) 1,5 dm³ = 1,5 ℓ Colaflasche   78 m³ Schwimmbecken
200 cm³ Trinkglas
b) 20 dm³ = 20 ℓ großer Eimer   0,729 cm³ Murmel
87 dm³ = 87 ℓ kleine Regentonne
c) 4 ℓ kleiner Eimer   30 hℓ Öltank eines Hauses
80 dℓ (8 ℓ) Waschbecken

10 Er benötigt 24 Eimerfüllungen.

11 a) Der Rauminhalt wird verdoppelt.
b) Der Rauminhalt wird vervierfacht.
c) Der Rauminhalt wird verachtfacht.

Lösungen zu Seite 187

1 a) punktsymmetrisch, drehsymmetrisch (90°, 180°, 270°)
b) punktsymmetrisch, drehsymmetrisch (90°, 180°, 270°)
c) drehsymmetrisch (120°, 240°)

2 a) Es entsteht die Abbildung c).
b)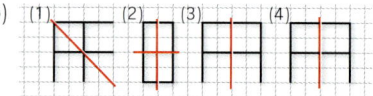

3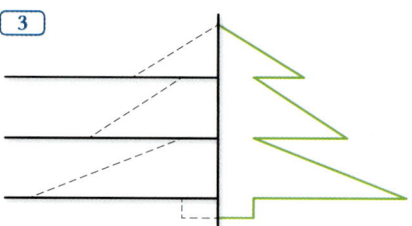

4 Es entsteht die Abbildung (3).

5 a)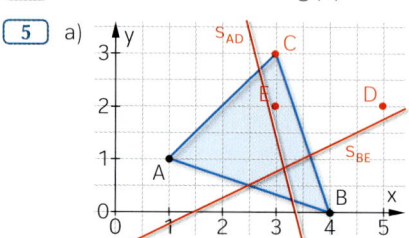

b) (1) A′(5|5); B′(2|6); C′(3|3) = C
(2) A′(9|3); B′(6|4); C′(7|1)
(3) A′(5|3); B′(2|4); C′(3|1)
A′ bei der Spiegelung an C berechnet sich z. B. mit
A′ = A + 2 · (C − A) für die einzelnen Koordinaten
c) Beim Quadrat ist die Diagonale eine Spiegelachse, daher entstehen zwei gleiche gleichschenklige, rechtwinklige Dreiecke. Beim Rechteck entstehen zwei rechtwinklige Dreiecke (mit vertauschten Seiten).

Lösungen zu Seite 222

1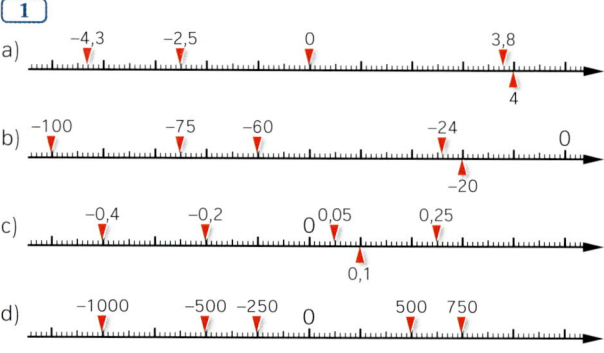

2 a) $-3,2 < -\frac{3}{2} < -0,4 < -0,35 < 2$
b) $-8,79 < -5,86 < -0,87 < 0,79 < 7,89$
c) $-100 < -10 < -0,1 < \frac{1}{10} < 100$
d) $-3,5 < -3,45 < -3,4 < -0,345 < 0,345$

3 a) −6 Vorgänger, −4 Nachfolger
b) −9   c) −17

4 a) −2,5   b) −2,9   c) 0   d) $-\frac{1}{12}$

5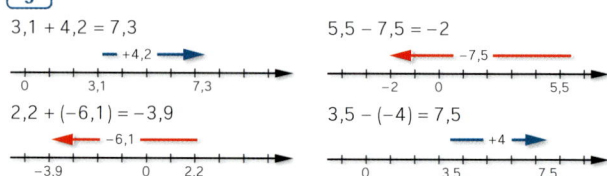

6 a)

+	−3,2	−11,5	$\frac{4}{5}$
5,4	2,2	−6,1	6,2
$-\frac{1}{2}$	−3,7	−12	0,3

b)

−	−14	10,3	−2,5
13	27	2,7	15,5
$-\frac{3}{4}$	13,25	−11,05	1,75

7

Alter Kontostand	−493,67	−701,32	1120,09	1109,62
Buchung	−162,33	689,27	−243,27	−3280,60
Neuer Kontostand	−656,00	−12,05	876,82	−2170,98

8

Alter Kontostand	143,94	−36,51	15,56	76,24
Buchung	−180,45	+52,07	+60,68	−90,98
Neuer Kontostand	−36,51	15,56	76,24	−14,74

Lösungen zu Seite 223

9 a) $15 \cdot (-4) = 60$ b) $(-4) \cdot (-4) = 16$
c) $99 \cdot (-1) = -99$ d) jede beliebige Zahl
e) $20 \cdot (-50) = -1000$ f) $(-5) \cdot (-25) = 125$

10 a) -30 b) 49 c) -11 d) 0 e) 68 f) 1

11 a)

·	−2	81	$-\frac{1}{2}$
$-\frac{2}{3}$	$\frac{4}{3}$	−54	$\frac{1}{3}$
−5	10	−405	$\frac{5}{2}$
0,3	−0,6	24,3	−0,15

b)

:	$-\frac{1}{3}$	10	−4
$\frac{1}{2}$	$-\frac{3}{2}$	$\frac{1}{20}$	$-\frac{1}{8}$
−2,4	7,2	−0,24	0,6
60	−180	6	−15

12 a) -8 9 81 1 -32 -3
b) $1,21^2 = 1,4641$; $-0,001$; $12,25$; $-\frac{27}{64}$; $\frac{4}{25} = 0,16$; $4,0401$

13 a) richtig b) richtig
c) falsch, richtig ist 0,2 d) richtig

14 a) -8 12 -16 -14

b) 13 -1 $0,01$ 1

c) $-0,5$ $-0,3$ 48 1

15 a) -42 b) $-\frac{7}{3} = -2\frac{1}{3}$ c) $0,2$
d) -6 e) 7 f) -1
g) $-0,\overline{2} = -\frac{2}{9}$ h) $-\frac{5}{2} = -2,5$ i) 12

16 a) $-1 \cdot 1,2 = -1,2$ b) $1,5 \cdot (-4) = -6$
c) $10 : (-4) = -2,5$ d) $(-1) : 5 = -0,2$

17 1. Alle drei Faktoren sind positiv: $1 \cdot 2 \cdot 3 = 6$.
2. Zwei Faktoren sind negativ und ein Faktor ist positiv:
$1 \cdot (-2) \cdot (-3) = 6$.
Allgemein: Bei einer geraden Anzahl negativer Faktoren ist
das Produkt positiv.

Lösungen zu Seite 257

1 a), b), e) bestimmen die Länge; jeweils $2x + 2y + 48$

2 $3x - x = 2x$
$3 \cdot (x + 2) - 2x + 2 = x + 8$
$5 \cdot (x + 3) - 10x = 15 - 5x$

3 $(x - 12) \cdot 4 + x + 48 = 4x - 48 + x + 48 = 5 \cdot x$

4 a) Assoziativgesetz der Multiplikation
b) Kommutativgesetz der Addition
c) Kommutativ- und Assoziativgesetz der Addition
d) Distributivgesetz
e) Distributivgesetz
f) Assoziativgesetz der Addition

5 Das Distributivgesetz $c \cdot a + c \cdot b = c \cdot (a + b)$

6 a) $9x + 45$ b) $2x - y$
c) $6a - 30 + 22 + 4a = 6a + 4a - 30 + 22 = 10a - 8$
d) $2,4x - 12 + 22,4 + 1,6x = 2,4x + 1,6x - 12 + 22,4$
$= 4x + 10,4$

7 a) $2,4 \cdot (x + 1)$ b) $4a + b$ c) $x - 9$ d) $11x - 9y$

8 $2 \cdot (2x) + 2 \cdot (x + 1) = 4 \cdot (x + 2)$
$x = 3$
Beide haben den Umfang 20.
$A_R = 6 \cdot 4 = 24$ $A_Q = 5 \cdot 5 = 25$
Das Quadrat hat den größeren Flächeninhalt.

Lösungen zu Seite 258

9 a) $4 \cdot x = 48$ $x = 12$
b) $2 \cdot x - 12 = 10$ $x = 11$
c) $x + \frac{1}{2} \cdot x = 33$ $x = 22$

10 Jochen: x Tore; Sabine: x − 2; Frauke: x + 1
Gleichung: $x + x - 2 + x + 1 = 14$ $x = 5$
Jochen: 5 Tore; Sabine 3; Frauke 6

11 b) ist die passende Gleichung. x: Alter von Frank
Frank ist 12 Jahre, seine Mutter 36.

12 Grün – Tarif A, blau – Tarif B
Für 24 € kann man bei Tarif A 70 min,
bei Tarif B 80 min telefonieren.

13 $2x + 2 \cdot (x + 1) + 2x - 4 = 34$
$6x - 2 = 34$
$x = 6$
Probe: $2 \cdot 6 + 2 \cdot (6 + 1) + 2 \cdot 6 - 4 = 12 + 14 + 8 = 34$

14
a) $4x - 2 = 3x + 6$ | $-3x$
$x - 2 = 6$ | $+2$
$x = 8$

b) $24 + (10 - x) = 4x + 12$
$34 - x = 4x + 12$ | $+x$
$34 = 5x + 12$ | -12
$22 = 5x$ | $: 5$
$4,4 = x$

c) $4,2 - 2x = 3 \cdot (x + 1,4)$
$4,2 - 2x = 3x + 4,2$ | $+2x$
$4,2 = 5x + 4,2$ | $-4,2$
$0 = 5x$ | $: 5$
$0 = x$

d) $3x + 6 = 3x - 6$ | $-3x$
$6 = -6$
unlösbar!

e) $4 \cdot (x + 3) = 12 + 4x$
$4x + 12 = 12 + 4x$ | $-4x$
$12 = 12$
allgemeingültig

f) $3 \cdot (2x - 6) = 3x + 9$
$6x - 18 = 3x + 9$ | $-3x$
$3x - 18 = 9$ | $+18$
$3x = 27$ | $: 3$
$x = 9$

15 a) $x < 2$ b) $x < 1$ c) $5 \le x$
d) $-10 < x$ e) $0 \le x$ f) $x < 0$

Stichwortverzeichnis

Bildnachweis:

|adpic Bildagentur, Köln: 11, 140, 151. |akg-images GmbH, Berlin: 25. |alamy images, Abingdon/Oxfordshire: Malcolm Haines 270. |archivWEST, Dortmund: J. Stipke 61. |Arco Images GmbH, Lünen: Dieterich 151. |Arnulf Betzold GmbH Lehrmittelverlag-Schulversand, Ellwangen: 143. |ASTERIX®- OBELIX®- IDEFIX® / LES EDITIONS ALBERT RENE / GOSCINNY - UDERZO, Vanves Cedex: ASTERIX®- OBELIX® / © 2015 LES EDITIONS ALBERT RENE / GOSCINNY - UDERZO 149; ASTERIX®- OBELIX®/© 2015 LES EDITIONS ALBERT RENE/GOSCINNY - UDERZO, Vanves Cedex 16. |Astrofoto, Sörth: Bernd Koch 203. |Bildagentur Schapowalow, Hamburg: Huber 77. |bildagentur-online GmbH, Burgkunstadt: Pulwey-McPhoto 166. |Blickwinkel, Witten: S. Meyers 158. |Bridgeman Images, Berlin: 242. |Caro Fotoagentur, Berlin: Jandke 155. |Creative idea: Mikkel Møller, Copenhagen, Copenhagen: 165, 165. |Druwe & Polastri, Cremlingen/Weddel: 93. |Emanuel Bloedt Fotodesign, Dortmund: 199. |F1online, Frankfurt/M.: doc-stock RM 55; PhotoAlto 80. |fotolia.com, New York: Africa Studio 20; allbylouise 116; Andreas F. 23; D.R.3D 205; davidevison 168; davidgreitzer 148; dimdimich 77; Dmytro Smaglov 158; Eiskönig 163; EpicStockMedia 70; ExQuisine 46, 51; FM2 105; frogmo9 158; HLPhoto 21; isonphoto 104; JOETEX1 4, 156; Klaus Eppele 3, 8; Kletr 161; Lucky Dragon 54; M. Schuppich 89; Michael Rosskothen 38; PhotoSG 55; Rukhlenko, Dmitry 158; sannare 158; Serg Salivon 160; Sergey Nivens 3, 44; thomaslerchphoto 9; tr3gi 157; typomaniac 87. |fotosearch.com, Waukesha: 11. |Getty Images, München: Danny Lehman 164; Mark E. Gibson 181; Michele Westmorland 107; Stanko Gruden/Agence Zoom 95; Wally McNamee 78. |Goldwell - Kao Germany GmbH, Darmstadt: 87. |Imago, Berlin: Aflosport 3, 78; ITAR-TASS 198. |iStockphoto.com, Calgary: Amanda Rohde 51; Anette Linnea Rasmussen 160; anyaivanova 175; Claudio Giovanni Colombo 158; Dean_Fikar 226; ElementalImaging 160; Floortje 54; Hendrik Fuchs 166; Jessica Morelli 160; Joachim Angeltun 212; joecicak 176; Lee Sutterby 192; malerapaso 243; Maria Zubareva 166; MistikaS 159; Nekrassov, Andrei 163; OGphoto 166; Olaf Schmitz 158; PhotoHamster 158; PinkBadger 122; querbeet 79; Radu Razvan 163; Rawpixel Ltd 43; RbbrDckyBK 5, 226; Rtimages 141; S. Greg Panosian 166; Skip ODonnell 142; Steidl, James 15; Thauzar 46; Vasilis Nikolos 160; VMarin (mit freundlicher Genehmigung von Daimler AG, Stuttgart) 162; xxmmxx 160. |Jochen Tack Fotografie, Essen: 158. |Johnson, Paul, Hawaii: 196. |JOKER: Fotojournalismus, Bonn: Karl-Heinz Hick 162. |Koch, Christian, Bensheim: 221. |Köcher, Ulrike, Hannover: 147. |Luftbild Hans Blossey, Hamm: 187. |Matzke & Heinzig, Braunschweig: Marion Strohdach 9, 45, 79, 99, 127, 141, 147, 167, 181, 181, 181, 181, 182, 186. |mauritius images GmbH, Mittenwald: 183; Günter Rossenbach 77; imagebroker/Karl Newedel 8; imagebroker/Nothegger, Adelheid 158; Lionel Lourdel/Photononstop 168; Roland Birke 160; United Archives 199. |NASA, Washington: Courtesy NASA/JPL-Caltech 204. |Nicolaus, Alexander, Goslar: 10, 26, 115. |PantherMedia GmbH (panthermedia.net), München: Berno Blüche 191; Daniel Schoenen 146; Ekaterina Fribus 127; Erich Teister 225; Jürgen Humber 115; Koscheck, David 148; Michael Nowak 122; P. Lanik 216; Peter Jobst 191; pictrough 112; Pius Lee 116; Robert Resinger 4, 114; Schneider, Hans-Joachim 96; Simone Diedrich 162. |peopleimages.com, Cape Town: 165. |Peuser, Kerstin, Roetgen in der Eifel: 167, 167, 167. |Picture Press Bild- und Textagentur GmbH, Hamburg: Peter Weimann 182. |Picture-Alliance GmbH, Frankfurt/M.: 89, 94; dieKLEINERT/Kleinert, E. 150; dpa/Friedel Gierth 89; HOCH ZWEI/Malte Christians 112; NASA 195; Ronald Wittek/dpa 165. |Pitopia, Karlsruhe: Markus Mainka 160. |plainpicture, Hamburg: Elektrons 08 Titel. |PresseBild von Graefe, Helmstedt: 79. |REUTERS, Berlin: Toshiyuki Aizawa/X02168, mit freundlicher Genehmigung der TOYOTA DEUTSCHLAND GmbH, Köln 162. |Rogosch, Michael, Bochum: 163. |Rüsing, Michael, Essen: 84, 84. |Sander, Hedda, Braunschweig: 121. |Schaper, Jan, Oldenburg: 11, 38, 38, 38, 38, 38, 116. |Schmidt, Prof. Günter, Stromberg: 11, 72, 117, 122, 123, 123, 128, 128, 135, 149, 157, 158, 163, 164, 180, 180, 180, 184. |Science Photo Library, München: Steve Gschmeissner 96. |SEAT Deutschland GmbH, Weiterstadt: 162. |Shutterstock.com, New York: artpixelgraphy image 189; Marie C Fields 189; Pressmaster 165. |stock.adobe.com, Dublin: Kramografie 21. |Süddeutsche Zeitung - Photo, München: 178. |Technische Universität Dresden, Dresden: 151. |Tegen, Hans, Hambühren: 87. |The M.C. Escher Company B.V., Baarn: M.C. Escher's "Symmetry Drawing E3" © 2016 The M.C. Escher Company-The Netherlands. All rights reserved. www.mcescher.com 180. |TopicMedia Service, Mehring-Öd: Scheler, P. 39 XX 21.1, 39.1. |vario images, Bonn: 66. |Vogt, Thomas, Hargesheim / Bad Kreuznach: 9, 134, 164, 184, 185, 186, 205, 205, 205. |Voller Ernst GbR, Berlin: Siegfried Steinach 81. |wikimedia.commons: Keith Allison/CC-Lizenz CC BY-SA 2.0 115. |Zoonar.com, Hamburg: gero.b 166. |© Europäische Zentralbank (EZB), Frankfurt/M.: 83, 83, 83, 83, 83, 83.